保水采煤的理论与实践

范立民 马雄德 等 著

科学出版社
北京

内 容 简 介

本书阐述了保水采煤问题的提出过程、研究历程和主要进展，厘定了保水采煤的概念和科学内涵，分析了保水采煤的研究现状，以陕北侏罗纪煤田为主，在论述煤田地质环境条件的基础上，以生态、水位为约束条件，划分了保水采煤地质条件分区，结合实例阐述了基于顶板含水层结构保护的充填保水采煤技术、窄条带保水采煤技术、限高保水采煤技术及工程实践，分析了地表水体下、承压水体上和巨厚砂砾岩含水层下保水采煤技术和工程实践。

本书可供水文地质、环境地质、采矿工程、生态环境等领域的专业技术人员、管理人员和研究生参考使用。

图书在版编目(CIP)数据

保水采煤的理论与实践／范立民等著．—北京：科学出版社，2019. 10
ISBN 978-7-03-061359-2

Ⅰ．①保…　Ⅱ．①范…　Ⅲ．①煤矿开采　Ⅳ．①TD82

中国版本图书馆 CIP 数据核字（2019）第 103083 号

责任编辑：王　运　韩　鹏　陈姣姣／责任校对：张小霞
责任印制：赵　博／封面设计：铭轩堂

科学出版社 出版
北京东黄城根北街 16 号
邮政编码：100717
http://www.sciencep.com

北京中科印刷有限公司印刷
科学出版社发行　各地新华书店经销

*

2019 年 10 月第　一　版　开本：787×1092　1/16
2025 年 2 月第二次印刷　印张：17
字数：400 000

定价：228.00 元

（如有印装质量问题，我社负责调换）

序　一

随着国家经济发展的需要，从1999年开始，煤炭行业快速发展，由此出现一系列煤炭开发影响环境的问题。多年来，我一直关注着煤炭开采对环境的影响，2003年，我们在《中国矿业大学学报》发表了《煤矿绿色开采技术》一文，而后还发表了一系列文章，希望得到行业和社会的关注。我国西部是生态脆弱区域，煤炭资源开发对环境的影响更为突出。富煤缺水是西部的天然条件，不可改变，但如何在这样一个富煤缺水的地区，科学开发、科学开采，实现煤炭经济发展与矿区生态系统维护和改善的统一，不仅关系到煤炭工业的健康发展，也关系到国家能源安全、生态安全和人民福祉。因此，保水采煤研究是我关注的重点内容之一。以范立民为代表的保水采煤研究团队于2005年就提出了“合理选择开发区域、采用合适的采煤方法”以实现采煤过程中的水资源保护的研究思路，并发表了有关文章，在行业中产生了影响。

2017年2月，《煤炭学报》出版了“保水采煤的理论与实践”专辑，我看了这十多年的成果，很是兴奋。由此给执行主编许升阳写电子邮件，认为这一期专辑“很精彩，各抒已见，既有理论，又有实践，希望继续跟踪报道，适时约请一位科学家对其进行综述性评价，促进西部地区煤炭的科学开采”。而这一期专辑的策划者和重点文章的撰稿人就是范立民同志。专辑的出版，填补了保水采煤领域的一些空白，也将会为促进西部绿色矿区建设做出贡献。

最近，范立民同志将其团队完成的《保水采煤的理论与实践》书稿拿给我审读，我虽然不是水文地质领域的专家，但一直在关注范立民同志的保水采煤研究进展，也就愉快地接受了。通过该书，我看到了新的科学观点。每一种科学观点从提出到完善，都需要经过漫长的过程和持续的研究、实践，也需要各界的支持和鼓励。范立民同志脚踏实地，长期坚持研究、推广保水采煤技术，获得了较好的效果。西部地区的煤矿，已经由被动接受到主动作为，有意识地保护含水层结构，促进绿色矿山建设。范立民同志在此基础上完成了该书的创作，初步建立了保水采煤技术体系，为煤炭的科学开发做出了贡献，可喜可贺。

2018 年范立民及其团队开始在榆神府矿区建立地下水监测系统，他们计划通过 3 ~ 5 年努力，建立覆盖陕西所有煤矿的地下水监测网，并争取纳入国家地下水监测工程，通过项目实施，实时掌控地下水动态，为保水采煤提供科学数据。

我期待以榆神府矿区为示范，建立我国西部保水采煤研究基地，开展多学科综合研究并推广应用，弥补我国煤炭科学开采理论与技术环节的部分缺失，促进煤炭科技进步和生态文明建设。

中国工程院院士　钱鸣高

2019 年 5 月 20 日

序　二

我国东部煤炭资源逐渐枯竭，西部（西北）煤炭开发正在崛起，但西部地区生态环境脆弱，水资源相对东部要贫乏得多，煤炭资源与水资源的逆向分布特点，决定了西部煤炭资源开发要高度关注和保护、利用水资源。

范立民同志长期从事西部矿区水文地质环境地质勘查和研究工作，1991 年他主持前石畔井田（现在神东集团哈拉沟煤矿）水文地质勘探时，就萌生了保水采煤的想法，提出了保护萨拉乌苏组地下水的科学建议。随后的二十多年，他一直坚持保水采煤研究，2005 年提出了保水采煤的实现途径。在王双明院士领导下，2010 年建立了基于生态水位保护的保水采煤技术体系。2017 年厘定了保水采煤的概念和科学内涵，同时，结合采矿工程，在榆树湾、榆林地方煤矿等数十处煤矿推广保水采煤技术，保水采煤分区成果在榆神矿区三、四期规划和煤炭资源整合中发挥了重要作用。近年来，他又组织开展了系统性的保水采煤效果调查，分析了以榆神府矿区为主的保水采煤效果，剖析了采煤对含水层结构破坏机理，探测了保水采煤实施区地下水位变化幅度，调查了榆神府矿区水位埋深变化和泉的演化，初步建立了保水采煤的技术体系。

认识范立民同志已近二十年，但多数是在学术研讨会上，2017 年初，我应邀担任陕西省地质调查院筹建的矿山地质灾害成灾机理与防控重点实验室学术委员会主任，与范立民同志有了更多的接触。2016 年初，《煤炭学报》编辑部邀请我为“保水采煤的理论与实践”专辑撰文，当我得知是范立民创意策划的时候，非常意外，这可是第一次由一名地质队员在《煤炭学报》策划出版专辑。为此，我专门阅读了范立民曾经发表的论文，了解到他是“保水采煤”一词的提出者，是保水采煤领域的开拓者和重要贡献者，正是他敏锐的思维和扎实的野外工作积累，成就了“保水采煤”研究。专辑出版后，反响强烈，得到了煤炭科技界的高度评价，第二辑也于 2019 年初出版。保水采煤正在成为我国西部大型煤炭基地的研究热点，东部矿区也开展了类似研究，取得重要成就。

希望通过《保水采煤的理论与实践》一书的出版，进一步推动保水采煤理论体系完善和工程实践，为资源储量占全国的约73%、产量占全国的70%的西北生态脆弱矿区的科学开发、绿色发展奠定理论基础。同时，也向范立民同志及其团队表示祝贺。

中国工程院院士

2019年5月30日

前　言

保水采煤是针对陕北侏罗纪煤田开发中出现的环境问题而提出的新概念，经过近30年的持续研究和工程实践，初步形成了保水采煤的科学技术体系。

陕北侏罗纪煤田发现于1982年12月，大规模开发始于1987年，1996年1月6日第一座现代化煤矿（大柳塔煤矿）建成投产，到2017年原煤产量已达4.00亿t，而且还在快速增长，成为我国最重要的成长型煤炭生产基地之一。

然而，煤田地处毛乌素沙地与黄土高原接壤地区，水资源贫乏，生态环境脆弱，脆弱的生态环境对水资源的依赖性较强，煤炭开发与水资源保护、生态环境保护的矛盾突出，科学保护有限的水资源是煤炭开发面临的重大难题。

1992年范立民在主持前石畔井田（现在的哈拉沟煤矿开采区）水文地质勘探过程中，首次提出了“保水采煤”的理念。随后，范立民在主持或参加完成的肯铁岭（现在的柠条塔煤矿南翼）、大柳塔、石圪台等多个井田水文地质勘探报告中，论述了“保水采煤”的地质条件及实现途径。最近十几年，国内多个团队围绕“保水采煤”问题，开展技术攻关，并取得重要进展，形成了以控制地下水位为核心的地质环境保护技术体系。

为了促进绿色矿区建设，30年来，我们一直致力于保水采煤理论和技术的研究和应用，在陕西省科学技术厅、陕西省自然资源厅、陕西省地质调查院和相关企业资助下，先后完成了数十项课题，初步形成了保水采煤的理论和技术体系，并在榆林、鄂尔多斯、渭北等地的上百处煤矿推广应用。借鉴我们的经验，河北、新疆、宁夏也开展了类似研究和实践，实现了煤矿保水开采。同时保水采煤技术在矿区规划、环评、矿山地质环境恢复治理等领域得到应用，为科学规划、科学开采提供了新理念和新技术，取得了重大社会、环境效益。

本书是范立民在保水采煤领域近30年的探索总结，也是集体智慧的结晶。全书在王双明院士的指导下，由范立民提出总体思路和研究内容。各章的主要执笔人是：前言和绪论，范立民；第1章，范立民、蒋泽泉；第2章，马雄德、王强民；第3章，范立民、蒋泽泉、马雄德、王苏健、郭亮亮；第4章，吕文宏、马雄德、蒋泽泉；第5章，王悦、范立民、夏玉成、马雄德；第6章，邵小平、石平五、马雄德；第7章，王苏健、黄克军、耿耀强、邓增社；第8章，马雄德、王苏健、杜飞虎、邓世龙；第9章，吕广罗、马雄德、田刚军；第10章，范立民。参加相关工作的还有仵拨云、向茂西、马立强、李涛、冀瑞君、齐蓬勃、孙魁、高帅、彭捷等30多位同志，全书由范立民、马雄德统稿，范立民审定。

一直以来，保水采煤研究得到了钱鸣高院士、彭苏萍院士、王双明院士、武强院士、张国伟院士和孙亚军、王佟、靳德武、夏玉成、许升阳、李文平等专家教授的鼓励、指导。煤矿生产一线科技人员为保水采煤技术推广做出了重要贡献，在此一并表示衷心感谢。由于作者水平有限，书中不妥之处，敬请读者批评指正。

值得说明的是，尽管我们做了大量努力，但在保水采煤领域，还有许多难题尚未破解，期待在后续的有关研究中取得新进展。

目　　录

序一
序二
前言
绪论 …… 1
0.1　研究背景 …… 1
0.2　保水采煤理论的发展 …… 3
0.3　保水采煤的概念 …… 10
0.4　保水采煤研究现状 …… 17
第1章　研究区地质背景条件 …… 21
1.1　自然地理 …… 21
1.2　地质 …… 29
1.3　水文地质 …… 36
1.4　煤层 …… 49
第2章　保水采煤的植被与水位约束 …… 56
2.1　研究区植被生态与地下水关系 …… 56
2.2　原位实验 …… 62
2.3　矿区地下水位变化阈限数值模拟 …… 76
第3章　保水采煤分区 …… 83
3.1　导水裂隙带发育高度 …… 83
3.2　基于地质条件的分区 …… 92
3.3　基于生态的分区 …… 96
3.4　基于突水溃沙的分区 …… 100
第4章　充填保水采煤技术及工程实践 …… 106
4.1　榆阳煤矿地质及水文地质条件 …… 106
4.2　充填材料的选取 …… 112
4.3　充填开采设计 …… 113
4.4　充填开采工程实践 …… 115
4.5　充填开采效果及效益分析 …… 120
4.6　充填开采社会环境效益分析 …… 125
第5章　限高保水采煤技术及工程实践 …… 127
5.1　榆树湾地区地质及水文地质条件 …… 127
5.2　限高保水采煤的技术参数 …… 130
5.3　限高保水采煤效果 …… 143

第 6 章　窄条带保水采煤技术及工程实践 …… 145
6.1　榆阳区地方煤矿开采背景条件 …… 145
6.2　窄条带开采合理参数确定 …… 148
6.3　窄条带开采煤柱稳定性数值模拟研究 …… 154
6.4　窄条带保水开采工程实践 …… 160
第 7 章　地表水体下保水采煤技术及工程实践 …… 170
7.1　常家沟水库地质背景条件 …… 170
7.2　地表水体保护煤柱合理宽度留设 …… 175
7.3　5^{-2}煤层开采地表移动观测 …… 180
7.4　5^{-2}煤层开采合理保护煤柱的确定 …… 189
7.5　社会经济效益分析 …… 192
第 8 章　承压水体上保水采煤技术及工程实践 …… 194
8.1　煤层底板地质条件探查技术 …… 194
8.2　煤层底板破坏演化规律 …… 202
8.3　底板注浆加固改造技术 …… 212
8.4　煤层底板保水开采工程实践 …… 222
第 9 章　巨厚砂砾岩含水层下保水采煤技术与实践 …… 226
9.1　保水开采的地质背景 …… 226
9.2　采煤对覆岩及洛河组含水层的影响 …… 236
9.3　导水裂隙带高度探查分析评价 …… 240
9.4　保水开采分区技术及实践 …… 245
第 10 章　结论与建议 …… 251
10.1　结论 …… 251
10.2　建议 …… 253
参考文献 …… 254

绪　论

0.1　研究背景

本书研究范围涉及陕北侏罗纪煤田、渭北石炭二叠纪煤田和黄陇侏罗纪煤田，以陕北侏罗纪煤田为主。陕北侏罗纪煤田储量丰富、煤质优良、开采条件优越，已经成为我国最重要的原煤产地，在国民经济建设中扮演着越来越重要的角色。陕北侏罗纪煤田地处毛乌素沙地和黄土高原的接壤地带，生态环境极其脆弱。沙漠区广泛分布着富水性较强的萨拉乌苏组含水层，其下部为侏罗纪煤层，水在上，煤在下，在垂向上构成了“三位一体”的有机系统，系统呈明显的“两丰一脆”特征，即丰富的优质煤炭资源、富水性较强的萨拉乌苏组含水层和脆弱的生态环境。以陕北能源化工基地建设为起点，三者有机关联、密不可分的关系正在发生复杂、深刻的变化，这对鄂尔多斯盆地浅表地质环境会产生深远的影响。如何在煤炭开发期间，促进生态系统的保持和改善，是本书要探讨的主要问题。

陕北侏罗纪煤田的地质条件、水文地质条件及生态环境，具有如下显著的特征。

1. 储量丰富、煤质优良，煤炭工业快速发展

陕北侏罗纪煤田是我国探明煤炭资源量最大的煤田之一（王双明，1996；毛节华和许惠龙，1999；彭苏萍等，2015a），煤炭资源量约占全国保有量的14%，其中灰分低于10%、硫分低于1%的绿色煤炭资源，占全国同类资源的50%左右（王佟等，2017a）。陕北侏罗纪煤田大规模勘查始于1980年，1987年开始开发，以1996年大柳塔煤矿建成投产为标志，该区煤炭开采进入快速发展期，至2017年共建成投产矿井190余处（最多时达600余处），该区原煤产量2000年为0.71亿t，2005年为1.32亿t，2010年为2.80亿t，2015年达到3.61亿t，2017年为4.00亿t，原煤产量逐年增加，目前在建矿井的总规模大于1亿t/a。陕北侏罗纪煤田已成为我国最重要的原煤生产基地，对国家能源安全、国民经济发展具有重大意义。

2. 地下水是维系河流生态系统的重要水源

陕北侏罗纪煤田地处毛乌素沙地和黄土高原的接壤区，地下水资源总体贫乏，部分地段丰富，含水介质为上更新统萨拉乌苏组（Q_3s）和沟谷沿岸分布的烧变岩。萨拉乌苏组岩性为细砂、粉细砂，厚度一般为15～30m，最厚大于160m，含水层厚度变化大，部分区段地下水相对丰富，在榆溪河流域的芹河、秃尾河流域的圪求河、宫泊沟以及窟野河流域的柳根沟、哈拉沟等泉域，含水层厚度可达100m左右，单井涌水量为1000～2500m^3/d。大气降水入渗系数为0.30～0.45，具有良好的渗透性和较强的调蓄空间、调蓄能力。大气降水是维系区内河流基流量和生态环境的重要水源。据统计，含水层厚度大于30m的面积为3755.17km^2，以含水层厚度平均为30m、给水度为0.18计算，陕西境内的储水体积为

$202.8\times10^8m^3$，这部分浅层地下水资源孕育着毛乌素沙地、黄土高原的众多河流，其源头及上游多流经风沙滩地区，受特定的地形、地貌、地质构造、岩性变化、气象水文以及人类活动等条件的制约和影响，区内三水转化具有单向特征。风沙滩地区主要以降水→土壤、包气带水→地下水→河水循环方式转化，地下水对维持河流不断流和河流健康起到了基础保障作用。

3. 生态环境脆弱，环境承载力差

在陕北侏罗纪煤田，降雨稀少且时空分配不均，有水就有绿洲，“有水一片绿，无水一片荒”。同时，由于地表水与地下水的转化频繁，水资源稀缺，耕地和林地占土地面积的比例远低于全国平均水平，生态环境十分脆弱。随着西北大规模建设的展开，生态环境遭受了一定程度的破坏，加上水资源的过度开发以及不合理利用，造成生态环境恶化，草场退化，植被盖度降低，沙漠面积扩大，地面沉降、水土流失等加剧，不仅造成了经济损失，还加剧了生态环境的恶化，水资源供需矛盾日益突出。在自然因素和人类活动共同作用下，地下水的状态（地下水位、地下水矿化度、包气带含水量、包气带含盐量）发生根本改变，如地下水位下降、地下水量增减，水质演化等，进而引起生态环境发生变化，如土地荒漠化、植被草场变化等，环境承载力降低。

4. 矿产资源开采过程中水资源和生态环境问题凸显

多年开采实践证明，大规模矿产资源开发，引发了一系列矿山环境问题（范立民，1992；武强等，2005，2017b；范立民等，2016a），并成为社会关注的热点。2006 年陕西省人民政府在《陕北神木生态环境治理有关问题的报告》中指出：2004 年全县煤矿塌陷面积 $27.72km^2$，受灾人口 3612 人，损坏房屋 2160 间，损坏水浇地、旱地、林地等共计 $41500hm^2$。据陕西省地质环境监测总站 2014 年提交的《神木县地质灾害详细调查报告》，全县地质灾害高易发区面积占土地面积的 19.0%，中易发区占 25.4%，高、中易发区主要分布在大柳塔等高强度煤矿开采区，煤矿开发对生态环境的影响日益凸显。

（1）煤炭开采造成矿山地面塌陷、地裂缝等地质灾害使土地退化（范立民等，2015），大量耕地撂荒、土地荒漠化加剧。采空区诱发塌陷型浅源地震频发，2009 ~ 2017 年，本区由采空区塌陷引起的 2 级以上浅源塌陷型地震共 90 起，引起当地居民恐慌，影响了正常的生产生活秩序。

（2）煤炭开采使水资源供需矛盾不断加剧。目前，由于采煤引起了矿井水害（武强等，2013a）和地下水严重渗漏（范立民，2007），区内已有数十条河流断流，数百处泉眼干涸，水体、湿地面积严重萎缩（马雄德等，2015b）。据估算，窟野河流域每生产 1t 煤炭损耗约 $0.6m^3$ 的地下水资源，1999 ~ 2013 年窟野河衰减流量达 $2.28\times10^8m^3$，黄河一级支流窟野河已变为季节河，水资源供需矛盾不断加剧（吴喜军等，2016），影响到河流生态功能、供水能力等河流健康指标（刘晓燕和张原峰，2006；刘晓燕，2008）。

因此，揭示榆神府矿区地质环境与煤炭开采的关系，研究高强度开采过程中的含水层保护技术，维护合理生态水位埋深，寻求科学开采途径，推广“保水采煤”理念和技术，是陕北、鄂尔多斯地区乃至我国整个西北地区绿色矿山建设的重要基础。

0.2　保水采煤理论的发展

保水采煤技术是伴随着榆神府矿区煤炭资源开采过程逐渐形成的，纵观其发展，大致经历保水采煤问题提出、地质基础研究、基于生态约束的保水采煤研究、保水采煤技术研究与实践4个阶段。

0.2.1　问题提出

榆神府矿区煤炭资源大规模开发始于20世纪80年代末，伴随着对矿区水文地质、环境地质条件认识的提高及煤层开采过程中遇到的实际问题，人们逐渐意识到煤层开采会造成水资源漏失和生态环境恶化。最具典型的是1990年4月28日和12月20日，神木北部矿区的瓷窑湾煤矿先后两次发生巷道冒顶事故。虽然涌入矿井的水不多，但大量的沙掩埋了巷道，并引起了地下水位的持续下降，顺沟渠水库干涸、饮马泉流量迅速减少、小溪断流和植被枯萎。范立民在主持事故煤矿水文地质补充勘探工作中，意识到这一问题的严重性，于1992年11月发表了《神木矿区的主要环境地质问题》一文，指出："冒落带及导水裂隙带波及上部的萨拉乌苏组含水层，不仅造成大量的水沙涌入矿井，同时导致地下水位下降、地表水干涸、地质环境恶化、风沙入侵。因此，生态脆弱区采煤的地下水保护是至关重要的。"（范立民，1992）同期，韩树青、范立民等（1992）在《开发陕北侏罗纪煤田几个水文地质工程地质问题分析》一文中指出："陕北煤田开发应高度重视对萨拉乌苏组地下水的保护，对于煤层开采导水裂隙带到达萨拉乌苏组含水层的区域，应采用充填式采煤方式保护地下水。"这两篇文章中，首次提出"保水采煤"的理念，开启了保水采煤研究的序幕，但没有使用"保水采煤"一词。

0.2.2　地质基础研究

1995年，范立民提出的相关课题建议得到了中国煤炭地质总局叶贵均教授的支持，将其列入原煤炭工业部"九五"重点科研项目，通过几次讨论后，确定了课题名称为"中国西部侏罗纪煤田（榆神府矿区）保水采煤与地质环境综合研究"，由中国煤炭地质总局、陕西省一八五煤田地质勘探队（现陕西省一八五煤田地质有限公司）等单位联合承担。该课题第一次使用"保水采煤"一词，也是最早系统地进行保水采煤地质基础研究的课题。课题详细研究了区内煤、岩、水等地质体的空间形态及特征，煤炭开采和浅层地下水的关系，划分了煤-水结构类型，初步划分了保水采煤地质条件分区，并提出了保水采煤对策。

课题组通过研究水文地质特征、煤层覆岩结构类型和工程地质特征，结合采动对覆岩、含水层的影响，划分出保水区、失水区和无水区，并分别提出了相应的保水采煤的途径与方法；提出了在浅部烧变岩分布区建立浅排供水水源地等建议。圈定了流经研究区的12个主要煤矿区3级以上水系分布范围和汇水面积，估算了过境地表水径流量，初步提出了对榆神府矿区地表、地下水和矿井水资源进行联合调度和管理的设想。

这一研究奠定了保水采煤研究的基本框架，即以区域地质、水文地质、工程地质条件为基础，研究保水采煤地质条件分区，依据各区地质环境条件，采用适当的采煤方法或工程措施，减少采煤对含水层的损害，以达到保水采煤的目的。按照这一构想，范立民（2005a）提出了保水采煤的基本思路和实现途径，并呼吁“先保水后采煤”。

其间，国内相关学者在保水采煤领域做了大量卓有成效的工作。陕西省一八五煤田地质有限公司的煤炭勘探地质报告，从1992年以来一直对保水采煤问题进行阐述，编制包括煤层覆岩（隔水层）厚度、含水层厚度、导水裂隙带预测高度等值线图和基岩顶面等高线图等，论证保水采煤地质条件，是保水采煤研究最宝贵的基础数据。李文平等（2000）以陕西省一八五煤田地质有限公司丰富的煤田地质勘探资料为基础，结合野外工程地质测绘、原位试验和室内测试，分析总结了榆神府矿区与保水采煤有关的工程地质条件特点，进行了工程地质分区。在此基础上，初步讨论了不同工程地质区保水采煤的可能性。研究结论认为，区内离石黄土和红土层在天然条件下是良好的隔水层，而且只要其位于煤层开采上覆土层整体移动带内，采后亦可起到良好的隔水作用。由于含水层富水性空间分布不均匀，只有烧变岩带及神木北部矿区局部砂层厚的地区才有保水意义。离石黄土和三趾马红土等黏土层在天然情况下是其上覆砂层含水层（萨拉乌苏组）的良好隔水层，煤层开采后，其渗透性能也没有明显增加，为保水采煤提供了重要基础。根据松散含水层、隔水层及最上主采煤层上覆基岩的空间分布及其组合形态，将榆神府矿区保水采煤工程地质条件划分为5种类型，其中对保水采煤有意义的是沙土基型（Ⅰ）、烧变岩型（Ⅴ），应根据区内更详细的工程地质条件，研究确定保水煤岩柱合理高度，以便实现直接保水采煤；对沙基型（Ⅱ）区，应在更详细研究区内水文地质条件的基础上，探寻间接保水采煤的途径，如含水层采前疏排、矿井水净化利用、条带开采等方法。其他没有保水意义的区域，可直接进行开采。

魏秉亮和范立民（2000）研究了影响榆神府矿区大保当井田保水采煤的地质因素，认为影响保水采煤的地质因素主要包括萨拉乌苏组的富水性、煤层上覆基岩及隔水层隔水性能、三带发育高度等。为了保护煤层上覆萨拉乌苏组地下水和侧方烧变岩地下水，提出了保水煤柱的计算方法。张少春等（2005）针对榆神府矿区沙基型覆岩及富水性特点，进行了固液耦合水资源保护实验，得出了采用间歇式开采的合理推进距离。

0.2.2.1　保水采煤的基本思路

保水采煤的基本思路是在尽可能多采煤的同时，保护地下水资源的含水结构不受损害，地下水位不下降或下降幅度小，不足以引起生态环境的变异和泉流量的衰减。不同地质环境条件的区域，应该区别对待，范立民（2005a）将其分为以下几种类型：

（1）没有萨拉乌苏组含水层或第四系不含水的地区，如神南矿区拧条塔煤矿（北翼）、新民矿区的一些井田等，不存在保水采煤的问题。

（2）煤层埋藏浅、第四系又富含水的地区，煤层开采会造成地下水全部渗漏的地区，如乌兰木伦河上游的一些井田（含内蒙古境内的补连塔、马家塔、上湾等井田），秃尾河流域的青草界、采兔沟泉域等，一旦开采就必然会破坏地下水含水结构、生态环境等，应该规划为不开采地区。

（3）煤层埋藏适中，第四系萨拉乌苏组含水，同时其底部有厚度较大的隔水层的地区（包括古近系和新近系红土隔水层、侏罗系风化带隔水层），煤层开采的导水裂隙带发育不到萨拉乌苏组底部，不至于破坏含水层结构的地区，可以实现保水采煤的目的。

另外，介于上述（2）和（3）之间的区域，有含水层分布，也有隔水层分布，但隔水层的厚度有限，煤层开采后，需要采取一定的措施，才可以保护地下水不受破坏，如秃尾河沿岸的一些区域。

0.2.2.2　保水采煤的途径

保水采煤的前提是有水也有煤，有水，才需要保。保水条件下采煤，目的是保护环境，保护生态。在陕北地区，实现保水采煤的途径有两个，一是合理选择开采区域（科学规划），二是采取合适的采煤方法（科学开采）和工程措施（如充填开采）(范立民，2005a)。

1. 合理选择开采区域

陕北地区煤炭资源分布非常广，明长城沿线以北的广大地区几乎都赋存有巨厚的煤层，煤炭开采既可以在窟野河流域的煤层浅埋藏地区，也可以在榆溪河上游的煤层深埋藏地区，这些地区的地层结构有较大的差异，归纳起来主要有三类。

第一类地区：第四系萨拉乌苏组直接覆盖在延安组含煤地层上面，之间无隔水层或隔水层厚度小，达不到隔水的目的，煤层上面的基岩厚度小，一般只有几十米。

第二类地区：没有萨拉乌苏组含水层，延安组直接出露地表或被黄土、红土层覆盖，第四系不含水或含水微弱，不存在保水问题。

第三类地区：萨拉乌苏组含水层下伏有红土、黄土隔水层和较厚的直罗组、安定组等相对隔水的岩层，煤层埋藏深度一般在400m以上，煤层的开采影响不到萨拉乌苏组含水层，不会对地下水造成渗漏，可以实现保水采煤的目的。如榆神府矿区深部地区，最上部的可采煤层埋藏深度一般在400～700m，红土隔水层厚度为80～160m，基岩风化带厚度也达上百米，是采煤有利于保水的地区。

根据以上地质背景条件，第一类地区是不宜开采的区域，这类地区主要集中在目前正在大规模开采的窟野河上游和秃尾河流域沿岸，即以往所说的埋藏浅、易开采的区域，也是急需保水的地区，不鼓励大规模开采，但已建成的矿井应推广充填等保水采煤技术，也可以建设地下水库提高水资源利用率（顾大钊，2015）。第二类地区是应鼓励推广长壁开采的地区，但存在大面积采空区形成后的顶板塌陷及其诱发的环境问题。第三类地区属于鼓励开采区。

2. 采取合适的采煤方法

对于煤层埋藏浅的区域，应推广充填开采技术和限高开采方法。对于萨拉乌苏组不含水或煤层埋藏深度较大的区域，应推广长壁综采技术。但无论采用何种开采技术，都应该建立采空区地下水位监测系统，确保采空区地下水位的基本稳定，并保持在一定的埋深范围内，以保护生态脆弱区的生态系统。

0.2.3　基于生态约束的保水采煤研究

众所周知，采煤不可能不造成地下水渗漏，但保水采煤到底达到什么程度，才算是保了水？范立民（2005a）针对陕北沙漠型河流及植被的特点，提出保水程度至少应考核以下两个指标：一是不至于造成泉水干涸或大幅度减流；二是对依赖地下水的植被的生长条件不产生大的影响。究其核心，两个指标共同指向地下水位埋深，也就是说应该以合理的地下水位埋深为准绳，来评判采煤方法及工程措施是否满足保水采煤的要求。

长安大学杨泽元在其博士学位论文《地下水引起的表生生态效应及其评价研究——以秃尾河流域为例》中（杨泽元，2004），通过大量实测数据分析后，认为毛乌素沙漠区四种典型植被的生理指标与地下水水位埋深有着显著的相关关系。杨泽元认为陕北生态脆弱矿区地跨湖群高平原区、沙漠区和盖沙丘陵区，其典型植物长势与地下水位埋深的关系具有代表性。随着地下水位埋深增加，植被从沙柳灌丛向沙蒿灌丛演替；从小叶杨向旱柳演替。当地下水位埋深≤3m 时，所有典型植被的长势都较好；而随着地下水位埋深>5m，植被的长势变差；地下水位埋深≥12m 时，这些植物根本无法生存。研究得出，该区域最适合沙漠植被生长的地下水位埋深，即生态水位埋深为 1.5～5m。沙柳灌丛与小叶杨是相对喜水的植物，适宜的地下水位埋深区间较窄，而沙蒿灌丛与旱柳耐旱能力强，适宜的地下水位埋深区间较宽。当地下水位埋深下降到 5m 以下时，表生生态恶化将在所难免。将这一成果引用至保水采煤的研究中，便形成了基于生态水位保护的保水采煤思路。

在上述研究的基础上，王双明等（2010b）以地下水位埋深为约束条件，根据榆神府矿区的煤水地质特征和采煤条件下隔水层损伤机理，将榆神府矿区的保水开采划分为自然保水开采区、可控保水开采区、保水限采区和无水开采区 4 种类型：①自然保水开采区。通过科学评价，采用一次采全厚的长壁开采方法，水体和地表生态不会受到破坏的区域，称为自然保水开采区。榆神府矿区覆岩隔水岩组厚度介于 33～35 倍采高的区域，属于自然保水开采区。②可控保水开采区。通过采用长壁限高开采（限高分层开采）、调整开采跨度、间隔开采、局部保护性条带开采技术等，可以控制实现水体和地表生态不会受到破坏的区域，称为可控保水开采区。榆神府矿区的覆岩条件，隔水岩组厚度为 18～35 倍采高的区域属于此类。③保水限采区（特殊保水开采区）。在现阶段的常规开采技术不能达到保护水资源和生态环境的区域，或开采对水资源破坏风险很大的区域，基于煤水关系的重要性，在没有开发出合理的特殊保水开采方法前，应当限制开采，即不允许开采或者不允许建设矿井，此类区域称为保水限采区。④无水开采区。部分区域地表无水，可以采用全部垮落法开采，减少滞留煤柱，尽量保持地表均匀沉降，降低地表损害程度。

上述研究成果基于陕北脆弱生态环境的现状重新界定了保水采煤，可以概括为在地下水富水区，根据主采煤层上覆隔水岩组特性进行分区，针对各分区主采煤层覆岩损害情况，选择相应的水资源保护性开采技术，将地下水位下降幅度控制在生态环境可承受的范围内，即以生态水位控制为核心的采煤新技术。

0.2.4 保水采煤技术研究与实践

在地质基础研究、导水裂隙带发育高度抑制技术研究、地下水位保护程度与范围界定后，保水采煤条件分区得到完善，保水采煤理论体系初步形成，并逐步开展了工程实践，取得了成效。

0.2.4.1 顶板含水层保水采煤技术与实践

煤层顶板以上含水层保护，其核心就是采取合理的采煤方法和工艺保证含水层结构不被破坏，或者有一定的损坏，但不至于引起地下水位大幅度下降。根据矿床水文地质条件，在陕北地区需要保护的主要含水层为萨拉乌苏组含水层和烧变岩含水层。目前，较为成熟的顶板含水层保水采煤技术包括以下5种。

1. 充填式保水采煤技术

充填式控顶方法对地表环境保护和煤矿安全十分有利，在巷柱式开采法和长壁式开采法中均有应用，并形成了固体充填采煤一体化系统、装备以及工艺（缪协兴等，2011），为岩层控制与含水层保护提供了技术途径。范立民（2004）提出利用风积沙充填采空区的保水开采技术方案，但这是最早基于保水采煤目标而提出的利用风积沙为骨料充填采空区的技术方案。

由于榆阳煤矿与榆林新的城市规划重叠，为了保证城市规划的实施，榆阳煤矿开采过程中必须保护好萨拉乌苏组含水层和地质环境，为此推行了充填开采，是西部生态脆弱区少数实行充填式保水采煤技术的矿井之一。

榆阳煤矿利用以风积沙为骨料的膏体充填材料，实现了保水采煤。该材料主要是由风积沙、水泥、粉煤灰、专用辅料及水按一定配比混合而成，其中水占35%以下（似膏体）。2301连采工作面充填50条支巷，充填5.2万m^3，充填体强度28天时达到5.30MPa。充填率为50%～70%，地面下沉量减少了50%以上（吕文宏，2013）。

神东矿区部分煤矿也开展了局部充填或局部限高保水开采工程实践，一般在工作面开切眼附近适当降低采高或部分充填，在停采线附近也采用同样措施，实现保水采煤的目标（刘玉德，2008）。充填保水开采是实现保水采煤的重要途径，但成本较高。榆阳煤矿充填成本超过了100元/t，给该技术的推广应用带来了一定的限制。

2. 窄条带保水采煤技术

“窄条带”采煤方法的主要技术特征是：矿井的开采系统仍按照长壁开采系统布置，在原设计的回采工作面，平行于原开切眼划分若干个开采条带；每个开采条带开采时，先开通由区段运输平巷到区段回风平巷的开掘面，形成较为规范的全负压通风系统；后采用后退扩巷回采。“窄条带”采煤方法是针对榆阳区地方煤矿开采区采矿权边界不规则而提出的一种保水采煤方法，关键在于煤柱稳定性（谢和平等，1998）。

石平五等通过对榆卜界等矿井“保水采煤”设计研究，确定了“窄条带”开采技术参数确定的原则和方法：①在确保煤层上覆富含水层不受破坏的原则上，计算开采条带的最大宽度；②在保证煤柱长期稳定性原则的基础上，计算条带煤柱的最小尺寸；③提出条带开采方案，通过数值试验程序进行“围岩-煤柱群”整体力学模型计算。

采用相似模拟实验对“采 12 留 8”条带开采中 8m 条带煤柱及煤柱削减至 6m 及 4m 后的煤柱稳定性进行了对比模拟研究。研究结果表明，条带工作面条带煤柱及边界大煤柱构成承担覆岩荷载的整体结构，条带煤柱是主体；条带煤柱尺寸减小首先造成采空区域中部煤柱产生塑性变形，其承受的荷载向其他煤柱转移；4m 条带煤柱造成采空区中部局部条带煤柱首先失稳，进而导致覆岩的瞬间大范围垮落。8m 条带煤柱可保证煤柱长期的稳定性，达到保水开采的目的（石平五等，2006；邵小平等，2009）。

目前，榆阳区 10 余处地方煤矿采用这种“采 12 留 8”的保水采煤方法，与原房柱式采煤方法比较，煤炭资源回收率提高 20% 以上，单井产量可提高到 100 万～300 万 t。窄条带保水采煤技术煤炭采出率低，仅限于特定条件下的使用，如何回收留滞的“条带煤”以及消除采空区的安全隐患是一个重大难题。

3. 分层（限高）保水采煤技术

厚煤层开采可采取放顶法和分层开采等方法。尽管放顶法生产效率和回收率高，但覆岩破坏严重，压力显现剧烈。实践表明，减小初次开采厚度，增大重复开采厚度，可以有效降低导水裂隙带高度，降低生产成本。

分层开采可以有效降低导水裂隙带高度。合理设计初采厚度，重复分层开采可以避免一次采全高破坏上覆含水层隔水层的隔水性。

榆树湾煤矿延安组含煤 5 层，其中 2^{-2} 煤层是最上部可采煤层，煤层厚度为 11m。萨拉乌苏组含水层厚 14.2～15.85m，黄土及红土层隔水层厚 83.75～95.80m，煤层上覆基岩厚 115～160m（其中直罗组裂隙含水层厚度为 82.9～20.7m，基岩顶面风化含水层厚 23.64～11.60m，延安组弱或极弱含水层厚 77.39～94.73m）。

若上分层采用一次采全厚（≥7m）全部垮落法管理顶板，45% 以上区域的萨拉乌苏组地下水将漏失，上分层采高 5m 左右可以实现大部分区域的保水开采（王悦，2012；王悦等，2014）。因此，榆树湾煤矿设计上分层采高 5.50m，目前已完成 4 个综采工作面的回采，正在开采第 5 个工作面，钻孔探测导水裂隙带未发育到萨拉乌苏组含水层，实现了保水采煤目标。

限高（分层）保水采煤技术针对榆神府矿区无疑是一种适宜的新技术，但上分层开采后，下分层何时可以回采、回采对含水层结构的影响，将是我们面临的科学技术难题。

4. 短壁机械化保水采煤技术

短壁连采技术始创于美国，我国于 1979 年开始从美国引进连续采煤机用于短壁连采，经多年发展形成适用于我国地质特征的高效的短壁机械化开采技术和方法。短壁式开采技术具有采、掘合一，机动灵活，适应性较广等优点，特别适合于三下开采，不规则区域开采及残煤区回收煤柱等。2003 年神东矿区应用短壁开采工艺促进了矿井的规模化生产，2008 年刘玉德等在榆神府矿区苏家壕煤矿，借助实践经验、实验数据、理论计算与数值模拟，建立了浅埋煤层短壁开采分类体系，针对性进行了短壁机械化采煤布置，成功解决了薄基岩条件下短壁机械化保水采煤问题。

5. 长壁机械化快速推进保水采煤技术

马立强等（2008a，2013）针对神东矿区补连塔煤矿薄基岩浅埋藏易发生切落的32201工作面和具有双关键层的32202工作面，通过加快推进速度，在保水开采重点区域限制采高或局部充填，选择合理的支护阻力三项措施，尽量保证顶板完整性，避免在动压力作用下导水裂隙带的充分发育导通含水层，造成含水层水短时间大量涌入工作面。

采取措施后，32201和32202工作面从数值模拟到现场实践证明，松散层水位变化较小，仅在工作面两侧顺槽水位下降大于地面下沉值，基本实现了保水采煤目标。

0.2.4.2　底板承压含水层保水采煤技术

在承压水体上进行煤炭资源开采时，也要保护底板含水层。如陕西澄合矿区董家河煤矿以保水采煤理论为基础，以防突水为目标，开展了以底板注浆加固为主要内容的承压含水层保护采煤工程实践，既保证了煤矿安全，又降低了奥陶系岩溶水水位受采煤影响的程度，实现了保水采煤目标（叶东生等，2010；王苏健等，2015；马雄德等，2017a）。

1. 受保护的岩溶承压含水层

渭北岩溶水主要赋存于中下奥陶统马家沟组（$O_{1-2}m$），溶蚀裂隙为本区含水岩溶类型，分布规律受地质构造控制，含水层区域性地下水位标高373～375m，水质较好，矿化度为0.6～0.8g/L，通过泉群排泄，是渭北地区工农业用水和黄河湿地维系的重要水源。

但奥陶系石灰岩顶面距10号煤层底板间距一般为10m，距5号煤层底板间距一般在27m左右。开采10号煤层时，煤层底板岩柱不足以抵抗奥陶系承压水压力时，下伏含水层将构成矿井直接充水含水层发生底板突水。开采5号煤层时，对矿井安全生产构成危害的是5号煤层底板承压含水层，即K_2、奥灰含水层，而K_2含水层本身富水性弱，但是当其与下伏富水性强的奥灰含水层导通时，涌水量会迅速增大，突水危险性较高。

2. 煤层底板（含水层顶板）注浆加固保水采煤技术

5号煤直接底板有粉砂岩和石英砂岩两类，其中粉砂岩类包括砂质泥岩及泥岩，抗压强度为23.9～35.7MPa，抗拉强度为1MPa。10号煤层直接底板为粉砂岩或碳质泥岩，一般具可塑性，遇水易膨胀。注浆堵水是直接改善底板突水途径，保证不发生底板突水和保护含水层结构完整性。

在5号煤层底板实施全段注浆，综合考虑治理成本，选用黏土浆液，当单孔的黏土浆液注浆量达到一定程度时，可调整使用黏土-水泥浆、纯水泥浆或双液浆液注浆。利用黏土、水泥浆的黏塑性及凝结强度填充裂隙并加固提高底板强度。澄合矿区董家河煤矿建设了我国最大的煤矿底板注浆系统，实现了机械化作业，自动化监控。

通过直流电法探测注浆后的底板含水性，注浆效果良好，未发生以底板岩溶水含水层为突水水源的煤矿突水，实现了岩溶承压含水层的保水采煤目标。

渭北岩溶水是该区工农业用水、生态需水的重要水源，而5号煤层开采已经受到底板承压水的威胁，10、11号煤层开采的危险性更大。由于开采成本高，煤矿亏损严重，建议老矿井逐步退出，不再新建煤矿，确保岩溶含水层保护，但关闭老矿井将面临一系列经济、社会问题，必须合理解决。

0.3　保水采煤的概念

0.3.1　保水采煤的概念

在年降水量约400mm的鄂尔多斯盆地北部富煤、缺水地区，水资源量有限，时空分布不均，地下水是维系区内工农业发展、人畜用水和生态环境的基础。由于煤层浅埋，埋藏条件优越，适合大型机械化开采，该区在以往煤层开采过程中多次造成煤层上覆基岩全厚切落或导水裂隙破坏含水层底板结构失稳，具有供水意义的含水层失去储水功能，破坏水资源平衡，因此保水采煤技术应运而生。保水采煤的核心是在矿区规划、设计及开采阶段采用的科学采矿方法，促进矿区水资源供需平衡，其主要目的是在采煤过程中保护富水性较强的具有供水意义和生态价值的含水层结构稳定。

以经济和社会效益最大化为目标，认为保水采煤是指在干旱半干旱地区煤层开采过程中，通过控制岩层移动维持具有供水意义和生态价值含水层（岩组）结构稳定或水位变化在合理范围内，寻求煤炭开采量与水资源承载力之间最优解的煤炭开采技术（范立民，2017a）。

由此可知，保水采煤着眼于西部干旱半干旱地区具有供水意义和生态价值的含水层，除此之外的各类含水层均不在保水采煤研究的范畴之中。保水采煤实现途径是以岩层控制理论和技术为基础而研发具有抑制导水裂隙发育的采煤技术。保水采煤的对象为含水层结构和水位埋深，要求含水层结构稳定，或短暂失稳后造成的水位下降在一定时间后能恢复至不影响其供水能力的范围。保水采煤的目的是优化煤炭资源开采和水资源供需平衡之间的矛盾，达到资源开发与水环境保护协调统一。

鄂尔多斯盆地北部第四系萨拉乌苏组（Q_3s）含水层、侏罗系烧变岩（J_2y）含水层和盆地南部奥陶系岩溶含水层、盆地西部及西南缘洛河组含水层均是保水采煤的保护对象。在干旱半干旱其他矿区，以河水-地下水关系为基础对维持河流基流有重要贡献的含水层，以植被地下水关系为基础对维系地表植被演替具有明显控制作用的含水层，以及以水资源供需关系为基础被确定为供水水源的地表水库及深部含水层保护属于保水采煤研究的外延，也应纳入保水采煤研究体系之内。

0.3.2　保水采煤的科学内涵

保水采煤的科学内涵包括保水采煤的适用条件、研究内容、研究方法、关键技术（范立民，2017a），以及基于矿区水资源保护目标和保护技术的采煤技术和工艺（图0-1）。

0.3.2.1　保水采煤的适用条件

一是适用于生态脆弱缺水区，保水采煤是针对毛乌素沙地的富煤区提出的，对于我国西北干旱半干旱地区的煤矿都适用。对于东部地区具有生态价值的含水层赋存区，如邯郸、邢台矿区，也具有一定的适用性。二是适用于强含水层发育地区，有中、强富水性含水层的煤

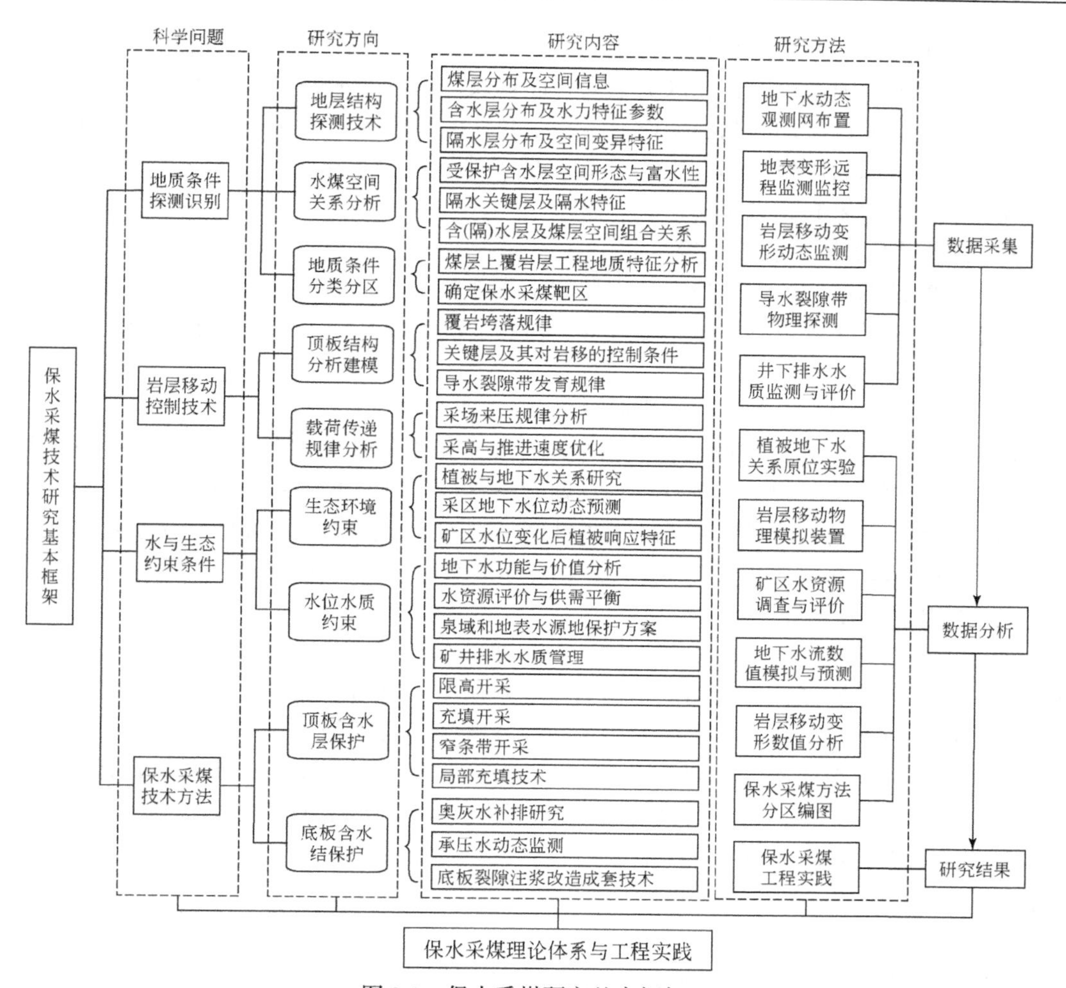

图 0-1　保水采煤研究基本框架

矿区，这些含水层包括萨拉乌苏组、烧变岩、洛河组含水层以及奥陶系岩溶含水层，是西北地区工农业供水的主要水源，也是维系生态系统的物质基础，含水层存在的生态意义重大，采煤必须保护含水层。三是适用于采煤对含水层有影响的浅埋煤层区，这些含水层与煤层发育的空间距离近，煤层与含水层之间的隔水层厚度小，煤层埋藏浅，煤层开采对含水层结构影响大。四是通过规划或技术措施，可以避免或减缓采煤对含水层结构影响的矿区。

神东矿区的部分煤矿，煤层埋藏深度在 100m 左右，采煤产生的导水裂隙带或冒落带发育到地表，无法保护浅部含水层结构稳定，只能采用煤−水共采的地下水库技术科学利用水资源，与提倡含水层结构保护的“保水采煤”内涵有所不同。

0.3.2.2　保水采煤的研究内容

1. 地质条件探查与识别

1）含水层水文地质参数研究

水文地质参数是反映含水层或透水层水文地质性能的指标，如渗透系数、导水系数、给水度、释水系数、越流系数等。由于地下水赋存条件受现代地貌、古地理环境、含水层厚度、岩性特征等因素控制，在区域上变异性较大，这对含水层水文地质参数的影响十分显著。因此必须通过野外实测和室内分析相结合，突破传统方法在参数识别和反演中的不足，在积累大量原始数据的基础上，客观、真实地分析含水层水文地质参数的空间变异，对提高保水采煤效果起到事半功倍的效果。

2）隔水层及其隔水性能研究

隔水层特性的研究，主要研究隔水层的工程地质条件，包括分布、厚度、物理力学性质、隔水性、采动条件下的隔水稳定性等。黄土、红土隔水层及隔水性能是榆神府矿区研究的重点。

3）煤层与含（隔）水层空间关系研究

煤层与含（隔）水层空间组合关系是研究保水采煤的基础，在确定了受保护含水层水文地质条件、隔水层工程地质条件和煤层赋存条件后，其组合关系为科学规划、保水开采提供基础依据。就榆神府矿区而言，煤层与含（隔）水层空间关系是“含水层在上、煤层在下，隔水岩组厚度变化大”，隔水关键层分布不均一（图0-2）。

4）地质条件分类分区

通过提高对地质、水文地质条件的认识，便可在宏观上把握保水采煤的重点区域，圈定有水矿区和无水矿区，并能明确指出有效隔水层空间分布，在无水矿区鼓励机械化高强度开采，可先行开采，在有水矿区必须实行保水开采，合理划定保水采煤研究靶区。如王双明等研究了煤水地质条件，划分了保水开采分区，李文平等基于保水采煤目标，划分了岩土体组合的五种类型，即基岩型、砂基型、沙土基型、土基型和烧变岩型，并指出沙土基型和烧变岩型有保水采煤的必要性。

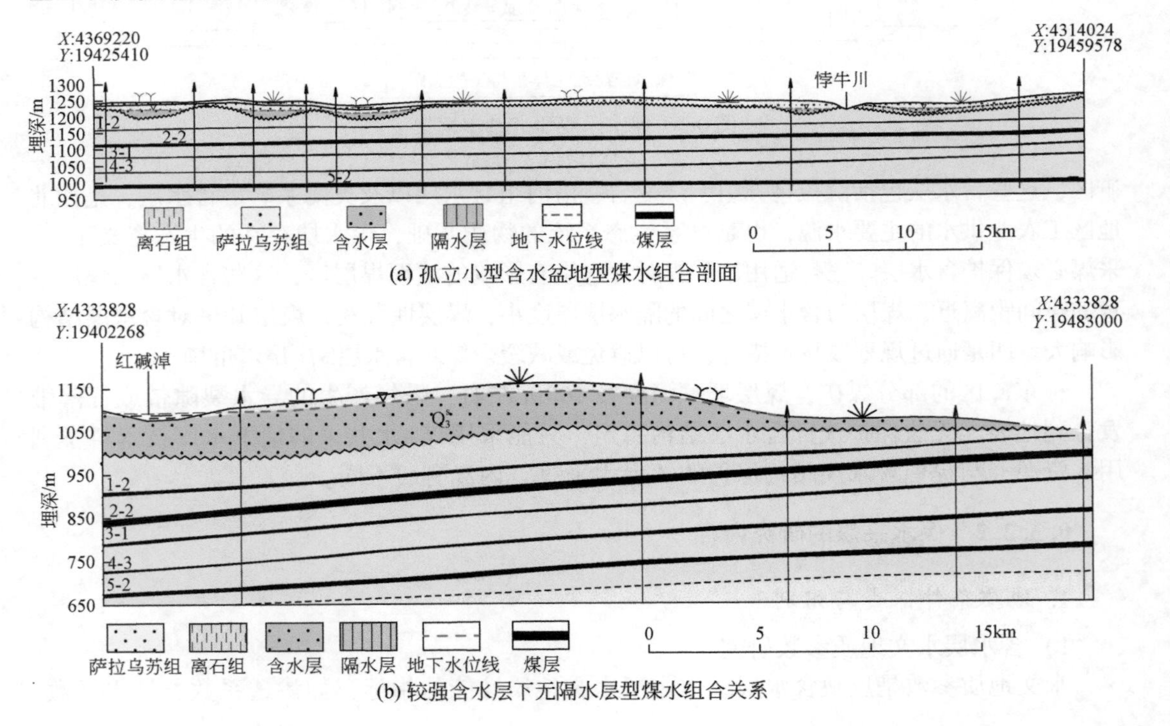

(a) 孤立小型含水盆地型煤水组合剖面

(b) 较强含水层下无隔水层型煤水组合关系

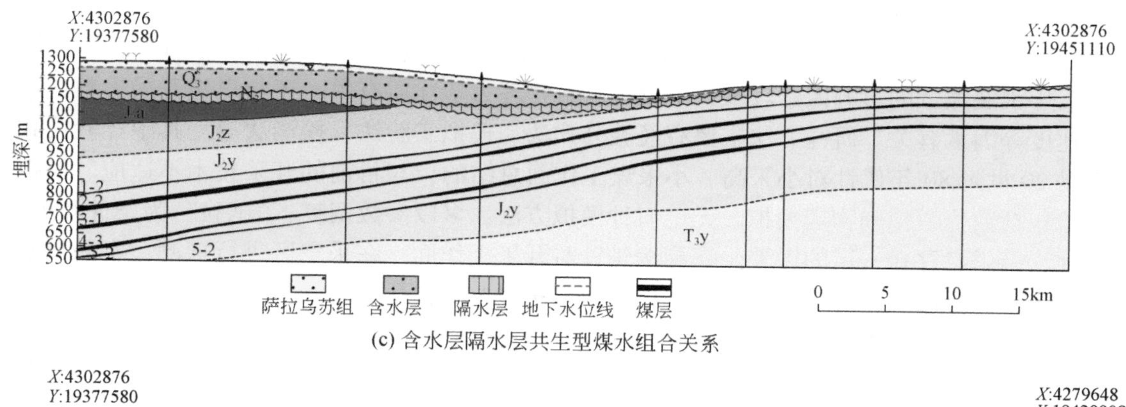

(c) 含水层隔水层共生型煤水组合关系

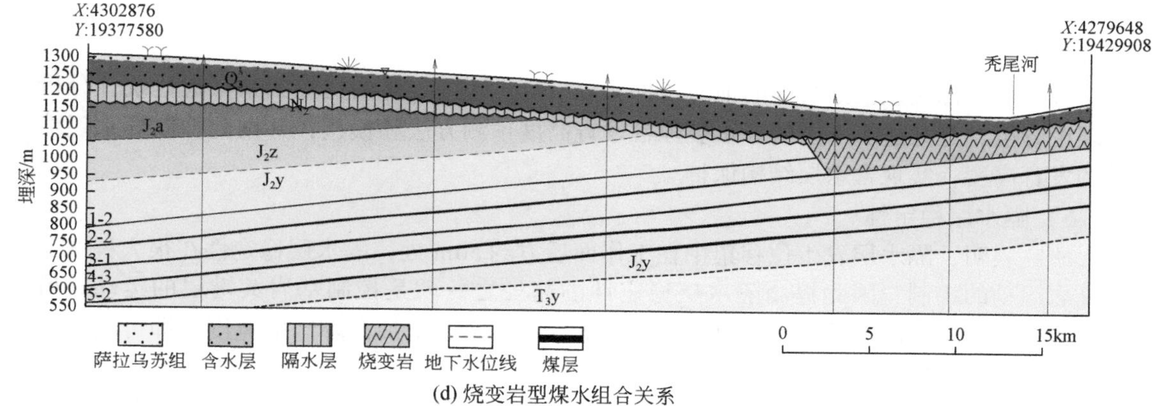

(d) 烧变岩型煤水组合关系

图 0-2　榆神府矿区煤层与含（隔）水层空间组合类型

2. 隔水层稳定性控制

1）岩层移动控制

岩层控制是浅埋煤层科学开采面临的重大难题，根据浅埋煤层定义，一般认为是埋深不到150m，基载比小于1，顶板体现单一关键层台阶岩梁结构，工作面来压具有动载大和台阶下沉特征，覆岩垮落具有“两带”特征，“两带”直接与含水层沟通，导致地下水渗漏和水位下降（图0-3）。在此基础上，黄庆享建立了浅埋煤层岩层控制理论和技术，为西部浅埋煤层保水开采奠定了理论基础。

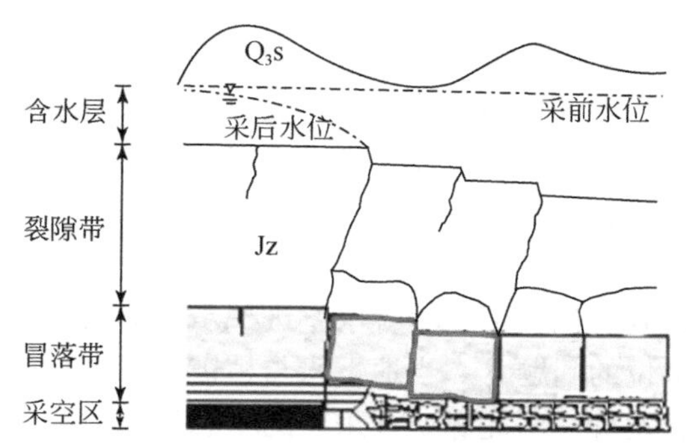

图 0-3　单一关键层台阶下沉地下水渗漏机理（据黄庆享，2014，有修改）

2）导水裂隙带

导水裂隙带是保水采煤的关键参数，是采煤是否引起含水层地下水渗漏的决定性因素。导水裂隙带的影响因素较多，不仅与岩石物理力学性质有关，还与煤炭开采参数、推进速度等因素有关。研究方法主要有经验公式法、模拟实验法、探测法等。其中经验公式多是20世纪80年代针对小采高、小采煤工作面总结的，与目前的开采技术不适应。模拟实验包括数值模拟和物理模拟，无论何种模拟方法，多以参数调整、“试验”为条件开展，因此，结果也存在一定的误差。探测法是针对开采工作面，在采空区进行探测，实测导水裂隙带的发育高度，结果符合实际。目前探测法主要有钻孔探测和地面物探，其中钻孔探测通过实测岩石RQD值、冲洗液漏失量等间接方法判断导水裂隙带发育位置和发育程度，通过井下电视直观观测裂隙带发育位置和发育强度，通过地球物理测井间接判断岩石裂隙发育程度等，最终综合确定导水裂隙带发育的高度。

各个矿区都应该根据具体的地质条件，分析导水裂隙发育的受控因素，通过统计分析或理论分析，建立适于本区的导水裂隙带发育高度预测方法和模型，并据此抑制导水裂隙带的发育高度，实现含水层结构保护。

3）隔水层稳定性

研究表明，隔水层发生位移集中在工作面后方约50m处，隔水层稳定性在很大程度上受基岩运动的控制，因此提高隔水层稳定性的途径之一就是控制基岩关键层的运动。另外，在下沉量一定的条件下，通过合理控制顶板的运动，增加沉降区的宽度，即可减缓导水裂隙的发生和发展，增加隔水层稳定性。

在导水裂隙高度一定的条件下，第四系黄土层和新近系红土层的隔水性能及其与厚度之间的关系目前尚未探明，普遍采用40m黄土层和20m红土层作为有效隔水层，具体仍需要进一步研究探索。

3. 水与生态约束条件

干旱半干旱地区一般降水稀少，生态环境脆弱，煤矿开采必须在技术、经济、环境之间进行多目标优化，其中水资源尤其是地下水资源和生态环境承载力是不可或缺的约束条件。

1）水资源约束

水资源约束是指以煤矿建设运营为主的经济发展必须以水资源承载力为基点，优化和合理布局，使水资源系统处于健康良性循环之中。水资源约束主要研究采矿活动对水文地质条件的影响规律，分析水文地质参数、边界条件等对采矿活动的敏感性与时空变异性，构建基于干旱与环境生态脆弱区水循环理论、环境生态与水质多重约束和风险分析的地下水资源评价模型，评价采矿活动对地下水资源组成和可利用资源量的影响，提出地下水保护、开发利用及调控的方法。

2）生态约束

地下水位变化会通过调节包气带土壤含水率进一步影响表生植被的生长，因此生态约束的本质要回归到地下水位的问题上。当地下水与植被关系密切时，地下水位变化改变包气带含水率影响植被生长发育，因此煤矿开采中的生态约束研究必须探索地下水与植被关系以及地下水位变化阈值。生态约束条件的研究可归纳为植被与地下水关系研究、地下水位变化阈值研究及采区地下水位变化后生态效应预测三方面。根据研究尺度、研究方法的不同，植被与地下水关系研究可以通过样方调查探讨植物类型与潜水埋深关系、植物根系与潜水埋深关系、植物长势与潜水埋深关系，也可以通过遥感影像提取植被指数，研究植被指数与潜水埋深关系。

4. 保水采煤技术方法

保水采煤技术方法的研究旨在抑制导水裂隙带的发育程度，保证隔水层或地下水位的稳定。采煤技术方法选择，主要是调整采煤工作面规格（工作面大小及采高）和工程措施实现岩层控制，抑制导水裂隙带发育高度和底板破坏深度。目前采用的主要方法是控制采高、采煤工作面尺寸和推进速度，实现保水采煤目标。充填开采、限高开采、窄条带开采、局部填充开采等是较为有效的保水采煤技术方法，类似的研究应不断持续下去。

由于在一些地区煤层底板承压水系统的排泄区对维系区域生态环境良性发展起到关键作用，此时需要将防止煤层底板突水与保水开采相结合，不能一味地通过疏排水降低水头压力，而是通过研究底板承压水补排关系后，注浆改造底板导水裂隙，达到保水采煤效果，实现安全开采、含水层保护和区域生态环境维系的协调统一。

0.3.2.3 保水采煤的保护目标

1. 含水层结构及地下水位的稳定性

含水层结构的稳定是保持地下水位稳定的前提条件，合理的地下水位埋深是生态环境良性循环的基础，在沙漠地区，水位埋深大，植被发育状况差，研究表明，沙漠区植被发育状况与地下水位埋深有着直接的关系，水位埋深小于1.50m盐渍化，大于15m各类沙生植被无法生长发育，马雄德等（2017a）的观测研究，进一步揭示了沙漠地区典型植被与地下水位的关系，地下水对沙柳蒸腾的贡献值随着地下水位埋深的增加而减少，当地下水位埋深为15cm时，贡献率为100%；当地下水位埋深大于215cm时，贡献率为0。在地下水浅埋区，地下水是沙柳蒸腾的主要水源，潜水埋深超过215cm后地下水不再对沙柳生长提供水源，这也是沙柳对煤层开采地下水位下降的阈值。而浅埋煤层的高强度开采将直接导致地下水位下降和循环路径改变，因此，保水采煤区应以含水层结构保护为原则，以控制地下水位合理埋深为目标，维系和改善煤炭开采区（流域）的生态系统。

2. 泉及河流基流量的稳定性

泉是河流的源头，黄河中游18%的补给来源于窟野河、秃尾河、孤山川等流域，稳定的基流是保持河流生态健康的基础，这些流域也是煤炭高强度开采区，其水源多源于萨拉乌苏组含水层溢流的泉，调查发现，榆神府矿区20年来的高强度开采，已经导致毛乌素沙漠东缘大量泉的衰减和干涸，原规划的张家峁井田内，1990年有102处泉，2006年只有15处未干涸（张大民，2008）。诸多小泉、小支流的干涸，导致窟野河从2000年开始衰减，2002年干涸，至2006年始终处于断流状态。从1995年到2015年，研究区泉的数量减少了85.4%，总流量减少了76%。因此，保水采煤区应控制区内泉、溪流的基本稳定，维系河流生态系统健康。

在西北地区，实现含水层结构的稳定和泉流量的稳定，某种意义上，就保护了生态环境，维系了生态系统。

0.3.2.4 保水采煤的关键技术

1. 导水裂隙带发育高度抑制技术

导水裂隙带（包括隔水岩组上行裂隙和下行裂隙）高度抑制是实现含水层保护的有效途径。采用合适的采煤方法是控制导水裂隙带高度的手段，如果能有效降低煤炭开采引起的岩层扰动范围，把导水裂隙带发育高度限制在受保护目标含水层（萨拉乌苏组或烧变岩）的底界（+保护层）之下，就能实现保水采煤。榆神府矿区导水裂隙带探测结果表明，在一般条件下，裂采比为20～26，覆岩隔水层厚度小于导水裂隙带发育高度赋煤区，就面临着保水采煤难题。导水裂隙带发育高度与工作面宽度、采煤方法及煤层埋深等多种因素相关，通常采用的方法有以下几种：

（1）限高或分层开采技术，针对榆神府矿区厚煤层分布区，是通过减小煤层采高而实现降低导水裂隙带发育高度的保水采煤技术，如榆树湾煤矿。

（2）减小工作面宽度，抑制导水裂隙带的充分发育。如榆阳区地方煤矿开采区，通过留煤柱的方法，采用“窄条带保水采煤技术”，实现保水开采。

（3）条带充填开采，充填采空区，减小采空空间，降低裂隙带发育高度，如榆阳煤矿。

（4）加快工作面推进速度，减小导水裂隙带高度，神东矿区部分煤矿采用这类技术实现保水采煤目标。

（5）无煤柱开采，消除区段煤柱导致的非均匀沉降，减小采动裂隙。采用110和N00工法，减小覆岩应力集中，降低裂隙带发育高度。

近年来，上述多种采煤方法都进行了工程实践，抑制了导水裂隙带高度，取得成效，但与煤炭资源的高回收率、低成本条件下的含水层保护，还有差距。

2. 关键隔水层再造与含水层再造技术

关键隔水层隔水稳定性是控制地下水渗漏、实现保水采煤的关键。在实现关键隔水层的隔水稳定性方面，部分煤矿开展了实践与探索。例如，基于黏土和黄土的性质，开展裂隙的弥合性研究（黄庆享等，2010），为分层限高大采高保水开采提供了理论依据；采用人工方法对关键隔水层上离层空间的注浆改造，使近水平的离层“裂隙”弥合；在关键隔水层位置再造一个弱透水、可保持地下水系统正常循环的人造隔水层，既能隔离上部萨拉乌苏组地下水的渗漏，保护含水层结构和生态水位，又能保证下部各含水层一定程度的补给来源。当然，这一技术只是设想，并没有付诸实施。近年来，部分煤矿开展了顶板隔水层裂隙空间的注浆改造，对保持隔水层的隔水稳定性，起到了一定的作用，如神东矿区石圪台煤矿对离层空间进行注浆改造，效果良好。

含水层再造是2006年提出的新概念和技术（范立民和蒋泽泉，2006；张发旺等，2006），是基于烧变岩含水层的启发，通过对采空区碎裂岩体进行物理隔离或改造，形成新的含水结构或成为新的含水层，目前已经演化为地下水库技术。

3. 底板破坏深度或强度减缓技术

渭北澄合矿区岩溶水含水层是该区工农业用水的重要来源，也是黄河湿地的水源，其生态价值和经济价值异常重要。但煤矿开采将破坏其含水层结构，如不采取措施，可能会造成煤矿突水事故，甚至疏干含水层，影响矿区及附近区域生态环境。监测表明，该区5号煤层开采底板破坏深度通常是10～15m，在构造薄弱地带，破坏深度可能还会增加，为此，以董家河煤矿为代表的矿山企业，采用注浆加固底板薄弱带，减少底板隔水层损害，实现了煤矿安全和岩溶含水层保护。

0.3.2.5　保水采煤的工程实践及效果评价

1. 保水采煤的工程实践

防治水的研究重点是地下水（含水层）对采煤的影响及防控技术，目的是防治水害，一般通过提前疏排、通道封堵等方法实现安全开采。如淮河河堤下采煤（袁亮和吴侃，2003）、渭北岩溶水含水层上带压开采等。保水采煤的研究重点是采煤对含水层结构的影响及防控技术，属于主动保水采煤，是基于含水层保护而采取的采煤技术变革，如榆树湾、金鸡滩、杭来湾煤矿的限高开采，榆林地方煤矿开采区改造房柱式采煤技术，设计了采12留8的窄条带保水采煤技术，提高了回采率，也保护了水资源。神东矿区大柳塔煤矿等区域，最浅部的煤层埋深在100m左右，无法实现含水层结构保护，采用了地下水转移、储存方式，实现了煤-水共采。

2. 保水采煤的效果评价

多年来，保水采煤研究取得了重要进展，工程实践效果显著，榆神府矿区的榆阳、榆树湾、金鸡滩煤矿及榆阳区地方煤矿开采区的榆卜界煤矿等，都实现了保水开采；神东矿区实现了煤-水共采；神南矿区合理留设烧变岩边界煤柱，促进了烧变岩含水层保护。2015年我们在部分煤矿采空区探测了地下水位和导水裂隙带发育高度，结果表明，推广保水采煤技术的煤矿地下水位变幅较小，导水裂隙带未发育到含水层中，实现了保水采煤目标。

但由于地质环境条件的复杂性、煤矿开采布局的不合理性及各种利益的纠缠，以及20世纪90年代初期认识的局限性，局部区域高强度采煤对地下水的影响显著。2014～2015年我们对榆神府矿区采前、采后的水文地质条件进行了调查，收集、整理了1994年区内泉、井的分布及流量、水位埋深及水源地分布、地表水体分布及面积等采前水文地质资料。2015年实地核查了所有泉的流量、井的水位和水源地运行状况，发现高强度采煤区泉的数量大幅度减少，流量也衰减，潜水水位下降幅度超过15m，部分区域潜水已经疏干，地表水水体面积萎缩，河流水面也相应缩小，部分区段出现荒漠化。

0.4　保水采煤研究现状

近年来，地质、采矿、环保等系统的多个课题组针对陕北浅埋煤层保水开采问题开展了深入研究，提出了保水开采对策和方法，使保水采煤研究有了长足的发展。主要集中在以下四个方面。

0.4.1 基础理论研究

基于采动岩体裂隙演化的研究，人们重点研究岩层控制技术。经过几十年的研究，岩层控制已逐步形成了独立的科学分支。对于层状矿体开采来说，岩层控制主要包括三个方面：采场覆岩活动规律及其对支架围岩的影响；开采引起岩体内的裂隙和离层变化及其对地下水与瓦斯流动的影响，地表沉陷对建筑物、水体及环境的影响。由于其研究内容都集中在采场上覆岩层活动的过程及结果，因此可以采用同一力学原理描述开采所引起的岩体破裂-结构-运动及形态。研究中，学者意识到各种岩层特性不一，于是把岩层活动中起主要控制作用的坚硬岩层称为结构关键层。之后，结构关键层模型成为地表沉陷和采场矿压研究的基础，认为对采场顶板岩体活动起全部或局部控制作用的岩层为顶板结构关键层，并由此衍生出隔水关键层的概念，即煤层与顶板含水层之间存在着强度较大、对变形起控制和决定作用的岩层，它单独或与渗透率低的较软岩层组合形成可抵抗一定天然构造应力、水压力、围岩应力的结构。

缪协兴等（2009，2011）利用隔水关键层理论方法提出重要水源地保护、烧变岩含水体保护、厚基岩顶板水保护、薄基岩顶板水储存及矿井水资源化五种保水采煤基本模式。根据该区浅埋煤层覆岩特征和含水层特征，提出有隔水层区、无隔水层区、烧变岩区泉域水源地区和弱含水层区四种保水采煤分区。

0.4.2 地质基础研究

1996～1998 年范立民参与完成了“中国西部侏罗纪煤田（榆神府矿区）保水采煤与环境地质综合研究”，系统开展了保水开采地质背景研究，从宏观上对决策者起到一定的指导作用，其主要进展是对煤层覆岩结构类型进行了划分，划分出沙土基型、沙基型、土基型、基岩型、烧变岩型五种煤层覆岩结构类型（李文平等，2000；范立民和蒋泽泉，2004），在此基础上，对开采条件进行了分析，定性划分出采煤保水区、采煤失水区、采煤无水区三个分区。但由于勘查程度低，控制工程少，研究深度不足以满足保水与生态环境保护的需求。

2003 年王双明、范立民等完成了“榆神矿区保水采煤研究”，就榆神矿区一期开发区规划的大保当、金鸡滩、杭来湾、榆树湾等井田进行了专门研究，划分了榆神矿区保水开采地质条件分区——自然保水开采区、可控保水开采区和限制开采区，促进了榆神矿区开发进程。

2003～2008 年王双明、范立民等共同完成了“榆神府区煤炭开发与生态水位保护研究”，提出了生态水位保护的保水采煤理念，编制了基于生态水位保护的煤炭资源开发规划图，划分了基于生态水位保护的采煤方法分区图，为保水采煤的实现提供了区域性规划依据与采煤方法基础。

2010～2012 年王双明院士团队完成了“榆神矿区三期规划区煤炭开采对水资源影响的预测研究”，就榆神矿区三期规划区规划的小保当、郭家滩等六个井田进行了专门研究，定量划分了采煤对萨拉乌苏组地下水的影响程度，为矿区环评及开发决策提供了科学依据。

2013～2014年范立民等完成了陕西省地质调查院下达的两项公益性科研专项“采动影响条件下含（隔）水层结构变异研究”“煤炭开采过程中对水资源的保护技术研究”，研究了采煤对覆岩、含水层和隔水层的损伤机理，识别了含（隔）水层结构变异类型，划分了保水采煤技术的适宜性分区。

2014年陕西省地质环境监测总站李成、李永红分别主持完成了榆阳区、神木县地质灾害详细调查，对两个区县的地面塌陷、地裂缝、井水位、泉流量、水环境等进行了详细调查，划分了地质灾害危险性分区，对大规模煤炭开发的地质环境影响进行了述评，为保水采煤效果评价提供了数据支撑。

2013～2016年范立民、向茂西等完成了“陕北煤炭开采区水工环专项调查”，系统调查了榆神府矿区8971.5km^2范围内水文地质、工程地质与环境地质条件，收集分析了煤炭开发前地下水位埋深和泉的分布、流量，调查了现状条件下地下水位埋深、泉的流量，划分了煤炭开采对地下水影响程度分区和趋势，为煤炭开发规划调整和科学开采提供了详细数据。

范立民（2014）基于保水采煤和地质灾害防治要求，提出了煤炭资源开采强度的概念和指标体系，划分了榆神府矿区煤炭资源开采强度分区，调查了不同开采强度条件下的地质灾害发育特点，提出了减轻地质灾害发育的保水采煤技术应用条件（范立民等，2017a）。

0.4.3　实验模拟研究

根据榆树湾煤矿建设的需求，侯忠杰等以相似材料模拟所得到的工作面推进距离与覆岩裂隙高度关系为依据，建立了数值模拟模型，以计算工作面合理的煤柱尺寸，运用ALGOR有限元程序，模拟了基岩厚度30m以下、土层20m以下的沙土基型和基岩厚度30m以上、土层20m以上的沙土基型两种类型的工程地质条件，通过煤柱上的米泽斯应力分布、上覆岩层的拉应力分布以及顶板的下沉量等模拟结果分析，判断了煤柱和覆岩的稳定性，得出了不同基岩厚度工作面实现保水开采的合理推进距。确定了属于陕北沙土基型覆盖层类型的榆树湾矿首采面要实现保水开采的合理开采方法是应采用上分层采高为5m的分层开采方案，而上分层采后的下分层开采和放顶煤开采方案均不能实现保水。

保水开采的关键，是煤层上覆隔水层在采煤条件下的稳定性，隔水层稳定是保水开采的最佳途径，也是评价萨拉乌苏组地下水是否渗漏的重要指标。黄庆享（2000）研究了隔水层特性及其采动隔水性，开展了长壁保水开采技术研究与工程实践。为了促进中小煤矿技术改造和保水需求，张少春等（2005）开展了模拟试验研究，提出了间歇式保水采煤方法，认为顶板基岩厚度小于30m时，只能采用条带式、房柱式开采或者不开采。刘洋等（2006）提出，条带采煤法是目前实现保水采煤的一种行之有效的方法，分析了条带开采技术参数，应用$RFPA^{2D}$数值试验程序，模拟了不同采留比的条带开采设计中围岩破坏的力学过程，提出条带开采技术参数，形成了窄条带保水开采技术，为榆神府矿区富水区中小煤矿提升技术水平、提高回采率和保水开采奠定了理论基础，并在榆卜界煤矿等推广应用，取得成功。

0.4.4 技术方法研究与工程实践

2006年以来，王双明、范立民及缪协兴、黄庆享、石平五、夏玉成、张东升、马立强、邵小平、李文平、孙亚军、白海波、刘玉德、李涛、范钢伟、蔚保宁、李琰庆、张杰等从不同角度研究了保水开采技术和方法，提出了分类分区采用不同采煤方法的方案。范立民等（2006，2009）根据烧变岩地下水形成的启示，提出了采空区储水利用矿井水的思路和方法，并在大柳塔煤矿母河沟泉域开展了工程实践（范立民，2000）。顾大钊（2012，2013）、武强（2014，2017a）提出了矿井水资源化利用技术及途径，大柳塔煤矿等建设了储存矿井水并加以利用的地下水库，形成了煤矿地下水库的理论体系（顾大钊，2015）。叶东生等（2010）基于煤矿安全角度，研究了底板岩溶水水文地质条件及煤矿突水控制技术，开展了底板加固工程实践，实现了煤矿安全开采和岩溶含水层保护。

第1章 研究区地质背景条件

1.1 自然地理

1.1.1 交通位置

研究区主要位于陕西省榆林市榆阳区、神木市和府谷县，主要包括神木北部矿区（含神东陕西境内部分）、新民矿区、榆神府矿区，面积 8369.1km²。区内交通便利，有西安—包头公路、包头—神木铁路、西安—神木铁路、神—骅铁路、神木—东胜公路贯穿矿区南北，府谷—新街公路横穿矿区南部，矿区与各乡镇均有公路相通（图 1-1）。

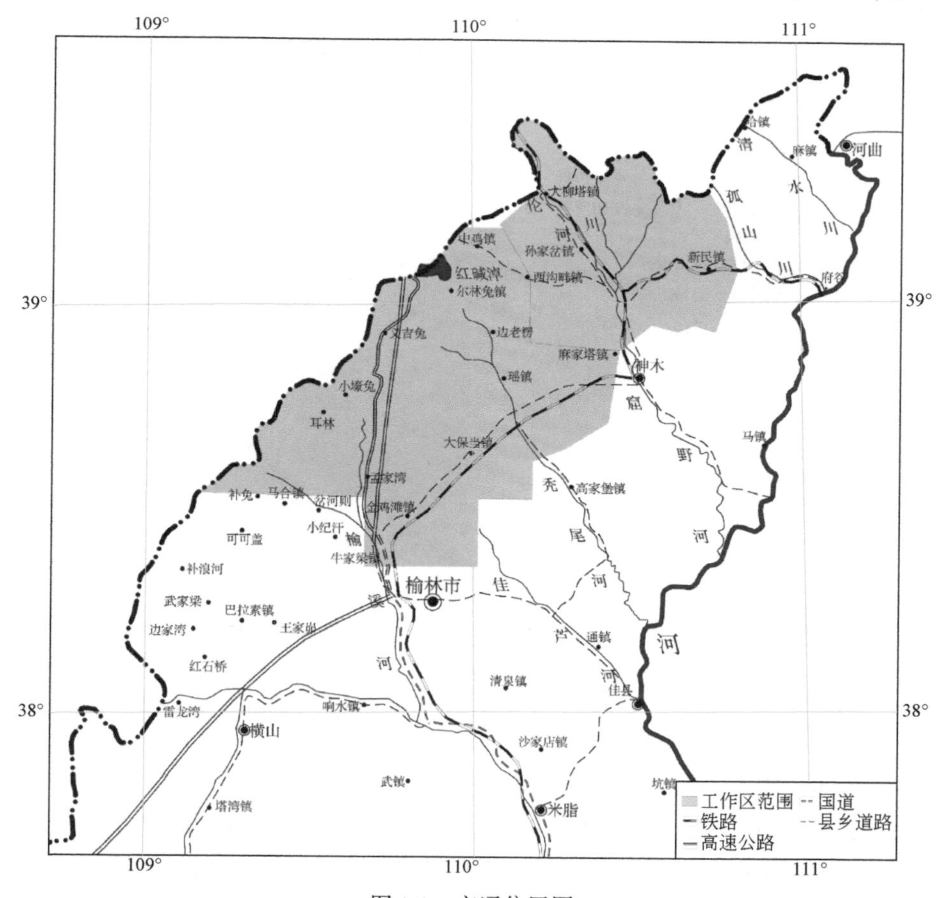

图 1-1 交通位置图

1.1.2　地形地貌

1.1.2.1　地形

研究区总的地势是西北高，东南低，海拔大部分在900～1400m。最高点位于神木市中鸡乡木独石犁，海拔1448.7m，最低点位于府谷县孤山镇南关村孤山川河谷，海拔932m，最大相对高差516.7m。榆溪河、秃尾河、窟野河等河谷呈条带状镶入区内，西部风沙滩地地形较平坦，相对高差较小，东部侵蚀沟谷与黄土梁峁相间分布，地形波状起伏，沟谷上游地带相对高差较小，中下游地带相对高差较大，一般可达300～400m。

1.1.2.2　地貌

研究区位于鄂尔多斯盆地的西北部，毛乌素沙漠与陕北黄土高原的接壤地带，区内地貌是由风力侵蚀和水力侵蚀主控形成的。依据地貌成因和形态特征可划分为风沙地貌、黄土地貌和河谷地貌三个地貌类型。依据微地貌形态特征又可进一步划分为7个次一级的微地貌类型，即风沙地貌划分为滩地地貌和风沙地貌；黄土地貌划分为沙盖黄土梁峁地貌、黄土梁峁地貌、黄土丘陵地貌；河谷地貌划分为宽浅河谷地貌和深切河谷地貌（图1-2）。

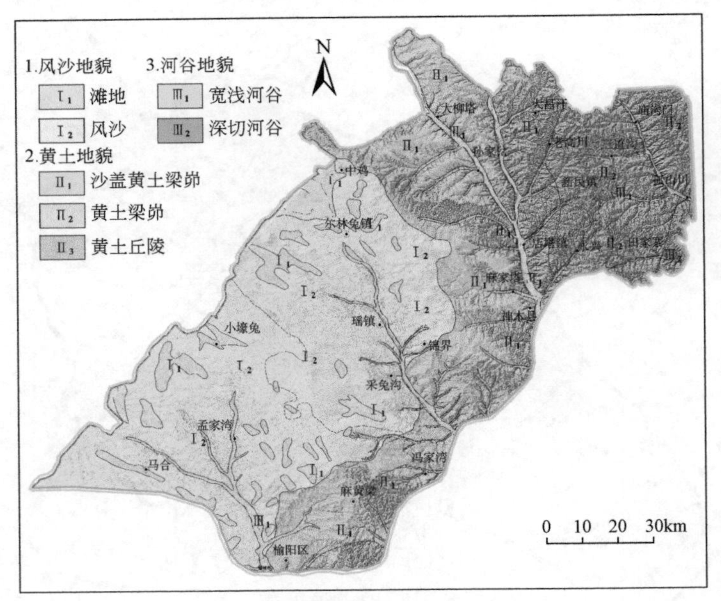

图1-2　研究区地貌图

1. 风沙地貌（Ⅰ）

风沙地貌分布于研究区西部，属毛乌素沙地的东南缘。以榆溪河为界，之西呈北西高而南东低，之东则呈北东高而南西低，高程一般在1000～1200m。地形平缓，相对高差5～20m。组成物质松散，流水、重力作用不显著，沟壑不发育。受来自北西方向的大风影响，新月形沙丘和链状沙丘呈北东–南西方向排列（图 1-3）。

区内大小滩地众多，面积大小不等，规模最大的为陕西和内蒙古交界处的红碱淖，水面面积为 32.16km^2（2013 年），平均深度为 6.68m，湖周边形成宽 500 ~ 2000m 的湿地。

图 1-3　风沙地貌（2018 年 8 月摄）

2. 黄土地貌（Ⅱ）

黄土地貌分布于研究区东部。在地貌形成与演化过程中，各种营力的差异作用形成了一系列不同形态的黄土地貌，主要有黄土梁峁、沙盖黄土梁峁、黄土丘陵地貌。受挽近构造运动和流水侵蚀作用影响，从西向东地貌类型由黄土梁峁向黄土丘陵逐渐过渡。

3. 河谷地貌（Ⅲ）

河谷地貌分布于乌兰木伦河、悖牛川、窟野河、秃尾河等主要河流河谷区。河谷较开阔，阶地普遍发育，谷底宽大于 250m，地面平坦，相对高度差 0 ~ 50m。从低到高依次为低河漫滩、高河漫滩、一级阶地、二级阶地、三级阶地。多由冲积沙土组成，地下水位较高，土地肥沃，为区内粮食高产区。根据河谷形态以及河谷侵蚀切割的宽度和深度将区内河谷划分为宽浅河谷和深切河谷两类。一般发育有河床、河漫滩，以及河流Ⅰ、Ⅱ级阶地等（图 1-4）。

1.1.3　气象

1.1.3.1　降水

1. 降水量分布特征

根据各测站 1957 ~ 2018 年降水量频率统计以及采用矩法估算和皮尔逊Ⅲ型曲线适线

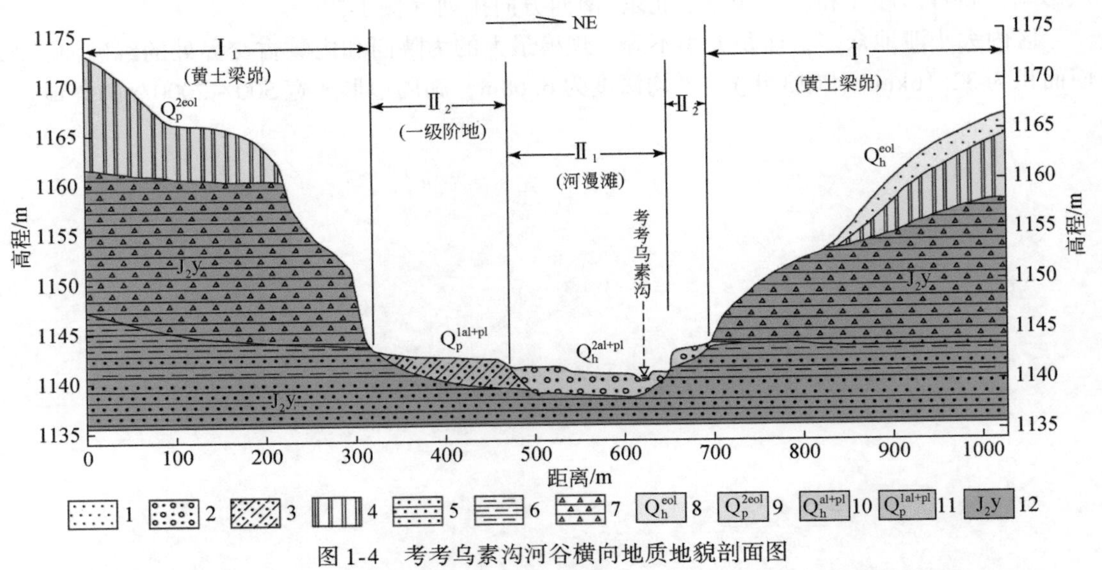

图 1-4　考考乌素沟河谷横向地质地貌剖面图

1. 粉细砂；2. 砂砾石；3. 粉质黏土；4. 黄土；5. 砂岩；6. 泥岩；7. 烧变岩；8. 全新统风积；9. 中更新统风积；10. 全新统晚期冲洪积；11. 早更新世冲洪积；12. 中侏罗统延安组

调整计算的 C_v（C_s取地区经验系数 2.0）结果：全区多年平均降水量为 391.9mm，C_v值介于0.25～0.3，西北部风沙滩地区 C_v值大，至东南部黄土梁峁区 C_v值小；各县（区）多年平均降水量在 406.6～370.1mm，呈现由东向西递减的规律，多年平均降水量的地域分布趋势与东南季风的作用相吻合（图 1-5）。

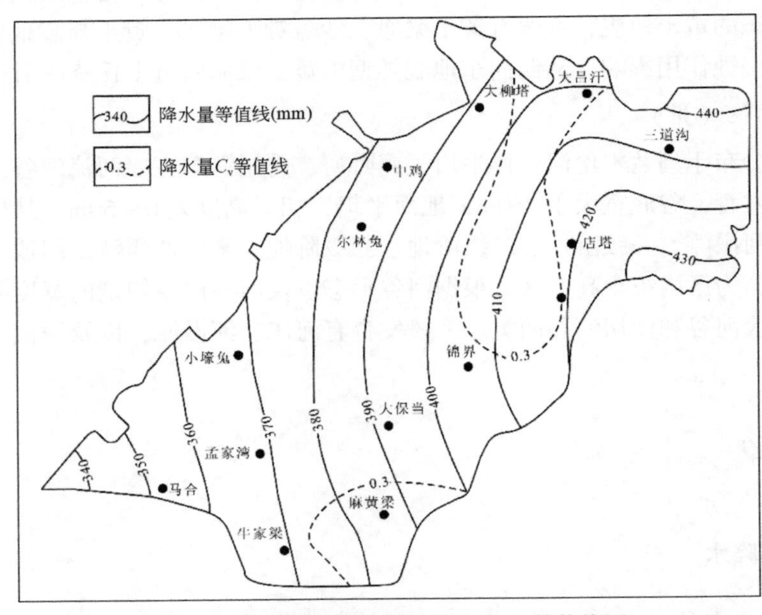

图 1-5　多年平均降水量及降水量 C_v 等值线图

2. 降水动态特征

1）年际变化特征

年降水量变化特征以变差系数 C_v 值和极值比 K_m 衡量。据府谷、榆林、神木气象站1971～2018年系列降水量统计计算，K_m 由东部黄土区至西部风沙滩地区逐渐减小。府谷站最大，为3.05，榆林站最小，为2.66，与研究区降水量总体分布特征一致，由北至南，C_v 值和极值比 K_m 逐渐减小。

2）年内变化特征

据区内府谷、神木、榆林三个站1971～2018年资料统计，降水量四季分配明显不均，主要集中在6～9月，1～7月降水逐渐增多，极大值多出现在7月、8月，9～12月降水逐渐减少。11月～翌年2月降水量一般小于10mm，7月、8月降水量多在90～100mm（图1-6）。季节分配上，冬季占2%～3%；夏季占年降水量的61%～64%；秋季占20%～21%；春季占13%～16%；汛期（6～9月）降水量最为集中，占年降水量的74%～76%。三个站年内最大月降水量与最小月降水量之比分别为35.6、43.2、40.8，月降水变率远远高于年降水变率，说明月降水量的分配更不均衡。

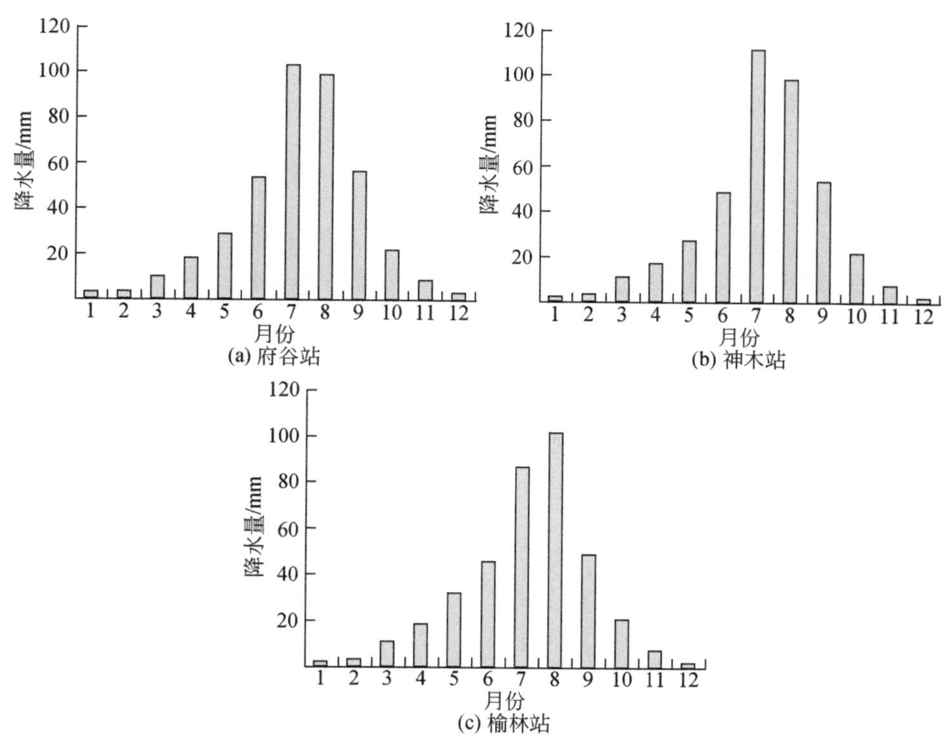

图1-6　代表站多年平均降水量年内分配图

1.1.3.2　蒸发

1. 蒸发分布特征

区内多年平均蒸发量为1600～2300mm。蒸发量与降水量在地域上的变化规律大致相

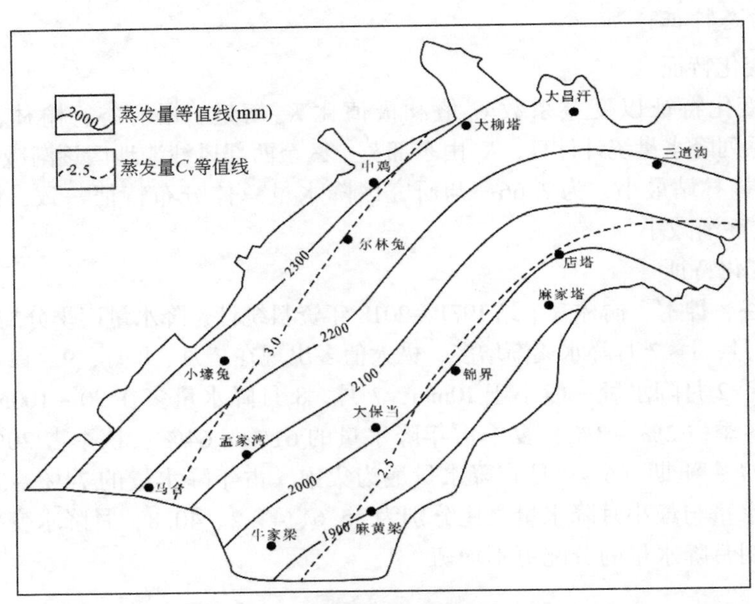

图 1-7 多年平均蒸发量等值线图

反，蒸发量自东南向西北递增（图 1-7）。

2. 蒸发动态特征

1）年际变化特征

据府谷代表站、神木和榆林代表站 1978～2018 年蒸发量数据统计，由东部黄土丘陵沟壑至西部风沙滩地，极值比 K_m 值平缓减小，蒸发量年际变化不大，属弱变异。其中，府谷站极值比最小，为 1. 57，神木站极值比最大，为 1. 85（图 1-5）。

2）年内变化特征

水面蒸发量年内各月分配随气温、湿度、风度等气象因素变化，府谷、神木、榆林三个代表站多年平均蒸发量月分配变化规律与气温呈正相关，即随着气温的升高，蒸发量也逐渐增大（图 1-8）。

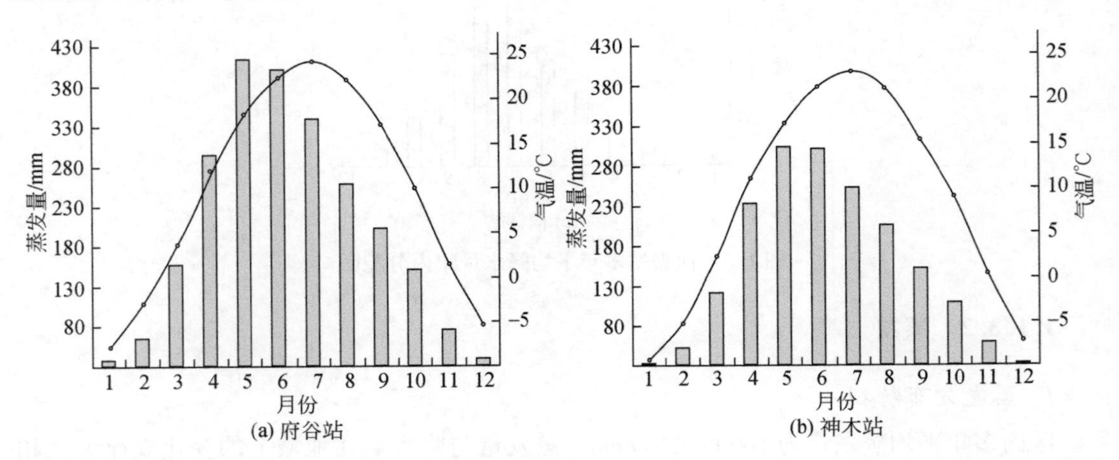

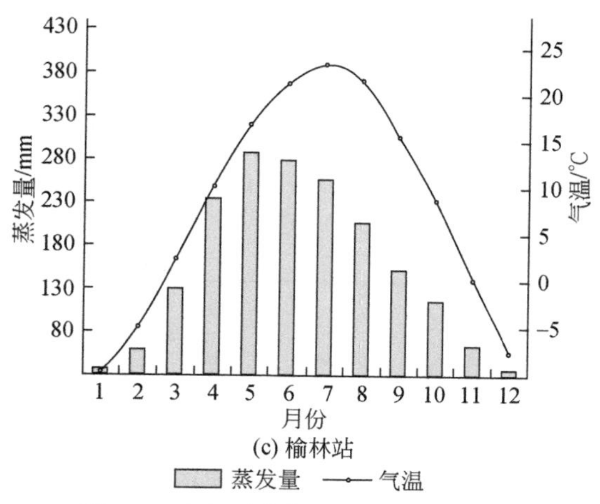

图 1-8　多年平均蒸发量及气温变化图

冬季气温较低，蒸发量小，年最小值出现在 1 月或 12 月，为 30 ~ 60mm，蒸发量仅占全年蒸发量的 3% ~ 4%；夏季气温高，5 ~ 9 月蒸发量集中，蒸发量占到全年蒸发量的 65% 左右，同时，具有 5 月、6 月最高的特征。7 ~ 9 月气温最高，而蒸发量相对较小，主要是降雨天蒸发小的原因引起。4 月蒸发量均较高，除与气温有关外，还主要与风力、相对湿度有关，4 月风力最大，相对湿度最低。

1. 1. 3. 3　气温

气温是反映气候变化的主要因子，气温与降水和蒸发密切相关。区域多年平均气温 8 ~ 10℃，呈现从西北向东南逐渐增高的变化特征。气象学者对本区近百年来的温度变化分析认为：20 世纪 30 ~ 50 年代初为暖期，最暖发生在 1941 年；50 年代中期至 80 年代中期为冷期，最冷期发生在 1967 年；80 年代中后期开始进入暖期，特别是 90 年代中期气温急剧增暖，至今仍属暖期气候。

气温月际变化显著，最高气温出现在 7 月，平均为 23 ~ 24℃；最低温度出现在 1 月，平均为 −10 ~ −7℃；春温略大于秋温，春温上升快而稳定，秋温下降迅速。昼夜温差较大，据神木市气象站资料，最大可达 26. 4℃。霜冻出现在 11 月下旬，在次年 3 月初开始解冻，结冻天数为 95 ~ 105 天，冻结深度为 1. 09 ~ 1. 20m。

1. 1. 4　水文

区内河流属黄河水系，主要河流有窟野河、乌兰木伦河、悖牛川、秃尾河、榆溪河等（图 1-9）。其中乌兰木伦河全长 132. 5km，流域面积为 3837. 27km^2，陕西境内河长 36. 5km，流域面积为 770km^2，在陕西神木以北的店塔与悖牛川河相汇合，以下称为窟野河。悖牛川主要由大气降水补给，河流洪枯水量年际变化悬殊，年内分布极不均匀，而且是大水大沙，是有名的高含沙量河流。秃尾河源于神木市瑶镇西北的宫泊海子，起初称为宫泊沟，与圪丑沟汇合后称为秃尾河，其下游为神木与榆阳、佳县的界河，在佳县武家峁附近注入黄河。全长 140. 0km，流域面积为 3294. 0km²，河道平均比降 3. 87‰。榆溪河发源于陕西和内蒙古交界的榆林市刀兔乡刀兔海子附近，源头有三个，分别为五道河、圪求河、白河，于鱼河堡汇入无定河，为无定河一较大支流，流域面积为 5537km²，流域长度为 155km。区内各河流 7 ~ 9 月为洪峰期，主要河流以雨水补给为主，沙区潜水丰富，潜水补给量一般可占总径流量的 30% ~ 80%，各河的径流量除受降水年际变化影响外，还受季节变化的影响，冬季径流量最少，夏季最大。

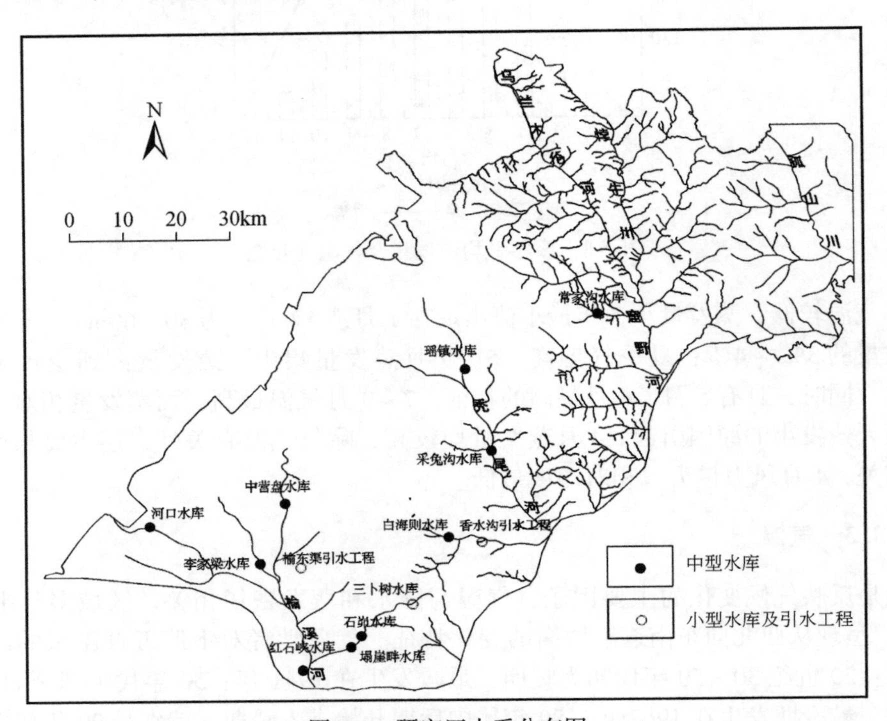

图 1-9　研究区水系分布图

1. 外流水系

区内河流可分为内陆河与外流河。外流河属黄河水系，支流众多，一级支流主要有“四河四川”，在本区内自西南向东北依次是榆溪河、秃尾河、窟野河、孤山川。总体上讲，风沙滩地区地势平坦，下垫面以现代风积沙为主，降水入渗能力强，基流量较稳定，该区段的榆溪河、秃尾河上中游及窟野河上游河道比降缓，流量稳定，洪水小；而黄土丘陵沟壑区的秃尾河下游、窟野河中下游及沿黄小支流沟谷切割较深，河道狭窄，河床比降相对较大，河流水量随季节变化，雨季流量大且含沙量高，具有暴涨陡落的特征。

2. 内流水系

地表水径流在沙丘洼地汇聚，构成内流水系，同时也形成了一系列湖泊（海子）。区内最大的内流水系为红碱淖汇水区。红碱淖位于尔林兔镇与中鸡乡交界处，有蟒盖河、齐盖素河、尔林兔河、前庙河、石板太河、温家河等 12 条季节性河流流入，总汇流面积达 1500km²，1969 年水面面积达到 69km²，之后逐年萎缩，至 2018 年为 36. 4km²。红碱淖平均水深 6.68m，最大 20m，总蓄水量 $4\times10^8\sim5\times10^8m^3$，是榆林著名的旅游景点之一，也是区内最大的湖泊渔场。

1.1.5　植被

研究区内主要的植被类型有以下 8 种。

（1）沙生植被：长城沿线以北的半固定和固定沙丘上，发育着沙区最优势的沙生植被，但亦具有地带性草原植被的烙印，群落中多有草原植物种，有白沙蒿、黑沙蒿、沙蓬、沙竹、臭柏、踏郎等半灌丛和草群。

（2）沼泽和沼泽性植被：沼泽是陆生与水生植物群落之间的过渡类型，主要分布在沙地滩地区沙丘间积水洼地、海子浅滩、水库边缘、小河沟道、沙丘边缘、低缓沙丘，有香蒲、芦苇，沙柳、沙棘灌丛，在沙柳、沙棘灌丛中伴生有芦苇、沙蒿、醉马草等多种植物。

（3）盐生植被：主要分布在滩地的低洼部分，特别是湖滨一带的草甸盐土和结皮盐土上分布着群落组成和结构都比较简单的盐生植被，多生碱蓬群系，伴生植物有芨芨草、白刺等。

（4）干草原：广泛分布在黄土丘陵沟壑地区的梁峁顶、沟坡以及少量覆沙的黄土梁上。主要群系有长芒草草原、冷蒿草原、甘草草原、铁杆蒿草原、艾蒿草原。

（5）落叶阔叶灌丛：区内灌木种类近 30 种，大部分呈散生状态，能形成群落的仅 10 种左右。灌木种的大多数种类分布在黄土丘陵和沙丘黄土梁地，少数见于沙地和柳湾。主要灌丛类型有柠条、沙樱桃、酸枣、紫穗槐等。

（6）草甸：草甸是以多年生中生草本植物为主体的群落类型，主要分布在低湿的沙地（滩地），如榆林的河口等地。此外在部分河流的河漫滩阶地和黄土丘陵沟壑地区的部分沟底也有小片分布，主要草甸类型有寸草薹草甸、芨芨草草甸等。

（7）乔木林：大多是人工栽培，主要有小叶杨、旱柳、榆树、刺槐、油松、侧柏等，多为这些树种混杂交植，也同柠条、沙柳、沙蒿等灌丛、半灌丛混交营造。

（8）水生植被：在红碱淖等内流淡碱湖和部分外流水体中发育着水生植被。

1.2　地　　质

1.2.1　地层

研究区地层区域划分属华北区鄂尔多斯盆地分区，区内地表大部被现代风积沙及萨拉乌苏组砂层覆盖，第四系黄土和新近系红土在区内零星出露，在窝当补兔以西地带见有洛河组零星出露。主要地层分布及岩性统计见表 1-1。

表 1-1　地层岩性统计表

界	系	统	组	岩性特征	厚度/m	分布范围
新生界	第四系	全新统（Q_4）	（Q_4^{eol}）（Q_4^{al}）（Q_4^{pl}）（Q_4^{l}）	以现代风积沙为主，主要为中细砂及亚砂土，在河谷滩地和一些地势低洼地带还有冲积层、洪积层和湖积层	0～60	榆林以西、神木以西
		上更新统（Q_3）	马兰组（Q_3m）	灰黄色–灰褐色亚砂土及粉砂，均质、疏松、大孔隙度	0～30	鱼河堡以东
			萨拉乌苏组（Q_3s）	灰黄色–褐黑色粉细砂、亚砂土、砂质黏土，底部有砾石	0～160	鱼河堡、榆林、神木以西
		中更新统（Q_2）	离石组（Q_2l）	浅棕黄色–黄褐色亚黏土、亚砂土，夹粉土质砂层、古土壤层、钙质结核层，底部有砾石层	20～165	神木、榆林以东
		下更新统（Q_1）	三门组（Q_1s）	褐红色–浅肉红色亚黏土、砾石层，夹钙质结核层	0～50	大柳塔井田内有分布
	新近系	上新统（N_2）	静乐组（N_2j）	棕红色黏土及亚黏土，夹钙质结核层，底部局部有浅红色灰黄色砾岩。含三趾马化石及其他动物骨骼化石	0～175	出露于沟脑一带及大保当一带
			保德组（N_2b）	棕红色–紫红色黏土或砂质黏土，夹钙质结核层，含脊椎动物化石	0～100	出露于大河谷中上游分水岭一带
中生界	白垩系	下统（K_1）	洛河组（K_1l）	紫红色–橘红色巨厚层状中粗粒长石砂岩，胶结疏松，底部为砾岩层	0～350	红碱淖、小壕兔一带
	侏罗系	中统（J_2）	安定组（J_2a）	上部以紫红色–暗紫色泥岩、砂质泥岩为主，下部以紫红色中粗粒长石砂岩为主	0～184	神木窝兔采当、榆林刀兔
			直罗组（J_2z）	泥岩、砂质泥岩、砂岩，底部有时有砂砾岩	0～203	神木瑶镇、榆林红石峡一带
			延安组（J_2y）	浅灰色–深灰色砂岩及泥岩、砂质泥岩，含多层可采煤层，是盆地的主要含煤地层，最多含可采煤层 13 层，一般为 3～6 层，可采总厚度最大为 27m，单层最大厚度为 12m	59～307	府谷沙川沟、神木安崖、榆林房家沟以西
		下统（J_1）	富县组（J_1f）	紫红色、灰紫色、灰绿色砂质泥岩为主，夹黑色泥岩、薄煤线、油页岩、石英砂岩，底部为细–巨砾岩	0～142	府谷孤山川、神木高家堡最厚，其余地方断续分布
	三叠系	上统（T_3）	永坪组（T_3y）	以灰白色–灰绿色巨厚层状细中粒长石石英砂岩为主，夹灰黑色–蓝灰色泥岩、砂质泥岩，含薄煤线，是含油地层	80～200	窟野河、秃尾河、悖牛川、孤山川一带出露

根据钻孔揭露、地质填图及区域地质资料，区内的地层由老到新依次有上三叠统永坪组（T_3y），下侏罗统富县组（J_1f），中侏罗统延安组（J_2y）、直罗组（J_2z）、安定组（J_2a），下白垩统洛河组（K_1l），新近系上新统保德组（N_2b）、静乐组（N_2j），第四系下更新统三门组（Q_1s），第四系中更新统离石组（Q_2l），第四系上更新统萨拉乌苏组（Q_3s）、马兰组（Q_3m），第四系全新统风积层（Q_4^{eol}）和冲积层（Q_4^{al}）。现由老到新分述如下。

1. 上三叠统永坪组（T_3y）

本组地层是陕北侏罗纪煤田含煤岩系的沉积基底，遍布全区，在榆神府矿区内未出露，在神府、新民矿区出露于窟野河、孤山川一带。钻孔亦未穿透，据区域资料显示其厚度一般为 80 ~ 200m。其岩性为一套灰绿色巨厚层状中、细粒长石石英砂岩，含大量云母及绿泥石，局部含石英砾、灰绿色泥质包体及黄铁矿结核，分选性及磨圆度中等，发育大型板状交错层理、槽状交错层理、楔状交错层理。

2. 下侏罗统富县组（J_1f）

富县组主要分布于神木市区周围支沟沟谷内、府谷县孤山川、清水川沟谷内。沿沟谷三叠系两侧呈带状分布。岩性主要为紫红色、灰紫色、灰绿色砂质泥岩，顶部为深灰色含碳粉砂岩与深灰色泥岩，见有煤线或薄煤层，局部地段底部见砾岩、砂砾岩或长石石英砂岩，顶底岩性一般不稳定。地层出露厚度一般为 1 ~ 3m，常家沟一带出露厚度可达 30m 左右，个别地段缺失富县组，秃尾河一带钻孔揭露厚度近 80m。与下伏上三叠统瓦窑堡组呈平行不整合接触。富县组岩性特征主要受控于起伏不平的古地理格局，盆地形成初期低洼部位或负地貌单元堆积河流冲洪积砾岩，呈不连续透镜体状分布于不整合面之上，砾石磨圆度较好，表明搬运距离较远，随后盆地扩大，湖滨相石英砂岩主导了此期间的沉积，湖滨环境较高的风浪作用以及风化作用使得富县组石英砂岩呈质地较纯的灰白色状。随着湖水的退出和淤浅作用的形成，沉积环境逐渐转化为短暂的泥炭沼泽相，沉积有厚度较小的不连续分布煤层。

3. 中侏罗统延安组（J_2y）

延安组为本区的含煤地层，全区分布。在神府新民矿区煤系地层上部均有不同程度的缺失，下部地层有沉积缺失现象，平均厚度仅 178.48m，考考乌素沟以南平均厚度为 197.07m，全区厚度变化较大，平均厚 250m。厚度总体变化趋势由东向西逐渐增厚。与下伏上三叠统永坪组呈平行不整合接触。

本组地层为一套陆源碎屑沉积，其成煤环境为大型湖泊三角洲体系的组成部分，沉积序列由湖泊三角洲-湖湾-浅湖组成，聚煤作用是在湖泊三角洲淤浅和湖湾淤浅并沼泽化背景下发生的，最好的成煤部位是废弃的三角洲前缘和近岸湖泊的淤浅部位。岩性以灰白色至浅灰白色粗、中、细粒长石石英砂岩、岩屑长石砂岩及钙质砂岩为主，次为灰色至灰黑色粉砂岩、砂质泥岩、泥岩及煤层，含少量碳质泥岩，局部地段夹有透镜状泥灰岩及黄铁矿结核。

根据沉积旋回、岩煤组合特征及物性特征，将延安组划分为五段，本次沿用以往普查、找煤组段的分段及煤层编号，自下而上依次编为一至五段，每段各含一个煤组，自下而上编为 1 ~5 号煤组。煤层位于旋回顶部，延安组各段的分界，是在各岩段主要聚煤作用结束之处。

4. 烧变岩

烧变岩是侏罗系延安组的特殊岩石类型，是煤层自燃，使其上下岩层遭受烘烤作用，在结构、构造、成分及颜色等方面发生显著变化而形成的，主要分布于煤层自燃区一带。

烧变岩厚度一般为5～15m，最厚达50m。根据烧变岩结构、构造特征及裂隙孔洞发育情况，以及受烘烤程度、结构、构造特征将烧变岩进一步划分为烘烤岩、烧结岩和类熔岩。

（1）烘烤岩烘烤作用较弱，呈淡红色、浅砖红色。硬度略有增加，裂隙减少。主要分布在烧变岩体边缘，与未受烘烤的正常沉积岩呈过渡关系。

（2）烧结岩受烘烤作用较强，岩石原生结构、构造发生明显变化，具有烧结结构，泥岩、粉砂岩层理较为清楚，砂岩层理不清，一般呈暗红色、砖红色、青灰色、灰白色，质地坚硬，裂隙发育。

（3）类熔岩受烘烤作用最强，巨厚层煤层燃烧使围岩结构改变甚至熔化，形成类似“熔岩”的烧结岩，岩石表面粗糙似炉渣状，颜色多变多气孔，质地坚硬，沟谷两侧多形成陡壁，并伴有大量泉水溢出。

各类型烧变岩在垂向上呈过渡关系，之间无明显界线。平面上，由于煤层厚度及燃烧条件不同，无明显分布规律。

5. 中侏罗统直罗组（J_2z）

直罗组平行不整合于延安组地层之上。神府新民矿区由于长期遭受剥蚀，本组地层残留分布于梁峁之上，悖牛川以西大部分地段无保留，在榆神府矿区主要分布在区内西部，岩层总厚度为100～140m，厚度变化总体呈由东向西逐渐增厚的趋势。

本组地层为一套半干旱条件下的河流体系沉积，按岩性大致可分为上、下两段。

下段：上部为灰绿色、蓝灰色团块状泥岩、粉砂岩夹细粒长石砂岩。下部为灰白色中粒、粗粒长石砂岩，以及岩屑长石砂岩夹绿灰色泥岩、粉砂岩。底部为巨厚层状粗粒长石砂岩，局部地段为含砾砂岩或砾岩。发育大型板状交错层理、块状层理，具有明显的底部冲刷，相当于区域上的“七里镇砂岩”。

上段：以灰绿色、蓝灰色为主，含少量紫红色、紫杂色的粉砂质泥岩、粉砂岩，夹灰绿色、灰白色、暗紫色富云母细粒长石砂岩、岩屑长石砂岩，泥质岩及粉砂岩，多为块状层理。

6. 中侏罗统安定组（J_2a）

本地层主要分布在榆神府矿区西部，平均厚度为80m。厚度变化总体呈由东向西逐渐增厚的趋势。与下伏直罗组地层呈整合接触。

本组地层为一套半干旱条件下的河流体系沉积，其岩性上部以紫红色、紫杂色、暗紫色团块状泥岩、粉砂岩为主，中部和底部为浅红色、紫灰色巨厚层状粗粒、中粒、细粒长石石英砂岩及岩屑长石砂岩。砂岩分选差，磨圆呈棱角状，胶结较松散，具斑状构造及瘤状突起。

7. 下白垩统洛河组（K_1l）

洛河组分布于榆神府矿区西部、孟家湾普查区及神北矿区西北部。因受新生界冲蚀，厚度变化较大，洛河组厚度呈现出由北向南、由西而东逐渐变薄的分布特征，厚度为18～30m。与下伏地层呈平行不整合接触。

其岩性为一套紫红色、棕红色巨厚层状中粒、粗粒石英长石砂岩。分选好，磨圆较差呈次棱角状至次圆状，胶结疏松，固结较差，具大型交错层理。

8. 新近系上新统保德组（N_2b）

保德组在区内主要出露于榆林至府谷一带黄土梁峁之下沟谷沿岸，厚度多小于60m，为一套干旱半干旱-半湿润气候环境条件下的河湖相红层沉积。岩性为深红色钙质结合层、砂质黏土岩及灰白色、棕灰色砂砾岩或砾岩，局部夹砂岩或与黏土岩、砂岩、砂砾岩呈不等厚互层。底部为1～3m厚的砂砾岩或砾岩，砾石直径为1～5cm，砾石成分主要为石英、燧石、石英岩、烧变岩碎块、砂岩岩块，砾石为次圆状、棱角状，分选差，砂质充填，致密坚硬。与下伏地层呈不整合接触，为较好的隔水岩层。该层为内陆河湖环境，地层上下部具明显的可分性，下部以粗碎屑物质为主，夹有粉砂岩及少量砂质泥灰岩；上部以细碎屑物质为主，并见有断续分布的内陆湖泊环境下形成的水平层状钙质结核，是气候环境趋于干旱炎热，沉积物暴露于干旱环境下遭受风化淋滤作用于底部形成。因含三趾马及其他动物骨骼化石而称为“三趾马红土”。

9. 新近系上新统静乐组（N_2j）

静乐组分布于榆阳区大保当一带及东南部沟谷中。厚度变化大，一般在20m左右。与下伏地层呈不整合接触。

本组岩性为棕红色黏土及亚黏土，含钙质结核，局部富集成层，呈水平层状产出，产三趾马化石及其他动物化石碎片。底部为红色、灰黄色砾石层，厚2～3m，砾石为片麻岩、石英岩、细粒砂岩等。

10. 第四系下更新统三门组（Q_1s）

三门组仅在神北矿区双沟泉域中分布，岩性为砾石层，砾径1～20mm，最大可达50mm。一般厚度为10～15m。

11. 第四系中更新统离石组（Q_2l）

本组地层主要分布于区内局部地区，呈片状，厚度变化较大，平均厚度为20～30m。与下伏地层呈不整合接触。

岩性以灰黄色、浅棕黄色亚黏土和亚砂土为主，其中夹多层古土壤层，含分散状大小不等的钙质结核。具垂直裂隙。

12. 第四系上更新统萨拉乌苏组（Q_3s）

萨拉乌苏组分布于榆林沙地滩地区，南至无定河北岸、东以榆林—大保当—窑镇一线为界、北至秃尾河南岸、北西至省界。表面多为风积沙覆盖，是主要的松散岩类含水层。为一套冲湖积相沉积，湖盆边缘地带河流近河口部位（侯家母河右岸、大柳塔北）一般为冲积相沉积，岩性底部为砾石、砂砾石层、粉细砂层，发育交错层理、平行层理，上部为粉细砂层，砂质泥层，顶部发育灰黑色碳质泥层，见水平层理、波纹层理等沉积构造，呈水平状，平行不整合在下伏地层之上，厚度数米至80m，马合农场以北贾拉滩一带最厚达140m以上。

13. 第四系上更新统马兰组（Q_3m）

马兰组零星分布于无定河、榆溪河、秃尾河两侧黄土梁峁区，岩性为浅灰黄色粉土、粉质黏土，结构松散，大孔隙和垂直柱状节理发育，含少量钙质结核和蜗牛壳碎片，厚度为2～20m，个别地段达30m。

14. 第四系全新统

1）风积层（Q_4^{eol}）

风积沙为现代风沙堆积，研究调查区西北部大面积分布，榆溪河以东断续覆盖于黄土梁峁之上，构成沙盖黄土梁峁地貌。为由褐黄色、棕黄色风成相细砂组成的松散堆积层，底部偶见灰黑色砂土或锈黄色粉细砂层，具明显的风成交错层理。厚度随地形特征变化较大，一般小于15m，考考乌素沟以南厚度可达30m。可组成规模不大的沙丘和沙垄。根据沙丘稳定性和植被盖度分为活动沙丘、半固定沙丘和固定沙丘。与下伏地层呈不整合接触。

2）冲积层（Q_4^{al}）

冲积层分布于榆溪河、窟野河、秃尾河及其支流沟谷内的一、二级阶地，河漫滩，现代河床上堆积的松散堆积物，与下伏地层呈不整合接触。厚度、岩性各地差异较大，沙地滩区河谷冲积层岩性主要为灰黄色、灰褐色粉细砂、细砂层，厚度为0～29m，含腐殖质，底部多含有砂砾石层。黄土梁峁区河谷及黄河河谷冲积层一、二级阶地具明显的二元结构，上部岩性为粉土，厚度一般为50～100cm；下部为砂砾石层，砾石大小不等，厚度为30～200cm，砾石磨圆、成分各处不一。

3）洪积层（Q_4^{pl}）

洪积层分布于榆溪河、窟野河河谷两侧支沟沟口、黄土梁峁区冲沟沟口部位，构成规模不等的洪积扇，面积一般为1000～5000m^2，厚度为0.5～10m。岩性变化较大，有粉细砂、粉土、含砾粉土、砂砾石，砾石呈次磨圆，砾径一般为1～5cm（图1-10）。

4）湖积层（Q_4^{l}）

湖积层堆积于红碱淖等风沙滩地区湖泊海子周边一带以及湖泊底部，岩性主要为湖相灰褐色、灰黑色淤泥质细砂和粉细砂，冲湖相灰色、灰白色粗砂和中粗砂，厚度为0.3～2m。

1.2.2　地质构造

陕北侏罗纪煤田位于鄂尔多斯台向斜东翼——陕北斜坡上。区域资料显示，基底中主要存在吴堡-靖边东西向、保德-吴旗北东向、榆林西-神木西北东向构造带，对煤田的形成及分布具有一定的控制作用（图1-11）。

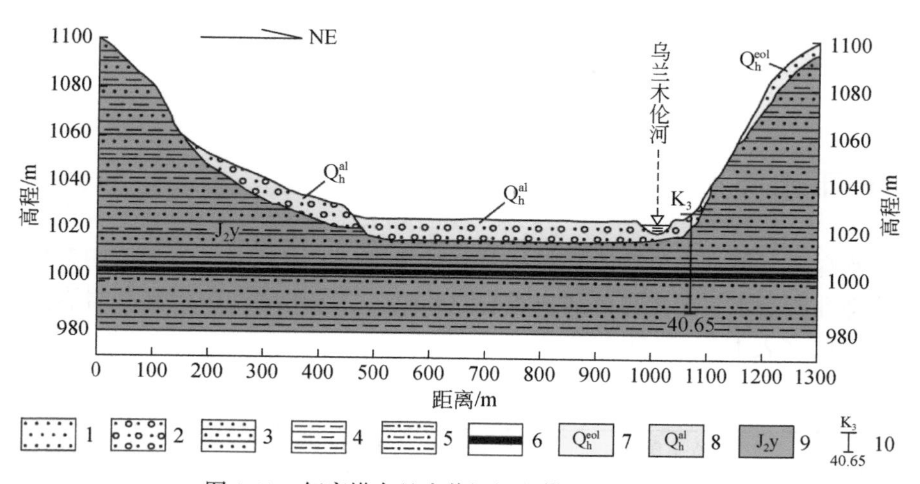

图 1-10　何家塔乌兰木伦河河谷横向地质剖面图

1. 中细砂；2. 砂砾卵石；3. 砂岩；4. 泥岩；5. 砂质泥岩；6. 煤层；7. 全新统风积层；8. 全新统冲积层；9. 中侏罗统延安组；10. 钻孔，上为孔号，下为孔深（m）

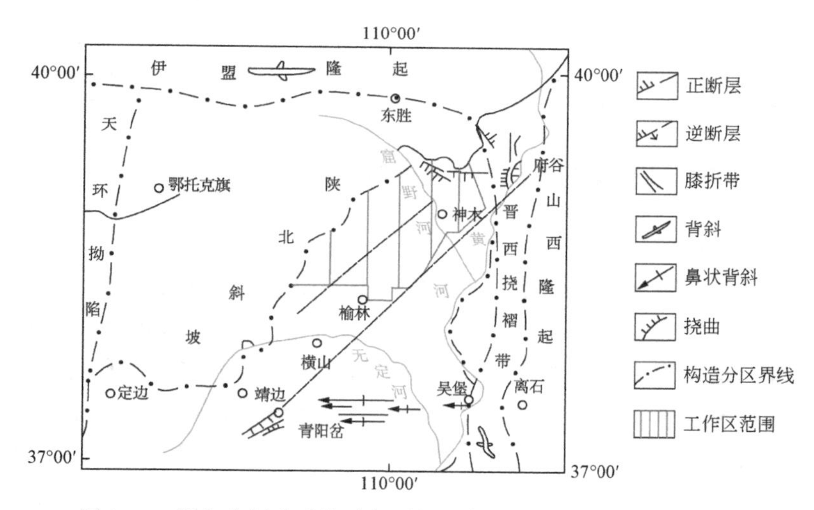

图 1-11　鄂尔多斯盆地构造纲要图（据王双明，1996，有修改）

陕北侏罗纪煤田所在区属中朝大陆板块，鄂尔多斯盆地断块，伊陕单斜区中的东胜-靖边单斜。系早中侏罗世鄂尔多斯含煤盆地的一部分，构造单元处于鄂尔多斯台向斜宽缓的东翼——陕北斜坡上。盆地基底是坚固的前震旦系结晶岩系，故成煤前后的整个地质发展过程继承了深部基底的稳定性。中生代以来，地史上历次构造运动对本区影响甚微，表现以垂向运动为主，仅形成了一系列沉积间断平行不整合面，本区地层总体为走向北东、倾向北西、倾角 1°左右的单斜构造，未发现落差大于 30m 断层和明显的褶皱构造，也无岩浆活动，仅表现为一些宽缓的大小不等的波状起伏。

1.3 水文地质

1.3.1 地下水类型与特征

依据含水介质、赋存条件、水力特征及分布规律，区内地下水分为第四系松散岩类孔隙潜水与裂隙孔洞潜水、中生界碎屑岩类裂隙孔隙、裂隙潜水和中生界基岩裂隙承压水三大类六个含水层（表1-2）。

表1-2　研究区地下水类型划分表

含水层组划分	含水层组名称	含水层序号	含水层名称
Ⅰ	第四系松散岩类孔隙与裂隙孔洞潜水	1	河谷区孔隙潜水
		2	沙漠滩地区孔隙潜水
		3	黄土梁岗梁峁区裂隙孔洞潜水
Ⅱ	中生界碎屑岩类裂隙孔隙、裂隙潜水	4	白垩系洛河组砂岩裂隙孔隙潜水
		5	侏罗系基岩裂隙潜水
Ⅲ	中生界基岩裂隙承压水	6	侏罗系基岩裂隙承压水

1.3.1.1　第四系松散岩类孔隙与裂隙孔洞潜水

1. 河谷区孔隙潜水

河谷区孔隙潜水主要分布于榆溪河、秃尾河及窟野河的一级阶地和河漫滩中。地下水的赋存条件主要取决于阶地和漫滩的结构类型，河流的下切深度以及含水层的厚度、岩性。总的赋存规律是发源于沙漠地区的河流，其阶地和漫滩大多为堆积类型，含水层主要为全新统、上更新统砂砾石、中细砂，厚度大，补给条件好，地下水丰富或较丰富。而发源或径流于黄土梁峁区的河流，其阶地和漫滩大多为基岩基座式，含水层岩性主要为全新统砂砾石、粉细砂，厚度小，一般只有数米至十几米，且排泄条件好而补给条件差，不利于地下水的赋存。由此可见河谷区地下水的赋存规律：除完全发育于黄土梁峁区的窟野河外，其余河谷中上游赋存条件较好。

河谷区地下水主要接受大气降水补给，同时风沙草滩区、盖沙丘陵区的地下潜流和灌溉水回渗、渠道渗漏也是其补给来源，在河床附近，洪水季节，还可得到地表水的短暂补给。地下水主要和河床呈锐角向下游流动，在平直开阔河段，水力坡度小，径流速度慢；在峡谷区，水力坡度大，径流速度快。浅部地下水常以泉、渗流排泄补给河水（图1-12），深部地下水则以潜流向下游排泄。

2. 沙漠滩地区孔隙潜水

沙漠滩地区孔隙潜水广泛分布于尔林兔（图1-13）、小壕兔、大保当（图1-14）、马合、巴拉素、金鸡滩等沙漠滩地区，面积为5785km^2，占全区面积的54.2%，含水层以上更新统

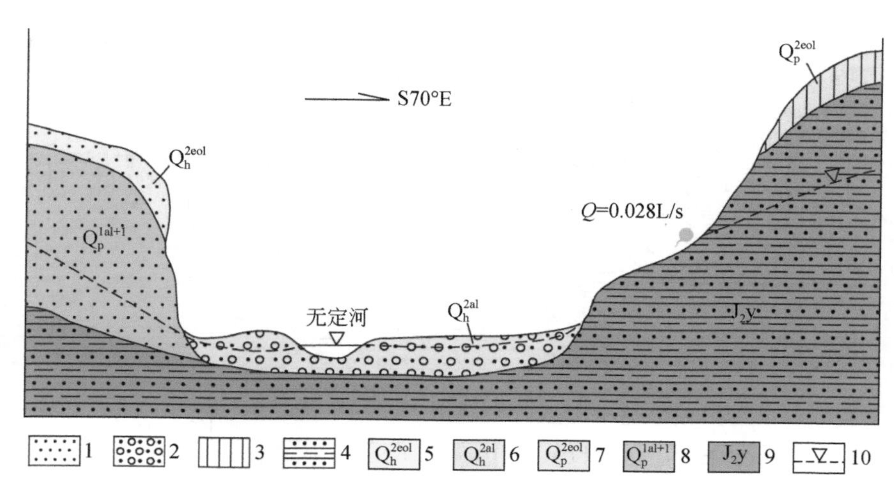

图1-12 横山波罗镇上烂泥湾水文地质剖面示意图

1. 粉细砂；2. 砂砾石；3. 马兰黄土；4. 砂泥岩；5. 全新统上部风积层；6. 全新统上部冲积层；7. 中更新统风积层；8. 上更新统冲湖积层；9. 中侏罗统延安组；10. 地下水位

萨拉乌苏组中细砂为主（简称萨拉乌苏组潜水），是全区最富水的含水岩组（图1-15）。其赋存条件、分布规律严格受地形地貌，古地理环境及含水层岩性、厚度的综合制约。现代地形地貌控制着该潜水的补给、径流、排泄条件。古地理环境决定了含水层的分布面积、厚度大小，而含水层厚度的大小，直接关系到含水空间及储水能力。沙漠滩地区，地形相对平坦，但其下伏基底起伏变化很大，制约着萨拉乌苏组含水层的厚度、分布面积的大小，从而形成大小各异的富水地段。这些形态、大小各不相同的富水地段，控制着全区萨拉乌苏组潜水总的变化规律，并形成不同类型的赋存条件和分布规律，其中上更新统冲湖积层沉积基底形态是控制萨拉乌苏组潜水赋存条件和分布规律的主导因素。

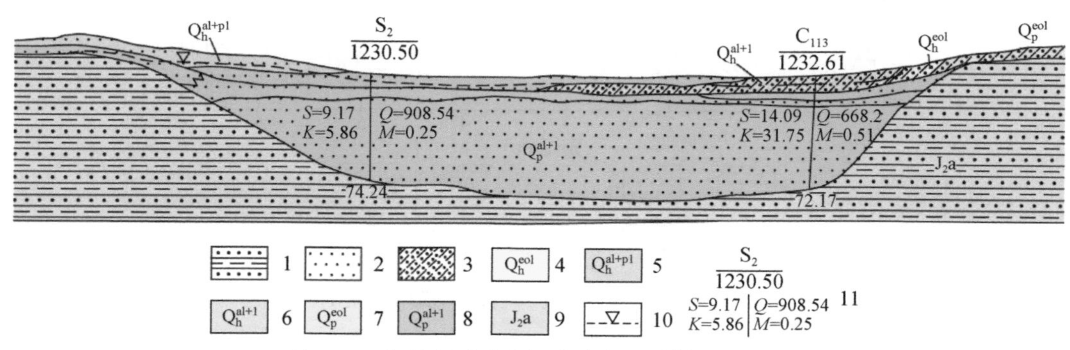

图1-13 尔林兔滩地古河道水文地质剖面示意图

1. 砂泥岩；2. 粉细砂；3. 亚砂土；4. 全新统风积层；5. 全新统冲洪积层；6. 全新统冲湖积层；7. 更新统风积层；8. 更新统冲湖积层；9. 中侏罗统安定组；10. 地下水位；11. 分子为孔号、分母为钻孔标高（m），左 S 为降深（m）、K 为渗透系数（m/d），右 Q 为涌水量（m^3/d）、M 为矿化度（g/L）

沙漠滩地区地下水主要接受大气降水、研究区西北侧来自内蒙古方向的侧向地下径流以及灌溉回归水的补给。风沙滩地区地形开阔微起伏，其上覆有透水性很强的现代风沙，为大

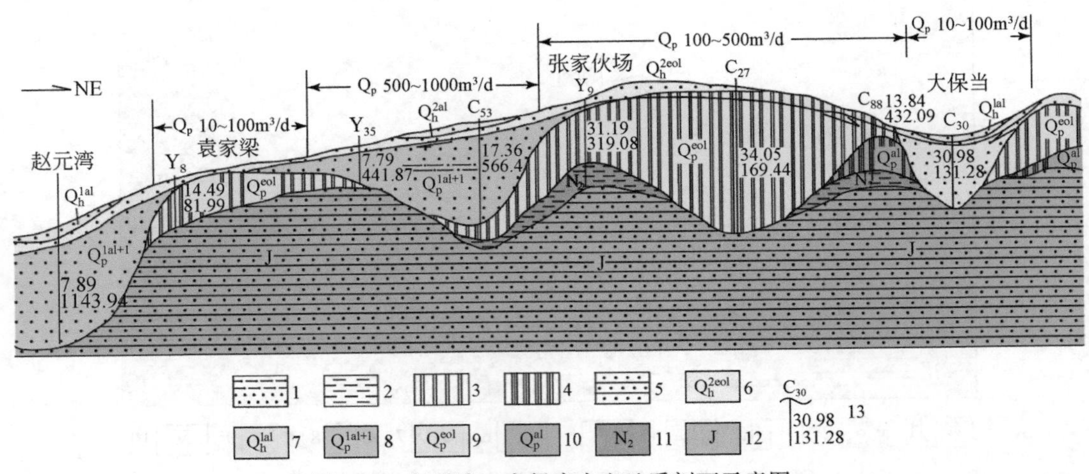

图 1-14　赵元湾—大保当水文地质剖面示意图

1. 淤泥质砂及中细砂；2. 黏土；3. 离石黄土；4. 午城黄土；5. 砂岩；6. 全新统上部风积层；7. 全新统下部冲积层；8. 上更新统冲湖积层；9. 更新统风积层；10. 更新统冲积层；11. 新近系；12. 侏罗系；13. 钻孔，上为孔号，中为降深（m），下为涌水量（m³/d）

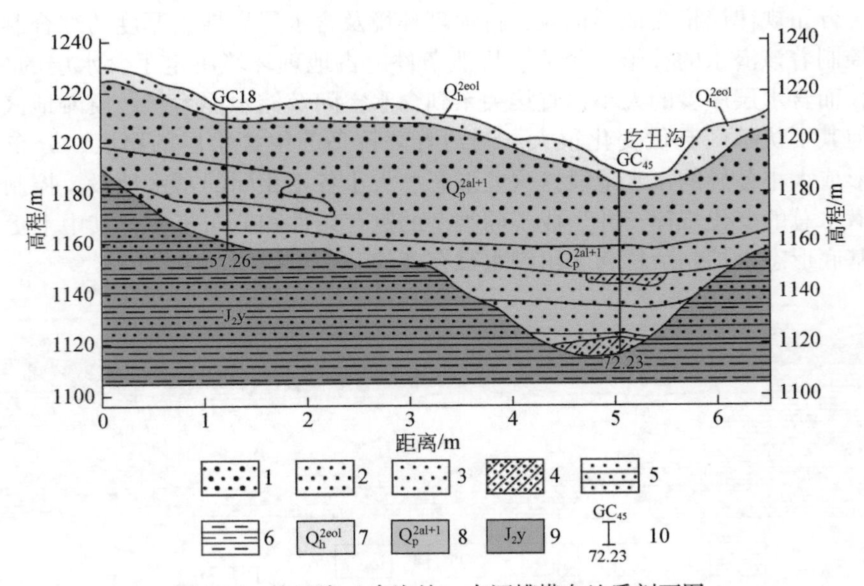

图 1-15　圪丑沟（中沟处）古河槽横向地质剖面图

1. 中粗砂；2. 中细砂；3. 细砂；4. 亚砂土；5. 砂岩；6. 泥岩；7. 全新统上部风积层；8. 中更新统冲湖积层；9. 中侏罗统延安组；10. 钻孔，上为编号，下为孔深（m）

气降水渗入补给提供了良好的条件，因风沙覆盖层具有一定厚度，且吸水储水能力强，降雨后可将大部分吸收储存，并在其后缓慢地下渗补给下伏含水层。榆林一日最大降水量达 141.7mm（1951 年 8 月 15 日），丘间洼地为降雨积水所淹没，但两三日后均为沙层吸收，即充分说明这一点。通过断面法测得来自内蒙古侧向径流补给量为 102911.88m³/d。此外该区地下水尚可得到灌溉回归水的渗漏补给，但农灌回归水补给具有明显的季节性，主要集中于每年的5～9月。

地下水径流受地形地貌控制。根据对区内潜水等水位线的分析，区内地表水的分水岭与地下水的分水岭一致。峡谷区地下水由分水岭向滩地或河谷流动，其流向具多向性，由于地形坡降相对较大，径流速度较快；而滩地沙漠区，地形平坦，径流速度相对变慢。冲沟、河流的溯源侵蚀，破坏了含水层的完整性，原始地形被切割，地形坡降变大，致使浅部浅水以泉或渗流排泄于冲沟或河谷中（图1-16）。

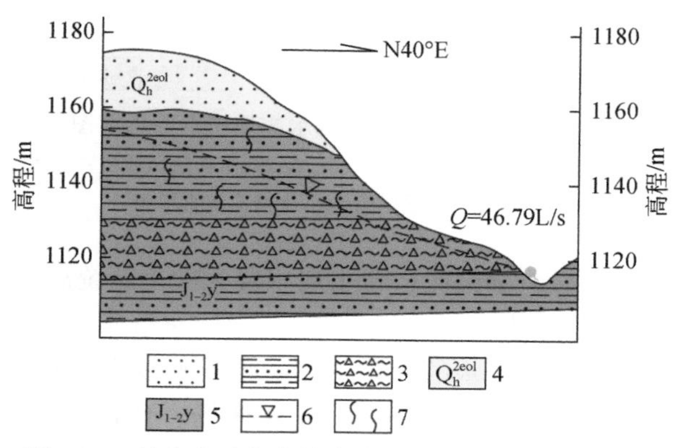

图1-16　神木市孙家岔镇水塔村水文地质剖面示意图

1. 粉细砂；2. 砂泥岩；3. 煤层自燃破碎带；4. 全新统上部风积层；5. 中下侏罗统延安组；6. 地下水位；7. 裂隙

值得指出的是，区内有些滩地就是一个完整的泉域，具有补给面积大、补给来源充足、单泉流量较大的特点（图1-17）。

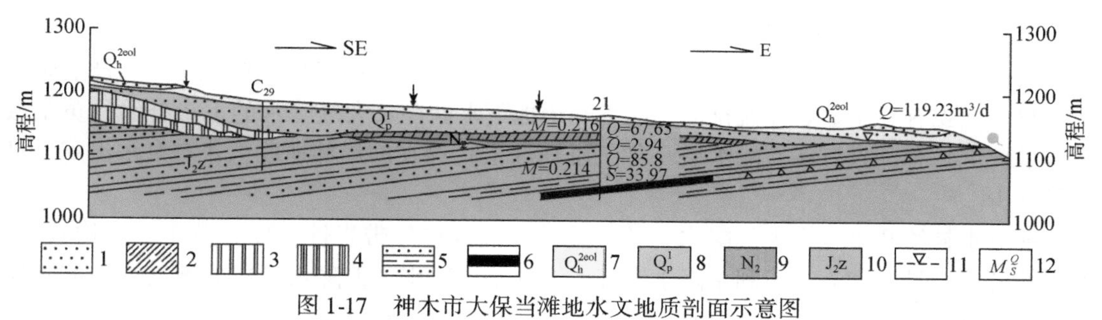

图1-17　神木市大保当滩地水文地质剖面示意图

1. 中细砂；2. 亚黏土；3. 离石黄土；4. 午城黄土；5. 砂泥岩；6. 煤层；7. 全新统上部风积层；8. 更新统湖积层；9. 新近系；10. 中侏罗统直罗组；11. 地下水位；12. 钻孔上为孔号，左 M 为矿化度，右 Q 为涌水量，S 为降深

位于秃尾河上游的红碱淖内流区，浅部地下水由四周向红碱淖径流汇入湖中。由于该湖高于秃尾河河源12m，且二者仅距12km，并且存在一个古洼槽，含水层厚，且质纯，是地下水径流的良好通道。所以，从总的趋势看，深部地下水仍由西北沿古洼槽向东南秃尾河径流排泄（图1-18）。

3. 黄土梁岗梁峁区裂隙孔洞潜水

黄土梁岗梁峁区裂隙孔洞潜水主要分布于中鸡、青草界以东，巴拉素、芹河、榆林、

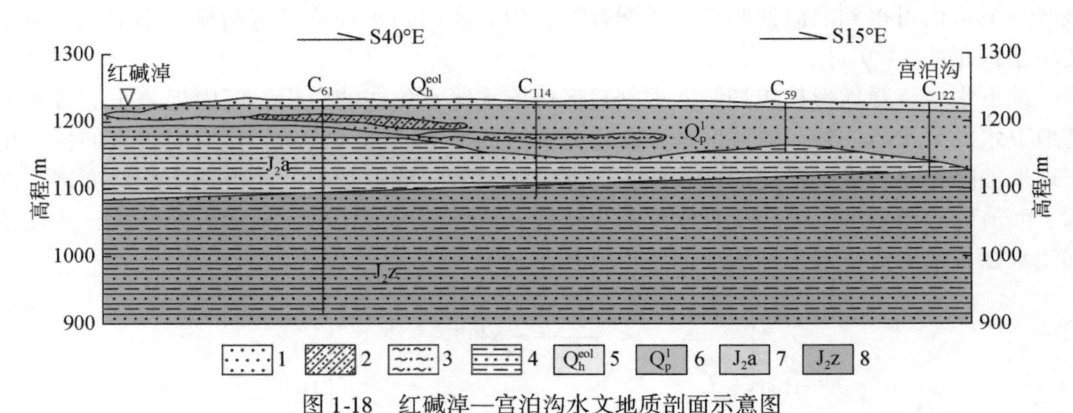

图 1-18　红碱淖—宫泊沟水文地质剖面示意图

1. 中细砂；2. 亚砂土；3. 淤泥质砂；4. 砂泥岩；5. 全新统风积层；6. 更新统湖积层；7. 中侏罗统安定组；8. 中侏罗统直罗组

双山、大保当以南的黄土梁峁、梁岗区，含水层主要为中更新统离石黄土。

1）黄土梁岗区裂隙孔洞潜水

黄土梁岗区裂隙孔洞潜水地下水的赋存条件主要受地形及含水层结构的控制。在与风沙滩地过渡地带的李家峁、东红墩、小纪汗、张家伙场、什拉特拉界一带，地势较低缓，黄土连续，上覆第四系松散堆积物，岩性较粗，结构松散，有利于大气降水的渗入补给。同时下部又有三趾马红土展布，赋存条件较好，形成较连续的中等富水地带。在闹牛海则、羊圈梁、袁家梁、双山、买拉弯一带，地势高，微地貌变化大，黄土裸露，含水层岩性颗粒较细，渗水能力差，不利于接受大气降水的渗入补给；同时底部无稳定的隔水层存在，且含水层又大多为现代河流所切穿，排泄作用较强，故地下水赋存条件较差。

2）黄土梁峁区裂隙孔洞潜水

由于地势高，沟谷深切，基岩裸露，地形十分破碎，黄土呈帽状披盖于基岩梁峁之上，整个地貌有利于地表径流排泄，而不利于地下水储存及大气降水的下渗补给。黄土层大多呈疏干状态，只有在有隔水层（如三趾马红土）存在的局部地段，才有泉水出露，且水量甚少。

地下水补给几乎全靠大气降水补给，盖沙丘陵区包气带岩性主要为黄土，结构致密，透水性较差，且厚度大，不利于降水直接入渗补给地下水，但降水形成的坡面流汇流到风沙地后，可进一步入渗补给地下水。据观测，一般雨季泉水流量增大而旱季流量变小，甚至干枯，说明其补给来源主要为大气降水。一般暴雨、雷阵雨降水量大，历时短，常形成地表径流流失而渗入地下甚微，而中雨历时长，较易渗入地下补给潜水。

地下水径流受地形控制，地表水分水岭即是地下水分水岭，流向同样具有多向性（图 1-19），由于沟深、坡陡，水力坡降大，故径流速度快，水交替频繁，常以下降泉向沟谷排泄。由于中生界砂泥岩横向不稳定，或者裂隙发育不同，局部存在相对隔水层，多数泉从谷底或崖壁流出。

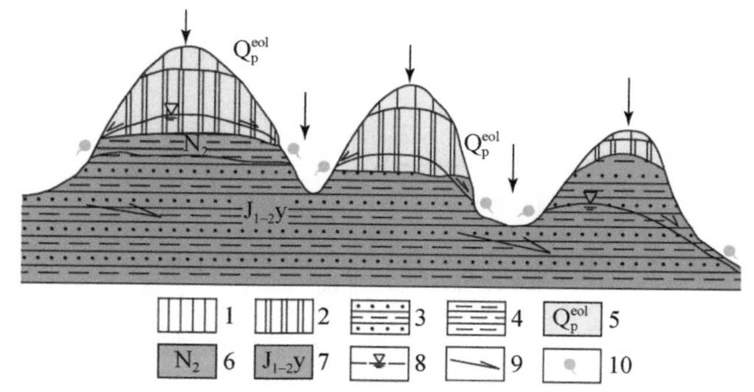

图1-19　黄土梁峁区潜水补径排条件示意剖面图

1. 马兰黄土；2. 离石黄土；3. 砂泥岩；4. 泥岩；5. 更新统风积层；6. 新近系；7. 中下侏罗统延安组；8. 地下水位；9. 地下水流向；10. 下降泉

1.3.1.2　中生界碎屑岩类裂隙孔隙、裂隙潜水

1. 白垩系洛河组砂岩裂隙孔隙潜水

白垩系洛河组砂岩裂隙孔隙潜水分布于区内雷龙湾、长城则、波直汗、木秃兔至中鸡一线以西，约占全区基岩潜水分布面积的2/5，绝大部分由第四系松散层覆盖。地下水的赋存条件主要取决于含水层的胶结程度、厚度大小及所处的地貌部位。当含水层厚度相等时，岩性、地貌条件起决定性作用，而当地貌部位基本一致时，则含水层岩性与厚度起主导作用。局部地段岩性颗粒粗细、胶结程度不同，或因上覆透水性较差的更新统黄土、亚黏土及上新统砂质泥岩，致使在局部地段具承压性。

西南部巴拉素、红石桥及西北部马合、小壕兔、石板太滩地一带，含水层厚度大，岩性颗粒粗，胶结程度差，孔隙较大，具有较好的储水空间条件，且上覆大多为第四系松散层，地形上表现为广阔的沙漠滩地，对于接受大气降水的下渗补给较为有利，故赋存条件较好。而尔林兔、悬河、奔滩至西南部古城梁一带，虽然地貌上较平缓，补给条件与上述地方基本一致，但由于靠近含水层分布边界、厚度小，储水空间有限，故赋存条件较差。

西南可可盖一带，虽然含水层厚度较大，但基岩成岗状隆起，地下水在接受大气降水补给后，迅速向四周分散径流排泄，加上含水层岩性较细，胶结程度好，孔隙度小，对于接受大气降水的下渗及储存不利，因此，赋存条件反而较差。

总之，下白垩统洛河组裂隙孔隙潜水，其赋存规律具有由西向东、由北向南越来越差，富水性越来越弱的规律。

下白垩统洛河组除零星裸露区能直接得到大气降水渗入补给外，绝大多数是通过上覆松散层潜水的下渗间接得到大气降水补给。同时，上游地带侧向径流补给也是其主要补给来源之一。白垩系地下水接受补给后垂直下渗，循环深度可达到含水层底部。由于其与上覆第四系松散岩类含水层之间存在不连续隔水层，因而与第四系松散层之间水力联系较好。

径流以水平向下游侧向流动为主，流向表现为由北东向南西，于沟谷切割出露地带以泉或渗流方式排泄（图1-20），农业开采主集中于西部白垩系浅埋区。另外区内河渠、水库及湖泊较多，水面蒸发强烈，加上风沙草滩区地下水埋藏浅，地面蒸发量较大；滩地内植被发育，具有一定的蒸腾作用，因而蒸散发是白垩系洛河组砂岩裂隙孔隙潜水的主要排泄方式之一。

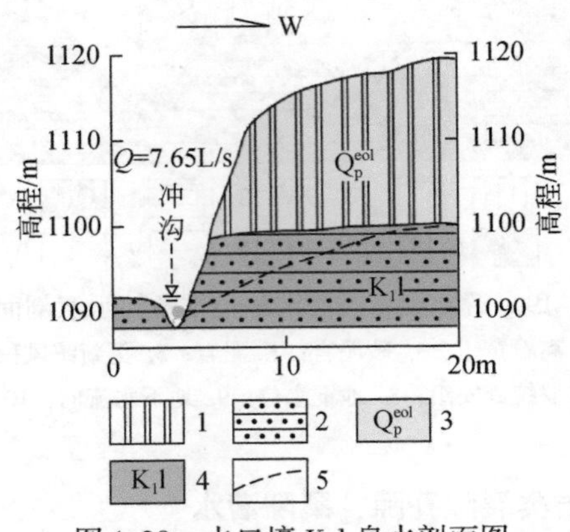

图 1-20　水口壕 K_1l 泉水剖面图

1. 离石黄土；2. 砂岩；3. 更新统风积层；4. 下白垩统洛河组；5. 水位线

2. 侏罗系基岩裂隙潜水（含浅部承压水）

侏罗系基岩裂隙潜水分布于雷龙湾、长城则、小纪汗、大营盘、尔林兔、中鸡一线以东以南地区，面积约占研究区总面积的3/5。基岩裂隙潜水主要赋存在上部50m左右的风化带中，其赋存条件主要受地貌、含水层岩性及其组合和裂隙发育程度的控制。从地貌看，富水地段一般分布在河谷漫滩及主支流交汇处、滩地下游与沟脑接壤地带的煤层自燃带及其附近。裂隙是地下水的主要赋存空间，据前述，本区主要发育北北东、北北西、北西西和北东东四组裂隙，以北北东、北西西两组最发育，北北西组次之，北东东组发育最差。一般砂岩性脆，裂隙发育，延伸性好，有利于地下水的赋存；而泥岩性柔，裂隙不发育，且延伸性差，不利于地下水的赋存。所以从岩性及其组合和裂隙发育程度看，侏罗系延安组为砂岩、泥岩不等厚互层夹数层可采煤，且以砂岩为主，裂隙发育，赋存条件好，特别是煤层自燃带及其附近，裂隙最发育，赋存条件最好，本区泉水流量大于10L/s的21个大泉均分布在该地层中（图1-21）。安定组虽然也是砂泥岩互层，但以泥岩为主，裂隙不发育，其赋存条件最差。而富县组、直罗组、三叠系瓦窑堡组的赋存条件居中。由于风化程度由上而下变弱，其赋存条件也由上而下变差，一般河间区风化带厚度大，含水层厚度大，地下水埋藏深，而河谷区风化带厚度薄，地下水埋藏浅。

1.3.1.3　中生界基岩裂隙承压水（侏罗系基岩裂隙承压水）

侏罗系基岩裂隙承压水分布于雷龙湾、长城则、大营盘、尔林兔一线以东以南基岩风化带以下，其赋存主要受地层岩性及其组合、构造和地貌控制。据前述，本区侏罗系为一套砂岩、泥岩不等厚互层岩系，构造呈走向北东，向北西缓倾的大单斜，为承压水的形成奠定了基础。由于砂泥岩横向不稳定，易尖灭，故无稳定的隔水层展布，致使承压水具有成层性、多层性及承压水、潜水相互转化频繁的特征。从岩性及其组合看，以砂岩为主的

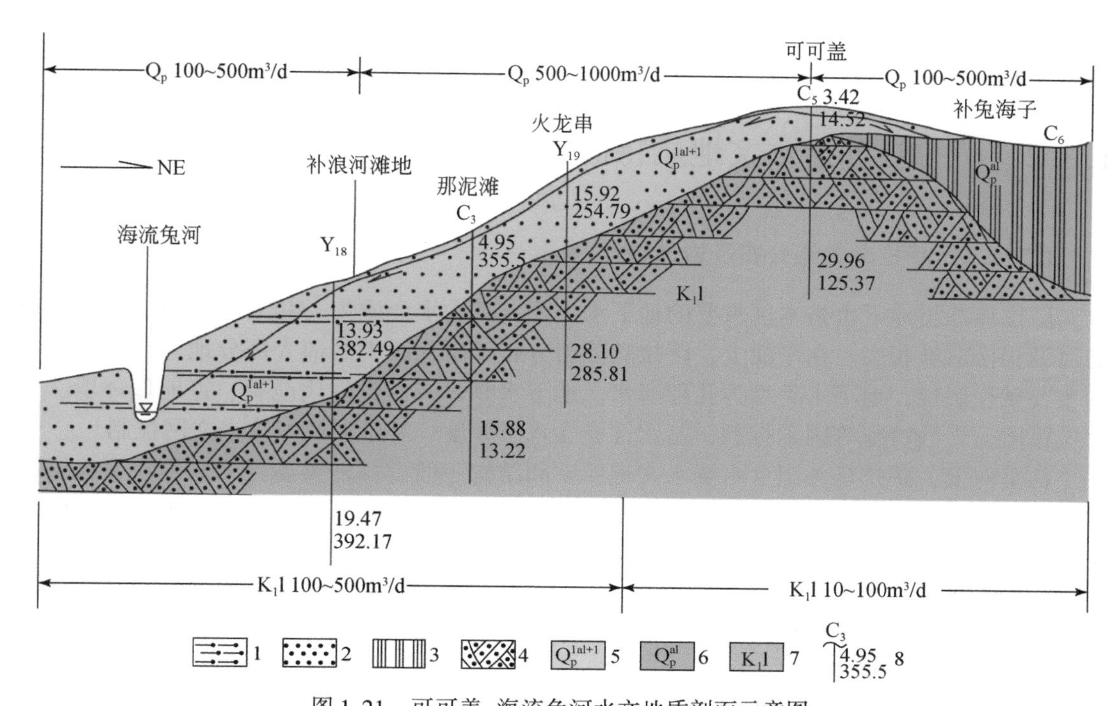

图1-21　可可盖–海流兔河水文地质剖面示意图

1. 淤泥及砂土；2. 中细砂；3. 午城黄土；4. 交错层砂岩；5. 上更新统冲湖积层；6. 更新统冲积层；7. 下白垩统洛河组；8. 上为孔号，中为降深（m）、下为涌水量（m^3/d）

侏罗系延安组赋存条件好，而其他地层赋存条件差；从地貌看，一般沙漠滩地区，补给条件好，其赋存条件也好，黄土梁峁、梁岗区补给条件差，其赋存条件则差，而河谷区居中。上部承压水隔水顶板埋深在河谷区一般在50m左右，在河间区则大于50m。承压水位在河间区埋深大，而在河谷区承压水头一般接近地面，在局部地段高出地面形成自流水。由于储水构造不同，在相同的地貌部位，压力水头不同，一般浅部承压水头低，而深部压力水头高。

本区地下水分布规律及赋存条件、水化学特征受地形地貌、地层岩性、地质结构、古地理环境及水文气象诸因素的综合控制。本区为黄土高原与毛乌素沙漠南缘接壤地带，无定河、青云沟、曹弯沟以南，秃尾河、窟野河及考考乌苏沟以东为陕北黄土高原的一部分，此线以北以西为毛乌素沙漠的一部分。纵观全区，大致为四周高、中部低的长条状盆地地形。分布于沙漠草滩区中的低缓黄土梁岗与区内第四系主要含水层萨拉乌苏组的分布范围大小有着十分密切的关系。早期被风沙淹没的古河道、古侵蚀洼地又直接控制着含水层厚度的变化；发育于沙漠滩地中的现代水系，控制着潜水的补、径、排条件。这种黄土梁岗、沙漠滩地、河流水系三者并存的特殊格局，构成了本区潜水以大气降水为主要补给来源，以沙漠滩地为主要径流带，以河流水系为主要排泄通道的总变化规律。在沙漠滩地区，地形平坦，素有地下水天然水库之称的沙漠极易接受大气降水的补给，含水层厚度大，是本区最富水的地区。另外，形成于煤层自燃烘烤区的烧变岩，裂隙、溶隙、溶洞发育，导水能力强，烧变岩地下水一般分布在第四系松散层地下水之下，汇集了萨拉乌苏组和黄土地下水，是萨拉乌苏组和黄土地下水的排泄通道，富水性强。以下着重叙述萨拉乌苏组含水层和烧变岩含水层的赋存特征。

1.3.2　萨拉乌苏组水文地质特征

1.3.2.1　萨拉乌苏组分布及岩性特征

萨拉乌苏组地下水是本区重要的地下水类型，其含水介质为一套第四纪晚更新世形成的河湖相松散堆积层。在平面上，萨拉乌苏组分布于研究区中西部大部分地区，是地下水的主要赋存层位，地下水类型为孔隙潜水。地下水赋存条件受现代地貌、古地理环境、含水层厚度、岩性特征等因素控制，富水性受含水层厚度、补给源及河流水文网控制。

在垂向上，萨拉乌苏组含水层水文地质空间结构一般有两种类型：第一种水文地质结构类型从上至下一般为第四系风积沙+萨拉乌苏组+白垩系洛河组，第二种从上至下一般为第四系风积沙+萨拉乌苏组+离石黄土以及第四系风积沙+萨拉乌苏组+离石黄土+新近系黏性土。第一种类型主要分布在尔林兔以西、公合补兔、小壕兔、刀兔一带，第二种类型主要分布于马合农场、中鸡镇以北活鸡兔井田及大柳塔石圪台井田一带。

1.3.2.2　萨拉乌苏组含水系统特征

1. 萨拉乌苏组砂层厚度变化特征

萨拉乌苏组含水层岩性以细砂、中砂为主，厚度差异较大，一般在古沟槽及低洼中心沉积最厚，分水岭处尖灭。萨拉乌苏组含水层水位埋藏较浅，一般在0.9～9.0m。纵观全区，萨拉乌苏组沉积厚度受古地形的制约，各沟槽之间有相对的分水岭。各沟槽或泉域均构成独立的水文地质单元，各沟槽或泉域之间的分界，与现在地表分水岭一致（图1-22）。

萨拉乌苏组含水层底部多为砾石、砂砾石层、粉细砂层，发育交错层理、平行层理。上部为粉细砂层、砂质泥层，顶部发育灰黑色碳质泥砂层，见水平层理、波纹层理等沉积构造，呈水平状，平行不整合在下伏地层之上。含水层厚度一般为40～90m，平均为52m，呈现从东向西、从北向南递增的变化规律。在榆林北部厚度数米至80m，最厚达160m。厚度大于40m的地段与中更新世后侵蚀形成的湖泊洼地地形相吻合。含水介质粒度变化规律是：南北方向上变化不明显，东西方向上是东细西粗；萨拉乌苏组地下水的埋藏深度多较浅，在榆林小壕兔、小纪汗、马合等地，水位埋深2m左右。

地质历史时期，区内榆溪河、秃尾河形成诸多古河槽和基底凹陷的沉积湖盆洼地，沉积了较厚的河湖积层，并形成了多个规模巨大、形态各异的集水构造，为地下水提供了良好的储存空间而成为地下水的主要富集区。勘查表明：区内萨拉乌苏组含水介质主要由中细砂、细砂夹粉土或粉质黏土透镜体构成。平面上，从上游到下游含水介质颗粒的粗细变化不明显，但从古河槽或古湖盆中心向周边，含水介质颗粒明显由细变粗；在垂向上，含水介质岩性上部以细砂、粉细砂为主，局部夹粉土透镜体，下部多为中细砂、细砂，局部夹粉土及粉质黏土透镜体。

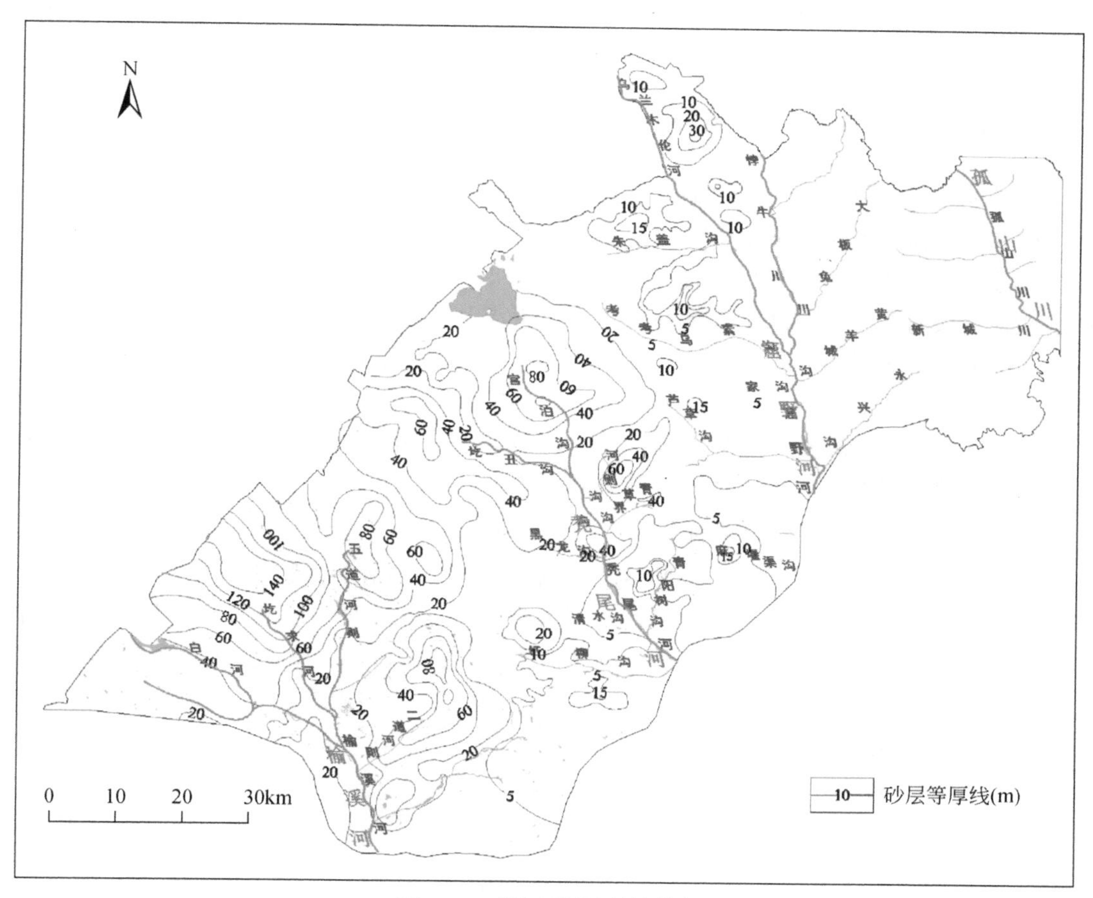

图 1-22　第四系砂层等厚图

2. 萨拉乌苏组赋水特征

萨拉乌苏组的分布、沉积厚度和含水层结构严格受现代地形、地貌和古地理环境制约，受现代河流切割、侵蚀的影响，不同地段赋水条件和富水性差异显著。榆溪河上游的贾拉滩、金鸡滩—贾明滩、刀兔海子、小壕兔，秃尾河上游的尔林兔—宫泊沟等滩地基底为一系列椭圆形和长条形洼地，是古榆溪河、秃尾河上游河谷盆地，长度从几千米到几十千米不等，构造为古河槽洼地，萨拉乌苏组沉积厚度均在 60 ~ 160m，由湖盆中央向四周，厚度逐渐减小。其中，研究区西北部古河盆地规模较大，宽度为 2 ~ 10km，东南部规模较小。

这些古河盆洼地与萨拉乌苏组沉积层共同构成了集水构造，为地下水赋存富集提供了良好的蓄水空间，是萨拉乌苏组地下水储存的主要场所。其中，风沙滩地腹地，各集水构造体封闭完整，储水条件好。构造体中心部位含水层厚度相对较大，富水性强；向外围，随着含水层厚度减小，富水性逐渐降低，渗透系数也随着砂层厚度的减小从西向东逐渐变小。风沙滩地南部和东部边缘，受河流侵蚀切割，集水构造体向河谷敞开，地下水排泄通畅，逐渐失去储水功能，富水性降低。如无定河北岸、榆溪河下游西岸及风沙区东部的黄土区，萨拉乌苏组含水层厚度减小，加上河流切割了集水构造体，储水性能下降，富水性变差。

1.3.2.3　萨拉乌苏组地下水补径排特征

1. 萨拉乌苏组地下水补给特征

研究区萨拉乌苏组地下水主要接受大气降水补给，其次是侧向径流和灌溉回归补给。萨拉乌苏组地下水分布面积广，且分布区地形平坦，表层遍布现代风积沙层，结构疏松，透水性强，极有利于大气降水入渗补给，即使遇特大暴雨，一般也不会产生地表径流。

区内大气降水量多年平均值为340～420mm，补给特征为面状入渗。风沙滩地区和河谷区包气带由风积、湖积物组成，岩性以细砂、粉细砂为主，结构松散，透水性强，厚度为1～10m，极易接受大气降水入渗补给；沙盖黄土梁岗区包气带下部岩性主要为黄土，结构致密，透水性较差，但上部的片沙有利于降水入渗。

2. 萨拉乌苏组地下水径流特征

地下水径流受地形地貌控制。区内地表水流域边界与地下水系统边界基本一致（图1-23）。萨拉乌苏组地下水总的径流方向为从西北、东北方向向榆溪河、秃尾河、窟野河及红碱淖各流域最低基准点径流，并形成了相应的水流系统。各流域内，受次级水流系统排泄基准

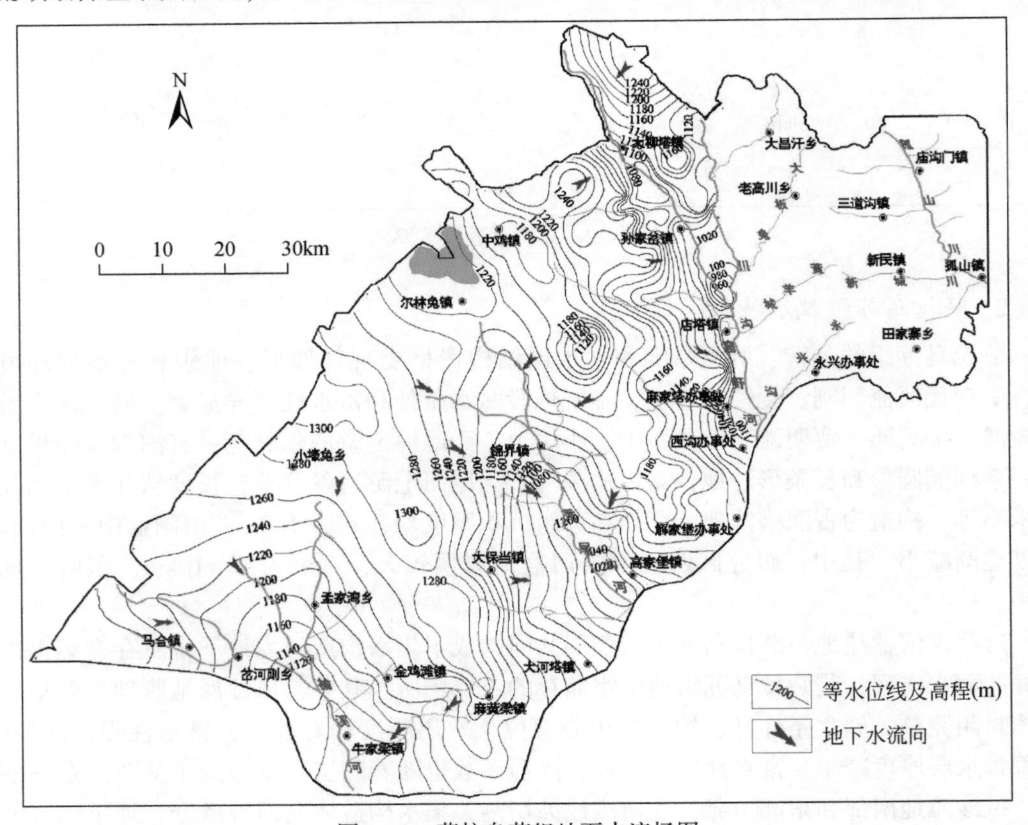

图1-23　萨拉乌苏组地下水流场图

面控制，局部流向次一级河流支流，并形成了相应的水流子系统。径流过程中，由于地势的差异，地形平坦的风沙滩地等水头线稀疏，水力坡度较小，径流相对较缓。地形破碎、地势陡峻的临河沟壑区，由于溯源侵蚀破坏了含水层的完整性，构成局地最低排泄基准面，等水头线稠密，水力坡度增大，地下水径流交替积极。

3. 萨拉乌苏组地下水排泄特征

研究区内萨拉乌苏组地下水以泉水和潜流、蒸发及开采三种方式排泄（图1-24）。在地势低洼的河谷，各萨拉乌苏组地下水水流系统均以潜流和泉水的形式向河流排泄；在风沙滩地地势低洼、地下水位埋深浅地段，萨拉乌苏组地下水以蒸发的形式排泄，同时有一定量的人工开采排泄。

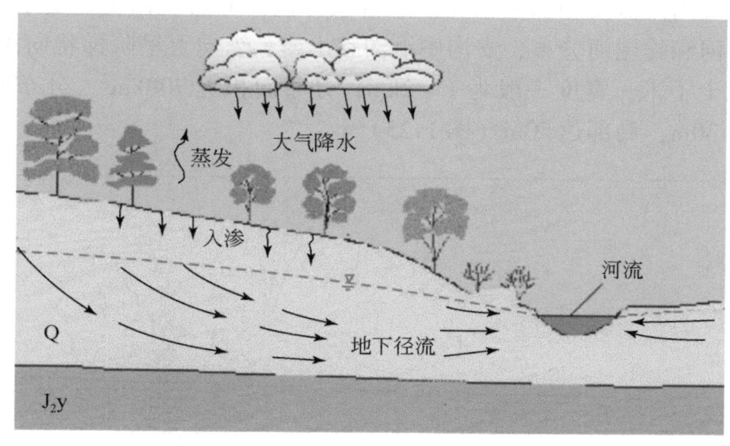

图1-24　萨拉乌苏组地下水补径排模式图

（1）蒸发排泄。本区属于旱半干旱气候区，多年平均蒸发量为1813～2412mm，在风沙滩地和红碱淖闭流区地下水位浅埋的地段，蒸腾作用强烈。萨拉乌苏组地下水分布区蒸发面积较大，蒸发排泄量不容忽视。若采用管井分散开采，适当降低地下水位，减少无效蒸发，将是增大可开采水资源量的有效途径。

（2）人工开采排泄。区内城乡生活用水基本依靠地下水满足。风沙滩地区和河谷区分布的大面积农田，除部分利用地表水渠系灌溉外，抽取地下水灌溉十分普遍。但受农业产业布局和生态保护政策制约，萨拉乌苏组地下水分布区没有建设水源地，无大量集中性的开采。因此，人工开采量不大。

（3）河流排泄。区内萨拉乌苏组地下水一般都向各自地下水系统的最低排泄基准面径流，以泉水或潜流的形式向河流排泄。榆溪河的支流沙河、芹河、圪求河以及一、二、三、四、五道河则，秃尾河红柳沟以上河段，窟野河的芦草沟、侯家母河和乌兰不拉沟水流均来自萨拉乌苏组地下水的溢流排泄。特别是秃尾河沿岸又产出了清水泉、采兔沟泉、黑龙沟泉等诸多大泉，成为秃尾河河水的主要来源。

尽管区内的部分泉水直接产出的地层是侏罗系烧变岩，但补给源为烧变岩上覆的萨拉乌苏组地下水。烧变岩为萨拉乌苏组地下水提供了良好的储水空间和导水通道，在烧变岩出露的深切河流谷，泉水集中成群排泄。而在无烧变岩分布的榆溪河西侧和头道河则以上河段，萨拉乌苏组地下水较少有集中汇流和排泄的通道，故地下水主要以潜流形式排泄，汇集成河道明流或海子。

1.3.3　烧变岩水文地质特征

1.3.3.1　烧变岩含水层分布及水文地质特征

1. 烧变岩的分布

烧变岩与煤层自燃区分布一致，具有沿河谷呈条带状分布的特点。主要分布在窟野河、秃尾河及其支沟两侧及相邻水系交汇的舌状部位，分布规律明显受水系及地形控制，总体平行于窟野河和秃尾河分布，支沟中沿沟谷出露，纵向上呈阶梯状向深部延伸。分布长度十几米到几十千米，宽度一般为 1～2km，分布面积近 700km²，分布厚度差异较大，厚度一般为 20～30m，局部达 50m（图 1-25）。

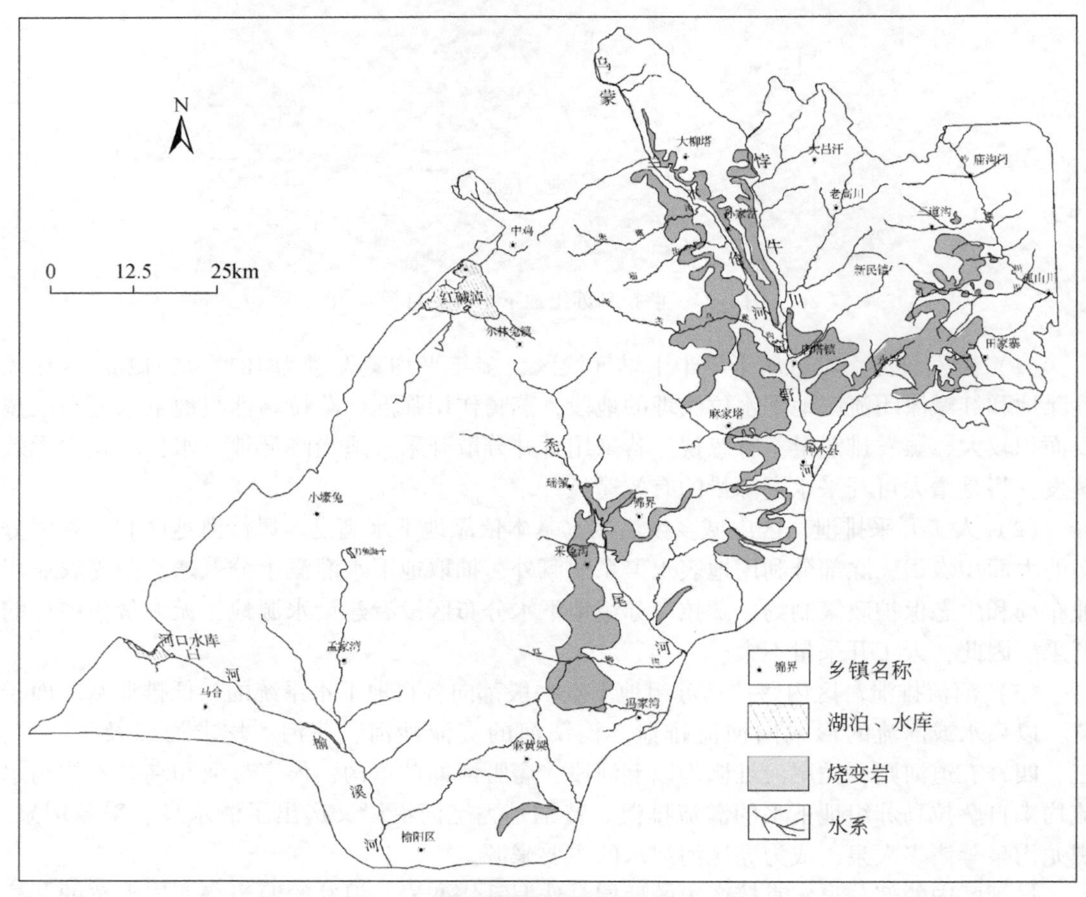

图 1-25　陕北煤炭开采区烧变岩分布图

2. 烧变岩水文地质特征

烧变岩是煤层燃烧产生的高温使围岩变质形成，煤层烧完后，顶板将发生坍塌和冒落，形成冒落带、裂隙带。同时烧变岩冷却过程中还将形成收缩裂隙，因而烧变岩裂隙孔洞非常发育，裂隙宽度一般为 3 ~ 50mm，个别孔洞可达 400mm，裂隙率可达 30%，因此，烧变岩含水层渗透性非常好，渗透系数一般大于 100m/d，最大可达 1631. 30m/d（范立民和蒋泽泉，2006）。

由于烧变岩含水层渗透性好，地下水径流、排泄迅速，因此大部分烧变岩为透水不含水层或弱含水层，仅在局部适宜的地段形成含水层，且富水性强或极强。烧变岩含水层的富水性主要受补给条件、烧变岩产状及所处位置三大因素的控制。

当烧变岩所处位置低洼，其产状与地层产状相反，形成良好的储水构造，其上又有松散砂层覆盖，补给条件良好时，烧变岩含水层富水性好，单井涌水量大于 $1000m^3/d$，最大可达 $3191.96m^3/d$，如清水沟泉、采兔沟泉、袁家沟泉、红柳沟泉、青草界泉等。如果烧变岩出露地形高，其产状与地层一致，不能形成储水构造，其上又无砂层覆盖，没有稳定的补给来源，则烧变岩含水微弱或为透水不含水层，研究区大部分烧变岩为此种类型。

1. 3. 3. 2　烧变岩含水层补径排特征

烧变岩含水层的地下水主要接受萨拉乌苏组地下水、大气降水和地表水的补给。柠条塔煤矿烧变岩区和清水沟、彩兔沟、袁家沟等烧变岩区接受上部含水层的补给量可达 $1\times10^4 \sim 6\times10^4 m^3/d$。地下水在烧变岩中经过短暂的径流，便以下降泉和线状渗流的形式排泄至沟谷，烧变岩含水层渗透性好，地下水径流排泄迅速。因此大部分烧变岩可视为透水而不含水或弱含水层，但当烧变岩上有大面积萨拉乌苏组覆盖的稳定补给条件，且产状与地层产状相反，就可形成良好储水构造，其富水性为强或极强。

独特的储水空间使烧变岩具有与其他类型含水层不同的特点，基岩裂隙含水层以裂隙空间储存地下水，岩溶含水层以溶洞、溶隙为储水空间，而烧变岩含水层同时具有这两类含水层的储水特点。

1. 4　煤　　层

1. 4. 1　含煤性

研究区煤系地层自下而上分为一至五段，每段各含一个煤组，自上而下编为 1 ~ 5 号煤组。有的煤组含若干个独立煤层，煤层编号在煤组号右上角冠以煤层号，如 4^{-3}、4^{-4} 分别代表 4 号煤组的两个独立煤层。煤层分岔后，其下分层仍编原号，上分层则在煤层号右上角冠以“上”字，如 $5^{-3上}$。

榆神府矿区以南延安组含有对比意义的煤层共 10 层。其中主要可采煤层 4 层，不可采煤层 6 层，可采煤层中 2^{-2}、4^{-3} 全区可采，3^{-1}、$5^{-3上}$ 大部可采，为主要可采煤层。4^{-1}、4^{-2}、4^{-4}、5^{-2}、5^{-3}、5^{-4} 煤层因可采面积小或无可采点，为不可采煤层。该区可采煤层总厚度为 12. 22 ~ 20. 70m，一般为 16 ~ 19m，其厚度变化趋势由南至北逐渐增厚，含煤系数为 5. 1% ~7. 2%，其变化趋势亦由南而北有增大的趋势，大致与可采煤层总厚度变化相对应。煤层厚度变化主要受沉积因素、后期遭受剥蚀等影响。

榆神府矿区中部至以北的地区主要可采煤层有 1^{-2}、2^{-2}、3^{-1}、4^{-2} 及 5^{-2}；局部可采煤层有 $1^{-2上}$、$2^{-2上}$、4^{-3}、5^{-1}，零星可采煤层有 1^{-1}、$4^{-2上}$、4^{-4}、5^{-3}。主要可采煤层位处于各中级旋回段的顶部，是各段聚煤作用的富集层位，它们区域分布面积广阔，储量很大。局部可采煤层是主要煤层的分叉层位，或同岩段的旋回煤层，煤层区域分布面积虽不十分广阔，但在一定范围内稳定，有相当可观的储量数目。零星可采煤层，只因其大多为薄煤层，全属零星的孤立小片。这一带延安组含煤岩系区域平均厚度为 205. 61m，最大厚度为 245. 93m，最小厚度为 152. 93m。南部平均厚度为 197. 07m，中部煤系地层较厚，平均为 212. 84m，北部厚度最小，平均为 178. 48m。

府谷新民矿区含煤地层属中下侏罗统延安组。地层两极厚度为 64. 11 ~316. 95m，平均厚度为 268. 03m。含煤层达 14 层之多。煤层自上而下编号为 1^{-1}、1^{-2}、2^{-1}、2^{-2}、2^{-3}、3^{-1}、4^{-1}、4^{-2}、4^{-3}、4^{-4}、5^{-1}、5^{-2}、5^{-3}、5^{-4}。除上述编号煤层外，还有其他极不稳定的个别见煤点，称未编号煤层。未编号煤层多集中在 5^{-1} 与 4^{-4} 及 4^{-4} 与 4^{-3} 煤层之间，其厚度多在可采厚度之下，层位不稳定，工业价值不大。

1. 4. 2 可采煤层

延安组是区内唯一的含煤岩系，厚度为 180. 00 ~316. 36m，一般在 270. 00m 左右，区内煤层埋藏深度总体特征为东浅西深，最浅小于 40m，位于神北矿区；最深大于 580m，位于榆神府矿区西南部。神木北部矿区的煤层埋藏深度大部分小于 100m，榆神府矿区埋深普遍大于 200m。就其埋藏深度变化规律性而言，神木北部矿区的规律性较差，在神木北部矿区与榆神府矿区的交界处是煤层埋深变化较剧烈的区域。

研究区内主要可采煤层 5 层，现分述如下。

1. 4. 2. 1 1^{-2} 号煤

1^{-2} 号煤主要分布在神北矿区一带，该处煤组实属一个三分叉煤层，最下分层 1^{-2} 煤层是主要可采煤层，以活鸡兔出露巨厚而驰名；中分层 $1^{-2上}$ 煤层是局部可采煤层；最上分层 1^{-1} 煤层仅在乌兰木伦河以东零星可采。煤组在区内以分叉煤层为主，复合部位仅有两处：一处位于活鸡兔至大柳塔之间的富煤小区域，但因乌兰木伦河的现代冲蚀及煤层自燃已看不清原貌。煤层自大柳塔北分岔，越哈拉沟急剧减薄至尖灭。自活鸡兔向南分岔，逐渐减薄，南延抵柠条塔尖灭。另一处位于石圪台，煤层向南分岔，南延至瓷窑湾已无可采煤层。

1. $1^{-2上}$ 煤层

$1^{-2上}$ 煤层以中厚煤层和不可采煤层为主，煤厚 0 ~4. 14m，平均为 1. 63m。统计表明，该煤层可采面积不大，但分布集中，可采面积内厚度稳定，而边部煤厚急剧变化。煤层单一结构，局部地段煤层上部含夹矸一层，厚度为 0. 12 ~0. 30m，岩性为细粒砂岩或泥岩，少量为粉砂岩。

2. 1^{-2}煤层

1^{-2}煤层为1号煤组的复合煤层及其下分层，煤层厚度为0~10.28m，平均为2.81m（图1-26），变异系数为0.86，可采概率为0.748。厚度频率及概率统计表明此煤层厚度大，但变化急剧。矿区南部无赋存，集中分布于中、北部。该煤层绝大部分为单一结构，只在煤厚急剧变化处含夹矸1~3层，单层厚度为0.20~0.30m，岩性主要为粉砂岩及泥岩。

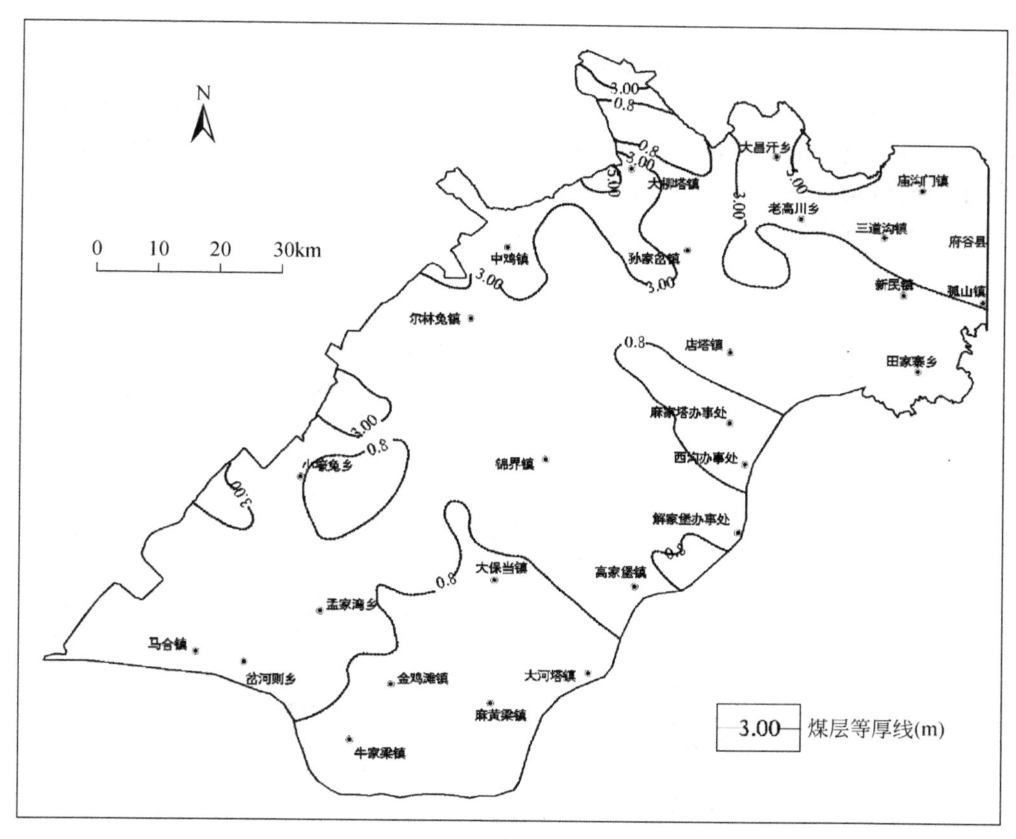

图1-26　1^{-2}煤层等厚线图

1.4.2.2　2号煤

此煤组在早更新世曾遭到侵蚀，使得悖牛川西侧活朱太沟、乌兰色太沟及乌兰木伦河的敏盖兔、大海则一带无保存。该煤组是个二分岔（$2^{-2上}$及2^{-2}）煤层，分岔后具有上分层厚、下分层薄的特点。此煤组以复合煤层为主，且煤层丰厚，以柠条塔露天矿煤层巨厚而著称。2号煤组分为三个赋存状况不同的区域，分称南、中、北区，南、北两大区以复合煤层为主。中区是煤层主要分岔区，呈宽10~15km的北东-南西向的长箱形展布，煤层分岔后，一般间距12m，最大间距在朱盖沟北侧可达20~25m，自朱盖沟向南、北两方向逐渐复合，间距逐渐减小。使得分岔区域两煤层之间的岩体呈透镜状产出，而煤层合并于上述分岔线。

1. $2^{-2上}$煤层

煤层厚度为0～4.76m，平均为1.77m。该开采煤层主要分布于榆神府矿区中部，大致沿朱盖沟分布着煤层变薄地带，并含有小片不可采区，自此薄煤带向北、南逐渐增厚，直至于2^{-2}煤层复合；该煤层在庙沟与车尔盖沟间厚度大而稳定，为2.20～4.76m。岩性以粉砂岩为主，泥岩次之。

2. 2^{-2}煤层

煤层厚度为0～12.49m，平均为4.1m（图1-27）。煤层属于单一结构，但夹矸在局部地区变化较复杂，其区域分布、层位、厚度及岩性在南、北两区表现迥异。北区夹矸主要分布在煤层分岔复合的交界部位，夹矸层数多达3～4层，单层厚度为0.20～0.30m，而且煤层上下部位均有发育，岩性以泥岩居多，粉砂岩次之。在南区煤层夹矸1～2层，上下部位各一或上部夹矸2层，单层厚度为0.15～0.75m。岩性以粉砂岩为主，泥岩次之。

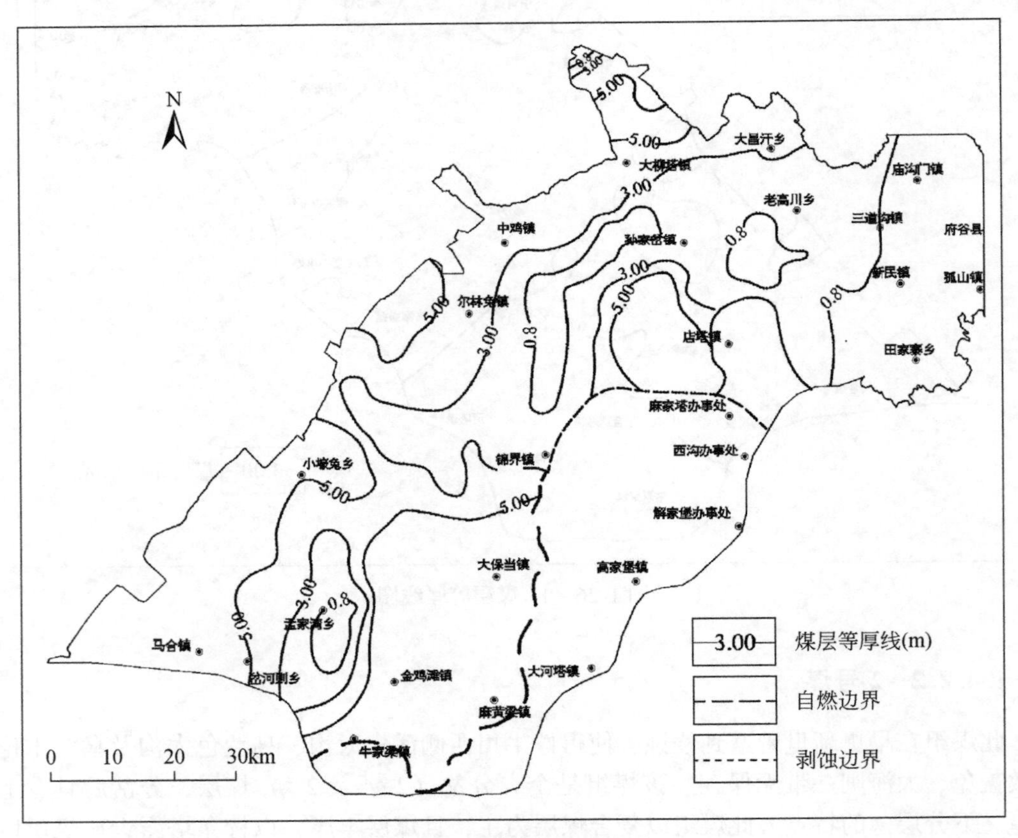

图1-27　2^{-2}煤层等厚线图

1.4.2.3　3^{-1}号煤

可采煤层3^{-1}煤位于第三段顶部，是本区主要可采煤层之一。除东南角局部外大部为可采煤层。本区可采厚度为0.80～2.25m，平均为1.49m（图1-28），煤厚变化趋势由南至北逐渐增厚。少数钻孔有一层夹矸，岩性为粉砂岩、泥岩。该煤层为薄-中厚煤层，厚度变化较小，结构较简单，大部可采，煤类单一，灰分、硫分稳定，属稳定型煤层。

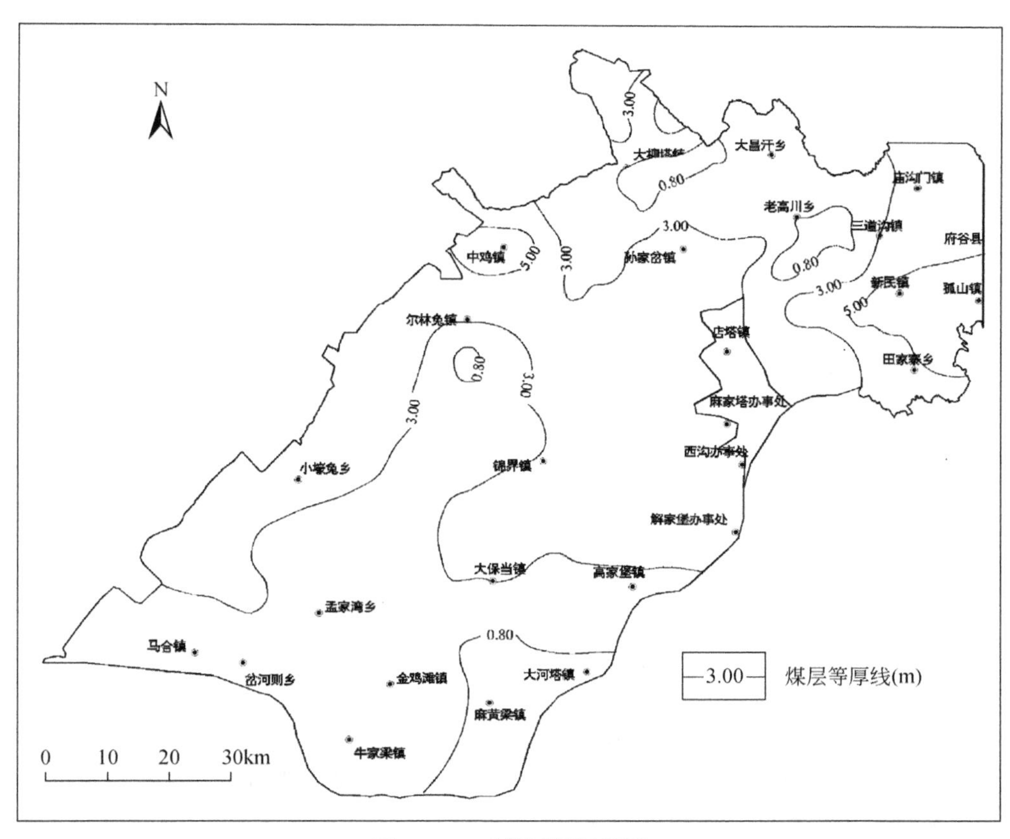

图1-28 3^{-1}煤层等厚线图

1.4.2.4 4号煤

该煤组含有两个独立煤层（4^{-2}、4^{-3}煤层），其中4^{-2}煤层为主要可采煤层。

1. 4^{-2}煤层

此煤层为二分岔煤层（$4^{-2上}$、4^{-2}煤层），$4^{-2上}$煤层厚度为0～2.67m，平均为1.32m。4^{-2}煤层的不可采点出现频率较高。煤层厚度变化在0～4.13m，平均为1.37m；变异系数为0.88，可采概率为0.52。此煤层分岔区域广阔，分岔后大多不可采或为零星分布的薄煤区。

煤层结构为单一结构，仅沿分岔复合部位含夹矸1～3层，单层厚度为0.06～0.64m，岩性多为粉砂岩或泥岩。

2. 4^{-3}煤层

4^{-3}煤层位于第二段中部，是本区主要可采煤层之一，基本全区可采，煤层厚度为1.08～1.86m，平均为1.47m（图1-29），煤厚变化趋势由南至北缓慢增厚。一般无夹矸，

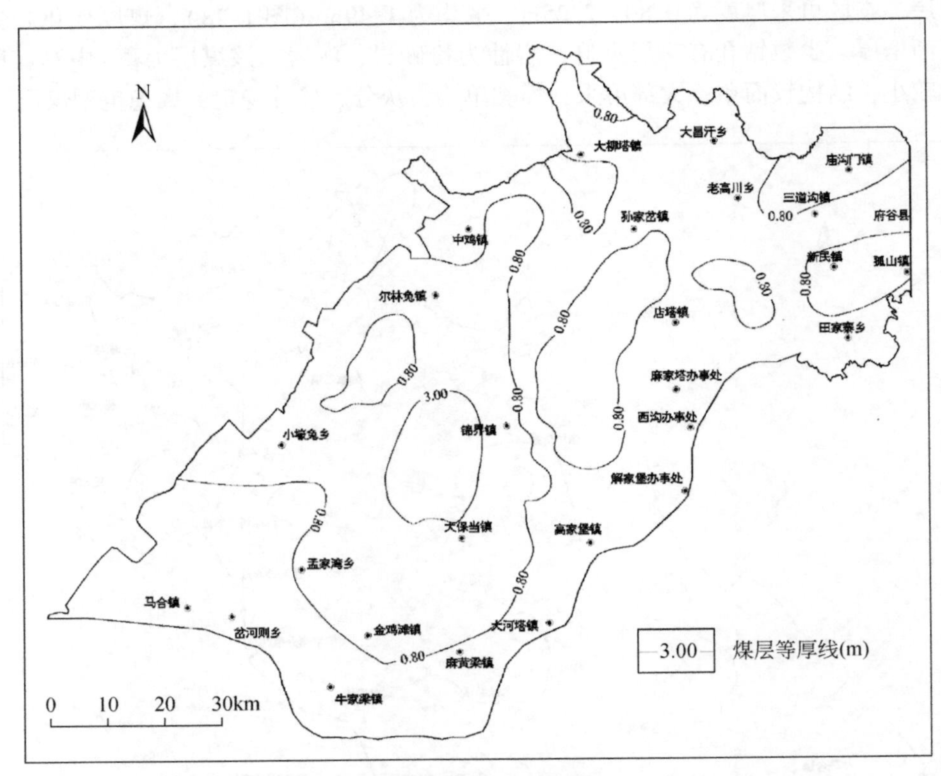

图 1-29　4^{-3}煤层等厚线图

少数孔有 1 ~ 2 层夹矸。厚 0.01 ~ 0.05m，夹矸岩性为细粒砂岩、碳质泥岩。

该煤层基本为中厚煤层，结构较简单，煤厚变化小且规律性明显，基本全区可采，煤类单一，灰分、硫分稳定，属稳定型煤层。

1.4.2.5　5 号煤

1. 5^{-1}煤层

5^{-1}煤层主要开采区域位于新民矿区，位于延安组第一段顶部，煤层层位稳定，厚度变化较小，两极煤层厚度为 0.35 ~ 6.85m，平均为 3.32m，属于较稳定的可采煤层，且厚度变化规律明显。可采范围埋藏深度为 13.64 ~ 137.89m，底板标高 1091 ~ 1134m，局部可采。煤层由东南向西北煤层厚度变小。

2. $5^{-2上}$煤层

$5^{-2上}$煤层主要开采区域位于新民矿区，位于延安组第一段上部，煤层厚度稳定，变化规律性明显，为一局部可采的较稳定薄煤层。可采范围埋藏深度为 184.25 ~ 242.25m，底板标高 1065 ~ 1082m，局部可采。煤层厚度为 0.30 ~ 1.75m，平均为 0.78m，可采煤层厚度为 0.80 ~ 1.75m，平均为 1.15m，煤层结构简单，一般不含夹矸，个别含一层夹矸。顶板岩性以泥岩、细粒砂岩为主，底板岩性以细粒砂岩为主，次为中粒砂岩、粉砂岩、泥岩，下距 5^{-2}煤层 17.00m。煤层由北向南煤厚变小。

3. 5^{-2}煤层

5^{-2}煤层位于延安组第一段中部，煤层厚度变化规律性明显，为一全区可采的稳定中厚煤层。煤层分布面积广，埋藏深度为 8.11 ~ 280.75m，底板标高 1043 ~ 1087m。煤层厚度为 1.65 ~ 4.40m，平均为 2.93m（图 1-30）。在煤层的中偏下部一般夹一层稳定的厚度为 0.20m 左右的泥岩夹矸，极个别含 2 ~ 3 层夹矸。顶板岩性以中-细粒砂岩为主，次为粉砂岩和泥岩，底板则以泥岩为主，次为粉砂岩。煤层厚度变化规律为由西南向东北方向增大。

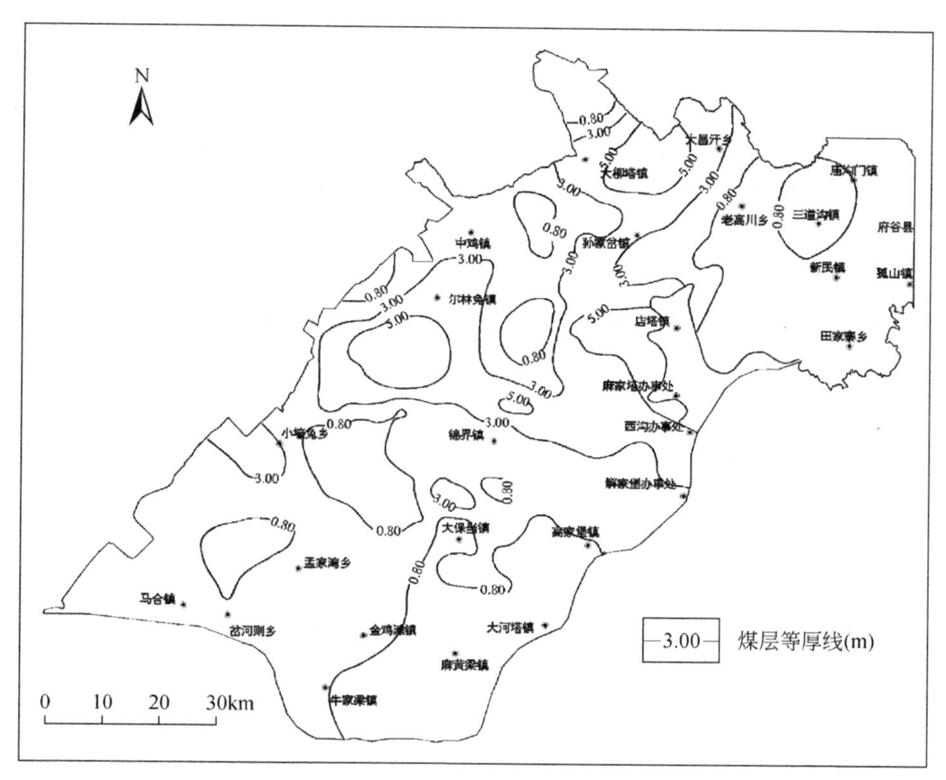

图 1-30 5^{-2}煤层等厚线图

4. $5^{-3上}$煤层

$5^{-3上}$煤层主要开采区域位于榆神府矿区。除东南角和西南角局部不可采外，其余均可采，大部为可采煤层。可采煤层厚度为 0.80 ~ 2.16m，平均为 1.31m，变异系数为 0.17，煤层厚度变化趋势为由南至北缓慢增厚，无夹矸。

该煤层为中厚煤层，变化小且规律性明显，结构简单，大部可采，煤类单一，灰分、硫分稳定，属稳定型煤层。

第2章 保水采煤的植被与水位约束

2.1 研究区植被生态与地下水关系

2.1.1 植物群落类型及分布

研究区处于草原–荒漠的过渡区域，植被类型主要包括地带性与非地带性两大类。地带性植被从东到西分布有典型草原、荒漠草原及草原化荒漠；非地带性植被包括沙地植被、湿地植被、盐化植被等。地带性植被类型多，群系、群丛复杂。

2.1.1.1 地带性植被类型

区内呈现出明显的地带性植被类型的空间更替。从东部边缘的典型草原，经干草原、荒漠化草原，过渡到西部边缘的草原化荒漠。

1. 典型草原

原生植被以白羊草群落为代表，但目前已成为农业区，原始植被均被破坏，该类型面积很小。

2. 干草原

干草原群落发育在梁地和黄土丘陵的栗钙土或黄绵土上。代表性群系为本氏针茅草原。由于人类的干扰，出现了以百里香为主的小半灌木群落，两者镶嵌分布；局部还有人为种植的柠条灌丛。黄土丘陵区的冲沟陡壁上，则广泛发育了茭蒿群落。

3. 荒漠化草原

由一组强旱生的丛生禾草及小半灌木建群，反映了生境旱化，它们的广泛分布，标志着气候已由半干旱进入干旱。荒漠草原主要分布于桌子山以东的高平原上，这里地形平坦，海拔1300～1500m，土壤为棕钙土。由多年生矮丛生禾草层片建群，主要包括小针茅、短花针茅、无芒隐子草、冰草等。多年生杂类草层片亦起重要作用，常见种有阿尔泰狗娃花、细叶远志、丝叶苦荬菜、糙叶黄芪、兔唇花、阿氏旋花、单叶黄芪、戈壁天门冬等。有的群系以强旱生小灌木建群，如狭叶锦鸡儿、毛刺锦鸡儿、猫头刺等。强旱生小半灌木有旱蒿、女蒿、燥原荠等。荒漠草原的主要群系有短花针茅草原、小针茅草原、甘草群落与苦豆子群落。

4. 草原化荒漠

植被类型多样，地带性土壤类型为淡棕钙土和灰漠土。草原化荒漠已属超旱生植被类型，种类很贫乏，以超旱生灌木、半灌木占绝对优势，一、二年生植物占较大比重，并伴生一定数量的强旱生多年生草本植物。

2.1.1.2　非地带性植被类型

1. 沙地植被

沙地遍布于研究区内，有毛乌素沙地及局部覆沙地段。沙地的物理特征与地带性生境有很大的不同，结构松散，持水性差，贫瘠，温度日较差大，易流动等，使沙地植被与地带性植被也有很大差别。总的看来，以油蒿为主的半灌木植被是沙地植被的代表，一般用于固定沙地。但因沙地分布面积很广，从东到西处于不同自然地带，加上流动或固定程度的差异，沙地植被的多样性增加。

2. 低湿地植被

鄂尔多斯高原的低湿地主要有河漫滩、湖滨低地、滩地、丘间低地等。它们的共同特点是地下水位浅，除大气降水外，有其他水源补给。此外，大部分土壤呈现盐渍化，盐渍化程度因地而异，从东到西随气候干旱程度的增加而增加。此类植被包括芨芨草群系、碱茅–拂子茅群系、西伯利亚白刺群系、碱蓬群系、盐爪爪群系等。

2.1.2　地下水植被关系调查

2.1.2.1　植物类型与潜水埋深关系

根据植物对水的依赖程度可把植物分为水生植物和陆生植物，陆生植物又可分为湿生、中生和旱生植物三种类型。野外调查结果表明，干旱半干旱区旱生的地带性植被控制着研究区植被生态的格局，仅在潜水埋深较小的局地存在湿生和中生植物（图 2-1）。在潜水埋深较小的河谷和滩地中心部位，植物以湿生和中生植物为主，植物长势旺盛；当潜水埋深小于极限蒸发深度时，常导致土壤盐渍化现象，甚至形成湿地，灌木和乔木较少，植被覆盖度一般并不高。随潜水埋深的增大湿生和中生植物长势由旺盛逐渐变差，由于湿生植物适宜生长在土壤水分饱和的环境中，抗旱能力差，不能长时间忍受缺水，随着潜水埋深的增大，湿生植物会向中生植物演替。当潜水埋深大至植物根系无法吸收时，湿生和中生植物都无法生存，风沙滩地区植被从沙柳灌丛向沙蒿灌丛演替，从小叶杨向旱柳演替；潜水埋深大的区域，植物以旱生灌草为主，乔木很少，旱生植物生长在干旱环境中，能长期耐受干旱环境，且能维护水分平衡和正常的生长发育，在形态和生理上形成了多种多样的适应于在干旱环境中生存的特征，旱生植物靠大气降水和土壤水维系，其长势与地下水几乎无关。

2.1.2.2　植物根系与潜水埋深关系

植物根系的发育程度对植物生长有着明显的影响。植物根系达到潜水面或毛细带时，植物就可以吸收地下水。反之，当地下水位埋深大于植物根系深度加上潜水面毛细上升高度后，植物就吸收不到地下水。据中国地质调查局西安地质调查中心的调查统计，研究区

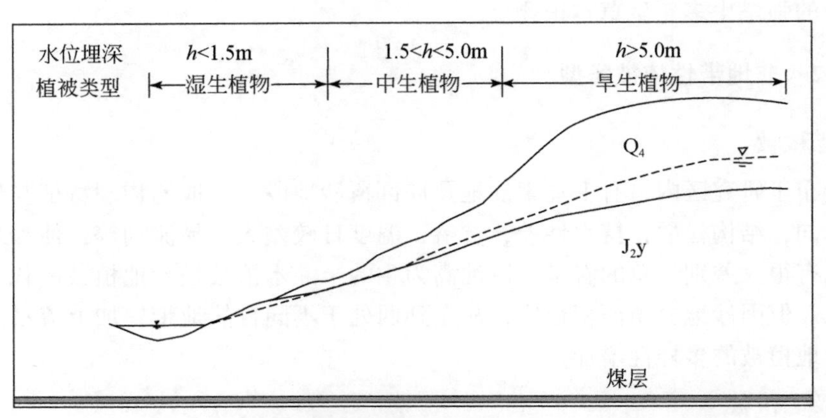

图 2-1　风沙滩区植被水平分带性示意图（彩兔沟）

野生植物共有 83 科 170 属 499 种（含变种）。常见植物有 49 种，其中乔木 7 种，灌木 12 种，草本 30 种。据前人研究工作和本次野外调查，研究区常见植物的主根系主要分布在 0～2m，个别植物主根系大于 6m；根系密集层主要分布在 0.2～1.4m（表 2-1）。

表 2-1　主要植物根系及适生水位埋深统计表

类型	植物名称	科	适宜土地类型	根系深度/m		生长水位埋深/m
				主根	侧根	
乔木	樟子松	松科	沙地盖沙地造林	1～6.5	8～12	＞2
	侧柏	柏科	沙地盖沙地造林	1～2	8～12	＞1
	油松	松科	黄土地、盖沙地造林	1～6	发达	＞1
	小钻杨（合作杨）	杨柳科	沙区分布很广			1～3
	小叶杨（水桐）	杨柳科	乡土树种		1～3	1～3
	旱柳	杨柳科	河渠边，湿滩地	1～2	8	1～3
	刺槐（洋槐）	豆科	沙地，山地	1～2	3～6	
灌木	白沙蒿（籽蒿）	菊科	流动沙地，半固定沙地			＞2
	细枝岩黄耆（花棒）	豆科	优良固沙植物	1～3	3～10	＞2
	山竹岩黄耆（踏郎）	豆科	固定沙地，盖沙地	1～2	2～10	＞2
	斜茎黄耆（沙打旺）	豆科	固沙植物	1～6	1～2	＞1
	黑沙蒿（油蒿）	菊科	固定沙地，半固定沙地	1～3.5	＞3	＞2
	紫穗槐	豆科	固沙植物	肥大	1～2	＞2
	砂地柏（臭柏）	柏科	固定沙地，乡土树种	1～2.5		＞2
	柠条锦鸡儿（柠条）	豆科	半固定、固定沙地	4.1		＞2
	沙柳	杨柳科	沙地、盖沙地		20	＞1
	沙棘（酸刺）	胡颓子科	湿沙地		>3	<2
	甘蒙柽柳	柽柳科	盐渍化沙地	1～2	10	＜3

续表

类型	植物名称	科	适宜土地类型	根系深度/m		生长水位埋深/m
				主根	侧根	
草本	沙米（虫实）	藜科	流动沙地、半固定沙地	1		> 1
	沙芥	十字花科	沙地背风坡和积沙部位	3		> 2
	沙鞭（沙竹）	禾本科	流动沙地，半固定沙地	3 ~ 10		> 2
	兴安胡枝子（牛筋子）	豆科	固定、半固定沙地，盖沙地	< 1		> 2
	牛心朴子	萝藦科	固定、半固定沙地，低平流沙地，黄土坡地	< 1		> 0.5
	蓬蓬草	藜科	固定，半固定沙地	< 1		> 0.5
	苦豆子	豆科	固定沙地及轻盐渍化地	< 1		>
	草木栖状紫云英（扫茨）	豆科	固定沙地盖沙地	1 ~ 2	> 1	
	草麻黄（麻黄）	麻黄科	固定沙地	0.20 ~ 0.25	> 1.5	
	地梢瓜	萝藦科	固定沙地荒地	<0.5		> 1.5
	黄、白花草木犀	豆科	沙地、盖沙地	2 ~ 3	发达	> 1.0
	藜（灰条）	藜科	田野、轻盐碱化沙地	约 1		> 1.0
	刺藜（鸡冠冠草）	藜科	固定沙地，荒地，田地	< 1		> 1.0
	小花棘豆（醉马草）	豆科	湿滩地、丘间地，沙柳灌丛下	~ 1		0.5 ~ 3
	大针茅（克氏针茅）	禾本科	滩地，盖沙地	< 1		> 0.5
	蒺藜	蒺藜科	荒野，路边	< 1		> 0.5
	沙蓬	藜科	固定沙地，轻盐渍化沙地	< 1		> 0.5
	石竹	石竹科	固定沙地，盖沙地	< 1		> 0.5
	打碗花（喇叭花）	旋花科	固定沙地，田间、荒地	< 1		> 0.5
	蒙古韭（沙葱）	百合科	固定沙地	< 1		> 0.5
	沙韭菜	百合科	固定沙地	< 1		> 0.5
	沙生冰草	禾本科	沙地，盖沙地	3		> 0.5
	艾（艾蒿，白艾）	菊科	荒地，固定沙地	< 1		> 0.5
	王不留行	石竹科	固定沙地坡地	< 1		> 0.5
	砂珍棘豆（矿棘豆，泡泡豆）	豆科	固定沙地、河滩沙地或山坡地	< 1		> 0.5
	独行菜（辣辣菜）	十字花科	固定沙地，田边，荒野	< 1		> 0.5
	天蓝苜蓿	豆科	平坦沙地，水边	< 1		< 1.5
	芨芨草	禾本科	轻盐渍化沙地	< 2		0.5 ~ 3
	马莲	鸢尾科	草滩地，轻盐渍化地	1 ~ 2		0.5 ~ 3
	苦菜（紫花山莴苣）	菊科	田间，轻盐渍化沙地	~ 1		< 1.5
	河朔荛花	瑞香科	水边，渠旁			< 1.5
	荩草（马耳草）	禾本科	滩地，湿地	< 1		< 1.5

续表

类型	植物名称	科	适宜土地类型	根系深度/m		生长水位埋深/m
				主根	侧根	
草本	皱叶酸模	蓼科	湿地，水边	~1	<1.0	
	薄荷（野仁丹草）	唇形科	水边，湿地	<1	<1.5	
	半枝莲（韩信草）	唇形科	湿地，水边	<0.5	<1.5	
	车前（猪耳朵）	车前科	荒地，水边阴湿地	<0.5	<1.5	
	牛蒡（大力子）	菊科	沟边，草地	~1	0.5~1.5	
	旋覆花	菊科	水边，草地		<1.5	
	黑三棱	黑三棱科	水湿地，沼泽地，池塘，水沟		<1.0	
	泽泻（如意花）	泽泻科	沼泽地，水沟，湿地		<1.0	
	稗（稗子）	禾本科	稻田，沼泽		<1.0	
	芦苇	禾本科	沼泽，浅水，湿地		<0.5	
	水烛（蒲草）	香蒲科	海子，池塘		水生植物	
	宽叶香蒲	香蒲科	海子，池塘		水生植物	
	小香蒲	香蒲科	海子，池塘，湿地		水生植物	
	慈姑	泽泻科	池塘海子		水生植物	
	菖蒲（臭蒲）	天南星科	海子，池塘边，河沟边		水生植物	
	浮萍	浮萍科	水沟，沼泽		水生植物	

2.1.3　优势植被选取

植被类型分布的获取主要有两种手段，一是野外植被调查，二是利用遥感影像数据解译。野外植被类型调查主要是点上、线上的调查，很难覆盖全区，而遥感解译可以较准确地了解全区植被类型分布。本书结合前人成果，植被类型分析采用美国地球观测系统（EOS）计划中的MOD12数据集。MOD12数据集是MODIS的第12类3级陆地标准数据产品，内容为土地覆盖/土地覆盖变化。土地覆盖分类（Land Cover Classification Products）包括5种分类方案，其中第一种为国际地圈生物圈计划（IGBP）的土地覆盖分类系统（IGBP-Type1），该分类方案采用监督分类方法，根据全年12个月的EVI（MODIS增强型植被指数）时间序列数据将全球分成17个土地覆盖类型（表2-2）。空间分辨率为1km，每年只有1景数据，图像中的像元值（DN值）代表该年的土地覆盖类型。该数据已经过一系列的验证和精度评价，尽管还存在有待改进的地方，但完全可以应用于相关的科学研究当中。

表 2-2　MOD12 中的 IGBP 土地覆盖分类方案

Code	土地覆盖类型	
0	water	水体
1	evergreen needleleaf forest	常绿针叶林
2	evergreen broadleaf forest	常绿阔叶林
3	deciduous needleleaf forest	落叶针叶林
4	deciduous broadleaf forest	落叶阔叶林
5	mixed forests	混交林
6	closed shrublands	密集灌丛
7	open shrublands	稀疏灌丛
8	woody savannas	疏林性热带稀树干草原
9	savannas	热带稀树干草原
10	grasslands	草地
11	permanent wetlands	永久湿地
12	croplands	耕地
13	urban and built-up	城市和建设用地
14	cropland/natural vegetation mosaic	耕地/自然植被镶嵌体
15	permanent snow and ice	冰雪
16	barren or sparsely vegetated	裸地或极稀疏植被

根据研究区的实际情况对不合理的数据进行修正，并合并相近的植被类型，将研究区植被覆盖类型分为 8 种，即水体、常绿阔叶林、密集灌丛、稀疏灌丛、草地、耕地、城市和建设用地、裸地或极稀疏植被（图 2-2）。

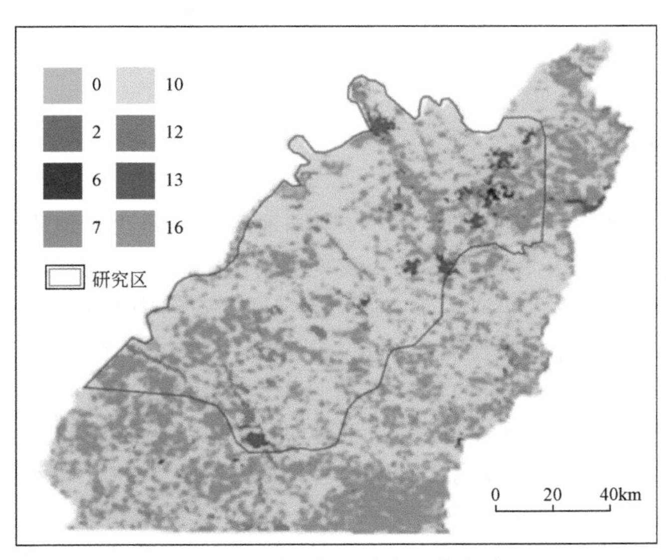

图 2-2　2015 年植被类型分布图

0. 水体；2. 常绿阔叶林；6. 密集灌丛；7. 稀疏灌丛；10. 草地；12. 耕地；13. 城市和建设用地；16. 裸地或极稀疏植被

研究区植被类型以草地和稀疏灌丛为主，其次为耕地，耕地主要沿河流呈带状分布。结合路线踏勘，稀疏灌丛生态植被总的特征为以灌木为主，乔木零星分布。灌木有沙柳、柠条、沙蒿等，尤以沙柳分布最广。据钻孔揭露可知，在研究区的西南区域的包气带岩性上层为风积沙，下层为白垩系砂岩的双层结构，中间有萨拉乌苏组夹层，夹层在空间变异很大。

现状下的优势物种就是覆盖度最大的物种。因此可利用植被种群现状图计算研究区内每一物种的覆盖率，其中最大覆盖率的物种就是最大优势物种。若以30%的覆盖度作为优势物种的下限，那么覆盖度大于30%的物种就可构成优势种群。

令 D_i 为第 i 个种群区的面积，km^2；$\varepsilon_{i,k}$为第 i 个种群区第 k 个物种在种群中所占的比例,%；$d_{i,j}$为第 i 个种群区与第 j 个覆盖度区的面积交的面积，km^2；σ_j 为 第 j 个覆盖度区的覆盖度,%；$x_{i,k}$为第 i 个种群区中第 k 个物种的加权覆盖度,%；m 为第 i 个种群区包含的覆盖度分区数。则有

$$x_{i,k} = \frac{\varepsilon_{i,k} \times \sum_{j=1}^{m} \sigma_j \times d_{i,j}}{D_i}$$

令 X_k为物种的覆盖度,%；n 为种群的分区数；α_i为第 i 个种群区的面积权。则

$$X_k = \sum_{i=1}^{n} \alpha_i \times x_{i,k}$$

计算出区内各个物种的覆盖率之后，按照覆盖率值自大至小排列，大于优势物种覆盖度下限的物种都可作为构成种群的备选物种。究竟哪几个物种能构成优势种群，还要结合区域上种群的分布特点来定，这是因为种群中物种的组成有其自然的内在联系，而不是机械的合成。经过计算，本研究区的优势物种为沙蒿、沙柳和薹草。限于植被茎秆流测量仪器的适用要求，本次选用沙柳作为区内优势植物。

2.2 原 位 实 验

2.2.1 实验地点

根据路线踏勘和优势植被的选取，选择中国地质调查局西安地质调查中心在榆林建设的水与生态关系实验站开展野外实验。该实验站位于海流兔河流域补浪河乡那泥滩村（图2-3）。海流兔河流域为无定河一条支流，无定河为黄河中游的一级支流。海流兔河流域集水面积为2645km^2。流域地表覆盖固定、半固定沙丘。所在区域为典型的半干旱气候，1961～2006年平均温度为8.1℃，最高日平均温度为38.6℃，最低日平均温度为-32.7℃，分别发生在1953年和1954年。年平均日照时数为2962个小时。年平均降水量为340mm（1985～2018年），最高年降水量为616.3mm（2002年），最低年降水量为164.3mm（1999年），降水主要发生在6～9月。多年平均蒸发量为2184mm（200mm蒸发皿）。月蒸发量从4月开始显著增高，5～7月达到最高值，并从8月开始降低。所在流域区域地质条件：表层为第四纪风积沙、下伏砂岩或泥岩。含水层上部为萨拉乌苏含水层，

下层为砂岩，萨拉乌苏组为主要的含水层，两层含水层之间无明显的隔水层。目前，区域用水主要为农田灌溉和农村居民用水。

图 2-3　实验地点位置示意图

流域内主要的植被类型包括沙柳、杨柴、沙蒿、旱柳、杨树以及河岸带喜水的芦苇、宽叶香蒲等。实验场地位于海流兔河流域中东部的补给径流区，场地规模为 25m×25m，场地内分布着沙柳，沙柳下部零星分布牛心朴子。实验区的包气带岩性为风积沙，地下水位埋深约 1.5m。土壤温度监测点位于场地内无植被覆盖的空地处。

2.2.2　实验概况

2.2.2.1　实验仪器

1. 含水率和温度采集系统

1）EC-5 土壤水分传感器（S-SMC-M005）

土壤水分传感器是通过测定土壤的介电常数来确定它的体积含水量。水分的介电常数要比空气和土壤矿物质的介电常数大得多。20℃时，水的介电常数为 80，干燥土壤的介电常数为 3 ~ 7，而空气的介电常数仅为 1。因此土壤的介电常数主要依赖于土壤体积含水率。S-SMC-M005 将 Decagon Devices 公司生产的经过改进的 ECH_2O 电介质测量探针与 Onset 公司的智能传感器技术相结合，由测量探针和智能传感器适配器两部分组成，其中适配器中储存了传感器的转换参数，使得输出数值即为土壤水分含量。在周围温度为 0 ~ 50℃时，EC-5 的测量精度是 3%，温度超过 50℃时，测量精度会下降。EC-5 在安装过程中要保证探头周围至少 8cm 以内不能有除了土壤以外的物质，因 8cm 之内出现土壤以外的物质会影响探头的电磁场进而影响输出结果。

然而对于绝大多数土壤而言，土壤水分传感器在使用前需进行标定，尤其是含沙量很高的土壤。通过真实土壤水分含量与 EC-5 的测定值之间建立线性关系，从而得到相对准确的土壤体积含水量（图 2-4）。

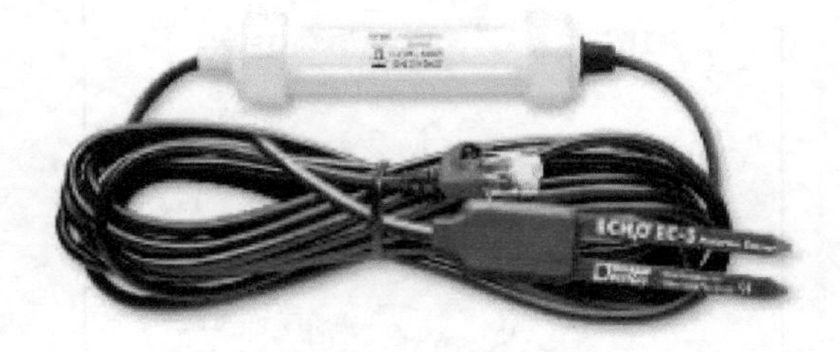

图 2-4　EC-5 土壤水分传感器

2）12 位（12-Bit）土壤温度传感器（S-TMB-M006）

土壤温度传感器是基于热电阻测温，即金属导体铂金的电阻值随温度的增加而增加这一特性来进行温度测量的。S-TMB-M006 出自 Onset 公司，主要由防水的不锈钢传感器探头和智能传感器适配器两部分组成（图 2-5）。12 位温度智能传感器的测量范围是-40 ~ 100℃，在 0 ~ 50℃范围内精度为±0. 2℃，这个范围之外的测量精度有所降低。在安装传感器时，要保证至少 10cm 的传感器缆线埋在土壤介质中。

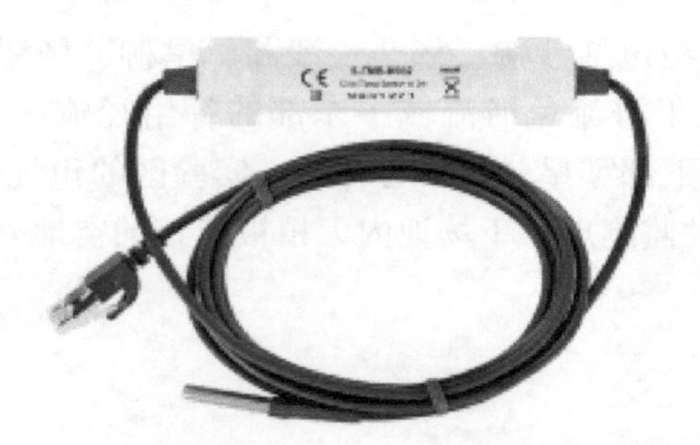

图 2-5　12 位（12-Bit）土壤温度传感器

3）U30 数据采集器（U30-NRC-000-10-S100-000）

U30 数据采集器出自 Onset 公司 U30-NRC 土壤水分温度监测系统，U30 数据采集器与土壤水分传感器 S-SMC-M005 和土壤温度传感器 S-TMB-M006 都兼容，具有 10 个传感器接口（图 2-6）。试验中通过安装数据采集软件 HOBOware Pro，用 USB 连接电脑，进行传感器测量参数的设置，即可实现数据的自动采集，定期进行数据读取输出。

2. 土壤水势测量系统

1）土壤水势传感器（MPS-2）

MPS-2 是一款测量土壤水势和温度的传感器，在土壤水分与多孔陶瓷盘水分（传感器的圆盘部分）达到液态平衡时，通过测定陶瓷盘的介电常数，来确定土壤水分含量，并利用陶瓷的水分特征曲线转化为陶瓷的水势，以此来代表土壤水势（图 2-7）。同时，MPS-2

图 2-6　U30 数据采集器

的黑色部分基于表面的热电偶原理来进行温度测量。MPS-2 水势测量的有效量程为-10 ~ -500kPa，测量精度为±25% ~ ±50%，读数小于-500kPa 时，读数噪声增加，所得数值仅供参考使用。

图 2-7　MPS-2

2）水势数据采集器（Em50）

Em50 为 Decagon Devices 公司生产的数据采集器，最多可进行 5 个传感器的数据采集和存储（图 2-8）。通过安装 ECH_2O Utility 软件，使用 USB 数据线连接电脑，对传感器进行采样间隔和起始时间的设置，定期下载储存数据。

图 2-8　Em50 数据采集器

3. 水土特征曲线

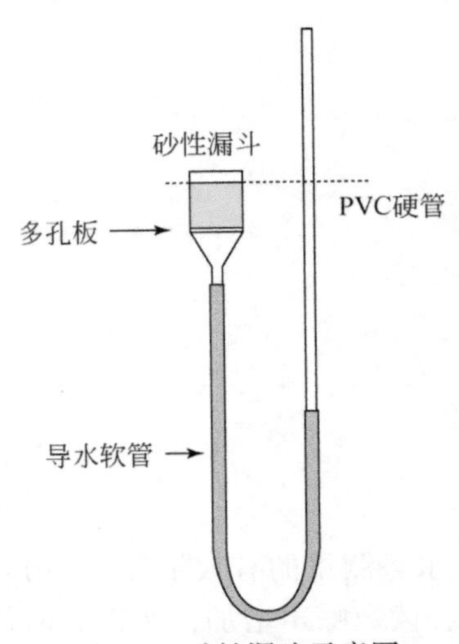

图 2-9　砂性漏斗示意图

试验中通过砂性漏斗来测定土壤的水分特征曲线。测定装置如图 2-9 所示，100mL 砂性漏斗，底部装有一个多孔板，土样置于板上，板下水室连接 PU 软管，软管右侧与透明的 PVC 硬管相连，形成悬挂水柱，通过上下移动 PVC 管形成对土样不同的吸力来测定土壤水分曲线。

测定原理与方法：漏斗里的土样通过多孔板与悬挂水柱建立水力联系，可以传递静水压力。当处于平衡状态时，土壤水的总水势与多孔板下方的自由水水势相等，$\psi_{水}=\psi_{土}$，由此可得，平衡时，漏斗和右端的透明硬管的液位差 ΔH，为实验介质的基质势，即 $\psi_m=-\Delta H$。

试验开始前先将砂性漏斗浸水一天，使砂心充分饱和，然后装填风积沙，使其饱和，放置过夜。将漏斗口和 PVC 管口用扎有小孔的保鲜膜覆盖，以减少蒸发并保持与外界连通。试验开始时，降低 PVC 管高度使砂心底部产生负压，土样开始排水，待水分排出系统重新达到平衡，通过排水前后水面上升的高度来计算排出水的体积，进而得出土样的含水率，毛细负压为系统稳定后，土样表面到悬挂 PVC 管中水面的距离。逐渐降低 PVC 管，重复上述步骤，直至脱湿过程完成，而后再逐次升高悬挂 PVC 管，得到吸湿曲线。实验数据见表 2-3 和表 2-4。

表 2-3　脱湿曲线

编号	1	2	3	4	5	6	7	8	9	10	11
h/cm	0	4.3	6.1	8.8	10.4	13.4	16.8	18.4	22	25.5	28.7
θ/(cm³/cm³)	0.36	0.35	0.35	0.34	0.34	0.34	0.34	0.34	0.34	0.34	0.34
编号	12	13	14	15	16	17	18	19	20	21	22
h/cm	33.1	36.8	39.5	41.45	46	49.1	52.5	54.6	56	57.4	59.2
θ/(cm³/cm³)	0.33	0.33	0.30	0.29	0.28	0.26	0.23	0.21	0.20	0.19	0.18
编号	23	24	25	26	27	28	29	30	31		
h/cm	61.1	64.5	68.7	73.4	78.2	82.3	91.2	110.3	130.4		
θ/(cm³/cm³)	0.16	0.14	0.13	0.11	0.10	0.09	0.08	0.07	0.06		

表 2-4　吸湿曲线

编号	1	2	3	4	5	6	7	8
h/cm	130.4	110.2	90.7	78.5	74.2	67.7	62.8	58.6
θ/(cm³/cm³)	0.06	0.07	0.07	0.08	0.08	0.08	0.08	0.09
编号	9	10	11	12	13	14	15	16
h/cm	52.7	49.3	44.3	41.6	38.6	35.9	33.1	30.3
θ/(cm³/cm³)	0.10	0.13	0.16	0.18	0.20	0.23	0.25	0.28
编号	17	18	19	20	21	22	23	
h/cm	26.4	23.5	18.7	14.4	8.8	3.5	0.2	
θ/(cm³/cm³)	0.31	0.32	0.33	0.34	0.34	0.35	0.37	

通过 MATLAB 软件，利用 Van Genuchten 公式对所测数据进行非线性最小二乘法拟合，拟合结果如图 2-10 和图 2-11 所示。

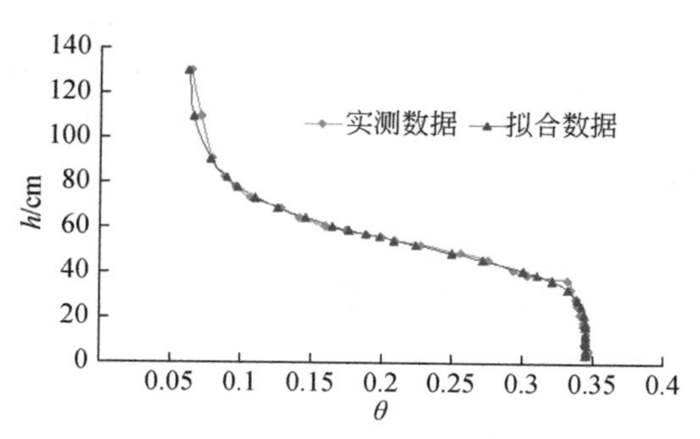

图 2-10 脱湿曲线拟合图

脱湿过程 Van Genuchten 公式中各参数的值为：$\theta_r=0.0588$，$\theta_s=0.3452$，$\alpha=0.0188$，$n=5.9482$

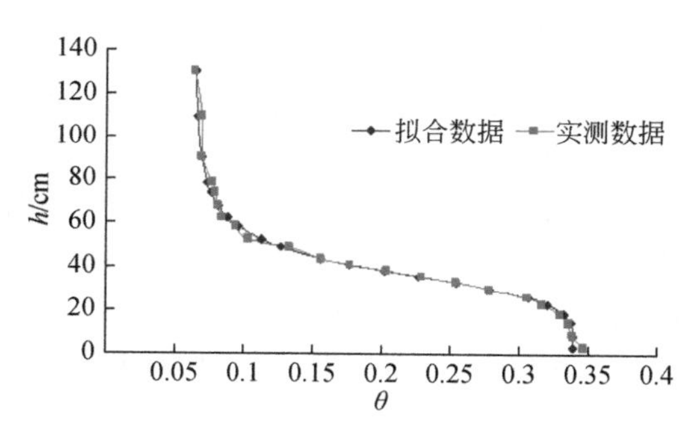

图 2-11 吸湿曲线拟合图

吸湿过程 Van Genuchten 公式中各参数的值为：$\theta_r=0.0645$，$\theta_s=0.3387$，$\alpha=0.0273$，$n=5.4846$

2.2.2.2 原位实验

1）气象要素监测

实验场内气象站是从 2014 年 4 月底开始安装并开始正常工作，数据监测间隔为 10min/次。

2）沙柳蒸腾监测

沙柳蒸腾采用树干茎流计 Sapflow 监测。在实验场内选择一颗树龄为 2 年的沙柳，沙柳有 4 个枝条，分别安装了包裹式树干茎流计探头。自动监测数据的时间间隔是 10min/次。

3）土壤含水率监测仪

土壤含水率采用 Trime-IPH 监测，监测频率为每天 4 次。

4）地下水动态监测

地下水动态采用 MiniDiver 监测，监测频率为 10min/次。

5）同位素样品采集

同位素样品采集系统的工作原理是通过外部注射器引起的负压效果，使得埋在土壤不同深度的陶土头吸水。陶土头分别埋在 10cm、20cm、40cm、70cm、100cm、120cm、150cm。150cm 已经到达潜水面，故认为 150cm 的样品代表浅层地下水的同位素样品，其他深度的同位素水样代表不同深度的土壤水。样品采集时间是在下雨后，分别采集不同深度的同位素以及植被水分同位素样品并编好号。

2.2.3 植被蒸腾规律及其对环境因子的响应

2.2.3.1 沙柳的蒸腾变化规律分析

沙柳液流速率的日变化规律、不同天气条件下的液流速率变化特征以及液流速率的季节性变化规律如下。

1. 不同直径沙柳枝条液流速率的日变化规律

为消除土壤含水率对沙柳液流的影响，特选择其中一株沙柳的 4 个枝条作为研究对象。以 2014 年 7 月 29 日为例，图 2-12 反映了不同直径沙柳枝条的液流速率的日变化规律。不同直径沙柳枝条受相同气象因子的影响，液流速率具有相似的波动趋势。直径不同，沙柳的液流速率存在明显差异，表现出液流速率与其直径呈正相关关系。沙柳液流速率的日动态变化基本呈单峰曲线，液流速率在 7:00 后急剧增加，在 10:00 ~ 15:00 处于高值，峰值出现在 12:00 左右，16:00 后急剧减少，至 21:00 以后降至最低。

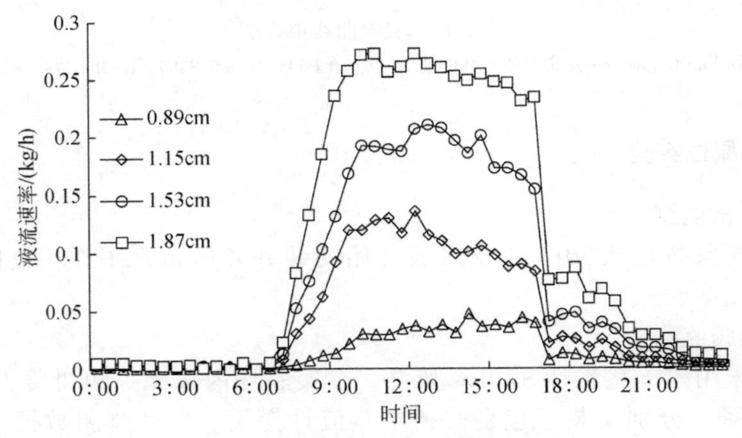

图 2-12 7 月 29 日不同直径的沙柳枝条液流日变化规律

2. 不同天气条件下沙柳液流的日变化规律

由于直径最大沙柳枝条的液流对气象因子的响应最为明显，且误差相对较小，所以选取其为代表进行分析。如图 2-13 所示，不同天气情况下，沙柳液流启动及达到最大值的时间不同。阴雨（小雨）天气其液流速率的变化趋势与晴天相似，但日液流量却有大幅度的降低。但在中大雨天气，沙柳的液流速率的变化趋势不呈现“几”字形，液流速率与夜间较为接近，液流量接近 0。降雨对沙柳液流的影响是气象要素的间接反应，随着降雨的发生，太阳辐射减小，大气温度降低，相对湿度及土壤含水率增高，从而导致降雨时蒸腾量的减小以及雨后潜在蒸腾量的增大。

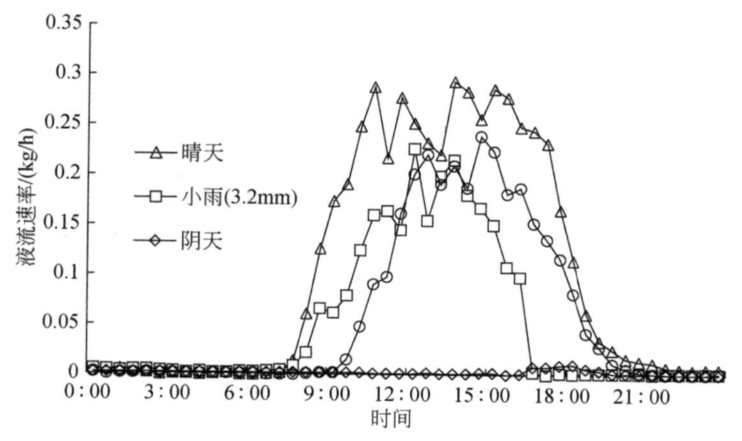

图 2-13　不同天气情况下的沙柳液流日变化规律

降雨对沙柳液流的影响是气象要素的间接反应，随着降雨的发生，太阳辐射减小，大气温度降低，相对湿度及土壤含水率增高，从而导致降雨时蒸腾量的减小以及雨后潜在蒸腾量的增大。如表 2-5 所示，降雨事件后，随着土壤含水率的升高，沙柳的最大液流速率较雨前增加明显，表明沙柳的潜在蒸腾量较雨前增大，但沙柳最大液流速率的增加量与降水量没有明显的正相关关系，如 9 月 15 日降雨量为 3.4mm，但最大液流速率的增加比例却是最小。

表 2-5　降雨前后沙柳液流速率最大值及增加比例

时间	降雨量/mm	降雨前最大液流速率/(kg/h)	降雨后最大液流速率/(kg/h)	增加比例/%
8 月 14 日	1.9	0.275	0.282	2.5
8 月 26 日	4.7	0.288	0.307	6.1
9 月 15 日	3.4	0.295	0.301	2.0
10 月 2 日	3.3	0.260	0.274	5.1

3. 沙柳液流速率的季节性变化规律

选取 7 月 17 日 ~11 月 15 日的日液流量与降水量进行研究，见图 2-14。由图可知，沙柳的液流速率表现出典型的季节性特征。试验期间直径最大的沙柳枝条的液流速率在 7 月最大，达到 2.59kg/d，8 月次之，为 2.34kg/d。9 月尽管太阳辐射降低，但由于较多降雨，土壤水分充沛，沙柳的液流速率没有明显降低，仍达到 2.19kg/d。10 月气温降低，太阳辐射减弱，液流速率显著降低，为 1.32kg/d。11 月随着沙柳进入落叶期，液流量在此时达到最低，但由于要维持自身相对微弱的生理活动，仍有一定大小的液流速率。总之，沙柳的蒸腾活动具有典型的季节性特征，而这种季节性既与气象因子有关又受自身的生理特性影响。

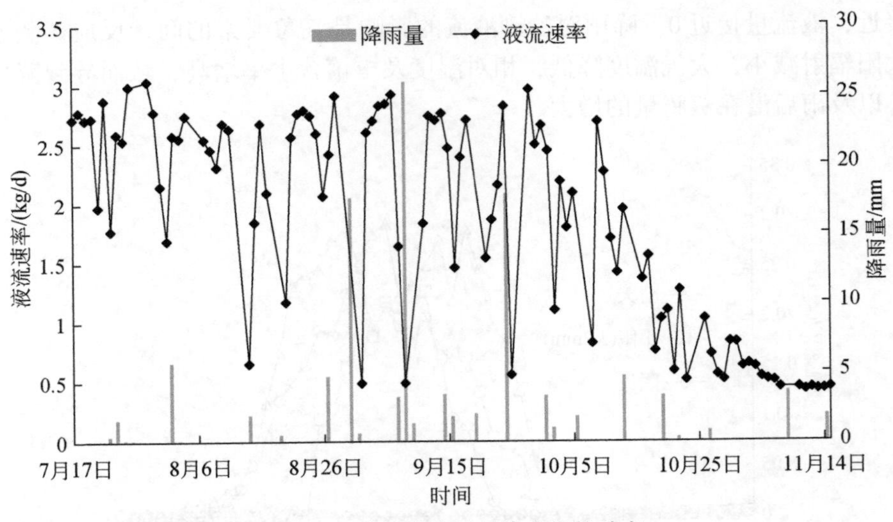

图 2-14　沙柳液流及其降水量的动态

2.2.3.2　沙柳蒸腾与气象因子的关系

沙柳液流变化除受到自身的生物结构（枝条直径大小、叶面积指数等）、土壤供水能力（土壤含水率、地下水埋深）影响外，还受到周围气象因子的驱动。为研究沙柳液流速率与气象因子的关系，选取 9 月 28 日 ~10 月 5 日的气象数据和 5 个沙柳样本的液流平均值（统一 30min 频率）研究，见图 2-15。

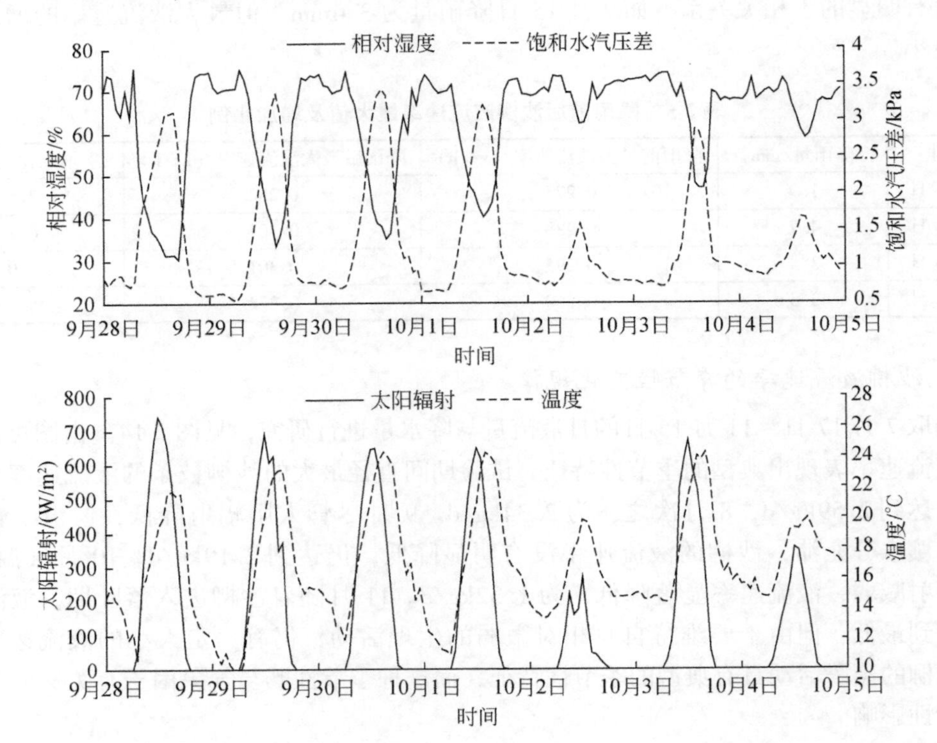

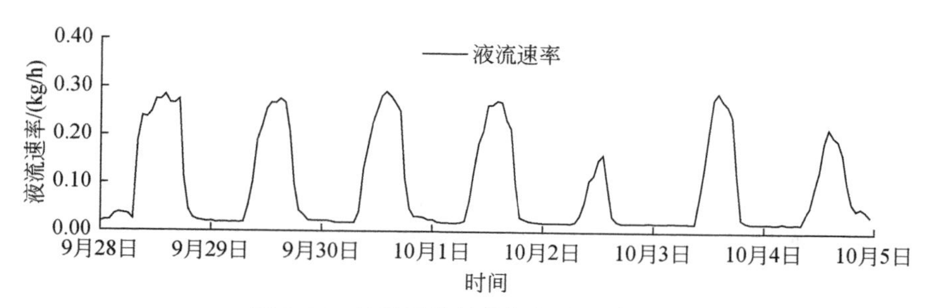

图2-15　沙柳液流及其气象因子关系图

如图2-15所示，沙柳液流速率与太阳辐射、饱和水汽压差及大气温度变化趋势基本一致，与大气相对湿度波动规律相反，与风速变化关系复杂。统计气象与液流速率数据发现，试验期间温度的最大值、相对湿度的最小值和饱和水汽压差的最大值均滞后于沙柳蒸腾最大值约2h，沙柳蒸腾最大值却滞后于太阳辐射最大值约1h，表现出总的变化趋势大致相同，但最大值出现的时间却有先后。对液流速率与同步观测的气象因子进行相关性分析，结果如表2-6所示，从中可知沙柳的液流速率与饱和水汽压差、大气温度及太阳辐射成显著正相关，与相对湿度成显著负相关，与风速相关性较差。风速对液流速率的影响相对较小，且表现为不稳定性、突变性以及复杂性。

表2-6　沙柳的液流速率与各气象因素相关性

气象因素	T_a/℃	R_s/(W/m^2)	VPD/kPa	RH/%	V_w/(m/s)
相关系数	0.855**	0.872**	0.946**	-0.833**	0.590**

** 为0.01的显著水平（双尾）

各气象因素对植物蒸腾的影响是极其复杂的。当太阳辐射增强、温度随之升高，沙柳吸水活动加快，进而表现出沙柳的蒸腾增大；植物的蒸腾和空气相对湿度是相互影响的过程，空气干燥引起空气相对湿度变小，水汽压差增大，水势梯度增高，植物蒸腾加剧，反过来又造成空气相对湿度增大。同时空气的对流使更多相对干燥的空气充满于沙柳周围，导致水汽压差增大，从而加剧植物水分吸收，表现出风速和液流速率的正相关关系。运用多元线性逐步回归分析得到如下多元回归方程：

$$S_p=0.12R_s+4.146T_a+39.94\mathrm{VPD}+10.63V_w-1.824\mathrm{RH}+58.72\quad(R^2=0.932)$$

该方程表明液流速率 S_p（g/h）由大气温度 T_a（℃）、太阳辐射 R_s（W/m^2）、饱和水汽压差VPD（kPa）、空气湿度RH（%）及风速 V_w（m/s）决定。

2.2.3.3　沙柳液流速率与参考蒸散发量的关系

参考日蒸散发量 ET_0 可利用修正后的彭曼–蒙特斯（Penman-Monteith）公式计算。从天尺度上来看，参考蒸散发量 ET_0（mm/d）和液流速率 S_p（kg/d）成显著线性关系：

$$S_p=0.5869\mathrm{ET}_0+0.3078\quad(R^2=0.77)$$

由图2-16可知，试验期间沙柳液流速率与潜在蒸散发量的总体规律为：随着蒸散发的增加，沙柳蒸腾也呈增加趋势。线性回归分析表明，潜在蒸散发与沙柳蒸腾量的拟合度为 77%。

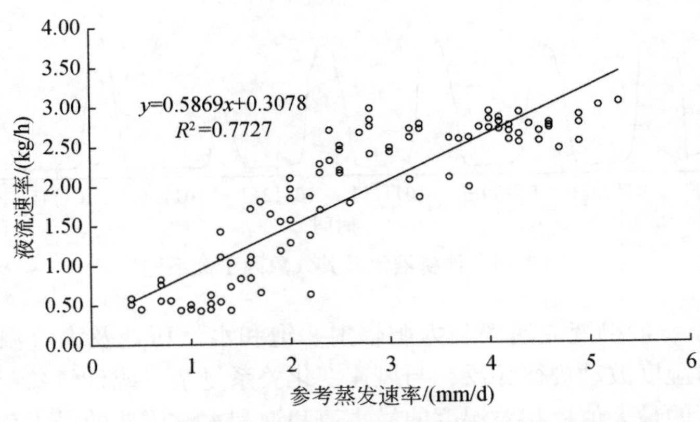

图 2-16　沙柳液流速率与参考日蒸散发量的相关关系图

2.2.3.4　沙柳液流速率与地下水位的关系

在干旱半干旱地区，降水稀少，因此导致可供植被吸收利用的有效降水相当有限，水分成为影响干旱半干旱区植被生长的关键性因子。地下水可以通过影响包气带含水量分布间接影响植被根系分布，从而影响植被耗水量。研究发现，干旱荒漠区植被生长对地下水的依赖性很强，地下水埋深直接影响着与植被生长关系密切的土壤水分，是决定荒漠区植被分布、生长、种群演替以及荒漠绿洲存亡的主导因子。

前面介绍了该试验的设置情景，不同地下水位埋深条件下的玻璃钢桶中移栽两棵盖度、大小、根系分布相似的沙柳，且其中所填介质相同。不同地下水位埋深条件下的沙柳液流速率变化规律如图 2-17 所示，从中可看出，二者的液流速率变化相似，都随着气象要素的变化而变化，且表现出一致的日变化规律。但二者的液流量上却存在明显的差异，在地下水浅埋区，植被液流量的数值明显大于地下水深埋区。在研究期（8 月 22 ~ 30 日），地下水浅埋区的沙柳的平均单枝条日耗水量为 0.37kg，而地下水深埋区的沙柳的平均单枝条日耗水量为 0.28kg，明显小于地下水浅埋区沙柳耗水量。

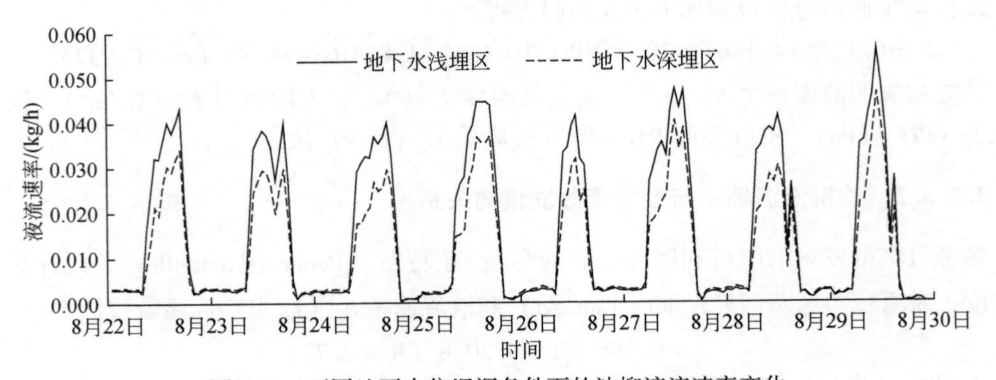

图 2-17　不同地下水位埋深条件下的沙柳液流速率变化

如图2-18所示，在地下水浅埋区，随着沙柳累积液流量的增加，地下水位埋深呈明显增大趋势，即累积液流量与地下水位埋深成正比，与地下水位成反比。

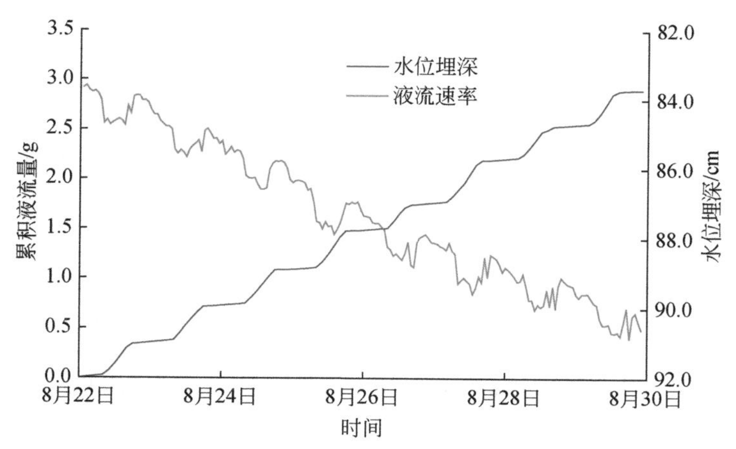

图2-18　地下水浅埋区沙柳累积液流量与地下水位埋深关系

在地下水浅埋区，累积液流量 $\sum$（g）和地下水位埋深GWT（cm）成显著线性关系（图2-19），试验期间沙柳累积液流量与地下水位埋深的总体规律为：随着累积液流量的增加，地下水位埋深呈增大趋势，地下水位呈减小趋势。地下水水位埋深与累积液流量的关系可以由下式表示：

$$\mathrm{GWT}=0.0023\sum+83.954\quad(R^2=0.95)$$

线性回归分析表明，累积液流量与地下水位埋深的拟合度为95%，从而说明了在地下水浅埋区，地下水位埋深与植被蒸腾关系密切，植被生长所吸收水分为包气带水和地下水的累加。

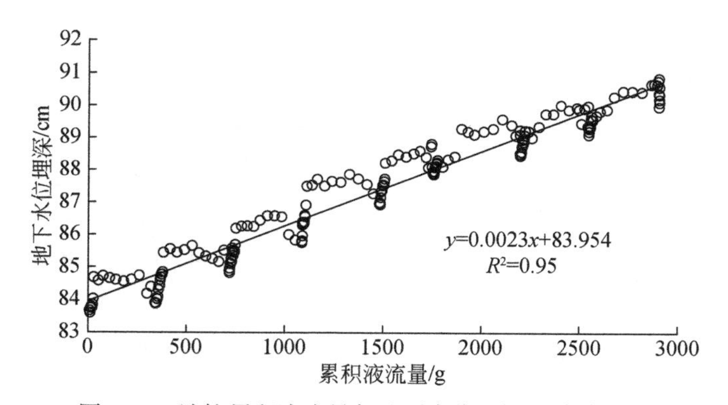

图2-19　沙柳累积液流量与地下水位埋深相关关系图

在地下水位深埋区，随着沙柳累积液流量的增加，地下水位埋深基本不变（由于前期降水，稍呈增大趋势），即沙柳蒸腾影响不了地下水位的变化（图2-20）。从而说明地下水位埋深是影响植被蒸腾的关键因素。

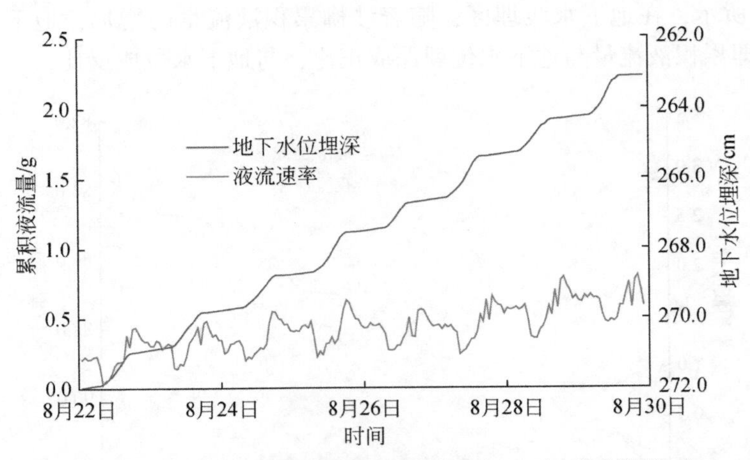

图 2-20 地下水深埋区沙柳累积液流量与地下水位埋深关系

在地下水深埋区，累积液流量 $\sum S_p$（g）和地下水位埋深 GWT（cm）线性关系不明显（图 2-21），试验期间沙柳累积液流量与地下水位埋深的总体规律为：随着累积液流量的增加，地下水位埋深呈减小趋势，地下水位呈增大趋势。地下水位埋深与累积液流量的关系可以由下式表示：

$$\text{GWT}=-0.0007S_p+271.12\ (R^2=0.59)$$

线性回归分析表明，累积液流量与地下水位埋深的拟合度为59%，从而说明在地下水深埋区，地下水位埋深与植被蒸腾基本没有关系，地下水位的上升源于大气降水对其的补给。在这种情形下，植被生长所吸收水分仅来自包气带中滞留水分。

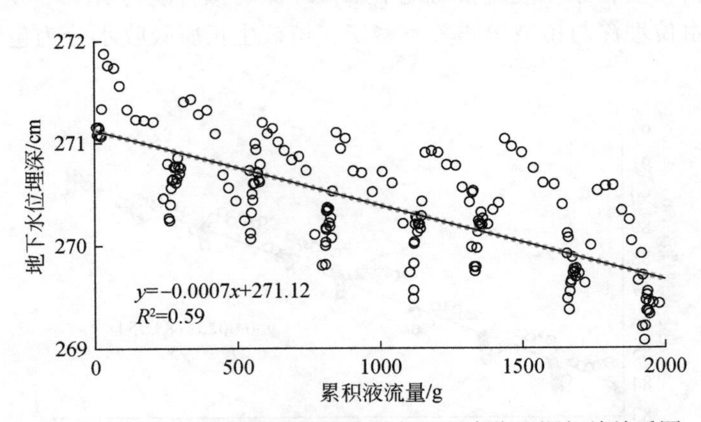

图 2-21 地下水深埋区沙柳液流量与地下水位埋深相关关系图

2.2.3.5 沙柳液流速率与含水率的关系

前期研究发现，影响植被蒸腾量的因素在不同的气候条件下是截然不同的。在非水分胁迫期，土壤含水率较高，影响其耗水量的主要要素在于外界的驱动力，即气象要素，土壤含水率与植被耗水量相关关系不大。在干旱胁迫期，土壤含水率较低，影响其蒸腾耗水量的主要因素为土壤含水率，太阳辐射和大气温度虽然对其也有影响，但相对来说土壤含水率对其影响最大。本书的研究中由于土壤含水率水平较高，因此影响植被耗水量的主要因素是外界气象要素和地下水埋深，但是在植被的耗水过程中，不同地下水位埋深条件下的土壤含水率表现出不同的规律。

在地下水深埋区［图 2-22（a)］，随着植被累积液流量的增加，0～50cm 层位的土壤含水率表现出降低的规律。由于蒸散发影响 5cm 处的含水率最低，平均值为 0.021；10cm 处的含水率次之，平均值为 0.06；30cm、40cm 及 50cm 基本相同，平均值分别为 0.086、0.086 及 0.087；80cm 处的含水率基本保持不变，平均值为 0.136。在地下水浅埋区［图 2-22（b)］，随着植被累积液流量的增加，0～50cm 层位的土壤含水率同样表现出降低的规律。由于蒸散发影响 5cm 处的含水率最低，平均值为 0.045；10cm、20cm 及 30cm 基本相同，平均值分别为 0.139、0.147 及 0.157；50cm 处的含水率下降明显，平均值为 0.215；80cm 处含水率基本不变，维持饱和状态，平均值为 0.3。

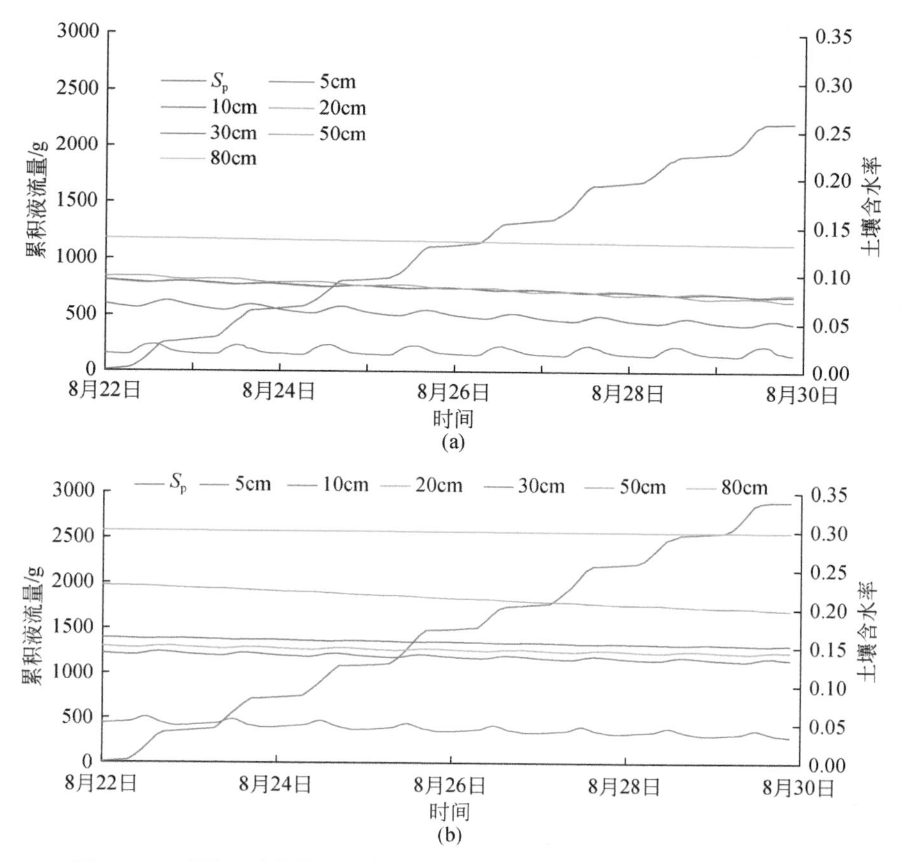

图 2-22　不同地下水位埋深条件下的沙柳累积液流量与土壤含水率关系

从以上分析可知，在地下水深埋区，由于地表含水率（5cm）极小，且变化不大，且 10～50cm 处含水率基本相近，维持在 0.05～0.1，80cm 处含水率基本变化不大，因此可以推断，在地下水深埋区，植被蒸腾所消耗水分来自 0～80cm，吸水层位集中在 20～50cm

的包气带中；在地下水浅埋区，由于地下水位埋藏较浅，因此土壤含水率水平相对较高。由于地表含水率（5cm）极小，且变化不大，10～30cm 处含水率基本接近，维持在 0.13～0.16，50cm 处含水率持续减小，80cm 处含水率基本处于不变状态。因此可以推断，在地下水浅埋区，植被蒸腾所消耗水分来自 0～80cm，吸水层位集中在 10～30cm 的包气带水分（和部分地下水）。

2.3 矿区地下水位变化阈限数值模拟

2.3.1 概念模型

根据野外实验条件概化出的水文地质概念模型如图 2-23 所示。由于实验仅研究水流的垂向运动，因此，将其概化为垂向一维流。实验介质为按颗粒分析结果概化为 5 层，z 轴坐标原点选在地表，向上为正，包气带厚度为 H。

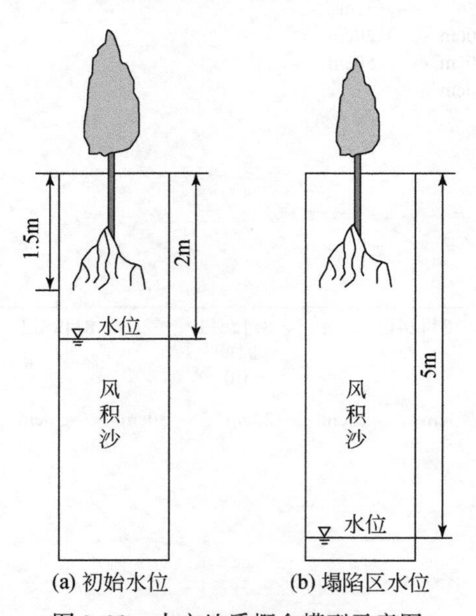

图 2-23　水文地质概念模型示意图

2.3.2 数学模型

2.3.2.1 控制方程

包气带：$\frac{\partial \theta}{\partial t}=\frac{\partial}{\partial z}\left[k\left(\frac{\partial h}{\partial z}+1\right)\right]-S\ (h)$

饱和带：$\frac{\partial^2 h}{\partial z^2}=0$

连接条件：$d(t)=H+h_a-h(0,t)\ ,t>0$

初始条件：$h(0,z)=h_0, 0\leqslant z\leqslant H$

地表条件：$\left|-k\frac{\partial h}{\partial z}-k\right|\leqslant E$，$h_A\leqslant h\leqslant h_s$，$z=H$

下边界条件：$h=h(0,t)$，$t>0$

式中，θ 为含水率，cm³/cm；k 为土壤非饱和渗透系数，cm/h；$S(h)$ 为根系吸水函数；h 为压力水头，cm；t 为时间变量，h^{-1}；z 为空间变量，cm；$d(t)$ 为包气带厚度，m；h_a 为进气值；H 为计算剖面厚度，m；E 为当地气象条件下蒸发和入渗最大潜在量，m；h_A 和 h_s 为土壤表明允许的最大和最小压力水头，m。

根系吸水模型采用 Feddes 模型，即

$$S(h)=\alpha(h)b(z)T_{\mathrm{p}}$$

式中，$\alpha(h)$ 为水分胁迫函数；$b(z)$ 为根系分布函数，由实验得出，T_{p} 为植物潜在蒸腾速率，cm/h。

2.3.2.2　模型求解

模型求解采用美国农业部盐土实验室开发的 hydrus-1D 软件，解算方法为有限差分法。其中，土壤吸湿和脱湿过程中非饱和渗透系数与负压关系由 Wan 公式描述：

$$K(h)=K_{\mathrm{s}}S_{\mathrm{e}}^{\frac{1}{2}}\left[1-(1-S_{\mathrm{e}}\frac{1}{m})^{m}\right]^2$$

$$S_{\mathrm{e}}=\frac{\theta-\theta_{\mathrm{r}}}{\theta_{\mathrm{s}}-\theta_{\mathrm{r}}}$$

$$\theta(h)=\begin{cases}\theta_{\mathrm{r}}+\dfrac{\theta_{\mathrm{s}}-\theta_{\mathrm{r}}}{[1+|\alpha h|^{n}]^{m}} & h\leqslant 0\\ \theta_{\mathrm{s}} & h>0\end{cases}$$

式中，$K(h)$ 为非饱和渗透系数，cm/h；K_{s} 为饱和渗透系数，cm/h；S_{e} 为有效饱和度；θ 为体积含水率，cm³/cm³；h 为包气带土壤负压，cm；θ_{s} 和 θ_{r} 为分别为土壤饱和含水率和残余含水率，cm³/cm³；α、n 为与土壤水分特征曲线相关的参数（$m=1-1/n$）。

根据实验场地的颗粒分析资料，获取不同深度的颗粒组成，并进一步地归类为沙(sand)、粉土（silt)、黏土（clay)(表 2-7)。根据神经网络预测的方法（Hydrus-1D)，获取土壤水的初始参数如表 2-8 所示。

表 2-7　实验场地颗粒组成

sand/%	silt/%	clay/%
98.5	1.5	0
98.5	1.5	0
99.4	0.6	0

续表

sand/%	silt/%	clay/%
98.7	1.3	0
99.1	0.9	0

表 2-8　土壤水参数

深度/cm	q_r	q_s	a	n	K_s
0～40	0.029	0.388	0.05704	2.08	23
40～80	0.029	0.488	0.05404	2.12	23
80～110	0.029	0.488	0.0504	2.65	23
110～130	0.029	0.488	0.0584	2.4	23
130～200	0.029	0.388	0.0494	1.45	23

图 2-24 表达了 Fedds 模型的植物水分胁迫 α 与负压 h 的关系。模型应用的各参数如表 2-9 所示。

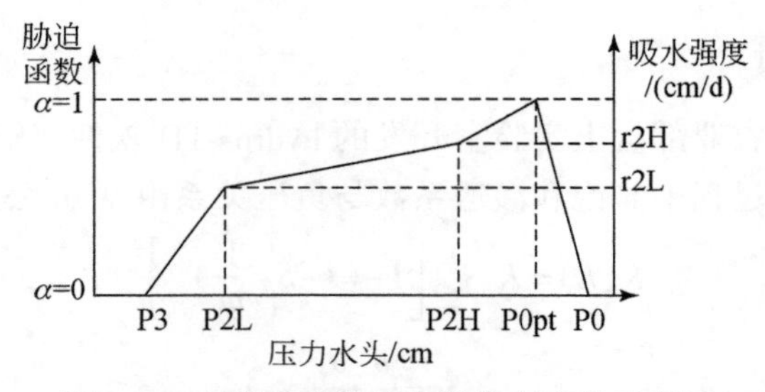

图 2-24　植物吸水胁迫函数物理意义示意图

表 2-9　沙柳吸水胁迫函数各参数值　　（单位：cm）

P0	P0pt	P2H	P2L	P3	r2H	r2L
0	0	-0.5	-1	-630	0.0005	0.0001

2.3.2.3　模型的初始条件和边界条件

模型的初始条件设置为计算开始时刻的实际观测数值，即 5 月 29 日 0:00 的观测含水率。

模型的上边界条件由气象条件决定，改进的 HYDRUS-1D 软件代码根据连续的气象数据采用能量平衡方程确定地表的能量通量。同时，计算得到的地表蒸发作为水分运移的上边界条件。模型下边界考虑为变压力水头边界，数据由地下水监测仪获取的数据给出。

2.3.2.4　模型的求解

模型的求解采用美国农业部盐土实验室开发的 HYDRUS-1D 软件包（图 2-25）。

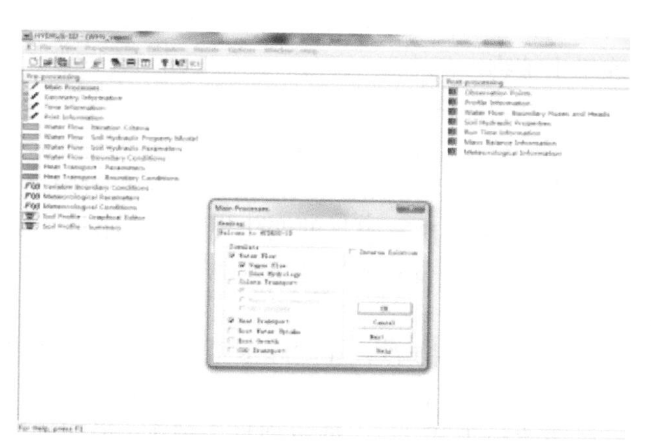

图 2-25　HYDRUS-1D 软件界面

2.3.3　模型预测

2.3.3.1　拟合分析

将研究期土壤含水率与植被蒸腾量的计算值与观测值进行对比可知（图 2-26），二者形态拟合较好，说明基于上述参数建立的数学模型能够刻画植被蒸腾量与含水率变化，具有较高的仿真度和保真性，可以用于刻画外在条件变化后包气带土壤水分变化规律。

相对误差（RE）由下式确定：

$$RE=\frac{|Val_o-Val_m|}{Val_o}\times 100\%$$

式中，RE 为相对误差；Val_o 和 Val_m 分别表示计算剖面上含水率、沙柳蒸腾的观测值和计算值，经计算，整个土壤剖面上相对误差分别为 11% 和 6%，误差满足计算要求。

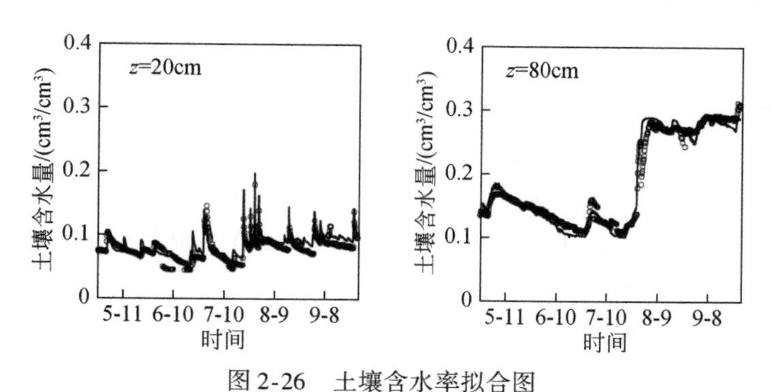

图 2-26　土壤含水率拟合图

2.3.3.2　矿区地下水位下降对植被生长的影响

研究表明，地下水埋深与植被长势之间存在一定的内在联系，在潜水位由浅变深的过程中，植被种群也在发生演替。由河谷向河流两侧地下水位埋深逐渐增加，植被也由水生植物演替为中生植物或旱生植物。

在煤矿井工开采中，导水裂隙带高度在空间上存在一定的差异性，当导水裂隙带不破坏含水层时地下水位变化幅度较小，而导通上覆含水层，地下水向采空区排泄导致水位骤降，降幅由开采煤层埋深来决定。研究以地下水位埋深 2m 为初始水位，按 1m 步长依次降低地下水位埋深至 100m，模拟沙柳蒸腾量的变化规律。本书以煤炭开采使地下水位埋深降至 5. 0m 为例，阐述地下水位下降过程中地下水对沙柳蒸腾的贡献值的变化规律。

1）沙柳蒸腾的变化规律

图 2-27 为不同地下水埋深时沙柳 T/T_p（实际蒸腾量与潜在蒸腾量的比值）值的变化规律。由图可以看出，T/T_p 值与地下水位埋深关系呈倒“S”曲线，T/T_p 值随地下水埋深的增加呈递减趋势，地下水位埋深 15cm 处出现最大值 1，说明地下水完全满足沙柳蒸腾所需的水分，实际蒸腾量接近潜在蒸腾量；地下水埋深 200cm 时接近 0. 5；在地下水位埋深 500cm 时为 0. 05 左右，这时地下水无法为沙柳蒸腾提供水源。

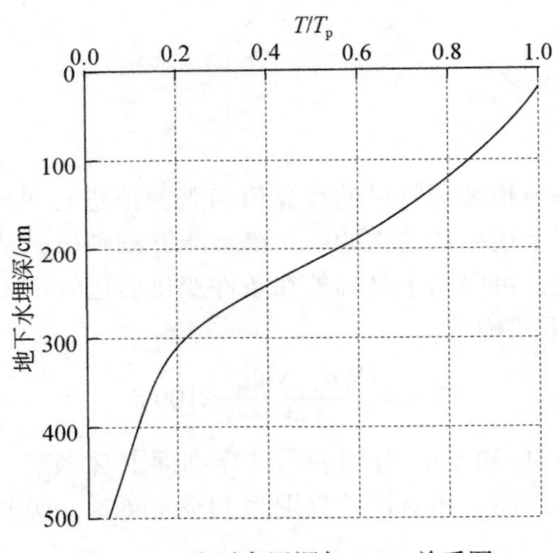

图 2-27　地下水埋深与 T/T_p 关系图

沙柳日蒸腾量随地下水埋深的增加逐渐减小，当水位埋深小于 200cm 时，蒸腾量的最大值超过 0. 01cm/h，而水位埋深大于 300cm 后，蒸腾量的最大值小于 0. 005cm/h。从时间上看，沙柳蒸腾主要发生在白天，呈双峰型，在 11:00 和 16:00 达到极值，沙柳蒸腾在严苛的气象因素的控制下出现了“午休现象”（图 2-28），说明沙柳在午间依靠减小叶面气孔开度调节光合速率和蒸腾速率，以避免水分过度丧失，表现出良好的抗旱性。

2）不同地下水位埋深对蒸散发的贡献

根据质量守恒定律，包气带土壤含水量的变化量是降水、蒸发、蒸腾及渗漏量等引起的，公式为

$$\Delta \mathrm{SWC}=P+\mathrm{GWc}-E-T-R$$

式中，ΔSWC 为土壤水变化量，cm；P 为大气降水量，cm；GWc 为地下水对沙柳蒸发的贡献量，cm；T 为沙柳蒸腾量，cm；E 为蒸发量，cm；R 为地下水获得补给量，cm。

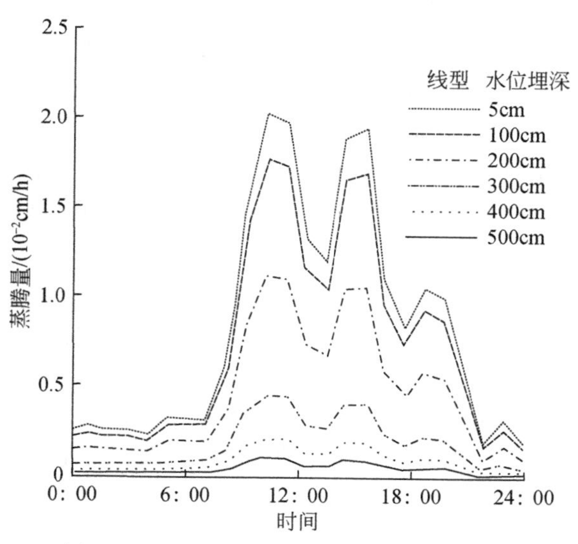

图 2-28　地下水位埋深与蒸腾量动态曲线

根据模型计算结果统计不同地下水埋深条件下地下水对沙柳蒸散发的贡献量关系（图 2-29）。可以看出，0 ~ 500cm 地下水埋深的变化范围内，地下水对蒸散发的贡献量与地下水埋深成负相关关系，即地下水位埋深越大，地下水对蒸散发的贡献率越小，当地下水埋深为 215cm 时，地下水对蒸散发的贡献量减至 0cm。

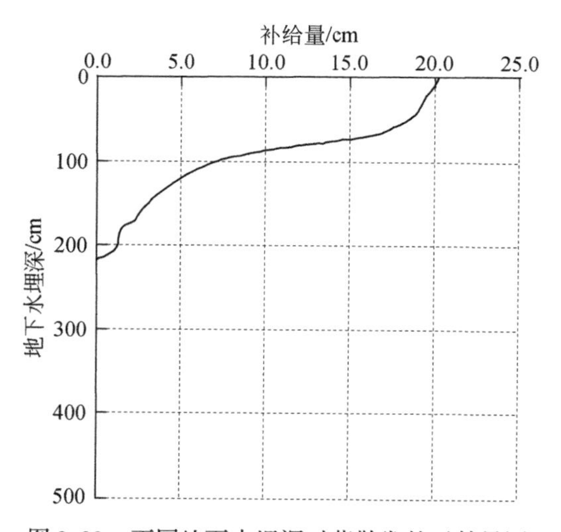

图 2-29　不同地下水埋深对蒸散发的贡献量图

2.3.3.3　矿区地下水位变化阈限

根据前述，地下水位埋深 215cm 是地下水对沙柳蒸散发贡献的临界值，在榆神府矿区风沙滩地采矿条件下有两种情况会使地下水位埋深达到这个临界值。

（1）矿区初始水位小于 215cm 而煤炭开采导致地下水位埋深大于 215cm 时，对沙柳生长将产生包括水势变化、根系重新分布、生物量改变、利用水源改变等方面的影响。就利用水源而言，地下水位下降后，沙柳将充分利用浅根系吸收土壤水分，以满足蒸腾的需求，沙柳生长将受控于气象因素，在遭遇连续的干旱年份时，其长势将呈现衰退现象。

（2）初始水位埋深大于215cm而煤层开采（导水裂隙带未导通含水层情况）引起地表下沉量大于水位下沉量时，水位埋深减小，当地下水位埋深小于215cm时，地下水将为沙柳蒸散提供水源，这对沙柳的生长会产生有利的影响。但同时这将为陕北风沙滩地保水采煤技术提出新的课题。

本区主要属半干旱气候区，多年平均蒸发量为2000～2300mm，在风沙滩地和红碱淖闭流区地下水位浅埋（<5m），蒸腾作用强烈。当采矿沉陷造成地下水位埋深小于沙柳蒸腾极限标准（215cm）的面积较大时，蒸发排泄量就不容忽视。煤层开采时通过改变采煤方法或开采厚度等控制地下水位埋深在一个适当的范围内，减少无效蒸发，将是增大区域可开采水资源量的有效途径。因此在风沙滩地矿区采煤时，夺取无效蒸发量也是保水采煤技术的核心内容。

第3章 保水采煤分区

实行保水采煤，首要任务是识别地质和水文地质条件，将煤层埋藏条件、基岩工程地质条件、开采技术条件和植被与水位等约束条件等进行多因素融合分析。在煤炭资源开发利用规划中，鼓励条件允许的区域先行开采，同时开展大型工业试验，研究相同地质条件下导水裂缝发育规律、隔水层稳定性演化特征、岩层移动变形规律和地层富水性等，在形成浅埋煤层保水开采关键技术体系后，再向条件复杂地区延伸开采。

现有的研究表明，导水裂隙带的发育受众多因素的影响，也是能否开展保水采煤的关键因素，保水采煤分区就是在认清导水裂隙带发育规律后，划分地质条件分区并研发相应的保水采煤技术，因地制宜地开展水资源保护和煤炭资源开发并举的绿色矿山建设与开发。

3.1 导水裂隙带发育高度

以往对垮落带、导水通道的研究多是利用《建筑物、水体、铁路及主要井巷煤柱留设与开采规范》[式（3-1）、式（3-2）]和《矿井水文地质规程》[式（3-3）]有关垮落带和导水裂隙带发育高度的经验公式进行计算。

$$H_{\mathrm{m}} = \frac{100\sum M}{4.7\sum M + 19} + 2.2 \tag{3-1}$$

式中，$\sum M$ 为累计采厚；H_{m} 为垮落带高度；2.2 为修正系数。

$$H_{\mathrm{li}} = \frac{100\sum M}{1.6\sum M + 3.6} + 5.6 \tag{3-2}$$

式中，$\sum M$ 为累计采厚；H_{li}为导水型隙带高度；5.6 为修正系数。

$$H_{\mathrm{li}} = \frac{100\sum M}{3.3n + 3.8} + 5.1 \tag{3-3}$$

式中，$\sum M$ 为累计采厚；n 为开采分层数（取 $n=1$）；5.1 为修正系数。

上述导水裂隙带高度计算公式是基于东部矿区大量钻孔实测导水裂隙带高度统计的拟合公式，对西部浅埋薄基岩厚松散层煤层不适用，因此必须进行导水裂隙带发育高度的现场原位实测。

3.1.1 导水裂隙带高度实测

1. 钻孔冲洗液消耗判定导水裂隙带高度的方法

目前主要采用钻孔简易水文地质观测和注水试验来探测导水裂隙临界面最高部位的分

布，以确定导水裂隙带的高度。实践证明这是一种直观的观测手段。在导水裂隙带范围内，导水裂隙以内的水流必然向采空区运动排泄而不可能在临界面储存。因此在此位置时钻孔冲洗液漏失，水位相应下降；钻孔中断给水后，水位不断下降直至孔底。

钻孔到达临界面时的耗水量、水位变化幅度，因临界面所处位置的岩性、裂隙发育和连通程度不同而不同。依据对大量的导水裂隙观测孔的简易水文观测曲线分析，可将其归纳为3种类型。

（1）突变型：钻孔钻进临界面时，冲洗液突然大量漏失，孔内水位随之大幅度下降。当进一步做注水试验时，工作面可见到指示剂，时间为20h～7d，注水量可达36～40m/h。这种突变现象，多发生在临界面岩性主要为具有一定原生层理或节理的砂岩及煤层中（图3-1）。

（2）渐变型：钻孔钻进临界面后，冲洗液消耗量随钻进深度的增加而逐渐增大，钻孔水位也相应下降。这种变化多发生在临界面岩性主要为原生节理裂隙不甚发育的泥岩、粉砂岩中（图3-2）。

（3）波变型：钻孔钻进临界面后，冲洗液消耗量出现小—大—小—大的变化情况，水位相应随之波动下降。临界面岩性为泥岩、粉砂岩、薄层砂岩互层或者为粉砂岩、泥岩时，往往产生这种现象（图3-3）。

当然，钻孔在到达临界面之前，也可能因遇到透水性好的含水层或被疏干、正疏放水的含水层或局部采动裂隙等而引起冲洗液消耗或漏失，但此时孔内只是水位有一定幅度的变化。由于其与导水裂隙带不连通，而不存在水力联系通道，故其水量、水位变化仅出现在局部孔段中。当裂隙（或含水层）被下入的套管隔离或被泥浆、岩粉充填后，这种变化现象随即消失。不过这种局部变化往往给判断导水裂隙带临界面位置造成干扰，故在实践中应予以充分的注意。

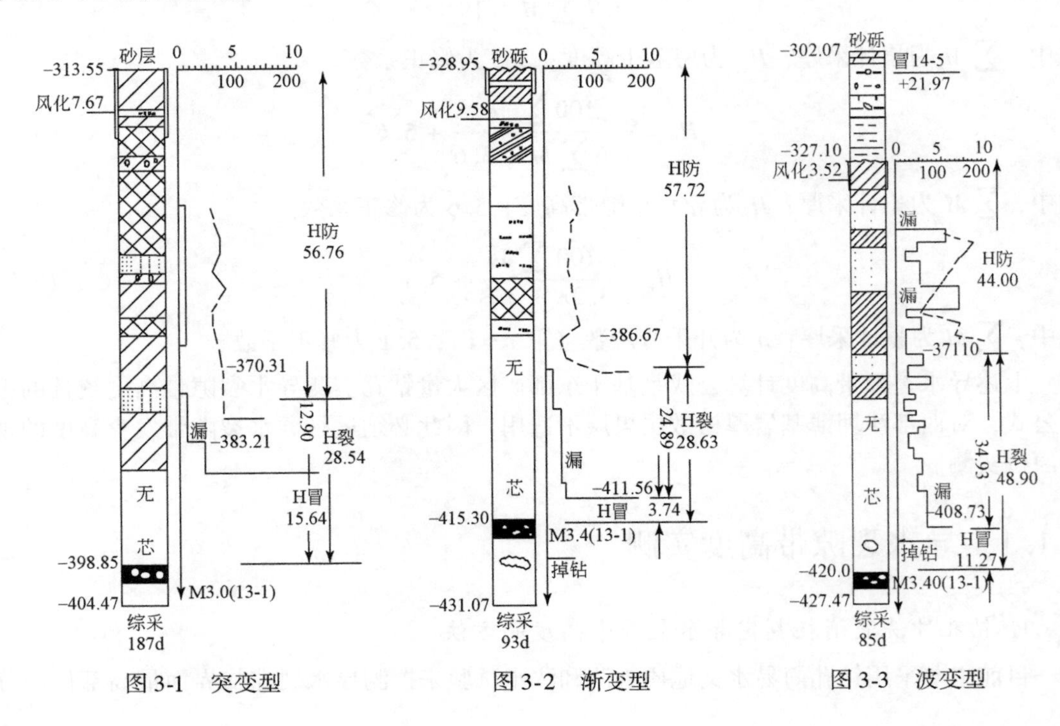

图3-1　突变型　　图3-2　渐变型　　图3-3　波变型

2. 钻孔的设计与实施

1）钻孔设计

红柳林煤矿曾实施钻孔2个，分别布置在15204长壁综采工作面采空区距离终采线852m左右靠近胶运顺槽处（ZM4）以及25202长壁综采工作面采空区距离终采线205m左右靠近胶运顺槽处（ZM5），并进行了钻孔电视测量。

15204综采长壁工作面主采5^{-2}号煤，采厚6.5m，煤层埋深80～200m，至今已经回采1年多，采空区已经达到稳定。25202综采长壁工作面主采5^{-2}号煤，采厚5.8m，煤层埋深125～145m，至今已经回采1年多，采空区已经达到稳定。ZM4的覆岩类型为土基型，ZM5的覆岩类型为沙土基型。

2）相关仪器和设备

钻孔的观测项目、内容、仪器、工具和精度见表3-1。

表3-1　观测项目及仪器

观测项目	观测内容	观测仪器、工具	观测精度
冲洗液漏失量	水源箱内原有水量、钻进过程中加入水量、水源箱内剩余水量、观测时间、钻进的进尺、孔深	浮标尺、秒表、测尺、钻杆	孔深误差小于0.15% 浮标尺读数误差小于5mm 进尺读数误差小于10mm 水位深度误差小于100mm
孔内水位	每次下钻前、后水位。停钻期间水位、观测时间	测钟、测绳、秒表、电测深仪	
冲洗液循环中断	冲洗液不能返回时的孔深。如注水时冲洗液循环正常、记录注水水量	钻杆、测尺、秒表	
异常现象	向钻孔内吸风或瓦斯涌出、掉钻、卡钻、钻具振动及相应的孔深	钻具、测尺	
岩心鉴定	全岩取心、岩层层位、岩性、倾角、破碎状态		

3）钻孔实施

钻孔采用清水钻进，钻孔孔径133mm，大于要求的钻孔直径91mm，由于钻孔揭露松散层时没有水位，因此钻进过程中没有加套管，控制每个回次长度小于4m，裂隙带小于2m，钻进穿过煤层底板后终孔，完成观测后利用水泥、碎石及沙进行封孔。

下面以ZM5钻孔为例来说明通过导水裂隙带高度实测过程。

（1）钻孔岩土层编录：钻孔孔口标高1221.83m，揭露松散砂层（5.08m）、离石组黄土层（48.04m）、保德组红土层（15.00m）、含煤的延安组（90.35m），各岩土的岩性见表3-2。由表可以看出，强风化带为68.1～76.9m（8.8m厚）（图3-4），中等及弱风化带为76.9～101.9m（25m）；除风化裂隙上覆岩层局部裂隙偶有发育，在导水裂隙带以上有多组局部裂隙发育，如图3-5所示；81.2m以下岩层垂向裂隙普遍发育，可视为导水裂隙带的顶界面，如图3-6所示，120.5m以下岩样普遍破碎，如图3-7所示，可视为垮落带的顶界面。

表 3-2　ZM5 钻孔岩土层鉴定统计表

地层	层厚/m	累计层厚/m	岩性	RQD/%	备注
Q_{3+4}	5.06	5.06	细砂		
Q_2l	48.04	53.10	黄土		
N_2b	15.00	68.10	红土		
J_2y	8.80	76.90	细粒砂岩	13	强风化
	18.60	95.50	砂质泥岩	22	中等风化
	6.40	101.90	细粒砂岩	33	弱风化
	1.00	102.90	4^{-4}煤	82	见煤，上部破碎下部较完整
	10.80	113.70	粉砂岩	36	有裂隙
	24.50	138.20	细粒砂岩	23	有垂直裂隙
	13.60	151.80	粉砂岩	10	破碎
	4.65	156.45	中粒砂岩	52	上部破碎下部较完整

图 3-4　风化破碎岩心

图 3-5　局部裂隙

图 3-6　导水的垂向裂隙

图 3-7　导水的破碎岩体

（2）钻孔冲洗液消耗量：对不同的岩层地段进行冲洗液消耗量的观测，在埋深 25m 以上，冲洗液消耗量有小幅度变化，25 ~ 58m 几乎没有变化。在 70.4m、71.6m 以及

74.0m 以深，漏失量为 180L/min 不返水，继续钻进，全泵量不返水。

（3）钻孔内水位：对不同的岩层段均进行了水位测量，松散层和黄土上部没有观测到水位，74.0m 以浅观测到稳定水位，水位埋深几乎没有变化，为 9～20m，74.0m 以后未观测到稳定水位。

（4）异常现象：钻进过程中的异常现象主要是指吸风、掉钻、卡钻及钻具振动。本次钻进到埋深 104.5～106.0m 处开始有吸风现象，且越往深处吸风现象越明显，且开始出现卡钻现象和钻具振动现象。

（5）钻孔电视观测结果：根据实施的钻孔电视观测结果，在钻孔深度小于 74.3m 范围内岩层相对比较完整，在 74.3m 左右的位置发现垂向裂缝，且离层裂隙开始密集发育，如图 3-8 所示。

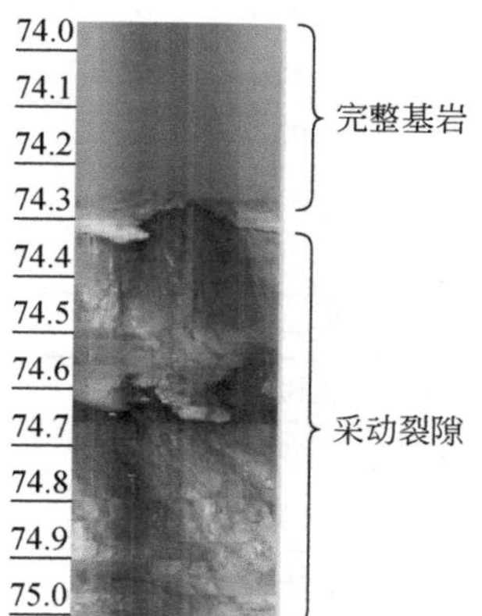

图 3-8　钻孔电视成像图

（6）结果分析如下：

①导水裂隙带发育高度。依据前述的观测成果综合确定钻孔深度 74.3m 为导水裂隙带的顶界面，煤层在此处的顶板在 135m，因此基岩导水裂隙带高度为 60.7m。

②垮落带发育高度。依据前述的观测成果综合确定钻孔深度 104.5m 为垮落带的顶界面，煤层在此处的顶板深度为 135m，因此垮落带高度为 30.5m，此处煤层采厚为 5.8m，冒采比为 5.26。

3. 导水裂隙带高度探测结果

基于模拟实验和小部分煤矿实测，课题组提出导水裂隙带高度是采厚的 18～23 倍。2010 年以后，又相继取得了一些新数据（表 3-3），按照前述探测技术和方法，探测了多个煤矿，收集了神东矿区的部分探测数据，综合分析榆神府矿区导水裂隙带发育高度为采高的 14.90～34.98 倍，一般为 23～27 倍。

表 3-3　综采工作面导水裂隙带高度探测结果统计表

孔号	探测煤矿	工作面编号	覆岩结构类型	开采煤层	采厚/m	冒落带高度/m	导水裂隙带高度/m	冒采比	裂采比
S19	补连塔	31401	沙基型	1^{-2}	4.40	17.08	153.95	3.88	34.98
S21	补连塔	31401	沙基型	1^{-2}	4.40	19.72	140.50	3.48	31.93
G1	韩家湾	2305	沙土基型	2^{-2}	4.43	未测	110.11	—	24.86
MD1	大柳塔	1203	沙基型	1^{-2}	3.79	8.10	发育到地表	2.14	—
MD2	大柳塔	20601	沙基型	1^{-2}	3.95	13.49	发育到地表	3.42	—
孔 1	柠条塔	N1209	土基型	2^{-2}	4.80	33.46	130.6	6.97	27.21
孔 3	柠条塔	N1209	土基型	2^{-2}	5.80	35.25	153.46	6.10	26.46
孔 4	柠条塔	N1112	土基型	1^{-2}	5.46	14.2	149.28	2.60	27.30
孔 6	柠条塔	N1114	土基型	1^{-2}	5.46	34.45	145.23	6.31	26.60
ZK13	张家峁	15204	沙土基型	5^{-2}	6.00	32.06	≥65.10	5.34	—

续表

孔号	探测煤矿	工作面编号	覆岩结构类型	开采煤层	采厚/m	冒落带高度/m	导水裂隙带高度/m	冒采比	裂采比
ZK15	张家峁	15204	沙土基型	5^{-2}	6.00	27.70	≥69.17	4.62	—
孔 7	张家峁	N15203	土基型	5^{-2}	5.60	34.78	157.88	6.21	28.19
孔 8	张家峁	N15203	土基型	5^{-2}	5.60	36.98	165.11	4.22	29.48
孔 9	张家峁	N15203	土基型	5^{-2}	5.60	36.98	165.90	6.60	29.63
Y3	榆树湾	20104	沙土基型	2^{-2}	5.50	25.60	128.00	4.65	23.27
Y4	榆树湾	20106	沙土基型	2^{-2}	5.50	25.40	138.30	4.65	25.15
Y5	榆树湾	20104	沙土基型	2^{-2}	5.50	27.10	135.40	4.93	24.62
Y6	榆树湾	20104	沙土基型	2^{-2}	5.50	20.60	118.60	3.75	21.56
Y7	榆树湾		沙土基型		5.00		57.71		
ZP1	榆阳	2304	土基型	2^{-2}	3.50	17.20	96.30	4.91	27.5
ZP2	榆阳	2304	沙基型	2^{-2}	3.50	14.2	84.80	4.06	24.2
H3	杭来湾	30101	沙土基型	2^{-2}	5.00	20.50	112.44	4.4	22.5
H4	杭来湾	30101	沙土基型	2^{-2}	5.00	22.18	116.20	4.8	23.2
H5	杭来湾		沙土基型			19.40	107.83	4.56	23.96
H7	杭来湾		沙土基型			28.70	93.87	6.93	20.86
JT3	金鸡滩	12-$2^{上}$0101	沙土基型	2^{-2}	5.50	26.30	111.49	4.80	20.30
JT4	金鸡滩		沙土基型	2^{-2}	5.50	29.18	126.40	5.30	23
JT5	金鸡滩		沙土基型	2^{-2}	5.50	20.58	146.18	3.70	26.60
JT6	金鸡滩		沙土基型	2^{-2}	5.50	27.70	120.25	5.00	21.70
L1	柳巷	30101			7.9（采+放）	54.7	117.84	6.90	14.9

3.1.2　导水裂隙带发育高度数值模拟

3.1.2.1　模拟软件选取

$FLAC^{3D}$（Fast Lagrangian of Continua）是 FLAC 的三维扩展，它不仅包含了 FLAC 所有的功能，并且在其基础上进一步开发，可以模拟土、岩石和其他在达到屈服极限或强度极限时会发生塑性流动或破坏的材料构造的结构的特征和力学行为。可以根据事先与应力和边界约束对应的线性或非线性应力、应变法则来进行模拟。可用于求解有关深基坑、边坡、地基基础、水利工程、坝体、隧道、地下采场以及硐室的应力分析，而且也可以用来进行动力分析，因此在岩土领域应用非常广泛。本次计算选用基于拉格朗日有限差分法的 $FLAC^{3D}$数值模拟软件。

3.1.2.2　模型的建立

1. 模型构建

选取9个煤矿的典型钻孔工程地质条件，模拟不同地质条件下覆岩破坏规律。这包括金鸡滩煤矿（JT4孔）、榆树湾煤矿（Y4孔）、杭来湾煤矿（H4孔）、柳巷煤矿（L1孔）、榆阳煤矿（Y1孔）、隆德煤矿（T1孔）、薛庙滩煤矿（GT2孔）、红柳林煤矿（25202工作面）和上河煤矿（B2孔）。

下面以红柳林煤矿25202工作面为例来说明计算过程。红柳林25202工作面5^{-2}煤上覆基岩地层倾角较小，将各岩层视为水平进行模拟计算，所建模型大小（长、宽、高）为500m×400m×154m，模拟范围为5^{-2}煤顶板至黄土层共138.01m地层范围，采用辐射状网格，对重点分析范围加密网格划分，具体计算模型如图3-9所示。

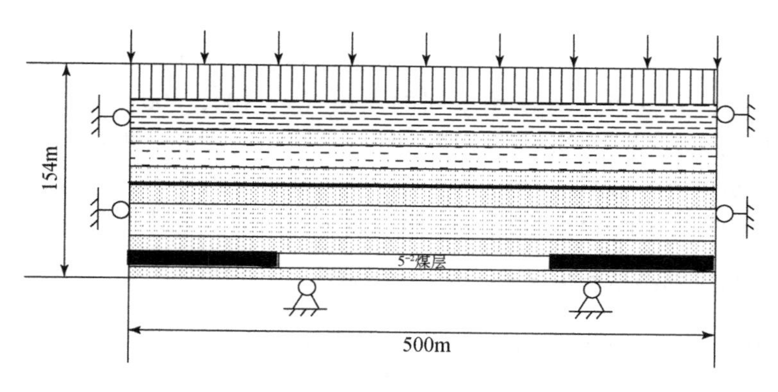

图3-9　模型示意图

模型的边界条件采用施加约束的方法，在模型的底面加滑动支座以约束垂直自由度，在平行巷道走向的两侧施加滑动支座，只约束Y方向的自由度而释放X、Z方向上的自由度，垂直于巷道走向的两侧施加X方向的约束，以模拟煤层开挖导致覆岩破坏情况。围岩破坏遵循莫尔-库仑（Mohr-Coulomb）强度准则。

模型上部边界至黄土层顶面，下部边界至煤层下方10m。模型的上部边界为应力边界，施加松散层自重压力，施加垂直方向的荷载为149kPa，根据工作面的地质条件和岩层的力学性质将模型分为11个岩组，各岩组的力学参数见表3-4。

表3-4　岩层物理力学参数

岩组	厚度/m	密度/(kg/m³)	体积模量/MPa	切变模量/MPa	内摩擦角/(°)	黏聚力/MPa	抗拉强度/MPa
黄土	32.00	1708	13.9	5.0	30.8	0.066	0.02
红土	20.00	1540	25.4	8.0	30.6	0.082	0.2
细粒砂岩	8.80	2340	1128	882	38.6	4.15	3.3
砂质泥岩	18.60	2480	624	255.3	38.1	2.05	2.4

续表

岩组	厚度/m	密度/(kg/m³)	体积模量/MPa	切变模量/MPa	内摩擦角/(°)	黏聚力/MPa	抗拉强度/MPa
细粒砂岩	6.80	2560	5204	5111	38.4	7.57	4.2
$4^{-4上}$煤	0.65	1300	1127.8	742.7	36.8	2.1	1.4
粉砂岩	11.93	2470	1281.7	961	37.1	3.97	2.8
细粒砂岩	20.63	2510	2415.7	2124	38.4	5.51	3.1
粉砂岩	12.60	2490	2405	2196	38.3	5.57	2.6
5^{-2}煤	7.00	1340	1489	809	36.4	2.53	1.6
粉砂岩	10.00	2500	1785.7	872.1	37.9	3.51	2.5

2. 计算方案

首先施加上部砂土层自重应力，根据所施加的边界条件，计算模型初始应力场，然后对工作面进行开挖，开挖范围为模型中间的煤层（x：100，400；y：50，350；z：10，16），分10次开挖，每次开挖20m，分别观测距开切眼0m、20m、40m、…、280m、300m处沿工作面走向剖面图中塑性区分布、最大主应力云图和等值线图、最大剪应力云图和等值线图，根据模拟计算结果分析顶板破坏情况，最后确定导水裂隙带高度。

3.1.2.3 顶板采动破坏数值模拟结果分析研究

截取开挖20m、60m、140m、180m、220m、300m顶板采动塑性破坏变化图，通过图3-10可以看出，工作面刚开挖时，顶板主要受压应力，随着工作面的推进，顶板受剪切破坏，工作面推进20m时，塑性破坏区的主要类型为剪切屈服；工作面中部顶板岩层随着工作面的推进开始出现拉张屈服，当工作面推进60m时，导水裂隙带高度为16m；工作面继续推进，在工作面两端煤壁出现剪应力集中区，发生剪切破坏，在两端煤壁上部也出现拉张屈服，采空区中部以拉张屈服为主；推进至140m时，开切眼处为拉张屈服，停采线附近剪切作用明显，顶板塑性破坏区“马鞍形”越来越明显，导水裂隙带高度为45.4m；当工作面推进到200m左右，塑性区破坏高度基本稳定，不再往上发展，此时导

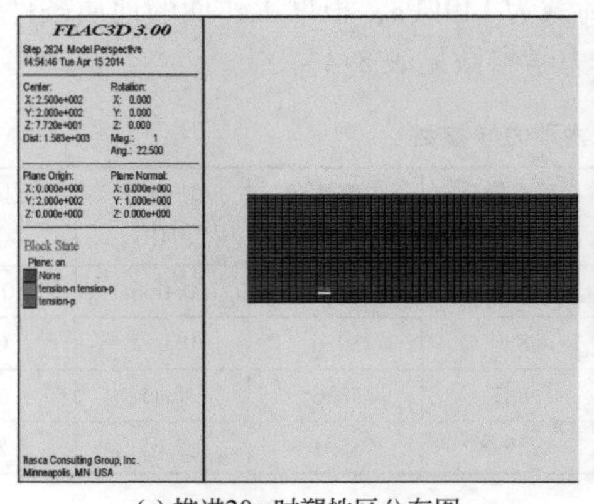

(a) 推进20m时塑性区分布图

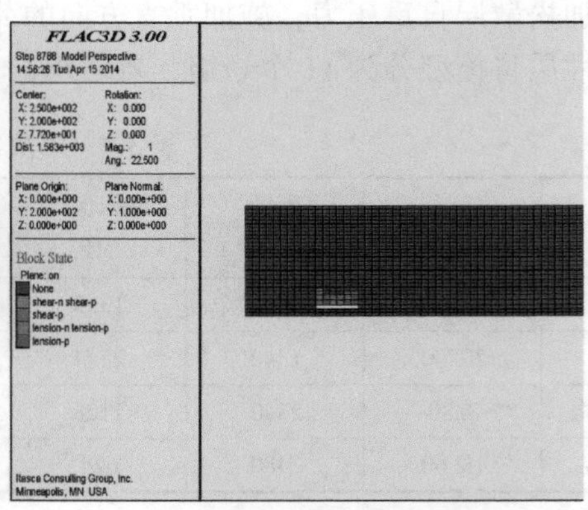

(b) 推进60m时塑性区分布图

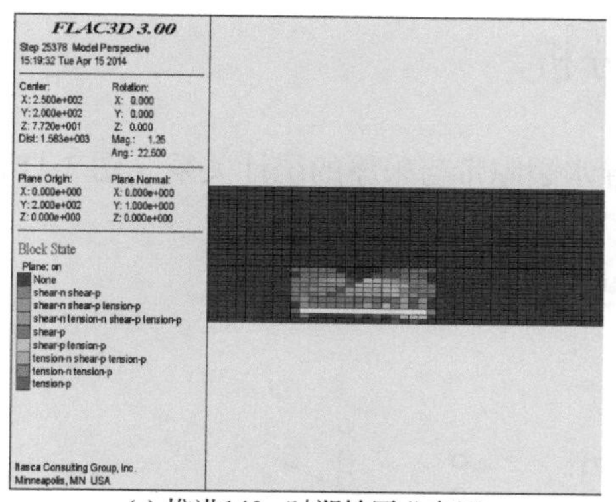

(c) 推进140m时塑性区分布图

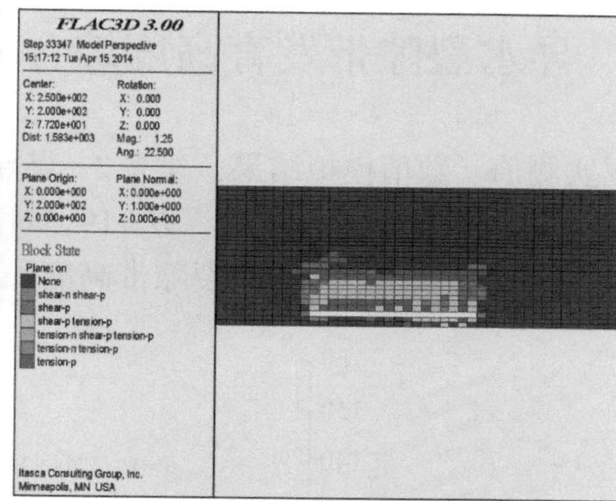

(d) 推进180m时塑性区分布图

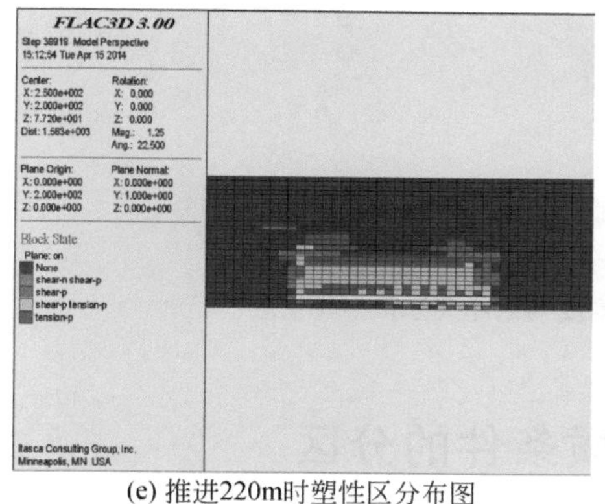

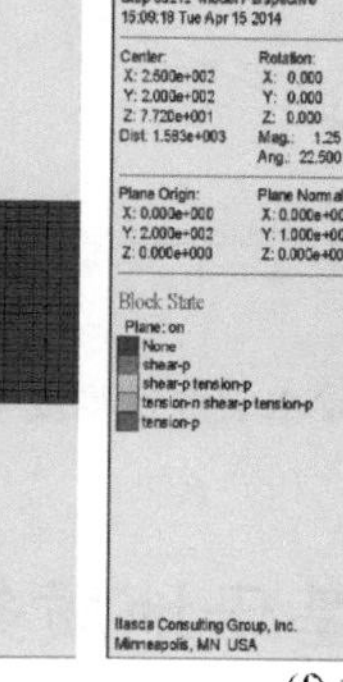

(e) 推进220m时塑性区分布图

(f) 推进300m时塑性区分布图

图 3-10　工作面开挖不同长度时塑性区分布图

水裂隙带高度为 67. 3m；继续推进，位于开切眼和停采线上部的地表表土层出现拉张破坏，形成拉张裂缝，工作面推进 300m，表土层拉张屈服比较明显，此时导水裂隙带高度为 70. 1m（表 3-5）。模拟计算得到的导水裂隙带高度与现场实测结果相差不大。

采用同样的方法，可以计算出其余 8 个钻孔模型下的导水裂隙带高度，见表 3-5。

表 3-5　各个模型模拟结果汇总表

煤矿或井田	组合类型	模型	钻孔号	导水裂隙带/m	裂采比	钻孔位置	煤层采厚/m
金鸡滩煤矿	沙土基型	模型一	JT4	139. 7	25. 4	工作面中心	5. 5
榆树湾煤矿	沙土基型	模型二	Y4	139. 4	27. 88	采空区中心	5
杭来湾煤矿	沙土基型	模型三	H4	118. 4	26. 31	采空区中心	4. 5
柳巷煤矿	沙土基型	模型四	L1	117. 8	14. 9	工作面中心	7. 9
榆阳煤矿	沙土基型	模型五	Y1	96. 95	27. 68	采空区中心	3. 5
隆德煤矿	砂基型	模型六	T1	139. 3	27. 86	采空区中心	5
薛庙滩煤矿	基岩型	模型七	GT2	123. 2	24. 64	采空区中心	5
上河井田	土基型	模型八	B2	132. 4	26. 48	采空区中心	5
红柳林煤矿	砂基型	模型九	25202	70. 1	18. 4	采空区中心	5

3.1.3 导水裂隙带发育高度综合分析

根据实测值、数值模拟结果，建立 2^{-2}煤导水裂隙带与采厚的统计关系（图3-11），即

$$H=19.371M+26.711 \tag{3-4}$$

式中，M 为采厚，m；H 为导水裂隙带高度，m。

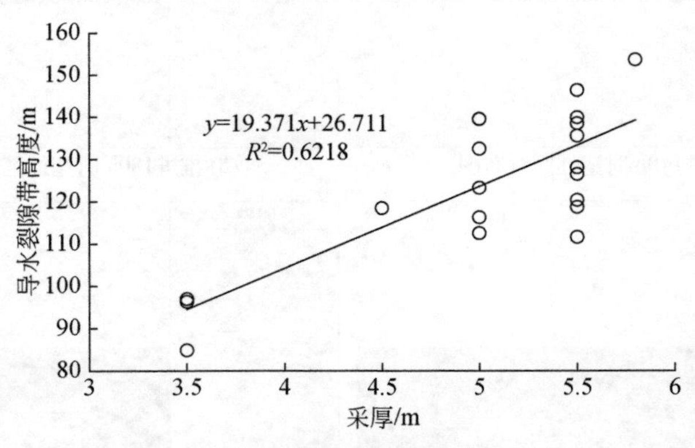

图 3-11 导水裂隙带高度与采厚关系散点图

3.2 基于地质条件的分区

3.2.1 分区原则及判据

1. 分区原则

保水采煤分区是在充分考虑矿山地质、水文地质条件的差异并结合采煤导水裂隙带高度的基础上，按照导水裂隙带高度与隔水层厚度的对比结果，在综合考虑含水层富水性、含水层厚度等限制因素后进行分区，分区遵守以下原则。

（1）保水开采的目标含水层为具有良性循环条件、有供水意义的富水性较高的含水层，除此之外的含水层（如矿区东部的黄土裂隙含水层）不作为保护对象，坚持“抓大放小”的原则。

（2）保水开采分区的依据是导水裂隙带高度与隔水层厚度的对比结果，其中导水裂隙带高度为多次试验结论，并采用钻孔验证后取平均值，坚持“宁多勿少”的原则。

（3）受地质、水文地质条件变异的影响，保水采煤分区坚持“区内相似，区际相异”的原则。

2. 分区判据

“三下采煤规程”中通过留设防水安全煤岩柱防治导水裂隙带导通含水层底板，即

$$H_{sh}-H_{li} \geqslant H_b \tag{3-5}$$

式中，H_{sh}为隔水层厚度；H_{li}为导水裂隙带高度；H_b 为防水安全煤岩柱高度，一般取$3M\sim5M$（M为采高），按覆岩类型的不同分别取值。

由此可见，保水采煤分区取决于导水裂隙带高度与隔水层厚度的对比结果，当差值大于安全煤岩柱厚度时，该区域可安全开采；当差值小于安全煤岩柱厚度时则需要采取保水开采技术，具体的保水开采分区依据，则需要根据水文地质条件进行细化。

3.2.2　分区方法和流程

1. 分区方法

保水采煤的实现离不开矿区科学规划布局及采用先进的采煤工艺，因此通过矿产地质条件的研究，科学合理地进行分区统筹，因地制宜地制定开采方法是保水采煤的根本方法。主控因素是保水采煤分区的基础，也决定着分区结果的正确性。保水采煤技术是基于煤层储藏条件的空间分异规律提出的，煤层厚度、覆岩属性、土层及含水层空间组合关系等都对保水采煤地质条件分区有直接的影响。研究表明，榆神府矿区广泛分布的萨拉乌苏组含水层厚度大、富水性强，是矿井水突涌的主要来源，由于萨拉乌苏组含水层与煤层之间分布厚度不等的覆岩及土层隔水层、导水裂隙带是含水层与采空区产生水力联系的主要通道。因此，综合分析确定保水采煤分区的主控因素包括含水层厚度、富水性、土层厚度、隔水层厚度等。其中，萨拉乌苏组含水层为目标含水层，土层及隔水层是主要判据，富水性为分区依据。根据保水采煤的主控因素进行分区，基本流程如下。

（1）甄别目标含水层厚度。保水采煤主要对象是区内富水性较好的萨拉乌苏组含水层，因此首先判断萨拉乌苏组含水层赋存状态，萨拉乌苏组厚度较小的区域则实行无水开采，厚度大于5m时则需要进行保水开采。

（2）判断隔水层有效性。当煤层上部存在一定厚度的萨拉乌苏组含水层时，实现保水开采的基本条件是存在一定厚度的有效隔水层，隔水层的厚度与覆岩的组合类型相关，通过隔水层厚度与导水裂隙带高度之差与“三下采煤规程”中留设防水安全煤岩柱高度判断隔水层有效性，较小的隔水层表示该区域煤层资源开采与水资源漏失共存，需要保水开采，反之，可以实现自然保水。

（3）保水开采分区。富水性即为含水层的出水能力，是表征保水采煤紧迫性的关键指标，富水性强-极强区一般萨拉乌苏组厚度较大，地下水丰富，是区内工农业用水水源地的首选地，应加强保护，推行水煤共生，不宜开采煤炭资源；富水性较强的区域实行水煤共采方案，在煤炭资源开采过程中通过水资源转移储存为工农业发展提供常备水源；在富水性中等的区域，通过合理规划和科学开采，实行保水采煤技术；富水性弱区，也是萨拉乌苏组厚度较小区，可实行无水开采。

2. 分区流程

据前述，保水采煤分区判据主要依据隔水层厚度与导水裂隙带高度之差是否满足安全防水煤岩柱厚度，即

$$H_{sh} \geqslant H_{li} + nM \tag{3-6}$$

有黏土层时，$n=3$，无黏土层时，$n=5$。

令 $k=\frac{H_{sh}}{M}$，为采动后隔水岩组厚度与采高之比，可以表征采后隔水性能指标，称作隔水系数，则有

$$k=\frac{H_{sh}}{M}\geqslant\frac{H_{li}}{M}+n \tag{3-7}$$

根据研究，本区基岩属于中等稳定，按“三下采煤规程”，导水裂隙带高度为 18～28 倍采高。

（1）煤层上覆隔水岩组厚度大于 28 倍采高时，导水裂隙带取 28 倍采高，即 $28M$，有

$$k=\frac{H_{sh}}{M}\geqslant\frac{H_{li}}{M}+n=\begin{cases}31 & \text{有黏土隔水层时 } n=3\\ 33 & \text{无黏土隔水层时 } n=5\end{cases} \tag{3-8}$$

当煤层上部存在萨拉乌苏组水层时，实现保水开采的条件是隔水系数大于 33 倍采高（有黏土层）（无黏土层时大于 35 倍采高），此时长壁开采工作面可安全通过富水区。

（2）煤层上覆隔水岩组厚度小于 18 倍采高时，即 $18M$。

研究表明，在煤层上覆隔水岩组（基岩及黏土隔水层）厚度小于 18 倍采高时，即

$$k=\frac{H_{sh}}{M}\leqslant 18 \tag{3-9}$$

此时，长壁开采条件下的导水裂隙将完全贯通隔水岩组，无法实现保水开采。

（3）当隔水岩组厚度为 18～33 倍采高时，采动后岩层的隔水性取决于上行裂隙和下行裂隙间的距离，可改变开采条件减小上覆岩层的变形幅度，提高上行裂隙与下行裂隙的安全厚度以达到保水开采的目的。

根据上述，保水采煤分区的主要流程如下：

（1）判断是否存在萨拉乌苏组含水层，厚度为 0 则认为不存在保水的需要，可安全开采；

（2）判断是否存在第四系黄土弱透水层及新近系泥岩隔水层，考虑黏土对采动裂隙的抑制作用，安全煤岩柱厚度取 3 倍采高，没有黏土层时取 5 倍采高；

（3）隔水系数大于 33 时可安全开采；处于 18～33 时需要根据水文地质条件进一步细分，隔水系数小于 18 时，采煤失水；

（4）在（3）圈定的需要保水开采的区域，按含水层富水性中等、强和极强的级别进一步划分为保水采煤区、水煤共采区和水煤共生区。

3.2.3　保水采煤分区结果

分区结果见图 3-12。

1）自然保水开采区

通过科学评价，采用一次采全厚的长壁开采方法，选取水体和地表生态不会受到破坏的区域。榆神府矿区覆岩隔水岩组厚度大于 35 倍采高的区域，属于自然保水开采区。

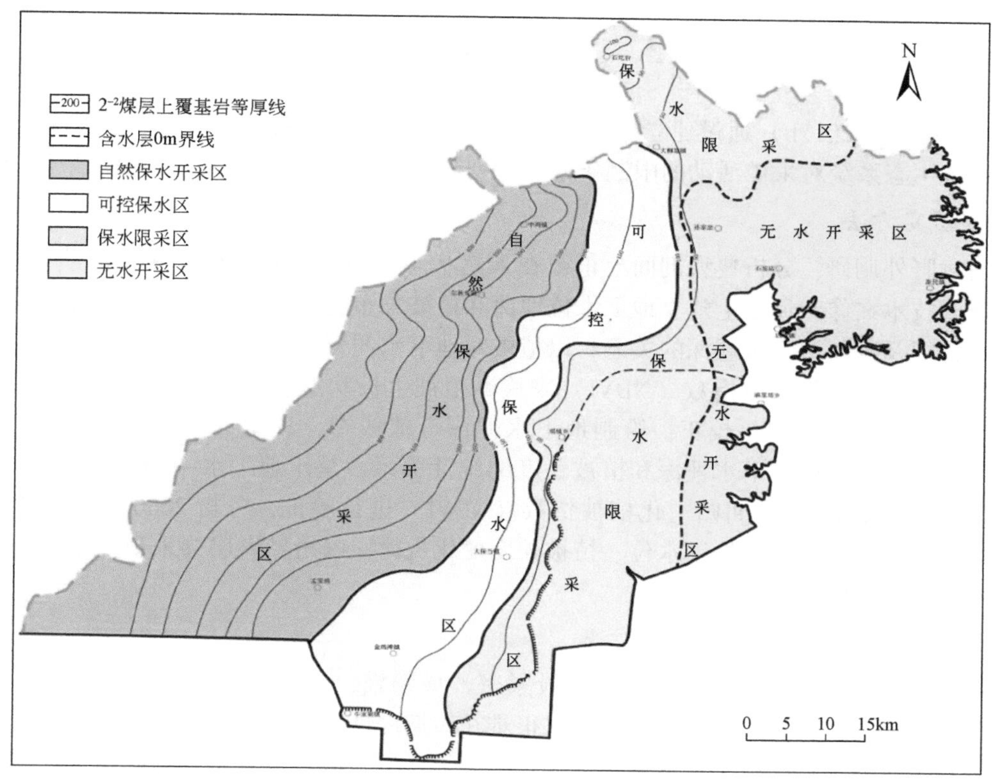

图 3-12　生态脆弱区保水开采条件分区图（据王双明等，2010b）

2）可控保水开采区

通过采用长壁限高开采（限高分层开采）、调整开采跨度、间隔开采、局部保护性条带开采技术等，可以控制实现水体和地表生态不会受到破坏的区域，称为可控保水开采区。依据榆神府矿区的覆岩条件，隔水岩组厚度为 18 ~ 35 倍采高的区域属于此类。

把水体和煤炭作为共存共采的资源，在长壁开采煤炭的同时，科学地开采和利用水资源（水煤共采型）；或者在水资源相对丰富的区域，开采造成的损害相对较弱，开采后短期采用生态恢复技术，使生态环境和含水体能够得到恢复。

3）保水限采区（特殊保水开采区）

在现阶段的常规开采技术不能达到保护水资源和生态环境的区域，或开采对水资源破坏风险很大的区域，基于煤水关系的重要性，在没有开发出合理的特殊保水开采方法前，应当限制开采，即不允许开采或者不允许建设矿井，此类区域称为保水限采区。

保水限采区不适合完全垮落法管理采空区，应当探索采用局部充填开采等特殊保水开采方法，作者目前正在开展此项课题的研究。

4）无水开采区

矿区东部普遍分布第四系黄土，富水性弱，水量少，补给不畅，水力联系差，不具备供水意义。因此榆神府矿区东部开采区，属于缺水、无水区，可大力开发煤炭资源。

3.3 基于生态的分区

马雄德等（2017b）通过建立榆神府矿区植被与地下水关系，确定与潜水埋深密切相关的植被生态系统对采矿活动的限制条件后，划分基于地下水-植被关系的保水采煤分区。

1. 研究方法

通过野外调研，分析典型剖面上植被在天然状态下随地下水位埋深变化的演替规律，借助遥感技术在像元尺度上建立地下水位埋深和植被分布的统计关系模型，分析矿区植被的分布特征及其与地下水埋深的关系，以植被对地下水的依赖程度刻画矿区开采的生态约束条件。采用归一化植被指数（NDVI）来检测植被生长状态、植被盖度，利用地下水位监测数据，经过数据同化校正，绘制地下水埋深等值线图，利用 ArcGIS 空间分析功能，建立天然状态下矿区地下水埋深和植被盖度的统计关系，基于地下水-植被关系划分保水采煤分区。用 2014 年同期归一化植被指数（NDVI）进行验证，分析 2000 ~ 2014 年煤炭资源集中、大规模开采区地下水位、植被盖度变化规律，以指导煤层开采规划中合理考虑植被生态系统的限制。

2. 采用数据

潜水在地下循环系统中与外界联系最紧密、最频繁，受气候因素和人类活动影响较大。煤矿井下开采破坏含水层结构后潜水很难在短期内恢复，这势必影响依赖地下水生存的植被长势，因此建立潜水埋深和植被关系，必须尽量回避煤矿开采对地下水的影响，应采用煤矿大规模开采前潜水埋深数据。鉴于榆神一期、二期均在 2000 年以后开始规划建设，以下拟采用 2000 年的潜水埋深数据进行研究。资料来源为：收集本区地下水长观孔资料、地下水资源评价相关研究成果以及 2000 年前煤田地质勘查成果。通过数据同化，编绘煤炭资源开采前潜水水位埋深等值线图。

NDVI（归一化植被指数）是目前被广泛应用于表征植被盖度的指标。本次选用 NASA 全球共享的 MODIS-NDVI 标准数据集（MOD13Q），经裁剪、重投影后采用最大合成法确定每个像元上 NDVI 年内最大值（MNDVI），空间分辨率为 250m，时间分辨率为 2000 年 8 月和 2014 年 8 月。

3. 植被与地下水关系

1）典型区植被与潜水位关系

野外调研显示，风沙滩地植被与地下水位关系十分复杂，相关性各异。草本植被盖度与地下水位埋深相关性较高，植被盖度与地下水相关性包络线的极值出现在潜水埋深 0 ~ 1.5m，说明潜水埋深 0 ~ 1.5m 是薹草等草本植被最佳适生水位；潜水埋深大于 3m 后植被盖度始终为 10% [图 3-13（a）]。沙柳的潜水埋深和植被盖度关系包络线呈现单峰特征，拐点出现在潜水埋深 1.5 ~ 2.0m，潜水埋深大于 5m 后沙柳盖度锐减 [图 3-13（b）]。而沙蒿盖度在潜水埋深 0 ~ 20m 杂乱无序 [图 3-13（c）]，说明沙蒿生长与地下水相关性差。

受干旱半干旱区气候条件的控制，榆神府矿区植被生态格局以旱生植物为主，为数不多的湿生和中生植物常隐匿于潜水埋深较浅处，包括水生、沼生、盐生植物以及一些中生

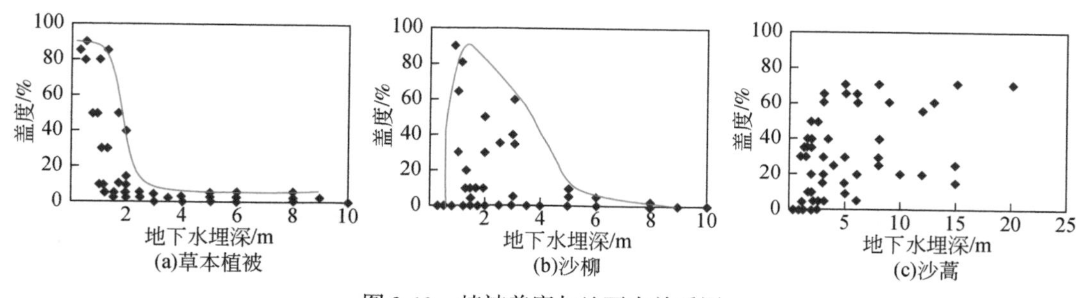

图 3-13　植被盖度与地下水关系图

的草本植物（图 3-14）。在河谷和湖盆滩地等潜水埋深较浅区，在河流及海子湿周植被常以湿生植物和中生植物为主，生长旺盛。潜水埋深处于极限蒸发深度以浅时，在强烈的蒸发作用下土壤盐渍化现象严重，植被以耐盐的湿生和中生植物为主；随着潜水埋深的增加，植被分布由湿生植物（草本为主）逐渐向中生植物（乔木为主）演替；当潜水埋深超过植物根系深度时，根系无法吸收利用地下水，植被由中生植物向旱生植物演替，表现为沙柳灌丛演替为沙蒿灌丛，小叶杨演替为旱柳；潜水埋深大至极大的区域，植物以旱生灌草为主，其长势多受控于大气降水而与地下水无关，少量分布的乔木在形态上形成了适应干旱环境的生存特征，枯梢严重。

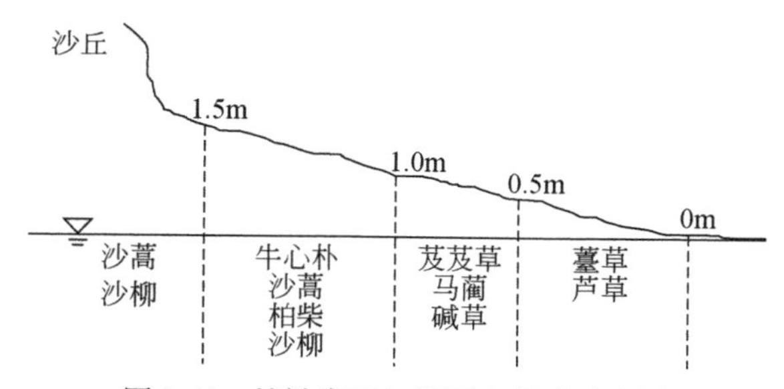

图 3-14　植被类型与地下水关系示意图

2）区域植被与潜水位关系

利用研究区边界裁切卫星影像数据，获取研究区 2000 年 8 月及 2014 年 8 月的遥感数据，面积为 8329km^2。采用像元二分模型反演植被盖度，获取像元尺度下的植被盖度图像，在图上任意选取 30 个点进行野外样方测量，通过实测植被盖度验证遥感反演植被盖度数据准确率大于 85%，满足分析研究的要求，见图 3-15。由图可知，2000 年本区植被 NDVI 集中在 0.01～0.6。

通过搜集 2000 年陕北能源化工基地地下水资源评价资料，初步掌握了研究区地下水位分布状况，再与 2000 年前后完成的各类地质勘探报告中实测地下水位，以及 1∶5 万地形图中实测水文点和水井点水位进行对比分析，形成 502 个控制点的地下水位数据资料，通过克里金（Kriging）差值法绘制全区地下水位图。在此基础上以 30m 分辨率的 DEM 图和地下水位图相减，生成地下水位埋深图。

为了与 NDVI 建立统计关系，将分辨率为 30m 的地下水位埋深图重采样成 250m。在

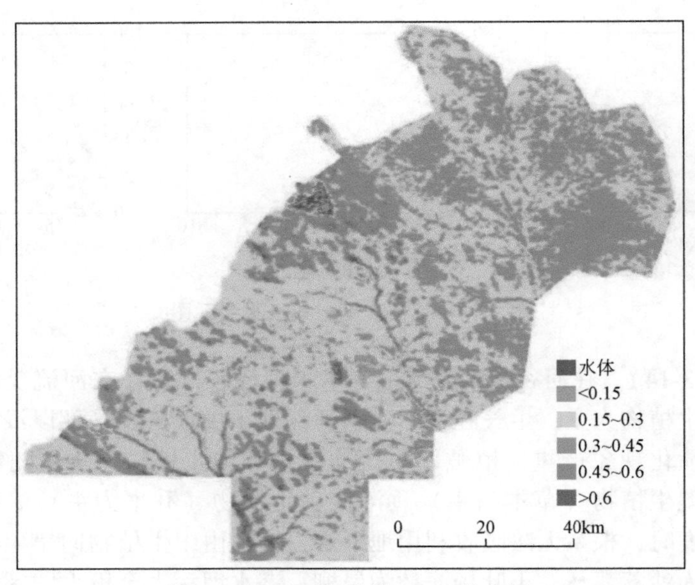

图 3-15　2000 年植被 NDVI 分布图

ArcGIS 软件中对像元尺度下的植被盖度图像与地下水潜水埋深图像配准，这样每个栅格点上包含两个数据信息，即植被盖度与地下水潜水埋深。

为深入研究地下水位与植被盖度关系，以水位埋深 0. 5m 为间隔建立地下水位埋深与植被盖度的几何平均值统计关系，见图 3-16。

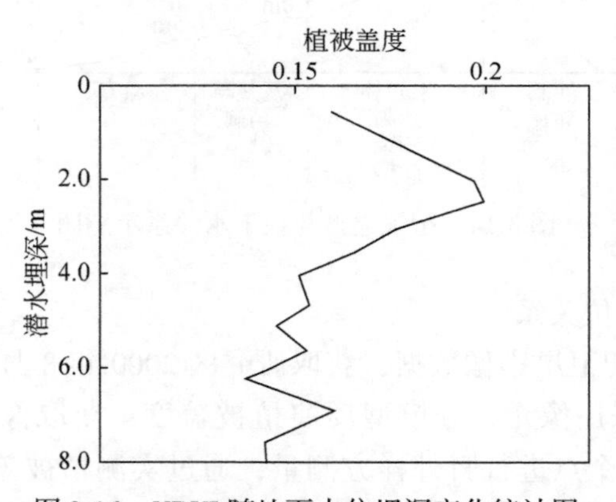

图 3-16　NDVI 随地下水位埋深变化统计图

可以看出，随着潜水埋深增加，植被 NDVI 的几何平均值呈单峰特征。该区地下水位埋深和植被盖度关系存在 2 个明显的转折点，第一个转折点在地下水位埋深 2. 5m 处，埋深小于 2. 5m 时 NDVI 随地下水埋深的增加而迅速增加，地下水位 2. 5m 是本区植被的最佳适生水位；第二个转折点在水位埋深 4m 处，2. 5 ~ 4. 0m 植被 NDVI 随地下水位埋深的增加而减少，当水位埋深大于 4m 以后 NDVI 基本维持在 0. 15 左右，不再随水位埋深而具有规律性变化。

由此可知，地下水位埋深4m是地下水与植被盖度关系的分水岭，水位越浅意味着植被盖度对地下水依赖性高，潜水位埋深超过4m以后，地下水与植被的相关性变差。

4. 基于地下水–植被关系的保水采煤分区

保水采煤是基于生态脆弱矿区地下水的生态价值和工农业供水需求而提出的一种通过优化开采布局达到水资源与煤炭资源服务价值最优的采煤方法。将萨拉乌苏组和烧变岩含水层作为主要保护对象，提出保水采煤的目标是不造成泉流量大幅衰减和不对依赖地下水的植被产生不利影响。就植被而言，本区以旱生植物为主，仅在潜水埋深较浅的区域植物生长依赖于地下水，植被对地下水位变化较敏感。因此，本节以植被与地下水关系为基础，以煤层开采导致地下水位下降为条件，以依赖地下水的植被盖度不发生重大变化为核心划分保水采煤分区。

在萨拉乌苏组分布范围内以地下水埋深4m为标准圈定植被对地下水依赖性较强的区域为植被约束区，其余区域为地下水约束区；萨拉乌苏组缺失、厚度薄、不连续、富水性弱区，划分为无约束区，见图3-17。

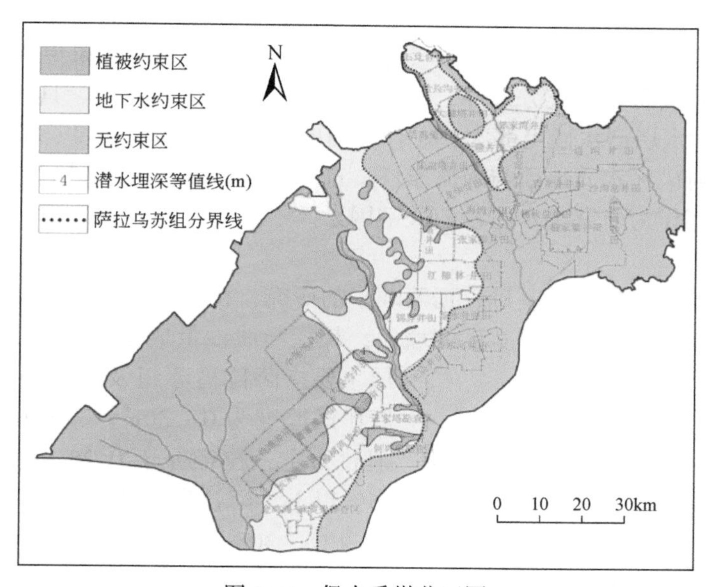

图3-17　保水采煤分区图

（1）植被约束区：水位埋深小于4.0m，主要分布于榆溪河上游河谷及滩地区、秃尾河上游河谷及红碱淖内流区一带。该区植被根系可以充分吸取地下水，地下水位下降可以产生植物群落向旱生群落演替，多样性减少。本区2^{-2}煤层上覆基岩厚度大于200m，煤厚2～6m，平均为4m，导水裂隙带高度按30采高计算，为120m，小于煤层上覆基岩厚度，开采不会导致地下水大量漏失。但小纪汗煤矿等监测显示，4m采高时地表沉陷在3m左右，这预示着煤层开采后该区域地下水位埋深将变浅，在相对低洼处甚至会出露地表形成海子，这将大量增加地下水无效蒸发，加剧土地盐碱化，进而导致生态退化。因此本区煤层开采过程中必须控制地下水位埋深变浅，3～5m是一个比较合理的范围，其机理需要另做分析。

（2）地下水约束区：萨拉乌苏组分布范围水位埋深大于4m的区域，主要分布于秃尾河中上游风沙区边缘及河谷漫滩后缘至阶地区，植物生长对地下水的依赖程度比较弱。但萨拉乌苏组含水层厚度大，富水性强，煤层浅埋，煤层上覆基岩厚度为50～200m，在红土隔水层缺失或厚度薄的区域开采容易导致地下水漏失，是保水采煤的重点区域。

（3）无约束区：主要分布于潜水位埋深大于4m的沙地沙梁和黄土丘陵区等非萨拉乌苏组地层分布区，植被主要靠降水维持生长，地下水位下降不会直接引起植被群落发生显著变化，植被生长基本与地下水无关；地下水富水性弱，不具备供水意义，对开采不构成约束。

3.4　基于突水溃沙的分区

1. 突水溃沙的关键因素

煤矿突水溃沙灾害的发生条件复杂、影响因素众多，与煤层上覆含水层的规模和性质、煤层、开采方式、覆岩厚度和强度、覆岩破坏形式等很多因素有关。评价突水溃沙时关键因素的遴选十分重要，要考虑指标数值的易获取性，以尽可能少的几个关键因素来刻画特定地质条件下突水溃沙发生条件的大部分信息，使评价判断结果更为逼真。在工作面形成溃沙灾害必须具备4个充分条件，即沙源、水源、通道和空间。具体而言应为：①有充足的沙层；②含水层富水性足够大；③有适当的导水裂隙通道宽度；④有必要的容水沙空间。根据榆神府矿区水文地质与地质条件，选取沙层厚度、含水层富水性、有效隔水层厚度和采动空间等作为研究突水溃沙的关键因素。

1）沙层厚度

沙是突水溃沙发生的物质基础，据隋旺华的研究，在相同的通道宽度情况下，颗粒粒径越小，溃沙量越大，随着通道宽度的增加，粒径与溃沙量成正比（图3-18）。本区的沙层主要指萨拉乌苏组及风积沙，风积沙在榆神府矿区厚度为0～30m，一般在5m左右，以粉细砂为主，粒径介于0.25～0.50mm的颗粒占95%以上。萨拉乌苏组厚度为0～175.75m，一般为10～30m，粒径与风积沙相近，易于发生溃沙。目前榆神府矿区开采区域，萨拉乌苏组厚度最大为65m，分布于石圪台煤矿的柳根沟泉域和哈拉沟煤矿的哈拉沟泉域、锦界煤矿的青草界泉域。

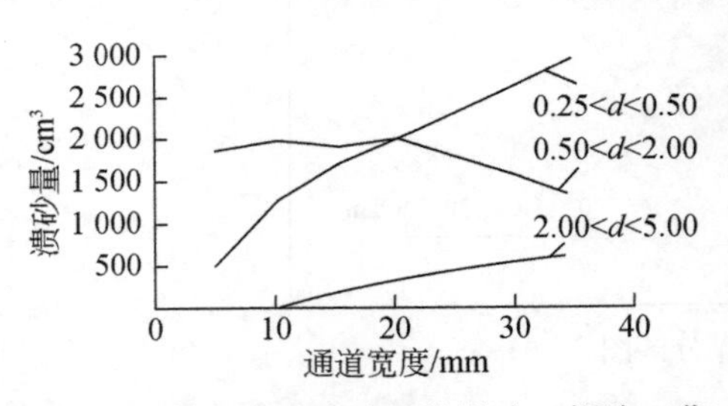

图3-18　通道宽度对溃沙量的影响（据隋旺华）

2）含水层富水性

研究表明，较高的初始水头是薄基岩采掘溃沙的必要条件，含水层富水性越强，厚度越大，水力坡度越大，越容易形成水沙突涌。在本区萨拉乌苏组含水层是矿井突水溃沙的水动力来源，萨拉乌苏组地下水在风沙滩区普遍分布，厚度变化大，萨拉乌苏组厚度大的区域，含水层厚度大，水力坡度大，富水性强，反之则小。富水性分区时，根据钻孔抽水试验资料，将单位涌水量换算成钻孔孔径为91mm、降深为10m时的标准单位涌水量。公式为

$$Q_{91}=Q_{孔}\left(\frac{\lg R_{孔}-\lg r_{孔}}{\lg R_{91}-\lg r_{91}}\right) \tag{3-10}$$

式中，Q_{91}、R_{91}、r_{91}分别为孔径为91mm的钻孔的涌水量、影响半径和钻孔半径；$Q_{孔}$、$R_{孔}$、$r_{孔}$分别为孔径为r的钻孔的涌水量、影响半径和钻孔半径。

3）有效隔水层厚度

本区的隔水层指煤层顶板基岩隔水层、黏土隔水层。一般认为，开采煤层至松散含水层底板之间距离（Δh）减去煤层一次采全高形成的裂隙带高度（H_{li}）为有效隔水层厚度（H_e）。

$$H_e=\Delta h-H_{li} \tag{3-11}$$

当$H_e\leqslant 0$时突水发生。

由于采用现行经验公式预测导水裂隙带高度时一般与实际情况会有一定的差别，这在特殊地质条件下会导致灾难性的后果，因此为了提高突水溃沙危险性的辨识度，本书将有效隔水层厚度H_e（effective thickness of water-resisting layer）定义为开采煤层至松散含水层底板之间的距离（Δh）减去导水裂隙带高度（H_{li}）及安全带高度（H_s），即

$$H_e=\Delta h-H_{li}-H_s \tag{3-12}$$

①若$H_e\leqslant 0$，第四系松散层水沙会涌入回采工作面及巷道，突水溃沙发生。

②若$H_e>0$，说明开采时可以提高采厚，第四系松散层水沙不会威胁井下生产安全。

煤层上覆隔水层中黏土层厚度大于3倍采高时，安全带厚度取3倍采高，有

$$H_e=H-(28M+3M)=H-33M \tag{3-13}$$

式中，H为隔水层厚度；M为采高。

隔水层仅为基岩时，安全带厚度取5倍采高，有

$$H_e=H-(28M+5M)=H-35M \tag{3-14}$$

4）采动空间

导水裂隙带发育到含水层后，地下水向导水通道流动，在水动力的作用下，砂粒启动向突水口运移，水沙混合物涌入采空区，突水溃沙灾害发生。在此过程中，通道宽度和采动空间的大小是决定突水溃沙灾害危害程度的关键因素，如果采动空间较大，砂粒在水流作用下沿巷道、采空区漂移，溃沙危害程度将进一步加剧。榆神府矿区2^{-2}煤采厚在3～7m，一般为5m，工作面斜长100～300m，这在基岩相对较薄的地区，极易导致全厚切落，产生较宽的导水通道，为突水溃沙创造有利条件。

采动空间的量化是以2^{-2}煤层厚度等值线和开采强度分区为基础，统筹考虑各个矿井采用的保水采煤方法，如充填开采、窄条带开采等对下部储沙储水空间及上覆岩层变形移动程度的影响，经综合判断后生成采动空间分布图。

2. 突水溃沙评价模型构建

1）无量纲化

本次选定的4个突水溃沙关键因素各自代表不同的物理意义，各指标由于性质不同、计量单位不同，因而缺乏综合性。另外，当各指标值的水平差很大时，利用原始指标值比较分析时，往往会提高数值较高的指标值在综合结果中的作用，这实际上就是各指标按照指标值大小以不等权参加运算分析，结果偏差较大。指标无量纲化处理能很好地解决这一

问题。无量纲化就是数据的规格化、标准化，通过数学变换消除指标的量纲以便进行多指标综合分析。采用阈值法对各关键因素进行无量纲处理。

在无量纲化时，需要对指标进行同趋势性变换，因为在选定的 4 个指标中，沙层厚度、含水层富水性和采动空间等指标值越大越能体现突水溃沙危险性，为高优指标，而有效隔水层厚度值越小说明越易发生突水溃沙灾害，为底优指标。评价时不同指标之间需要相同趋势性，所以针对高优指标和低优指标采用不同的无量纲化方法。

高优指标无量纲化公式为

$$x'_i=\frac{x_i-\min x_i}{\max x_i-\min x_i} \tag{3-15}$$

低优指标无量纲化公式为

$$x'_i=\frac{\max x_i-x_i}{\max x_i-\min x_i} \tag{3-16}$$

式中，x'_i 为各指标的无量纲值；x_i 为各指标的实际值；$\min x_i$ 为指标值的最小值；$\max x_i$ 为指标值的最大值。

根据以上原则和方法，对各指标值进行无量纲化处理后，按计算结果绘制出各因素无量纲专题图（图 3-19）。

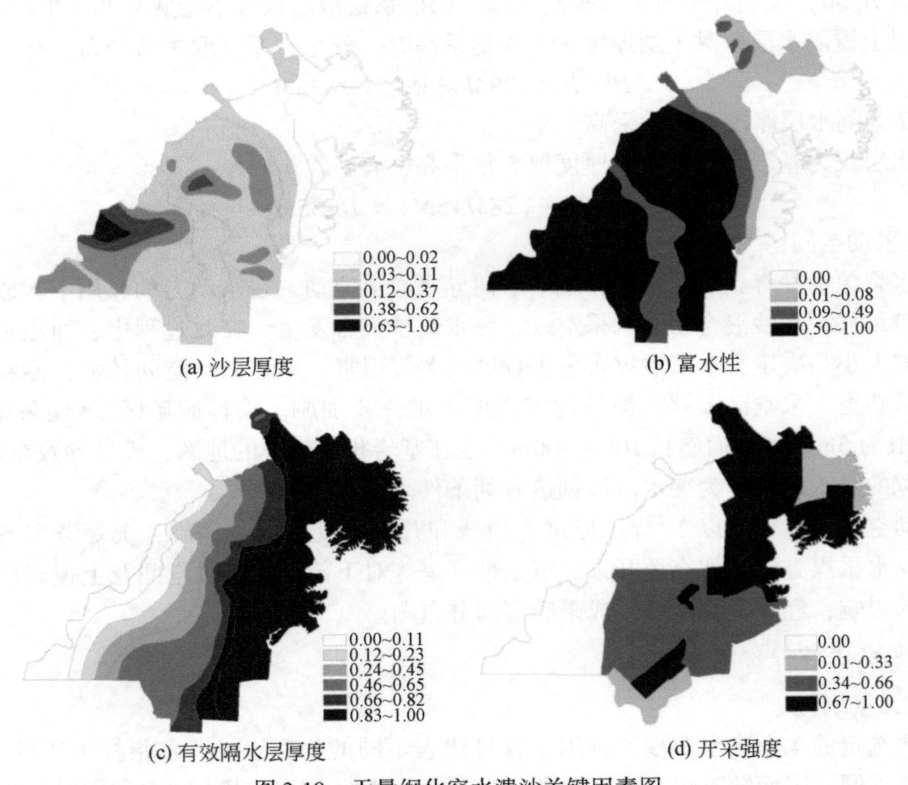

图 3-19　无量纲化突水溃沙关键因素图

2）评价模型构建

（1）指标权重确定

突水溃沙发生条件和机理较为复杂，是一个众多因素影响下的综合结果，而各因素的相对作用是不同的，因而在综合分析前，需要确定各因素的权重。熵权法最先引入信息论，目前已经在工程技术、社会经济等领域得到了非常广泛的应用。熵权法的基本思路是根据指标变异性的大小来确定客观权重。指标的信息熵越小，说明指标值的变异程度越大，在综合评价中提供的信息量也就越多，其权重也就越大，反之亦然。熵权法的计算过程如下：

①由以上4个关键因素，可以得到一个 $n\times4$ 的原始数据矩阵：

$$\boldsymbol{X}=\begin{bmatrix} x_{11} & x_{12} & x_{13} & x_{14} \\ x_{21} & x_{22} & x_{23} & x_{24} \\ \vdots & \vdots & \vdots & \vdots \\ x_{n1} & x_{n2} & \cdots & x_{n4} \end{bmatrix} \tag{3-17}$$

式中，n 为拟采用的钻孔数，$n=36$。

②将矩阵进行归一化处理，计算公式为

$$z_{ij}=\frac{x_{ij}}{\sum_{i=1}^{n} X_{ij}}\quad (j=1,\ 2,\ 3,\ 4) \tag{3-18}$$

式中，z_{ij}为归一化后的矩阵中的元素。

③确定各指标的熵，公式为

$$H(x_j)=-k\sum_{i=1}^{n} z_{ij}\ln z_{ij}\quad (j=1,\ 2,\ 3,\ 4) \tag{3-19}$$

式中，$H(x_j)$为各指标的熵；k 为调节系数，$k=1/\ln n$。

④将评价指标的熵值转换为权重值：

$$w_j=\frac{1-H(x_j)}{4-\sum_{j=1}^{4} H(x_j)}\quad (j=1,\ 2,\ 3,\ 4) \tag{3-20}$$

式中，w_j 为第 j 指标的权重值。

根据上述计算，沙层厚度、含水层富水性、有效隔水层厚度和采动空间等指标的权重为 $w_j^{\mathrm{T}}=$（0.194，0.298，0.315，0.193）。由此可见，有效隔水层厚度和含水层富水性权重较大，说明在突水溃沙发生过程中，二者的作用力最大，这与“采动覆岩破坏通道和较高的初始地下水位是近松散层采掘溃沙的主要诱发因素”这一研究成果一致。说明本次采用熵权法所确定的各因素权重较为客观、科学。

（2）评价模型构建

影响突水溃沙的因素较多，其危险性评价涉及多指标综合评价。所谓多指标综合评价，就是指通过一定的数学模型将多个评价指标值“合成”为一个整体性的综合评价值。其基本过程为：按照选定的关键因素，进行数据同度量处理，确定各指标的权重，并绘制各关键因素的等值线图，再对经过处理的指标进行汇总，计算出综合评价指数或综合评价分值（Integrative Evaluation Index，IEI）。由于选定的 4 个关键因素相互独立，宜选用线型加权评价模型：

$$\mathrm{IEI}(x,\ y)=\sum_{i=1}^{n} w_i \cdot f_i(x,\ y)\quad (i=1,\ 2,\ 3,\ 4) \tag{3-21}$$

式中，IEI 为综合评价值；$f_i(x,y)$为指标 i 在位置（x，y）的同化值；w_i 为指标 i 的权重。

按照上述确定的权重，本次构建的突水溃沙评价模型为

$$\mathrm{IEI}(x,y)=0.194f_1(x,y)+0.315f_2(x,y)+0.298f_3(x,y)+0.193f_4(x,y) \tag{3-22}$$

式中，$f_1(x,y)$为沙层厚度；$f_2(x,y)$为有效隔水层厚度；$f_3(x,y)$为富水性；$f_4(x,y)$为采动空间。

将上述处理好的各指标对应的矢量图输入到 ArcGIS 平台，进行多因素加权叠加。即对各图层进行叠加，使叠加得到的图层中包含各图层原有的信息数据；在最后得到的图层中加入一个字段，输入计算式（3-22）进行计算，该字段值即为综合评价结果值（IEI 值）。

3. 突水溃沙危险性评价

根据影响突水溃沙的因素、危险程度、预警级别等，可以将突水溃沙危险性分为四级，即突水溃沙危险性大、突水溃沙危险性中等、突水溃沙危险性小和安全。将上述评价模型综合计算生成的综合评价指数 IEI 值在 ArcGIS 下采用自然断裂法进行分级（图 3-20），可得到 4 级分级结果，分别对应危险性大、危险性中等、危险性小和安全，综合评价指数越大，说明突水溃沙危险性越大，分级结果见表 3-6。

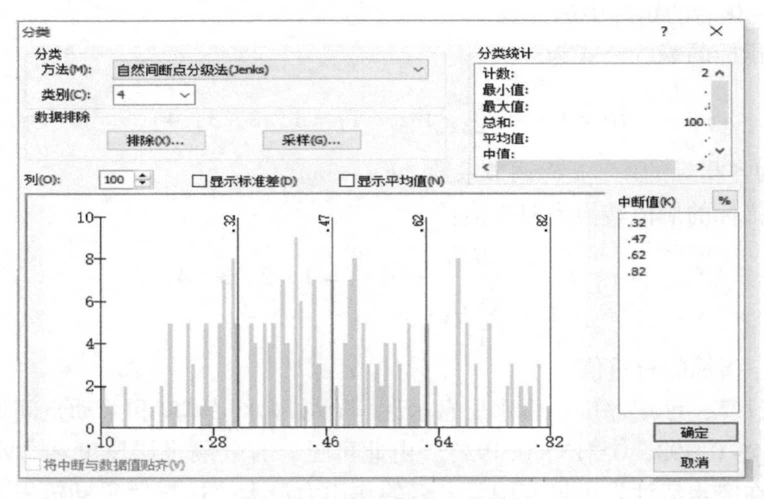

图 3-20　自然断裂法分级图

表 3-6　突水溃沙危险性评价分级表

危险性分级	IEI 值	特征
危险性大	0.82～0.63	沙层含水层富水性中等至强，有效隔水层厚度小于 0，开采强度大
危险性中等	0.62～0.47	潜水含水层富水性弱，有效隔水层厚度小于 0

续表

危险性分级	IEI值	特征
危险性小	0.47～0.30	潜水含水层富水性弱，有效隔水层厚度大于0，但在遇到未封闭的钻孔，自然天窗时，仍可能发生突水溃沙灾害
安全	0.29～0.1	沙层厚度小，含水层富水性极弱，有效隔水层厚度大，开采强度低

根据上述分区方法，可生成榆神府矿区突水溃沙危险性分区图，见图3-21。

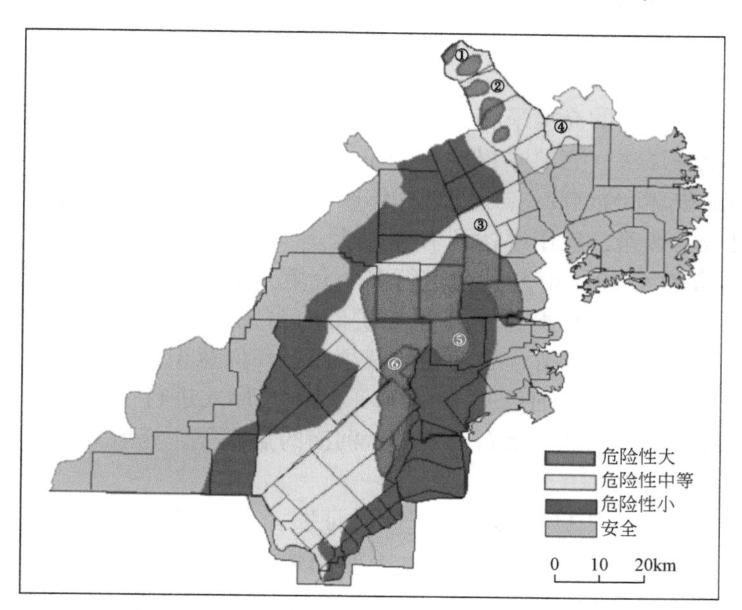

图3-21 分区结果图

①石圪台煤矿；②哈拉沟煤矿；③柠条塔煤矿；④郭家湾煤矿；⑤锦界煤矿；⑥隆德煤矿

据图可知：石圪台煤矿、哈拉沟煤矿、柠条塔煤矿南翼北部区域、郭家湾煤矿局部、锦界煤矿及南北相邻区域、隆德煤矿及秃尾河沿岸区域为突水溃沙危险性大或中等，需要引起足够的重视。

榆神府矿区上河煤矿曾经发生两次（1993年3月和2004年3月）突水事故，常乐堡煤矿曾经发生两次突水事故，这与本次预测结果基本一致，说明以沙层厚度、含水层富水性、有效隔水层厚度和采动空间等指标建立的突水溃沙评价模型具有较高的仿真度，可用于榆神府矿区突水溃沙危险性预测。

第4章　充填保水采煤技术及工程实践

充填开采，属人工支护采矿法。在矿房或矿块中，随着回采工作面的推进，向采空区送入充填材料，以进行地压管理、控制围岩崩落和地表移动，并在形成的充填体上或在其保护下进行回采。充填开采有效地抑制地表沉陷，保护含水层结构，是实现保水采煤的重要技术路径。

世界上有记载有计划的充填采煤已经有100多年的发展历史，波兰、德国、法国等煤矿都曾应用过充填采煤法。充填采煤的目的主要有两个：一是控制岩层移动与地表沉陷，减少开采对环境的破坏和影响；二是处理固体废弃物，消除原有的环境破坏。充填开采在冶金企业应用已较为普遍，应用率达到75%以上。

我国煤矿在20世纪70～80年代曾进行多个充填开采的实践，如抚顺胜利矿利用密实水砂充填进行城市下巨厚煤层开采、广州二矿矸石自溜充填等，取得了较好的效果。21世纪以来，随着煤炭价格的回升、资源量的减少以及环保意识的增强，充填开采在我国煤矿的应用得到了逐步发展，目前已有20余矿采用不同形式进行了充填开采，如山东的新汶、枣庄、淄博和济宁，河北的邢台和邯郸，河南的焦作等。充填开采的应用也延伸到保水采煤领域。

榆阳煤矿位于榆林榆阳区西部，开采实践证明，由于煤层埋藏浅，采用全部垮落法开采后，矿压显现剧烈，地表变形大，由于榆阳煤矿矿区处在榆林城区与榆阳机场之间，在榆林市第四版城市总体规划中，该矿矿区与榆林城市总体规划的中心城区近一半面积重叠，空港经济区、芹河新区、沙地森林公园、红石峡水源地等压覆煤炭资源占到总储量的40%～50%，井田内可布置垮落法长壁工作面的区域有限，资源损失极大，采煤对水源地影响显著，采煤与保水的矛盾突出，尽管房柱式开采可以解决这一矛盾，但资源回收率低。经过多次技术论证，榆阳煤矿适于采用充填保水开采技术。

4.1　榆阳煤矿地质及水文地质条件

4.1.1　地质条件

井田内仅蒜皮滩等地见安定组零星出露，其余全为第四系所覆盖。钻孔揭露地层见有上三叠统瓦窑堡组（T_3w），下侏罗统富县组（J_1f），中侏罗统延安组（J_2y）和直罗组（J_2z），第四系下更新统午城组（Q_1w）、中更新统离石组（Q_2l）、上更新统萨拉乌苏组（Q_3s）及全新统（Q_4）。

井田内构造简单，总体呈一产状平缓，向北西西方向微倾的单斜构造，地层平均倾角0.6°左右。无岩浆活动，后期构造活动微弱，断裂和褶皱均不发育。除侏罗系与下伏三叠系、上覆白垩系呈平行不整合接触外，各组、段地层间均为整合接触。

矿区内延安组共含煤层（厚度>0.1m）13层，其中可采和局部可采煤层6层，自上而下为3、$3^{下}$、4^{-1}、4^{-2}、5、9号煤层。单工程见煤累计厚度为3.57～10.31m。含煤系数为3.65%～7.23%，一般为5.62%，见表4-1。

表4-1　煤层间距及稳定性一览表

煤层编号	煤层间距/m			可采范围	厚度变化	煤层稳定程度
	最大	最小	平均			
2号煤				不可采	变化大	极不稳定
	39.93	35.08	37.51			
$3^{上}$煤				不可采	变化大	不稳定
	36.19	2.82	11.27			
3号煤				全区可采	变化不大	稳定
	14.27	0.87	7.64			
$3^{下}$煤				局部可采	变化较大	极不稳定
	12.28	6.60	8.63			
4^{-1}煤				局部可采	变化较大	不稳定
	29.26	7.53	16.19			
4^{-2}煤				局部可采	变化较大	较稳定
	45.34	26.39	35.20			
5号煤				局部可采	变化较大	较稳定
	44.55	27.90	36.23			
7号煤				不可采		
	32.88	0.80	16.84			
8号煤				不可采		
	40.20	39.20	39.70			
9号煤				局部可采	变化较大，	较稳定

4.1.2　水文地质条件

根据地下水的赋存条件及水力特征，将区域内含水层总体划分为新生界松散层孔隙潜水含水层和中生界碎屑岩类含水层，共分为两大类型六大含水岩组，其主要水文地质特征见表4-2。

4.1.2.1　全新统河谷冲洪积层孔隙潜水含水层

全新统河谷冲洪积层孔隙潜水含水层分布在芹河漫滩及河谷阶地。岩性为中细砂、粉砂及亚黏土。根据野外调查，含水层厚度因地而异，变化较大，一般为5～19.20m，水位埋深0.5～6.0m，经4#民井抽水试验得知，降深3.10m，涌水量为695.26m³/d，单位涌水量为2.569L/(s·m)，含水层厚度为11.00m，渗透系数为27.463m/d，富水性中等。

4.1.2.2　上更新统萨拉乌苏组孔隙潜水含水层

上更新统萨拉乌苏组孔隙潜水含水层主要分布于矿区西部及北部低洼的滩地区。含水层主要由浅黄色松散细砂、亚砂土夹泥质条带组成，一般厚15～30m，为地下水的赋存造就了较好的空间。根据机、民井调查及简易抽水试验（表4-2），水位埋深1～6m，当降深3.10～4.47m时，涌水量为531.01～695.26m³/d，单位涌水量为1.375～2.596L/(s·m)，渗透系数为14.234～27.463m/d，富水性中等。Q_3^1s 与 Q_1w 接触带含水层逐渐变薄，且富水性减弱，当降深6.6m时，单井涌水量为70.16m³/d，单位涌水量为0.123L/(s·m)。水质属 HCO_3-Ca 型淡水，矿化度为198～283mg/L。

4.1.2.3　中更新统离石黄土孔隙裂隙潜水含水层

中更新统离石黄土孔隙裂隙潜水含水层分布于王家梁、大墩梁、麻界一带，呈平缓梁岗地形，汇水条件差。含水层岩性主要为粉砂质黄土，多裸露于地表，局部被薄层风积沙覆盖，降水易于流失，不易渗入。含水层厚度较薄，富水性差。

4.1.2.4　基岩风化带裂隙潜水含水层

该含水层全区分布，含水层包括中侏罗统安定组、直罗组。其富水性受地形地貌和风化壳裂隙发育程度、发育深度、地下水补给来源及上覆含水层富水性的控制。在区内，基岩风化壳未受切割破坏，厚度为10～30m。上部多被风成沙和萨拉乌苏组含水层覆盖，易于接受上部含水层地下水的下渗补给，富水性相对较好。据ZK0904抽水试验，水位埋深4.91m。当揭露含水层8.00～25.61m，降深19.68m时，涌水量为131.24m³/d，单位涌水量为0.0988L/(s·m)。渗透系数为0.925m³/d。水化学类型为 HCO_3-Ca 型水，矿化度为259.85mg/L（表4-2）。

4.1.2.5　基岩层间裂隙承压含水层

根据生产实际情况，以3号煤层为界分上、下两个含水岩组，分别为3号煤层之上的基岩裂隙承压水含水岩组和3号煤层之下的基岩裂隙承压水含水岩组。

1）3号煤层之上的基岩裂隙承压水含水岩组

该含水岩组分布于3号煤层至基岩风化裂隙带底界正常岩层段中，其中包括 J_2a、J_2z、J_2y^4 各岩性层段，厚度由东向西增大，含水层主要由直罗组底部“七里镇砂岩”及延安组第4段底部“真武洞砂岩”等组成。据钻孔抽水试验，该含水层段厚度为58.79～68.00m，水位埋深11.81～20.37m，当降深40.64～41.20m，其涌水量为55.296～75.082m³/d，单位涌水量为0.0167～0.0211L/(s·m)，渗透系数为0.013～0.032m/d，富水性弱。水化学类型为 HCO_3-Ca·Na 型及 $HCO_3·SO_4$-Na 型水。

真武洞砂岩（煤系地层中延安组第4段底部砂岩）为3号煤层开采时的直接充水含水层，在东部远距离裸露区接受大气降水补给，总体沿地层倾向由东向西缓慢径流，因受上覆泥岩、粉砂岩隔水层影响，具承压性，具有较高的水头压力，属深部基岩承压水含水层，但涌水量甚微，富水性弱，径流速度缓慢，基本形成了较为封闭的储水空间，越向深部水质越差。

2）3号煤层之下的基岩裂隙承压水含水岩组

3号煤层之下的基岩裂隙承压水含水岩组，分布于3号煤层至延安组底界之间，岩性

表 4-2 地下水类型及含水岩组水文地质特征

地下水类型	含水组	分布地区	含水岩组	水位埋深/m	含水层厚度/m	单井涌水量/(m^3/d)	泉流量/(L/s)	富水等级	水化学类型	矿化度/(g/L)
松散岩类孔隙及裂隙孔隙潜水	第四系全新统河谷冲积层潜水(河谷阶地区)	榆溪河榆林南关以北,海流兔河自红石桥乡双红村以北河谷	砂夹亚砂土	1.72～4.24	11.71～22.68	299.37～308.03		中等富水	HCO_3-Ca HCO_3-Ca·Mg	0.35～0.41
		上述界线以南及无定河谷	砂砾石及粉细砂	2.31～11.85	1.98～19.02	18.84～65.76		贫水	HCO_3-Na	0.48～0.51
	第四系上更新统冲湖积层孔隙潜水(沙漠滩地区)	分布于忽惊兔、郑家滩、长城则、黄托洛海及金鸡滩一带	粉细砂夹中粗砂	0.60～1.86	24.77～67.50	1002.30～2214.16		富水	HCO_3-Ca、HCO_3-Ca·Mg、HCO_3-Na	0.19～0.37
		分布于查汉峁、补兔、布纶奇南头、可可盖、孟家湾、牛路咀湾、补浪河、小纪汉、昌汗界一带	粉细砂夹中细砂	0.70～2.00	11.00～53.40	111.46～961.81	110.57～603.42	中等富水	HCO_3-Ca HCO_3-Ca·Mg	0.16～0.55
		分布于无定河两侧、榆溪河、海流兔河的下游、刘官寨、房口则、红石桥一带	粉细砂夹淤泥质亚砂土和亚黏土	0.55～28.76	8.95～94.48	9.51～68.90		贫水	HCO_3-Ca HCO_3-Ca·Mg	0.20～0.26
	第四系中更新统黄土裂隙孔隙潜水(黄土梁峁、黄土梁峁区)	分布于榆溪河西部的王家峁,张家湾、石灰叫梁及东部的张家场一带低缓黄土梁峁区	黄土夹砂层	0.60～1.86	41.95～59.50	110.87～425.10	181.40～366.25	中等富水	HCO_3-Ca HCO_3-Ca·Mg	0.22～0.25
		分布于无定河以南波罗、响水及东南部青云、刘千河、董家湾一带黄土梁峁区	黄土			<10	0.014～0.1	贫水	HCO_3-Ca·Mg	<1

续表

地下水类型	含水组		分布地区	含水岩组	水位埋深/m	含水层厚度/m	单井涌水量/(m^3/d)	泉流量/(L/s)	富水等级	水化学类型	矿化度/(g/L)
中生代碎屑岩类裂隙孔隙潜水及承压水	孔隙裂隙潜水	下白垩统洛河组砂岩裂隙孔隙潜水	分布于北部拖拉机站,后柳湾及河口水库一带	中粒砂岩、细粒砂岩	0.02~0.41	187.37~198.40	1106.47~2158.48		富水	HCO_3-Ca HCO_3-Na · Mg	0.22~0.37
			分布于打拉石、脑峁子、雷龙湾、红石桥、补浪河、马合一带	细粒砂岩、中细砂岩	1~9.73	38.5~110.10	105.07~786.46		中等富水	HCO_3-Ca · Na	0.17~0.43
	基岩风化带裂隙潜水	侏罗系、三叠系基岩风化带裂隙潜水	分布于长海子、金鸡滩及董家湾一带	砂岩、粉砂岩	0.69~9.74	50.98~125.64	150.37~267.88		中等富水	HCO_3-SO_4-Ca	0.32~0.47
			分布于硬地梁、羊圈梁、牛家梁、孟家湾、小纪汉、昌汗界、榆溪河下游河谷及其以东梁峁区,无定河以北白界乡一带	砂岩、泥岩夹粉砂岩	1.72~41.40	16.30~170.00	1.92~90.85	0.014~0.820	贫水	HCO_3-Na · Ca HCO_3-Ca · Ma HCO_3-Na · Ma	0.25~0.45
	基岩层间裂隙承压水	承压水含水岩组	分布于区内西部白垩系,侏罗系安定组、直罗组、延安组第四段	砂岩	7.51~3.46	159.70~183.40	123.41~960.00		中等富水		
			分布于区内东部侏罗系延安组	砂岩	12.49~23.65	12.62~78.36	0.26~15.90		贫水		

为浅灰色粉、细砂岩与深灰色泥岩不等厚互层夹煤层。据ZK0904水文地质编录，随着深度增加，裂隙越不发育，岩心越完整，透水性越差。当揭露到32.59～169.25m，水位埋深11.81m，降深40.64m时，涌水量为55.296m^3/d，单位涌水量为0.0167L/(s·m)，渗透系数为0.013m/d。当揭露到178.70～348.35m，水位埋深18.10m，降深57.89m时，涌水量为13.305m^3/d，单位涌水量为0.00266L/(s·m)，渗透系数为0.00289m/d。充分说明了煤系地层富水性弱至极弱的特征。

随着深度的增加，裂隙由密变疏，地下水运动速度变缓，交替不畅，水化学类型由简单变为复杂，即由HCO_3·SO_4-Na型水向SO_4-Ca·Na型水转化，矿化度由317.57mg/L升高至1598.04mg/L（表4-2）。

4.1.2.6　隔水层

井田内的隔水层由煤岩组及泥岩、粉砂岩互层组构成。主要为煤系地层中厚度较大、分布稳定的泥岩、粉砂岩及砂泥岩互层岩。

井田内的隔水层的具体划分详见表4-3。

表4-3　井田隔水层

序号	隔水层名称	厚度/m	岩性
1	下更新统午城黄土隔水层	2～84	石质黄土
2	中侏罗统直罗组上段隔水层	36.61～85.09	粉砂岩、泥岩
3	中侏罗统延安组第4段隔水层	45.05	粉砂岩、泥岩
4	3号煤层底板（延安组第3段）隔水层	47.79	砂质泥岩、泥岩、碳质泥岩夹煤层
5	中侏罗统延安组第2段隔水层	18.82～63.39	粉砂岩、泥质粉砂
	中侏罗统延安组第1段隔水层	26.04～74.20	粉砂岩、泥质粉砂
6	下侏罗统富县组隔水层	5	碳质泥岩、杂色铝土质泥岩夹煤线
7	上三叠统瓦窑堡组隔水层	100	泥岩、粉砂岩、油页岩及煤线

1）下更新统午城黄土隔水层

该层为第四系松散岩类孔隙潜水与基岩风化裂隙潜水间局部隔水层，为风成的石质黄土堆积，以夹多层棕红色古土壤层及浅色钙质结核层为其特征，斜层理发育，成岩性较好，厚2～84m。出露于矿区北部昌汉界一带及芹河南岸，区内基本呈面积性分布，赋存不稳定，局部区域缺失，厚度由北西（3.73m）向南东（29.10m）逐渐变厚。土质致密坚硬，孔隙度、渗透率小，节理、裂隙不发育。

2）基岩隔水层

基岩中分布连续，厚度较大的泥岩、粉砂质泥岩是各厚层砂岩之间好的隔水层。由上到下依次为：中侏罗统直罗组上段隔水层，中侏罗统延安组第4段隔水层，3号煤层底板（延安组第3段）隔水层，中侏罗统延安组第2段隔水层，中侏罗统延安组第1段隔水层，下侏罗统富县组隔水层，上三叠统瓦窑堡组隔水层，见表4-3。

煤系地层中厚度较大，分布稳定的泥岩、粉砂岩及互层岩组为各含水段之间的隔水层。其中，位于基岩风化带含水层与真武洞砂岩含水层之间的隔水岩段主要由中粒砂岩、细粒砂岩、粉砂岩和砂质泥岩组成，钻孔揭露厚度为47～127m，其中中粒砂岩占29%，细粒砂岩占17%，粉砂岩占45%，砂质泥岩占9%。

4.2 充填材料的选取

4.2.1 充填材料现状

从充填材料来看，目前应用的主要是矸石、粉煤灰等；从充填形式来看，主要为固体直接充填、膏体（似膏体）充填和（超）高水材料充填三大类。

4.2.1.1 固体直接充填开采

固体直接充填属于干式充填，就是把地面堆积或井下新出的矸石、粉煤灰等，不经过任何处理（或仅对大块矸石进行粉碎），通过矿车、皮带或刮板输送机输送到采空区直接进行充填的方式。充填工艺分为回采工作面充填和巷道式充填，适用于综采工作面和普采工作面。

4.2.1.2 膏体（似膏体）充填开采

膏体（似膏体）充填是一种胶结充填技术，是将骨料、胶凝材料、添加剂与水混合，搅拌加工成为具有良好稳定性、流动性和可塑性的牙膏状胶结体（膏体、似膏体），在重力或泵压作用下，以柱塞流的形态输送到采空区完成充填作业的过程。所用材料主要为破碎后的矸石（或河砂）、粉煤灰、水泥等。充填工艺主要分为综采工作面综采支架后膏体充填和高档普采工作面膏体充填两种。

4.2.1.3 （超）高水材料充填开采

（超）高水材料与膏体、似膏体充填材料同属于两相流，但含水量达到65%～97%，比膏体（似膏体）充填高50%～80%。具备流动性、膨胀性及稳定性和强度高等特点。

4.2.2 充填方式选择

根据榆阳煤矿地质采矿条件和对各种充填方式的分析，可采用的充填方式为风积沙散体充填、风积沙膏体充填、风积沙高水膨胀材料充填和超高水材料充填四种充填方式，为确定合理的充填方式，对各方式进行了对比分析。

风积沙散体充填是通过充填井将地面风积沙运到工作面，进行采空区充填，材料制备简单，成本较低。但由于风积沙充填属于干式充填，充填体的压缩率较大，相对产生的地表最终沉降和变形与其他方式相比相对较大，在榆阳矿埋深较浅、基岩较薄的条件下，该充填方式岩层移动控制效果较差，尤其在对地表沉陷控制要求较高的场合，难以满足要求。

风积沙膏体充填所形成的充填体质量高，地表沉陷控制效果好，但膏体制备（尤其是充填材料特性及配合比）及管道输送技术（尤其是防堵塞措施）要求较高；泵送设备投资大；充入采场后浆体流动性能相对较差，充满率受到影响，对地表沉降的控制取决于充填率的实际控制。

风积沙高水膨胀材料充填和超高水材料充填的共同优点是材料流动性好，设备简单，前期投资小；由于材料含水量大，可处理一部分矿井水，减少了污水处理和排放。风积沙高水膨胀材料具有膨胀性，充填效果好，适用性高，相对超高水材料而言，采用当地风积沙作为骨料具有材料优势。而超高水材料需进行外购，成本较高（仅材料费为200～250元/m^3）；强度相对较低（28d单轴抗压强度仅为0.66～1.5MPa），抗风化能力弱，长期稳定性差，在多煤层充填开采条件下，难以满足要求。

根据以上分析看出，风积沙散体、风积沙膏体、风积沙高水膨胀材料充填和超高水材料充填均有一定的适用性，就榆阳煤矿而言，风积沙高水膨胀材料充填方式为最佳。

4.3　充填开采设计

4.3.1　地面充填站子系统

考虑到主斜井工业广场原主斜井3M绞车房附近有较为充足的闲置空地，能够满足充填站面积要求，且与综采充填工作面距离较近，因此将充填站布置于主斜井工业广场。

充填站的主要功能是将风积沙、粉煤灰、辅料加水制成合格的风积沙高水膨胀料浆。充填站包含料浆制备装置，以及保证按配比及浓度给料给水的计量与输送设备、自动化控制仪表、充填原料储备装置等。

充填站系统是完成充填作业的整个设备工程系统，主要包括料浆制备和输送设备。料浆制备装置包括初浆罐、辅料罐和成浆罐。工艺流程为，首先向初浆罐内注入定量的水，启动搅拌传动装置后开始注入粉煤灰，边搅拌边注入粉煤灰，制成初浆；然后将初浆、辅料、风积沙按照设定配比同时输入成浆罐，在搅拌器的作用下自上而下强力、快速、混合，边搅拌边输出连续在线制浆；料浆经控流、过滤、管路输送系统，靠重力势能自流输送到充填单元；充填料浆自输料管口喷出自流，由下而上、由近及远、由稀变稠、由液到固充实采空区而支撑围岩（图4-1）。

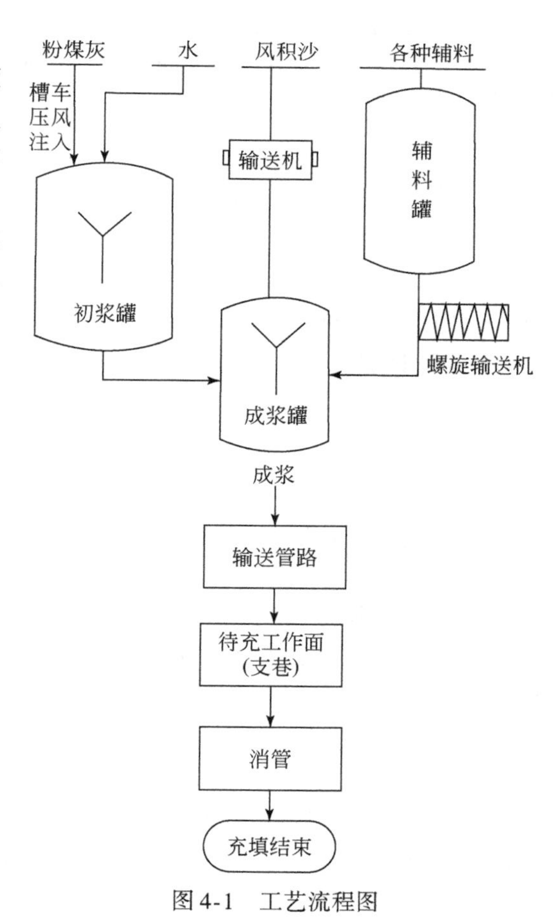

图4-1　工艺流程图

4.3.2 管道输送子系统

根据工作面地质采矿条件及相关规程规范，最终设计管路、管件及配套如下。

1. 充填管路

（1）钻孔内充填管型号为φ219×19，材质为16Mn无缝钢管，长度约300m。

（2）井巷管路型号为φ203×10，材质为16Mn无缝钢管，接头选外径203mm、公称压力≥10MPa的GK系列高压快速接头，总长度约6040m。

（3）工作面高压软管：用于充填口及工作面内，高压软管采用DN200、PN5MPa矿用高压钢丝缠绕软管，总长度约390m。

（4）回水管路型号为φ203×8，材质为20号钢无缝钢管，总长度约1442m。

2. 阀门与弯头

阀门：主要用于管路转换、泄浆、控制流量等，公称压力有10MPa和5MPa两种，球阀，多数阀门实行电动控制。电动球阀的要求：本安型；耐磨电动闸阀；可实现就地、远程控制；与地面PLC实现连接。

弯头：公称压力≥10MPa，曲率半径≥500mm，直管段不少于300mm的16Mn无缝钢管弯头。

3. 接头

（1）快速接头：主要用于连接井下巷道充填管路，以及其他拆卸频繁的地方。干路充填管路快速接头选用DN200，公称压力不低于10MPa。数量约为1530个。

（2）法兰盘：主要连接阀门、压力表、流量计以及回水管路连接等。公称压力10MPa，内径203mm，约240对。

4. 监控设备

高压压力表：量程为0～16MPa。要求：本安型；可实现就地、远程显示压力；具备压力数据记录功能；与地面PLC实现连接。

4.3.3 自动控制子系统

风积沙高水膨胀材料充填是将所需物料按照一定的比例混合、搅匀，依靠自重输送到井下采空区的过程，需要各子系统协调一致工作，才能保证整个系统运转正常。因此，实施自动化控制（尤其是对地面充填站实施计算机检测与控制）、确保充填运行质量，具有重要意义。其主要功能如下。

（1）检测、控制初浆制备过程中各种基料、水的使用量。

（2）检测、控制成浆制备过程中各种初浆、辅料的添加量，实现制备工艺要求的混合比将各种材料混合制备成合格的高水膨胀材料。

（3）检测料浆制备系统、料浆输送系统在运行过程中的状态，并依据运行情况做出系统运行正常或系统运行故障报警。

（4）可按照设定的制备工艺要求控制风积沙高水膨胀材料制备过程中各设备的运转、动作。

高水膨胀材料制备加工系统结构（以单套系统为例）如图4-2所示。

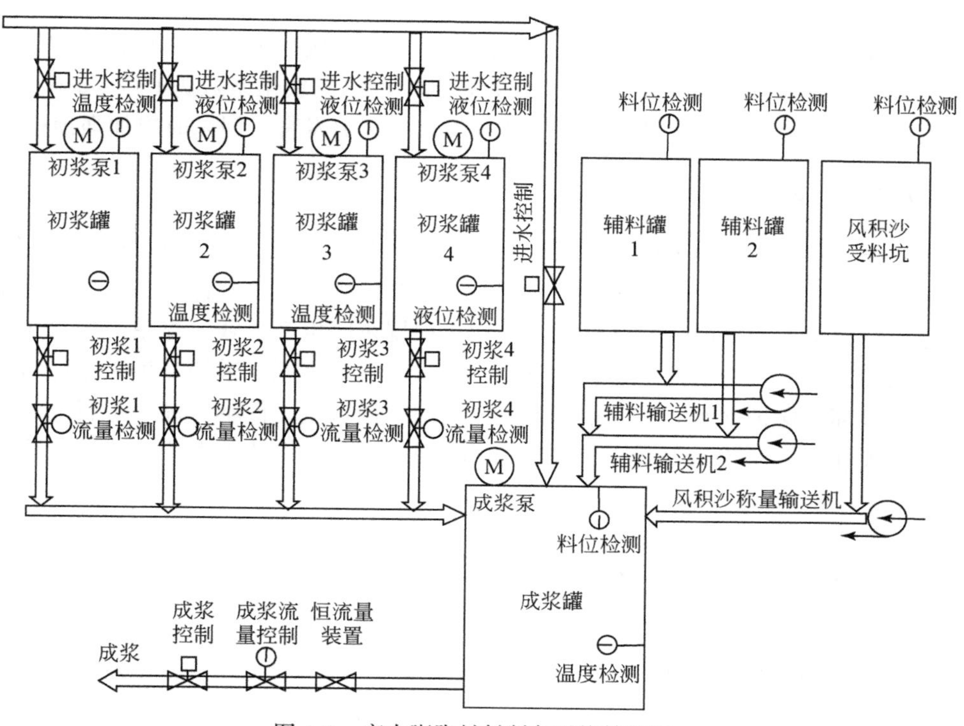

图4-2　高水膨胀材料制备系统结构图

4.4　充填开采工程实践

4.4.1　2307工作面概况及开采技术条件

4.4.1.1　工作面位置及开采范围

2307综采充填工作面位于榆阳煤矿井田西南部，工作面西至井田边界，东至南大巷，北与2301连采充填工作面及2301综采工作面（2008年3月回采完毕）相邻。在准备巷道施工前，部分地质采矿资料可参考2301综采工作面。2307综采充填工作面沿走向推进，走向长度为1148m，工作面宽度为150m，储量约91万t。

4.4.1.2　煤层地质构造

本工作面所回采煤层厚度总体变化不大，稳定，结构简单。煤层平均厚度为3.6m，倾角为0.6°。煤层煤质为低灰、低磷、低硫、中水分、高发热量的长焰煤，煤容重为1.31t/m³，煤硬度为2～3。

4.4.1.3　工作面围岩条件

工作面煤层地质构造简单，伪顶为灰色砂质泥岩，直接顶为灰色粗粒长石砂岩；老顶为灰色细砂岩与粉砂质泥岩互层，普氏系数为2.4～2.8，软化系数为0.5～0.6；直接底为泥质粉砂岩，老底为中、细砂岩。煤层及顶板岩层裂隙发育，回采时应加强顶板管理。

4.4.1.4　工作面地质水文特征

井田主要含水层是新生界风积沙层含水层（基岩风化带含水层）和煤系砂岩含水层；新生界风积沙层含水层是榆阳煤矿乃至整个红石峡井田主要充水水体之一，尤其是下部的萨拉乌苏组的含水砂层，同矿井开采关系密切；根据东区生产实践，煤系砂岩含水层应属于富水性弱的含水层，是采掘工作面和整个矿井水的直接水源。采用充填开采能有效控制覆岩变形和破坏，保护含水层，大幅降低工作面回采涌水量。但本区尚未进行充填开采试验，为防止大涌水量对生产系统的影响，工作面排水能力参照其他长壁综采工作面，按250m³/h预计。

4.4.2　工作面巷道布置及各主要生产系统

4.4.2.1　工作面巷道布置

2307综采充填工作面回风顺槽和运输顺槽均垂直于西翼三条大巷布置，2307综采充填工作面切眼距离西翼回风大巷距离为1292m，2307综采充填工作面两顺槽均采用锚杆挂网支护，矩形断面，规格为5.4m×3.5m。

4.4.2.2　主要生产系统

1）运煤系统

工作面采煤机落煤→刮板输送机→转载机→破碎机→运输顺槽胶带输送机→南皮带大巷胶带输送机→西翼皮带石门胶带输送机→煤仓→主斜井胶带输送机→地面选煤楼→煤仓。

2）运料系统

斜井地面材料→副斜井→南辅运大巷→2307回风顺槽→工作面。

3）通风系统

工作面采用全风压“U”形通风方式，工作面的通风线路如下。

新鲜风流：地面新鲜风→斜井→西部1#石门→南辅运大巷→2307进风顺槽→2307综采充填工作面；地面新鲜风→付立井→付立井西部通道→辅运大巷→2307进风顺槽→2307综采充填工作面。

回风风流：2307综采充填工作面→2307回风顺槽→南回风大巷→南回风石门→总回

风巷→风井→地面。

4.4.3 充填工艺

为提高工作面产量，增加充填开采效益，结合榆阳煤矿 2307 综采充填工作面地质采矿条件研究采用“大步距整体隔离全部充填工艺”，该工艺依据 2307 综采充填工作面顶板条件，工作面每推进 6 ~ 7m，利用端头支架、工作面支架、柔模材料将采空区隔离，然后进行全部充填。

（1）检查各干、支路管路及阀门安装是否牢固，打开连采与综采分叉处通向综采的阀门，确保管路畅通；检查工作面柔模铺设质量、支架顶梁与活动挡墙间以及架间木板夹持质量、充填管口与柔模密封质量等，发现问题立即解决，否则不得进行充填。

（2）充填前，根据每循环充填步距等现场参数预估本循环充填量，为防止充填材料制备量过多，导致充填结束时压力过大冲破柔模，且为充填结束后冲洗管路水留出余量（按 150m^{3}考虑），充填材料制备量应低于预估充填量 200m^3。

（3）清管：由专人对充填主干管路及工作面管路进行检查。充填管路的吊挂是否平直；充填管路是否固定牢靠；管子接头是否紧固有效；各三通阀门是否灵敏可靠、畅通。井下各项准备工作确认安全无问题后电话联系地面充填站，双方确认后，地面开始供水清管。工作面见水流出后通知地面停止供水。清管水直接排放至采空区柔模内。

（4）灰浆推水：充填站供清管水结束的同时将制备好不加风积沙的灰浆放入管路，进行灰浆推水。

（5）成浆推灰浆：向井下输送一定量的灰浆后开始按照设定的配比添加风积沙制备成浆进行充填。

（6）正常充填：充填时，不得随意改变材料配比及流量；派专人巡视管路和工作面是否漏浆，一旦漏浆，立即回报当班领导采取措施进行处理；充填至快结束时，密切关注工作面各位置充填体高度，防止充填浆液将柔模撑破。

（7）管路清洗：地面成浆排放完毕后，放水洗管，每条管路放水量为 65 ~ 75m^3。洗管结束后，将充填口处扎紧，撤出充填管。

4.4.4 工作面充填

预先制作两层高强纤维布（防水），一层沿顶板铺设，另一层沿底板铺设，两层布均放在支架后方支柱之间，通过侧护板与顶梁空隙，向后延伸。柔模通过手提缝纫机缝接，沿工作面推进方向接长，最终形成一个与采煤工作面采空区尺寸相当的大型封闭体（图 4-3）。工作面充填循环如下所述：

上一循环充填浆液凝固且达到设计强度后［图 4-4（a）］，开始正常割煤，随工作面推进，柔模继续向后拉伸铺设，直至达到充填步距（设计为 6.4m，前期可适当取 4 ~ 5m，逐步扩大），如图 4-4（b）所示。

之后升起升降侧护板，上下柔模紧密接触被夹持在顶梁上，采空区内的柔模形成密闭空间。安装柔模注入筒，注入筒一端置于柔模内，另一端与工作面充填管相连。安装完毕后，开始正常充填，如图 4-4（c）所示。

本步距采空区注满后，拔出充填管，注入筒实现自封闭，有效隔离采空区与液压支架，如图 4-4（d）所示。至此完成一个充填循环。充填浆液凝固且达到设计强度后，降下液压支架顶梁，拉架，继续正常割煤。

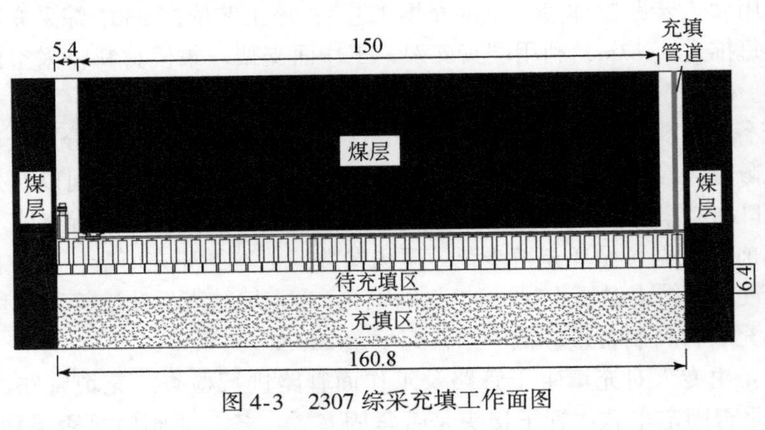

图 4-3　2307 综采充填工作面图

(a) 上一循环充填体凝固

(b) 下一循环准备完毕

(c) 充填进行中

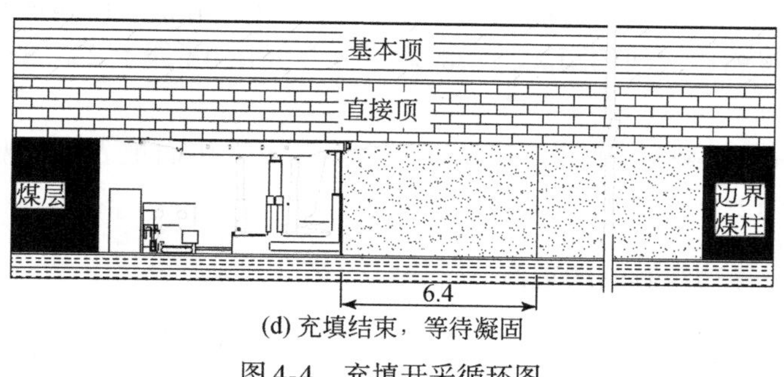

(d) 充填结束，等待凝固

图 4-4　充填开采循环图

4.4.5　充填开采地表变形观测

4.4.5.1　地表移动观测站的布设

工作面的地表移动观测站，一般可设两条观测线：一条沿工作面走向，另一条沿工作面倾向，它们相互垂直并相交。在地表达到充分采动的条件下，通过移动盆地的平底部分均可设置观测线；在地表未达到充分采动时，观测线需布设在主断面上。

通常认为工作面沿走向方向的长度达到 $1.4H_0$（$1.4H_0=280\text{m}$）时，地表可达到充分采动。2301 连采充填工作面走向长度 1050m>280m，2307 综采充填工作面走向长度 907m>280m，可见两个工作面在走向方向上均已达到充分采动。

根据 2301 和 2307 综采充填工作面的开采条件及地表情况，考虑将观测线布置在两个工作面的开切眼端。

由于 2301 和 2307 综采充填工作面走向长度较大，因此在工作面开切眼端布设 1 条全倾向观测线，*CC* 线。在两个工作面开切眼端沿走向主断面各布设 1 条半走向观测线：*AA* 线和 *BB* 线（图 4-5）。

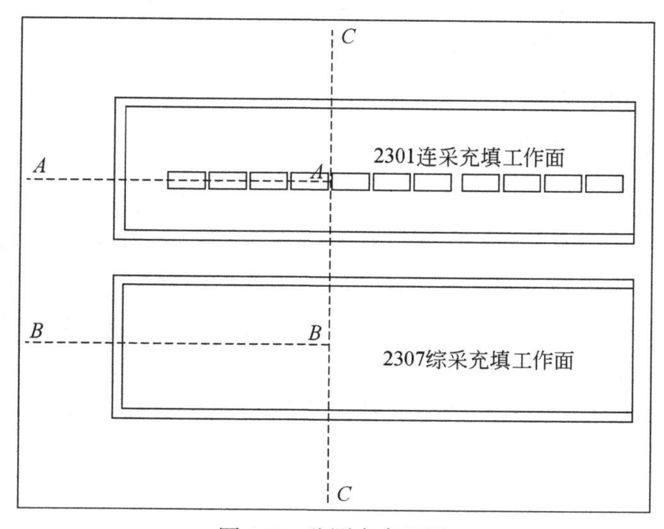

图 4-5　监测点布置图

控制点均位于各观测线的两端，相邻控制点间以及控制点与相邻观测点间的距离均为50m。依据规范，观测点之间的距离，一般取15m，但在*AA*线上23～33点、*BB*线上56～59点均取30m。

综上所述，2301连采充填工作面与2307综采充填工作面地表移动观测站共需布设观测线3条，控制点12个，观测点106个。

4.4.5.2　地表移动观测站的观测

煤层开采引起的地表移动过程十分复杂，是许多地质采矿因素综合影响的结果。通过建立地表移动观测站，对地表下沉、水平移动情况进行观测，获取第一手观测资料，再结合采矿地质因素进行综合分析，是研究和认识地表移动规律的主要手段。

观测内容主要有观测站的连接测量、全面观测和日常观测。地表移动观测对精确度要求比较高。每次观测前，应按照《煤矿测量规程》的要求，对仪器进行检校。

4.5　充填开采效果及效益分析

4.5.1　充填开采效果

2012年7月，榆阳煤矿2307工作面充填系统形成，并进行了试运行，同年11月正式进入工业性试验阶段。至2013年11月底，2307综采工作面推进310m，充填站共制备料浆17万m^3，充填采出煤量共21.3万t。共消耗矿井水8.5万t、粉煤灰8.3万t、水泥0.7万t、辅料1.2万t、风积沙11.1万t。

4.5.2　地表沉陷观测

由于地表观测站建设完成时2307工作面已充填回采了47m，为了保证地表沉陷数据的完整性，在工作面回采47m之前，采用合成孔径雷达干涉测量技术（InSAR）进行了地表沉陷观测，之后采用人工观测。

4.5.2.1　InSAR实测结果

InSAR观测自2012年11月15日至2013年3月27日共获取19景雷达卫星数据，分别采用合成孔径雷达差分干涉测量技术（D-InSAR）和干涉点目标分析技术（IPTA）对实测数据进行分析。结果表明，两种方法处理的结果基本一致：工作面下沉缓慢，2307综采充填工作面上方地表总体无明显沉降，最大下沉约为35mm，如图4-6所示。

2307工作面沿走向方向自2012年11月15日至2013年3月27日期间总体下沉量为35mm，平均下沉量为5mm/22d，2307工作面沿倾方向总下沉量约30mm，平均下沉约为4mm/22d，如图4-7所示。

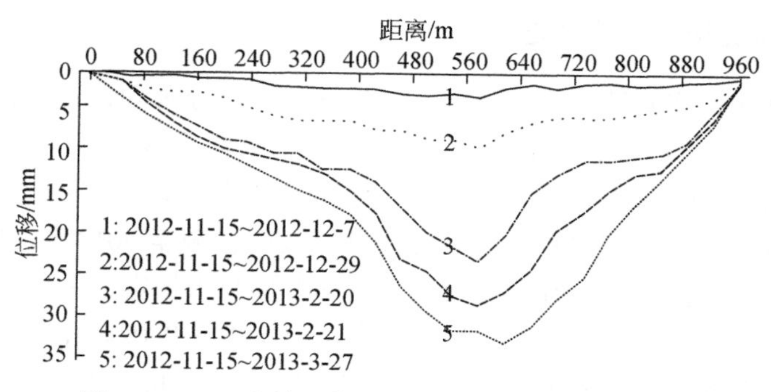

图 4-6 2307 充填工作面走向线不同时段下沉曲线

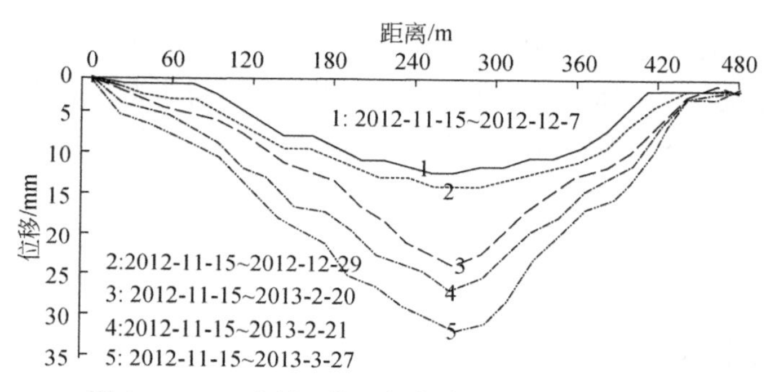

图 4-7 2307 充填工作面倾向线不同时段下沉曲线

4.5.2.2 人工实测结果

地表移动观测站实测自 2013 年 5 月至 2013 年 11 月共进行 5 次水准观测，2 次平面观测，该段时间实测地表新增下沉值 13mm，如图 4-8 所示。

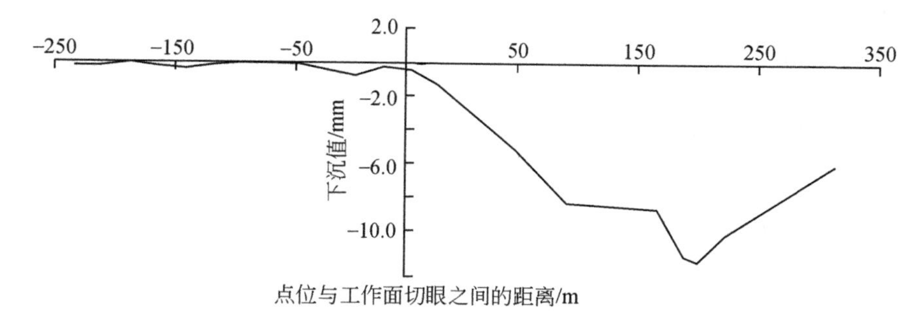

图 4-8 2307 充填工作面地表观测站走向实测下沉曲线

结合两个测量阶段的观测数据，根据工作面走向测线测点相对位置，累加得到截至 2013 年 11 月底，工作面实测最大下沉约 38mm，点位位于 2307 工作面中央正上方，之后工作面推进位置 74m。地表下沉量很小，因此水平移动、水平变形、倾斜变形均比较小，对地表及含水层结构影响微弱。

4.5.2.3 综采充填地表移动变形预计分析

根据地表移动变形实测数据，求取该区充填开采、充分采动条件下的地表移动变形参数。2307 工作面倾向 160.8m，走向推进长度 310m，平均采深 190m，按常规垮落法开采对充分采动的定义，2307 工作面开采在倾向上尚属未充分采动。

采用概率积分法等价转换线积分计算方法计算表明，截至 2013 年 11 月底，地表沉陷最大值为 38mm，下沉系数为 0.01，由于地表移动变形尚未稳定，考虑平均充填率 98.5% 及充填体最大压缩量 13mm，地表下沉系数应该处于 0.01 ~ 0.02。由此计算地表移动变形参数为下沉系数 0.015，水平移动系数 0.22，主要影响角正切 2.1。依次求取该区充填开采、充分采动情况下最大移动变形值为最大下沉值 53mm，最大水平变形值 0.19mm/m，最大倾斜变形值 0.58mm/m。

由此可知，榆阳煤矿实行似膏体充填开采，即使在充分采动条件下，预计的地表移动变形值也小于《建筑物、水体、铁路及主要井巷煤柱留设与压煤开采规范》中关于砖混结构建筑物损坏等级 I 级的变形限值，完全满足地表建（构）筑物下安全开采的要求。

4.5.3 充填开采效益分析

4.5.3.1 充填开采成本

风积沙似膏体充填开采的总成本由常规开采成本和充填成本两部分组成，为了分析充填技术的应用对开采成本的影响，以下仅分析因充填开采技术而增加的资金投入。充填开采的投入包括前期投入和运行投入。前期投入指充填工程正式运行之前所做的准备工作，包括充填系统设备及安装、钻孔及充填站等工程投入，运行投入是指充填工程技术运行后而需要的材料费、电费、人工费、易耗品等投入。

1. 充填材料费

1）原材料单价

风积沙取运总费用价格为 $c_s = 15.32$ 元/t;

粉煤灰到场采购价格为 $c_f = 110$ 元/t;

水泥价格为 $c_c = 296.34$ 元/t;

辅料价格为 $c_t = 794.87$ 元/t;

柔模价格为 $c_m = 4.79$ 元/m^2。

2）充填材料用量与材料费

（1）制备充填料浆的材料费

充填料浆各原材料用量如下：

风积沙用量 $W_s = 650kg/m^3$；粉煤灰用量 $W_f = 485kg/m^3$；水泥用量 $W_c = 40kg/m^3$；辅料用量 $W_t = 75kg/m^3$；水用量 $W_w = 485kg/m^3$。

根据前面材料预算价格，计算得到每方风积沙似膏体充填料浆直接材料费用 C_s 为

$$C_s=c_s\times W_s+c_f\times W_f+c_c\times W_c+c_t\times W_t=134.76\ （元/\mathrm{m}^3）$$

（2）柔模材料费

充填工作面每循环的推进步距为6.4m，采高为3.5m，充填工作面长度为155.4m，采煤面长度为155m，每个循环的充填量为3481m³，出煤量为4402t，柔模使用量为2520m³，则每立方米充填料浆的柔模使用量 $W_m=0.77\mathrm{m}^2$。计算得到每立方米风积沙似膏体料浆所需的柔模材料费用 C_m 为

$$C_m=c_m\times W_m=3.69\ （元）$$

合计以上两项，计算得到每立方米风积沙似膏体充填料浆全部材料费用 C_1 为

$$C_1=C_s+C_m=138.47\ （元）$$

2. 充填系统固定资产折旧费用

固定资产折旧按充填系统相关投资计算，计算费用基数为5914.5万元，取设备折旧时间为 T=9年，设备残值 I_c 取5%。根据充采工艺情况，以该综采面年产量为60万t计算成本，换算为充填量为 Q_f=47.5万m³，充填系统固定资产折算到单位体积充填体的年折旧费用为

$$C_2=\frac{0.95I}{T\times Q_f}=13.14\ （元）$$

3. 充填系统运行费用

充填系统的运行费用主要是充填电费、铲车台班费等，充填系统设计总功率为 Q_e=990kW，电费为 c_e=0.75元/(kW·h)，需要指出的是充填系统设计是按照最远点考虑的，设备不可能都是满负荷运转，取负荷系数 $k_e=0.7$，铲车台班费为150元/h，充填系统实际充填能力为 $q_f=400\mathrm{m}^3/\mathrm{h}$。充填电费、油费合计为

$$C_3=\frac{C_e\cdot k_e\cdot Q_e+150}{q_f}=1.67\ （元）$$

4. 人工费

井下工作面充填队配制两个充填班和一个检修班，充填队设置编制50人。充填站配制一个充填班和一个检修班，充填站设置编制28人。井下工人工资 c_{p1}=8000元/月、地面工人工资 c_{p2}=4000元/月，则单位体积充填体折合人工费为

$$C_4=\frac{c_{p1}\cdot 12\cdot N_p+c_{p2}\cdot 12\cdot N_p}{Q_f}=12.93\ （元）$$

5. 其他费用

充填其他费用包括充填系统设备易损件费用、一般检修费用和充填直接关系辅助材料费用与办公费用，主要包括缝包机、锚杆、乳化液及其他安全生产资料、小配件和低值易耗品等，根据实际的生产消耗情况，取平均值其他费用 C_5=20元。

6. 充填成本

每立方米风积沙似膏体材料充填成本 C 即为上述六项费用之和，即

$$C=C_1+C_2+C_3+C_4+C_5=186.21\ （元）$$

榆阳煤矿 3#煤视密度为 $\gamma=1.31\text{t/m}^3$，根据综采充填工艺的实际情况，工作面充填率取 $k_c=98.5\%$，则采用充填开采吨煤增加成本为

$$C_0=C\cdot k_c\div\gamma=140.01\ (\text{元/m}^3)$$

4.5.3.2　沿空留巷经济效益分析

1. 沿空留巷成本计算

榆阳煤矿沿空留巷随采空区充填一起施工，在巷旁设置充填边界即可保留巷道，人工费很少可忽略不计，所以沿空留巷成本主要是巷内支护加强锚索的费用。

锚索用量计算：按照巷内加强锚索支护方案计根，锚索排距 1.8m、每排两根，若推采至停采线，锚索布置巷道长度为 1140m，共需要锚索 $W_a=1267$ 根，锚索规格为 $\varphi15.24\times5000\text{mm}$，单价 $c_a=170$ 元。

根据锚索的用量和单价，计算得沿空留巷的支护费用 C_a 为

$$C_a=c_a\cdot W_a=21.54\ (\text{万元})$$

2. 沿空留巷节约费用计算

1）下区段工作面掘巷费用

下区段工作面掘巷长度 1290m，巷宽 5.4m，巷高 3.3m，根据榆阳煤矿经营核算掘巷综合单价 2758 元/m。

所以下区段工作面掘巷费用为

$$S_1=1290\times2758=355.78\ (\text{万元})$$

2）回收护巷煤柱

榆阳煤矿回采巷道的护巷煤柱宽度一般为 25m，回采煤柱沿走向长度为 1140m，护巷煤柱采高按 3.5m 计算，煤的容重为 1.31t/m^3，榆阳煤矿目前煤价为 233.12 元/t，综采采煤成本为 55 元/t。

回收护巷煤柱经济效益为

$$S_2=1140\times25\times3.5\times1.31\times(233.12-55)=2327.54\ (\text{万元})$$

3）减少的充填料浆费用

沿空留巷长 1140m，宽 5.4m，高 3.5m。根据中能公司统计，充填开采充填体平均成本为 138.47 元/m^3。

所以减少的充填料浆成本为

$$S_3=1140\times5.4\times3.5\times138.47=298.35\ (\text{万元})$$

综上分析：2307 综采充填工作面沿空留巷创造的经济效益 E 为

$$E=S_1+S_2+S_3-C_a=355.78+2327.54+298.35-21.56=2960.11\ (\text{万元})$$

3. 充填开采经济效益分析

榆阳煤矿的煤炭市场综合价格为 280 元/t（2012 年），扣除 17% 的增值税、3.2 元/t 煤的资源税和 3 元/t 煤的城市维护建设和教育费附加税，不含税的售价为 233.12 元/t，采用常规综合机械化垮落法开采的直接成本约为 55 元/t。采用充填开采后，吨煤增加成本为 140.01 元，同时由于充填开采工作面排水量很少，较垮落法开采每吨煤减少排水费为

2.5元，充填开采吨煤总成本为192.51元，则充填开采吨煤利润为40.61元。充填开采增加的成本及利润见表4-4。

表4-4　榆阳煤矿综采面充填开采成本及利润计算表

序号	项目名称	成本/元	所占比例/%
1	充填材料费（含揉模）	138.47	74.0
2	固定资产折旧费	13.14	7.0
3	充填系统运行费	1.67	1.0
4	人工费	12.93	7.0
5	其他费用	20.00	11.0
6	每立方米成本总计	186.21	100
7	理论吨煤成本	142.57	
8	实际吨煤成本	140.01	充填率98.5
9	吨煤利润	40.61	

截至2013年11月底，充填工作面累计出煤量为21.3万t，实现产值5964万元，实现利润865.00万元。

根据目前的充填能力和预计的技术及工艺改进效果，榆阳煤矿综采工作面采用充填开采后每年可回采煤炭资源量为60万~100万t，以目前的煤炭销售计划计算，按年产量60万t计算，预计产值1680万元，毛利润2409.6万元，在目前煤炭市场情况下，仍有一定的经济效益。

目前，煤炭价格已经严重下降，煤炭企业已经无力开展充填开采，因此从环境保护的角度，政府应对充填保水采煤技术给予适当政策支持，以促进生态文明矿区建设。

4.6　充填开采社会环境效益分析

榆阳煤矿综采面实行充填开采，除了有很好的经济效益，还有更加广泛的社会和环境效益。主要表现在以下三个方面。

（1）相对于传统的垮落式开采方法，充填开采能有效地控制地面塌陷，保证水资源不受破坏，且本区域有较为丰富的风积沙作为充填材料，实施煤矿充填开采，有利于有效控制地质沉陷，有利于生态环境保护，有利于提高煤矿生产安全度，有利于提高煤炭的采出率，有利于改善地企关系，有助于和谐矿区的建设。

同时，由于榆阳煤矿是陕北地区首先进行风积沙似膏体材料综采充填工业试验和生产的矿井，对榆林乃至西北地区的矿区环境治理有极强的示范和带动作用。

（2）充填开采的实施实现了矿区保水开采，充填用水是矿井废水的重复利用，在保证生态环境安全的前提下提高了水资源利用率，为榆林市的工农业发展节省了珍贵的水资源，在维护矿区的生态稳定性、保护矿区环境的同时，也为后期可能进行的土地复垦以及荒漠化土地的植树造林工作打下了坚实的基础，有着广泛而深刻的环境效益。

（3）充填开采使得矿区从传统的先破坏后复垦的方式变为以提前保护为主，边开采边保护、后期复垦为辅的新的方式。重视初期的保护工作，不仅保护了矿区环境，又减少了煤矿在土地复垦及环境保护工作中的投入，最终的环境效果要远好于先破坏后治理的传统方法。由于榆阳矿区预计使用的充填材料主要为地表的风积沙，在开采过程中，不仅区内农民的耕地免遭破坏，而且还可以通过适当的土地复垦手段的实施，将风积沙采取之后的地表复垦为可利用的土地，在煤矿生产的同时增加了当地的耕地、林地面积。可见，充填开采对于榆阳矿区是一件“一举多得”的事，有良好的环境效益及社会效益。

第5章　限高保水采煤技术及工程实践

限高保水采煤技术，是对厚度较大的煤层进行分层开采，以抑制导水裂隙带发育高度，提高隔水层的隔水性能来实现保护含水层结构的一种采煤方法。榆神府矿区 2^{-2} 煤层厚度在大部分区域达 8～12m，目前一次采全高技术不成熟，放顶煤开采时导水裂隙带将沟通萨拉乌苏组含水层，导致地下水渗漏和水位下降，无法实现保水采煤目标，必须推行限高保水采煤技术。

榆神府矿区榆树湾煤矿首采 2^{-2} 煤层平均厚度为 11.62m，萨拉乌苏组为富水性较强的潜水含水层，临近煤矿采煤造成了萨拉乌苏组含水层的破坏并诱发了一系列地质环境问题（范立民，1992，2007）。榆树湾煤矿开采是否会产生同类问题，是关系到煤矿开发环境保护的重大问题。因此，研究井田地质条件，确定合理采高，保护萨拉乌苏组含水层结构的完整性，是生产企业在煤矿建设初期就关注的重大科技难题。近年来，榆树湾煤矿通过技术攻关确定合理采高并进行了工程实践，采空区上部萨拉乌苏组地下水水位未发生明显的下降，区内泉水流量、井水水位稳定，保护了矿区生态环境和工农业用水需求，实现了绿色矿区建设目标。

5.1　榆树湾地区地质及水文地质条件

5.1.1　地质条件

榆树湾井田内大部分地区被风积沙覆盖，东北部部分地段及东南部被第四系黄土及新近系红土覆盖。据钻孔揭露及地质出露，地层由老至新依次有三叠系永坪组（T_3y），侏罗系富县组（J_1f）、延安组（J_2y）、直罗组（J_2z），新近系静乐组（N_2j）及第四系离石组（Q_2l）、萨拉乌苏组（Q_3s）、风积沙（Q_4^{eol}）及冲积层（Q_4^{al}）。

区内地质构造简单，地层总体走向北东，倾向北西，倾角不足1°，为较宽缓的单斜构造，井田北部有一定形态的小波状起伏，南部较北部平缓，据地震解释，发育有8个小断层，走向均为北东向，倾角 70°～75°，落差 5～10m。

延安组厚度为 253.50～321.58m，一般在 280m 左右，主要可采煤层4层，不可采煤层6层，自上而下依次为 2^{-2}、3^{-1}、4^{-1}、4^{-2}、4^{-3}、4^{-4}、5^{-2}、$5^{-3上}$、5^{-3}、5^{-4}煤层，煤层总厚度为 12.22～20.70m，一般为 16～19m，厚度变化趋势为由南向北逐渐增厚。2^{-2}煤层为主采煤层，3^{-1}、4^{-3}、$5^{-3上}$煤层大部可采（表5-1）。以下对 2^{-2}煤层进行研究。

表 5-1　可采煤层特征一览表

煤层号	煤层厚度范围/m 平均/m	结构	层间距范围/m 平均/m	可采类型	稳定类型
2^{-2}	10.83～12.41 11.62	一般底部 1 层夹矸，厚 0.07～0.27m	27.25～38.46 33.94	全区可采 88.9km²	稳定
3^{-1}	0.80～2.25 1.49	少数 1 层夹矸，一般厚 0.02～0.44m	65.0～75.61 70.32	大部可采 64.89km²（东南部不可采）	稳定
4^{-3}	1.08～1.86 1.47	一般无夹矸，少数 1～2 层，夹矸一般厚 0.01～0.05m	55.1～62.80 59.06	基本全区可采 88.28km²	稳定
$5^{-3上}$	0.80～2.16 1.31	无夹矸		大部可采 80.92km²	稳定

5.1.2　水文地质条件

5.1.2.1　第四系萨拉乌苏组潜水含水层

第四系萨拉乌苏组潜水含水层主要分布于井田中部及西北部，多被风积沙覆盖，厚度变化较大，一般为 0～19.20m，岩性主要为细砂，偶为中粗砂，局部夹有含泥及腐殖质粉砂条带和透镜体。水位埋藏较浅，一般为 0.73～2.86m。富水性强-弱皆有分布。井田较大部分属富水性弱区，在首采区富水性中等区占较大优势。含水层主要接受大气降水的补给，在沙漠滩地区，地势平缓，降水入渗系数为 0.6。

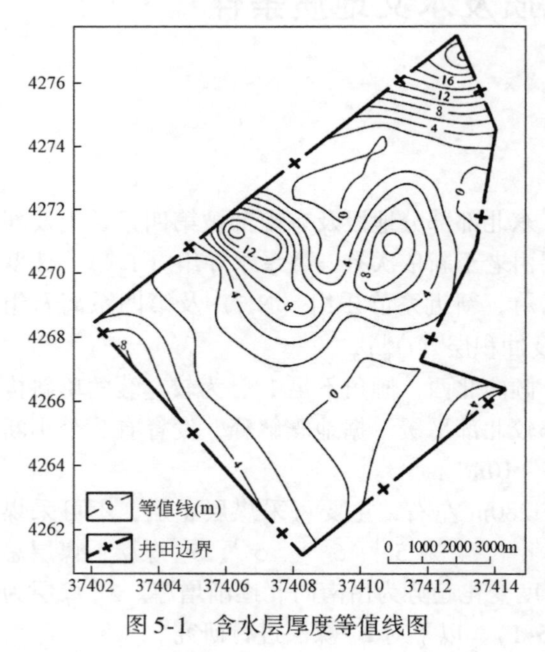

图 5-1　含水层厚度等值线图

据钻孔抽水资料，萨拉乌苏组含水层单位涌水量为 0.0655～0.230L/(s · m)，渗透系数为 0.968～2.332m/d，矿化度为 224～262mg/L。

萨拉乌苏组含水层是矿区主要含水层，具有供水意义，并对矿区生态环境起控制作用。因此，保水采煤研究的目的就是保护此含水层不受煤层开采的破坏，萨拉乌苏组含水层厚度最大为 20m，一般为 8～10m（图 5-1）。

5.1.2.2　离石黄土及三趾马红土隔水层

离石黄土及三趾马红土隔水层广布全区，厚度为 15～175m，该层上部为亚砂土、亚黏土。下部岩性为粉质黏土，含少量亚砂土和钙质结核，据钻孔抽水资料，上部黄土层单位涌水量为 0.000174L/(s · m)，渗透系数为 0.0027m/d，富水性极差，该层为区内主要隔水层。榆树湾井田离石黄土和三趾马红土共同组成的隔水层厚度等值线图见图 5-2。

离石黄土：为浅棕黄色、褐黄色亚黏土及亚砂土，夹多层薄层古土壤层及钙质及结核层，底部有砾石层，分选性差，厚 0.5 ~ 2m；上部为风积黄土（Q_3m）。其粒径基本上由 0.25mm 以下的颗粒组成：以粉粒（0.05 ~ 0.005mm）为主，含量 53% ~ 72% 者居多；砂粒（>0.05mm）和黏粒（<0.005mm）含量相近，砂粒占 10% ~ 25%，黏粒占 20% ~ 30%，所以黄土具有粉质黏土的特性，且粉土质特征显著，反映出了粉状性和大孔性，密度为 1.63 ~ 1.87g/cm³。在河谷及分水岭均有出露，分布不连续，厚 0 ~ 109.49m，一般厚 25m。黄土的基本工程地质性质为低密度、高孔隙率，低含水量，低塑性，较强透水性，弱抗水性，中等压缩性和较高的强度，压密程度很差。

三趾马红土隔水层：分布较广，厚度从数米到上百米不等，岩性为棕红色黏土、亚黏土，块状，层面具铁质浸染及白色钙质网纹，夹数层钙质结核。根据近些年来土力学和岩石力学的实验结果，它们属于超固结的硬黏土。但在很多地质文献和报告中将其称为泥岩或黏土岩。矿物成分以绿泥石为主，少量高岭石、伊利石和微量蒙脱石，粗矿物有方解石、石英和长石。砂粒占 10%，粉砂占 55%，黏粒占 35%，为粉质黏土。结构致密，中硬状。厚度受古侵蚀基准面控制，多零星出露于沟谷上游两壁及沟脑，出露于矿区东南及分水岭一带，一般厚度为 30m，东部最厚达 170m 以上。分水岭地带土层相对较厚，向两侧至河谷逐渐变薄。沿 2^{-2} 煤火烧边界以西，除袁家沟泉域、彩兔沟泉域、青草界泉域局部地区土层厚度小于 20m 外，其他地区均大于 20m，东南部最厚处达百米以上。根据厚度变化趋势及地震资料解释，井田西部最厚达 80m 以上。

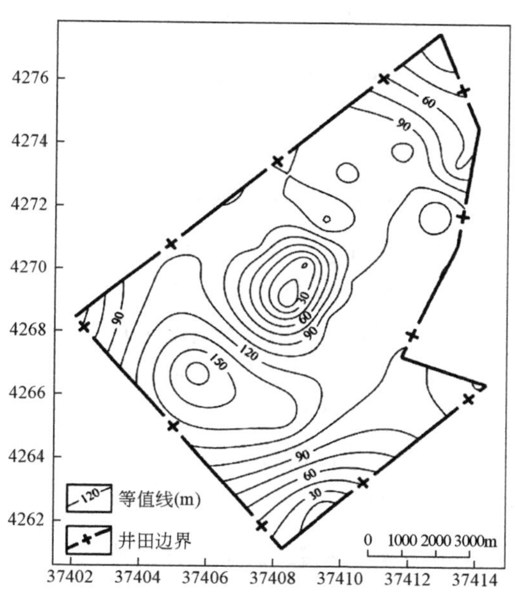

图 5-2 隔水层厚度等值线图

据现场取样、原位渗透和室内渗透及钻孔取样室内实验，测得隔水黏土层基本物理、力学性质指标（表 5-2）、水理性质指标（表 5-3）。

表 5-2 黏土层基本物理、力学性质统计表

岩性	物理性质					力学性质				
	含水量/%	密度/(g/cm³)	比重	孔隙比	孔隙度/%	黏聚力/kPa	内摩擦角/(°)	压缩系数/MPa⁻¹	压缩模量/MPa	抗压强度/kPa
离石黄土	11.9 ~ 17.3	1.63 ~ 1.86	2.69 ~ 2.71	0.62 ~ 0.88	38.3 ~ 46.9	38 ~ 101	27.9 ~ 33.8	0.08 ~ 0.25	7 ~ 22.1	119 ~ 159

续表

岩性	物理性质					力学性质				
	含水量/%	密度/(g/cm^3)	比重	孔隙比	孔隙度/%	黏聚力/kPa	内摩擦角/(°)	压缩系数/MPa^{-1}	压缩模量/MPa	抗压强度/kPa
三趾马红土	17.4~18.7	1.84~1.87	2.71~2.72	0.72	41~42	76~96	28.2~32.9	0.06~0.11	15.5~28.3	182~212

表 5-3　黏土层水理性质统计表

岩性	液限/%	塑限/%	塑性指数	液性指数	渗透系数/(m/d)	饱和度/%	湿陷系数	自由膨胀率/%
离石黄土	22.9~31.8	16.9~18.7	7.9~13.1	<0	0.0976~1.5	41.1~65.6	0~0.0055	—
三趾马红土	33.2~36.2	21.1~26.7	7.7~12.1	0~0.09	0.00596~0.6	65~70	—	2.65~26

由表5-2和表5-3可以看出，离石黄土的塑限为16.9%~18.7%，液限为22.9%~31.8%，含水量为11.9%~17.3%，塑性指数为7.9~13.1，土体处于坚硬-硬塑状态。三趾马红土的液、塑限均比离石黄土大，属中液限黏质土，液性指数较小，处于硬塑状态，具有较高的强度，压缩性较低。研究区内离石黄土和红土在天然条件下是良好的隔水层，且只要位于煤层开采上覆岩土层整体移动带内，采后亦可起到良好的隔水作用，所以它们在榆神府矿区的分布特征决定了在榆神府矿区具有实现保水开采的可能性，其稳定性是保水开采的关键。

5.1.2.3　碎屑岩裂隙承压含水层

区内主要含水层段为基岩顶面至2^{-2}煤层（11.62m）顶板（J_2z-2^{-2}）含水层段。含水岩层岩性主要为中细粒砂岩，局部为粗粒砂岩，在含煤地层含水岩层为粉砂岩、砂质泥岩等，呈互层状，裂隙发育微弱，透水性差，该层段顶部平均25m范围内为风化岩层，岩石风化后，次生结构面发育，使之含水性稍强于下部正常岩段。该含水层全段具承压性，在局部地段据Y15号钻孔揭露，水头高出地表自流而出，用压力表测出水头高度为5.05m，自流涌水量0.828L/s。据区内Y10、Y15钻孔抽水资料，单位涌水量为0.0288~0.187L/(s·m)，渗透系数为0.016~0.173m/d，富水性弱-中等。

5.2　限高保水采煤的技术参数

限高保水采煤技术是一种通过降低采高来抑制导水裂隙带发育高度的方法，使导水裂隙带顶界不至于发育到含水层底部的保水采煤方法（王双明等，2010a；王悦，2012）。保水采煤既要研究含水层富水性和补给径流排泄的条件，更要研究开采煤层与含水层之间的隔水层厚度及其破坏的程度。因此，在分析研究榆树湾煤矿地质条件的基础上，充分利用隔水层和隔水构造，制订出适用于该煤矿科学的开采措施，合理选择“保水采煤”的技术方案是十分必要的。

5.2.1　隔水层及其隔水性能的稳定性

煤层开采后，隔水层的隔水性能可能受到影响，影响程度的大小主要取决于隔水层处于“三带”的什么部位，其具体影响如下。

（1）冒落带发育到隔水层内时，隔水层的隔水性能完全被破坏。

（2）导水裂隙带发育到隔水层内时，隔水层的隔水性能也被破坏，破坏程度由导水裂隙带的下部向上部逐渐减弱。

（3）导水裂隙带波及不到隔水层时，隔水层的隔水性能可能受到微小影响。

采动影响下隔水层隔水稳定性的变化，决定着保水开采的可行性。以下将采动影响下隔水层的隔水稳定性简称为“采动隔水性”。根据前人研究，采动隔水性主要受以下因素影响。

（1）上行裂隙带：指采动过程中由下向上发育的导水裂隙带，位于冒落带以上，弯曲下沉带以下。在垂直剖面上可分为严重断裂、一般开裂和微小开裂。具有导水性的上行裂隙就是传统意义上的导水裂隙。

（2）下行裂隙带：隔水层上表面受拉伸作用，产生的沿层面法向向下的拉张裂隙。其主要特点是隔水层渗透性因下行裂隙而增大，是潜水向下渗透的主要通道。

（3）弥合性：对于黏土隔水层，下行裂隙遇水后，由于黏土层的膨胀，较小的裂隙将闭合。

上行导水裂隙和下行裂隙未贯通时，就不会导致潜水流失。根据榆树湾井田的钻孔资料及综合柱状的覆岩情况，2^{-2}煤层上覆基岩总厚度平均为117.6m，基岩之上为新近系三趾马红土层（63.9m）和第四系离石黄土层（38.7m），它们构成了连续分布的隔水层，其厚度平均为102.6m。隔水层之上广泛发育萨拉乌苏组含水层，潜水资源较为丰富，该含水层是井田内的主要含水层，具有供水意义。如果隔水层受到破坏，该层含水层的水将渗漏到采空区。为了达到“保水采煤”的目的，开采过程中形成的导水裂隙带不能波及该含水层，且需要留设一定厚度的安全防水煤岩柱加以保护，确保采动后隔水层的隔水性。

安全煤岩层保护层厚度，以往大多是根据《建筑物、水体、铁路及主要井巷煤柱留设与压煤开采规程》来确定的。当采动后最小安全隔水层厚度达到3~5倍采高时，认为可以达到工程安全需要。但本区赋存情况特殊，从周边矿井开采实践来看，导水裂隙已经扰动到黏土层。常金源等（2011）专门对沙土基型区隔水层临界厚度进行了研究，结果表明，隔水层在受到采动扰动以后，仍具有一定的隔水性，并将40m定为临界值，即回采后导水裂隙带发育到隔水层，且隔水层剩余厚度大于40m的地区可以实现保水开采。将以此厚度作为研究区隔水层的有效隔水厚度，判断隔水层的隔水性。因本区地表有松散覆盖层，其下伏地层依次为含水层和隔水层，隔水层具有弥合性，下行裂隙对隔水层的影响很小，故本次在研究过程中不考虑下行裂隙的影响。因此，研究区隔水层隔水稳定性的判

据为

$$H \geqslant H_{裂}+40 \tag{5-1}$$

式中，H 为煤层顶界至含水层底界的岩层厚度，m；$H_{裂}$ 为导水裂隙带高度，m。

由式（5-1）可知，导水裂隙带高度的确定对判断隔水层的隔水性能具有重要的意义。

5.2.2　采高与隔水层稳定性的关系

众所周知，采高越大，覆岩破坏越严重。因此，控制采高是降低覆岩破坏高度的重要方法。以下采用 RFPA 软件进行场景模拟，分析不同采高条件下导水裂隙带发育高度，以式（5-1）确定适于榆树湾煤矿的限采高度（王悦，2012）。

5.2.2.1　实验模型的建立

Y16 钻孔位于开切眼附近，因此数值模拟实验以 Y16 钻孔柱状为依据，但是由于 Y16 钻孔上覆岩层厚度最小，数值模拟实验中也应考虑工作面周围其他钻孔情况，且由于离石黄土分布不连续，厚度为 0～109.49m，一般厚 25m，结合矿井综合柱状情况，最终确定，以 Y16 作为主要依据，在红土层上方加 25m 厚黄土层，并参考工程地质岩组划分，适当合并地层，建立实验模型。

整个模型由 13 层煤岩层组成，其中萨拉乌苏组含水层为主要含水层，第四系中更新统离石黄土及新近系三趾马红土层为主要隔水层，即整个保水采煤的关键隔水层。模型走向长度为 500m，高为 263m，划分为 250×263 共 65750 个单元，岩体只承受自重应力和水压力。边界条件为两端水平约束，底端固定，设定周边为隔水边界。为得到更好的垮落效果每层之间增加横向节理。通过分步开挖来模拟导水裂隙发育的过程：模型计算沿走向自左侧 100m 开始开挖，共推进 300m，共设 3 种限高开采方案，方案Ⅰ为一次采全高（采高 12m），方案Ⅱ为首分层限高开采（采高 6m），方案Ⅲ为首分层限高开采（采高 7m），每步开挖 5m，共分 60 步。

模拟计算采用的煤和岩体的力学参数如表 5-4 所示。

表 5-4　覆岩及煤层物理力学参数

岩性	厚度/m	弹性模量/MPa	抗压强度/MPa	内摩擦角/(°)	重力密度/(10^4N/m^3)	泊松比
砂土层	10	69	0.8	30	1.72	0.31
含水层	10	69	0.8	30	1.72	0.31
黄土	25	1000	1.59	30.9	1.72	0.31
红土	78	800	2.12	30.5	1.86	0.35
中砂夹粉砂岩	37	4000	54.4	41	2.46	0.19
粉细砂岩互层	14	5000	79.1	41	2.47	0.19

续表

岩性	厚度/m	弹性模量/MPa	抗压强度/MPa	内摩擦角/(°)	重力密度/(10^4N/m^3)	泊松比
泥岩粉砂岩	5	4300	74.3	43	2.52	0.18
细粒砂岩	6	6000	87.6	42	2.50	0.19
泥岩粉砂岩	8	4300	74.3	41	2.52	0.18
中细粒砂岩	39	3500	71	40	2.54	0.18
泥岩粉砂岩	9	4300	74.3	39	2.52	0.18
2^{-2}煤层	12	1000	24.5	38	1.35	0.28
底板	10	4800	80.7	41.5	2.85	0.24

本实验重点研究导水裂隙发育规律及煤层开采对萨拉乌苏组含水层的影响，含水层的水压力在之前的研究中极少得到重视。以下根据实际情况建立数值模型，在模型中考虑了含水层的水压在开采过程中对导水裂隙带发育的影响，这是十分必要的，建模时给含水层压力水头值设定为50m。

5.2.2.2　模拟计算结果分析

数值试验结果显示，采高的变化对地表移动变形和覆岩的移动破坏具有较明显的影响。采高越大，引起的最大地表下沉值、倾斜、曲率、水平移动及水平变形等移动变形参数就越大，上覆岩层破坏高度也就越大。通过工作面推进250m时的地表位移量曲线图（图5-3）和应力矢量图（图5-4）可以明显看出以上特点：工作面推进250m，采高5m时产生的地表最大下沉值为3193mm，导水裂隙带高度130m；采高6m时产生的地表最大下沉值为3414mm，导水裂隙带高度137.5m；采高7m时地表最大下沉值增加至3471mm，导水裂隙带高度增加至146.5m；而当一次采全高12m时的地表最大下沉值可以达到3720mm，导水裂隙带高度可达158m，虽然未导通红土隔水层，但上部岩层中已有渗流迹点出现。

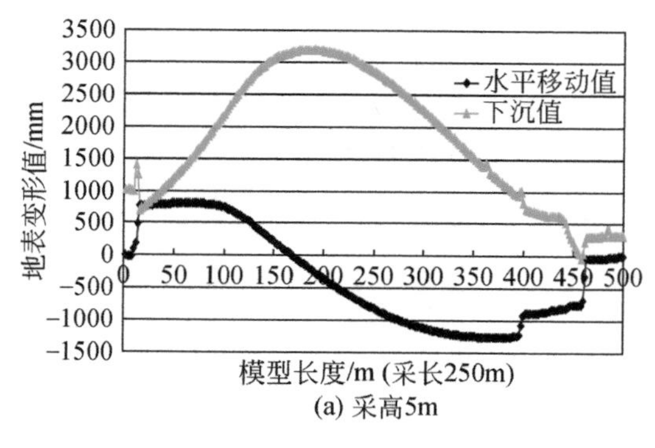

(a) 采高5m

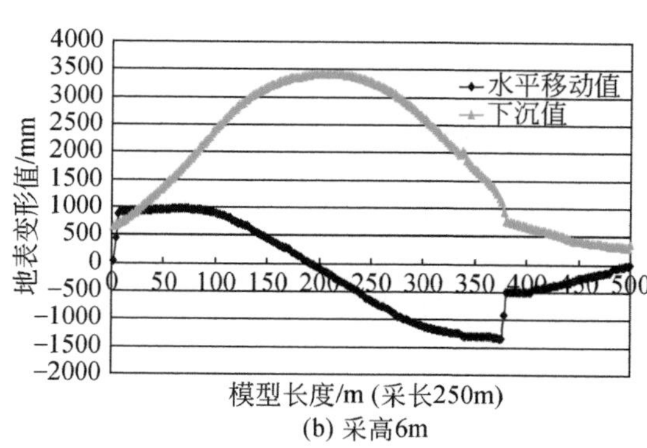

(b) 采高6m

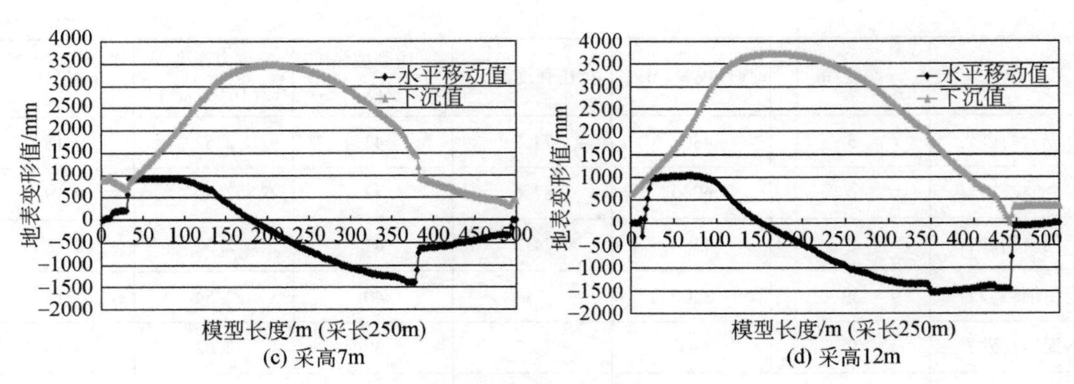

(c) 采高7m　　　　(d) 采高12m

图 5-3　工作面推进 250m 时地表位移曲线图

将采高分别为 5m、6m、7m 和 12m 时，每一步所对应的导水裂隙带高度数据提取出来，做出导水裂隙带高度发育对比图（图 5-5）。从图 5-5 可以看出，导水裂隙带发育高度随着采高的增大而赠大，随着工作面推进距离的增大而增大。但导水裂隙带的发育过程总是随着煤层的开采、覆岩的沉降、离层、破坏的形成从发生、发育（上升）、最大高度到回降、稳定，并且随工作面的推进，导水裂隙带高度发育的突跳点基本在同一位置。

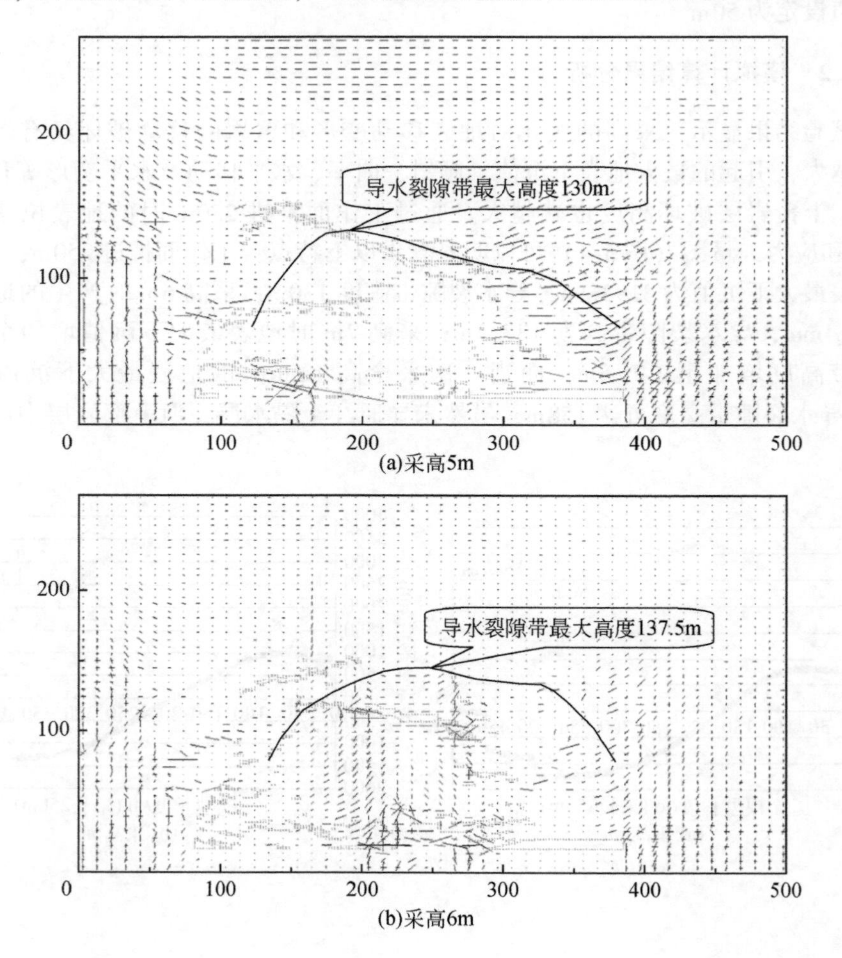

(a)采高5m

(b)采高6m

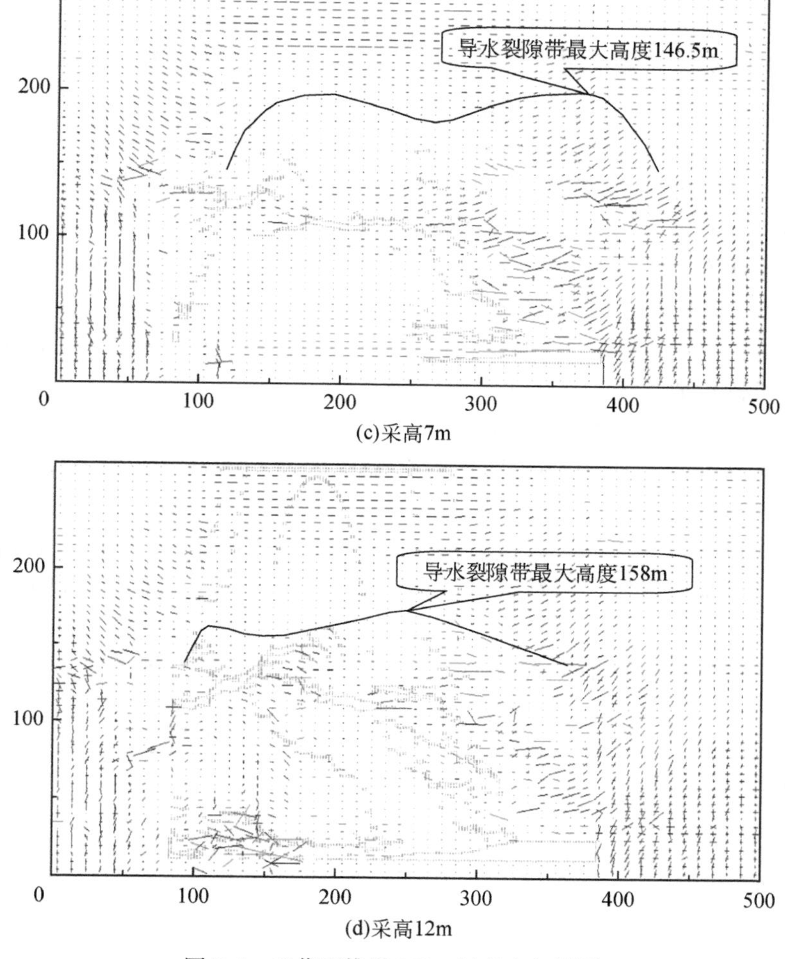

图 5-4　工作面推进 250m 时应力矢量图

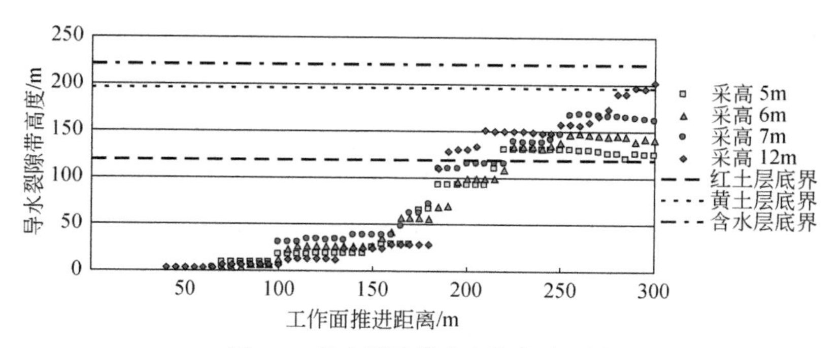

图 5-5　导水裂隙带高度发育对比图

由图 5-5 可见，当采高 12m 工作面推进 300m 时，导水裂隙带高度已经达到 202m，并且导水裂隙带还有继续向上发展的趋势，并没有达到稳定，随着工作面的继续向前推进，预测导水裂隙带将会导通隔水层，穿透含水层底界。这样萨拉乌苏组含水层的水将流入井下，造成地下水位降低，严重时可以导致地下水疏干，井泉干涸，并对植被生长产生极为不利的影响，这明显不符合“保水采煤”的目标。

若要使用一次采全高的方法，在采高 12m 的情况下实现保水开采，只能限制工作面的推进距离，由式（5-1）计算得，$H_{裂} \leqslant 181\mathrm{m}$ 才能保证安全开采，由图 5-5 可以看出，此时对应的最大工作面推进距离为 275m。也就是说，选用一次采全高采煤法，要达到“保水采煤”，工作面只推进了 275m 就不能继续向前推进。这样虽然实现了保水，但导致大量的煤炭资源不能被采出，造成了资源浪费，故榆树湾井田范围内开采 2^{-2} 煤层时，不适宜采用长壁综合机械化放顶煤一次采全高采煤法。

当采高 5m 时，导水裂隙带最大高度为 130m，裂隙刚刚进入红土层；当采高 6m 时，导水裂隙带最大高度发育到 148m，即还留有 73m 的保护层厚度；当采高 7m 时，导水裂隙带最大高度发育到 168m，裂隙约达到红土层 2/3 的位置，隔水保护层厚度还有 53m，此时还是可以实现保水开采的。可以看出，若选用分层限高开采，采高为 5m、6m 和 7m 时，导水裂隙带的最大高度均没有达到其安全开采的极限高度，不必限制工作面的推进距离便可以实现保水开采。

数值模拟得到的覆岩导水裂隙带最大高度与采高的关系见表 5-5。

表 5-5　覆岩导水裂隙带最大高度与采高的关系

采高/m	导水裂隙带最大高度/m	裂采比
5	130	26
6	148	24.7
7	168	24

如果用《建筑物、水体、铁路及主要井巷煤柱与压煤开采规范》中的经验公式计算采用不同采高时的导水裂隙带最大高度如下。

模式一：

$$H_{裂} = \frac{100\sum M}{1.2\sum M + 2.0} + 8.9 \tag{5-2}$$

式中，$H_{裂}$ 为导水裂隙带最大高度，m；$\sum M$ 为累计采厚，m。

模式二：

$$H_{裂} = 30\sqrt{\sum M} + 10 \tag{5-3}$$

式中，$H_{裂}$ 为导水裂隙带最大高度，m；$\sum M$ 为累计采厚，m。

计算结果见表 5-6。

表5-6　导水裂隙带高度计算结果　（单位：m）

依据公式	一次采全高	限高5m	限高6m	限高7m
$H_{裂}=\frac{100\sum M}{1.2\sum M+2.0}+8.9$	82.07	71.40	74.11	76.21
$H_{裂}=30\sqrt{\sum M}+10$	113.92	77.08	83.48	89.37

与表5-5对比可知，经验公式计算结果与数值模拟结果相差较大，这说明在此研究区，经验公式已经不能正确预计导水裂隙带高度了，故经验公式在研究区内不适用。

表5-5显示，采高5m、6m和7m时的导水裂隙带最大高度和采高的比值分别为26、24.7和24。因此，根据数值模拟结果预测榆树湾煤矿首采工作面2^{-2}煤开采达到充分采动后，导水裂隙带最大发育高度约为25倍的采高（平均值）。据此推算，若采高为8m，导水裂隙带最大高度将发育到200m，此时隔水保护层厚度仅剩21m，这个高度已经不能保证安全开采，也就是说采高8m时，无法保证萨拉乌苏组含水层的水不流入井下。综上所述，可以得出榆树湾煤矿首采20102工作面开采2^{-2}煤层时，采用分层限高开采的方法，最大安全开采高度为7m，即在“保水采煤”的前提下，选用7m采高可以达到最佳的开采效率和效益。

对整个榆树湾井田而言，开采2^{-2}煤层时适宜采用分层间歇式开采方法，并需要根据覆岩厚度和结构的变化确定合理的采高，以达到控制导水裂隙带高度的目的、最佳的开采效率和效益，实现含水层下的安全开采。依据式（5-1）得

$$H \geqslant 25h+40 \tag{5-4}$$

式中，H为煤层顶界至含水层底界的岩层厚度；h为采高。

应用式（5-4），对整个井田进行限采高度的合理分区。首先分别按照采高为7m、5m和3m计算导水裂隙带高度，并根据其对隔水层的影响程度将研究区划分为三个区域：Ⅰ-保水采煤区、Ⅱ-一般失水区、Ⅲ-严重失水区，分区标准见表5-7。

表5-7　分区标准

保水采煤区	一般失水区	严重失水区
导水裂隙带未导穿基岩或导水裂隙带导穿基岩，但上覆隔水层剩余厚度>40m	导水裂隙带导穿基岩，上覆隔水层剩余厚度为0～40m	导水裂隙带导穿基岩和隔水层

根据井田内钻孔数据，运用Surfer8.0软件生成采高分别为7m、5m时保水开采分区图（基岩厚度+隔水层厚度−导水裂隙带发育高度）。由图5-6（a）可以看出，首采工作面位于保水采煤区，故榆树湾煤矿首采20102工作面开采2^{-2}煤层时，首分层选用7m采高可以实现保水开采。采高为7m时，研究区范围内大部分区域可实现保水开采，一般失水区和严重失水区集中分布在研究区的东部，在这两个区域内，潜水在煤层回采后可能会出现不同程度漏失，直至疏干，故需用降低采高的方法减弱上覆岩层的破坏程度，以此扩大保水采煤区的范围。图5-6（b）显示，采高为5m时，一般失水区和严重失水区的范围已大大缩小，但若使全区均实现保水开采，需继续降低采高，使得图中东部的一般失水区和严重失水区成为保水采煤区。运用同样的方法，作采高3m时的潜水漏失程度分区图（图5-

7），图中显示研究区全区均为保水采煤区，故当采高 3m 时，全区可实现保水开采。

综合以上分析结果，叠加采高分别为 7m、5m 和 3m 的潜水漏失程度分区图，可以得出研究区上分层合理采高分区图（图 5-8）。

在图 5-8 中，将整个研究区划分为 7m 保水区、5m 保水区和 3m 保水区。故榆树湾煤矿开采 2^{-2} 煤层时，上分层开采限采高度应由此图确定。上分层开采后，经过一定时间的覆岩移动，待覆岩移动达到稳定状态后，再按上述规则确定下一分层的开采厚度。

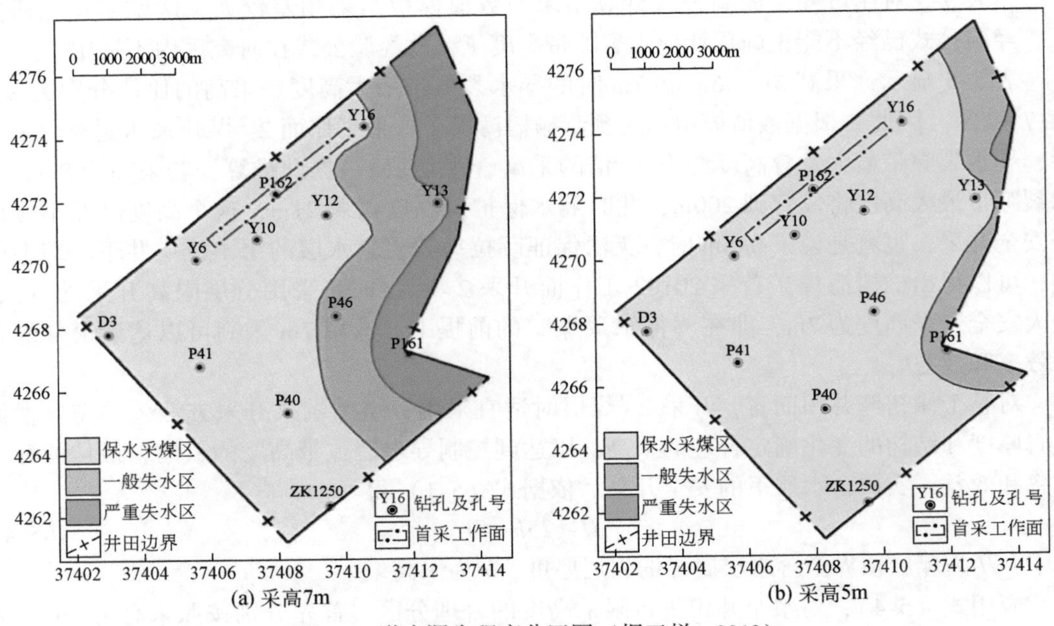

图 5-6　潜水漏失程度分区图（据王悦，2012）

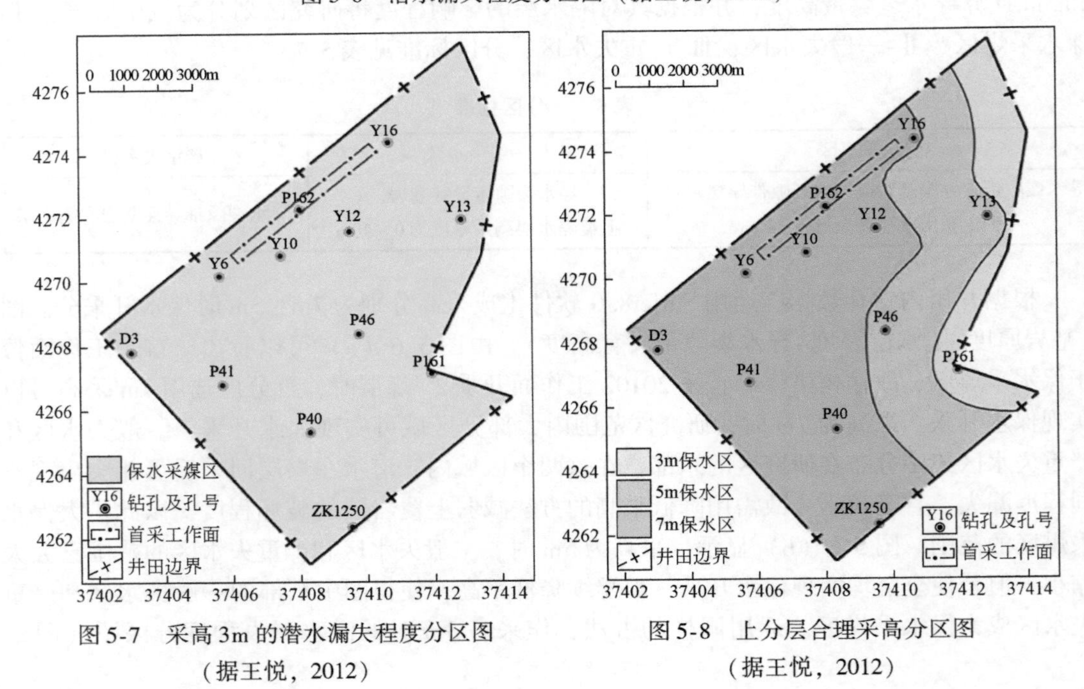

图 5-7　采高 3m 的潜水漏失程度分区图（据王悦，2012）

图 5-8　上分层合理采高分区图（据王悦，2012）

5.2.3　工作面长度与隔水层稳定性的关系

工作面长度是决定煤矿产量和效率的主要因素，适当加大工作面长度，不仅可以减少工作面的准备工程量，提高回采率，还可以减少工作面端头进刀等辅助作业的时间，有利于提高工作面产量和效率。但研究表明，采空区的倾向斜长是影响顶板导水裂隙带高度的重要因素。因此，要实现“保水采煤”，必须综合考虑，合理选择工作面长度。以下在前面合理采高研究的基础上，采用 $FLAC^{3D}$数值模拟的方法研究合理的工作面长度。

5.2.3.1　实验模型的建立

为了便于对比和研究数值模拟的计算结果，保证模拟结果的可靠性，建立与5.2.2节完全相同的模型外形尺寸进行研究，即走向长1000m，宽550m，平均高度约283m。边界控制条件和覆岩物理力学性质也完全相同。唯一不同的是，模拟开挖时，方案Ⅰ工作面长度为250m，方案Ⅱ工作面长度为300m，方案Ⅲ工作面长度为350m。采空区的长度仍然为800m，模型两侧各预留100m煤柱，煤层开采高度为首采工作面的合理采高（7m）。

5.2.3.2　模拟计算结果分析

通过 $FLAC^{3D}$中的fish语言从分步结果中分别提取不同工作面长度情况下的地表结点垂直位移数据，用Excel绘制采空区主断面上的地表下沉曲线并进行对比（图5-9）。

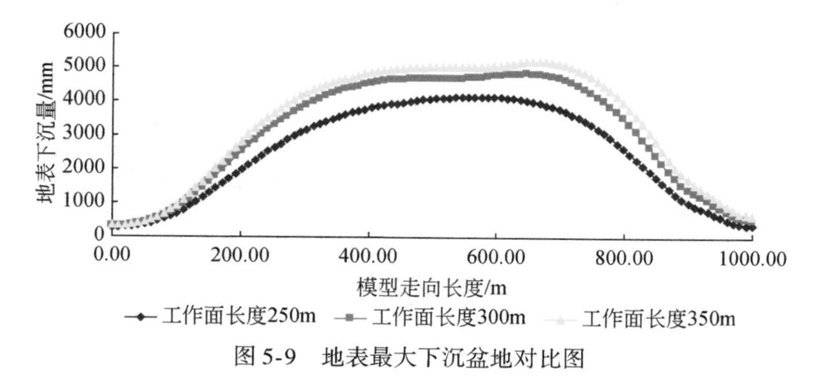

图5-9　地表最大下沉盆地对比图

图5-10为工作面推进800m时工作面长度分别为250m、300m和350m时地表下沉盆地曲线。可以看出，在推进距离一定的情况下，随着工作面长度的加大，地表下沉盆地的范围增大，地表最大下沉值亦相应增加。

提取分步计算过程中的地表最大下沉值，绘出随着工作面的推进，地表最大下沉值的变化曲线并进行对比分析。从图5-11可以看出，随着工作面的向前推进，地表最大下沉值不断增大，当走向推进达到充分采动后，最大地表下沉值将趋于稳定，不再增大，但地表下沉盆地的范围会继续随着采空区面积的增大而增大，盆地出现平底状。工作面长度越大，地表最大下沉值越大，且随工作面推进其增大的速度越快。当工作面长度为250m时，充分采动后地表最大下沉值为4.1m，工作面长度为300m时，地表最大下沉值为4.8m，

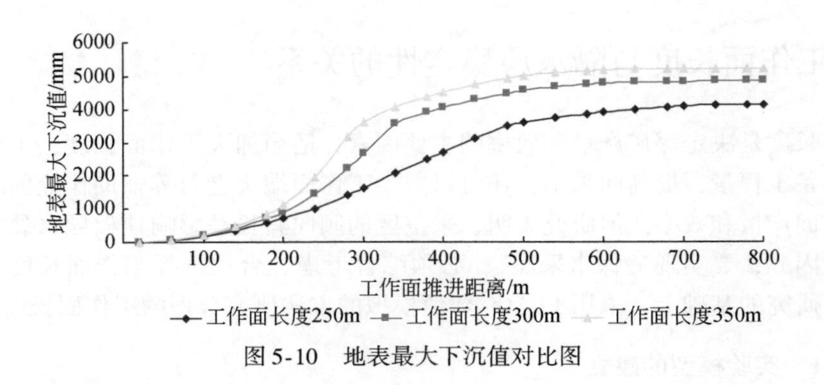

图 5-10 地表最大下沉值对比图

而当工作面长度为 350m 时，地表最大下沉值会将达到 5.2m。

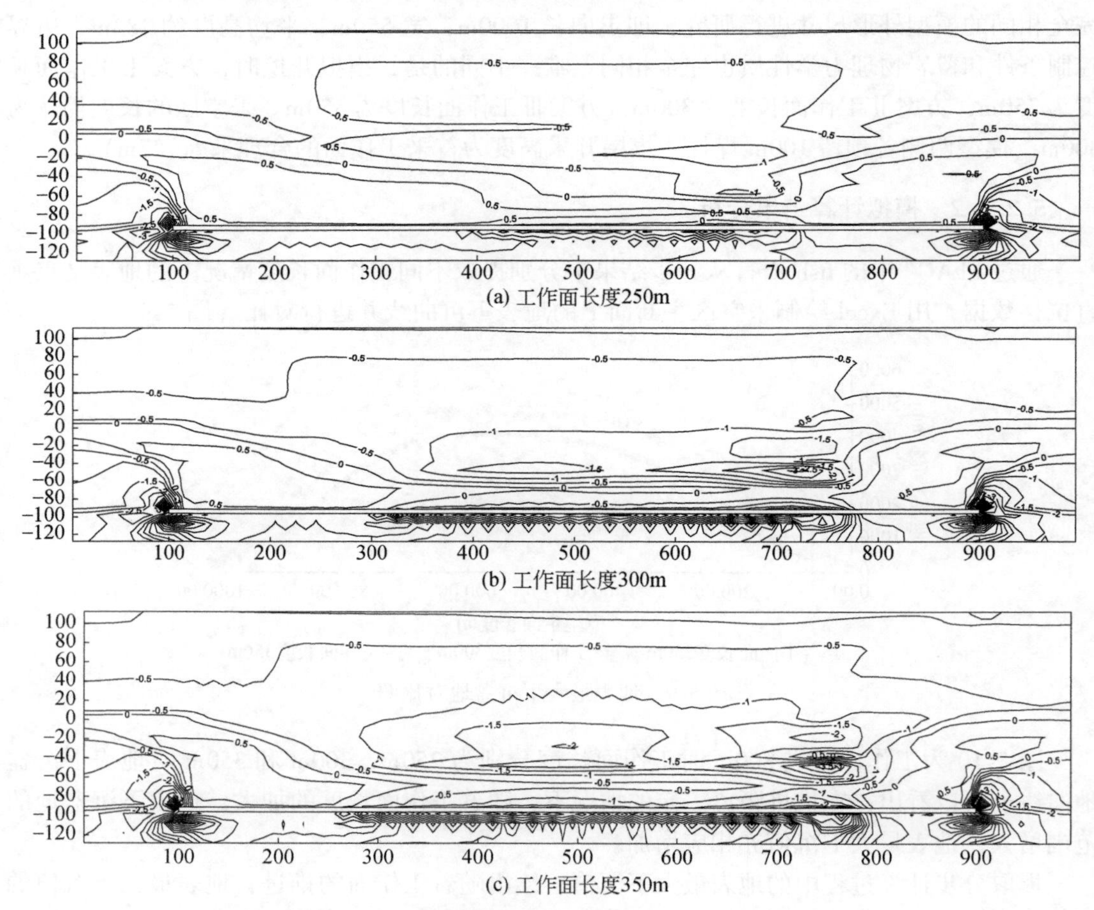

图 5-11 工作面推进 800m 时的最大主应力对比图

通过对比发现，最大主应力基本是以采空区中心线为轴对称分布。随着工作面长度的增大，相同推进距离下的采空区面积增大，采空区两端煤壁所受到的压应力逐渐增大。工作面长度为 250m 情况下，采空区两端煤壁所受最大压应力为 5.5MPa；工作面长度为

300m 时，煤壁上的最大压应力为 6.5MPa；工作面长度增大到 350m，煤壁上的最大压应力已增大到了 7MPa。除此之外，出现明显变化的是压应力和拉应力的范围。拉应力主要分布在采空区两端附近的上覆岩层中，而在采空区中部则分布层位很低，甚至出现缺失，在采空区中部随着工作面长度的增大，逐渐形成高挤压应力区。工作面长度为 250m 时，采空区顶板上有连通的拉应力区，拉应力区之上为压应力区，最大压应力为 1MPa；而随着工作面长度增大到 300m，拉应力区从近开切眼处断开，上部岩层的压应力区扩大，且值增大为 1.5MPa；工作面长度为 350m 时，顶部压应力区的范围继续扩大，最大值为 2MPa。

从图 5-12 可以看出，工作面长度不同情况下最小主应力分布不同，最小主应力压应力区主要集中在采空区两端煤壁处，其压应力随着工作面的长度的加大而增大，由 18MPa 增加到了 22MPa，而顶板压应力中心值减小。

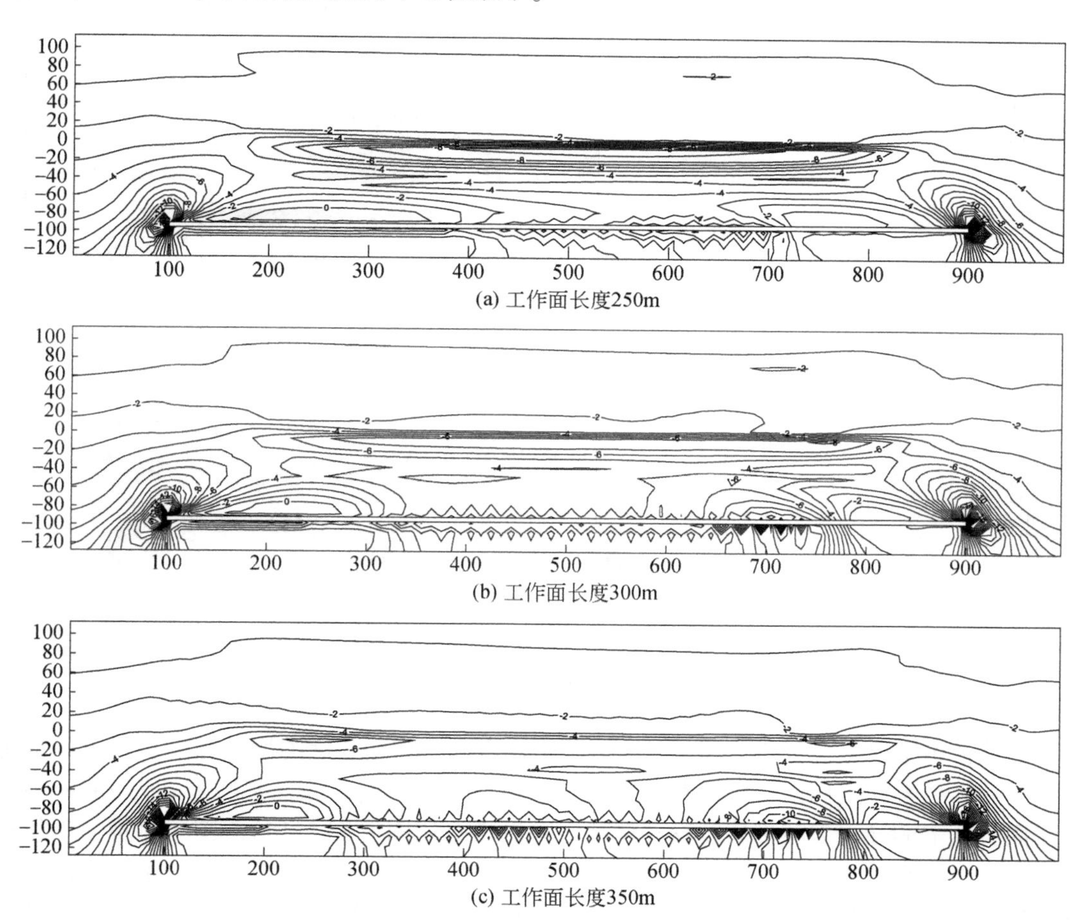

图 5-12　工作面推进 800m 时的最小主应力对比图

工作面推进到 500m 时不同工作面宽度下的剪应变增量见图 5-13。对比发现，工作面宽度虽然不同，但在煤层上覆的基岩层中，高剪应变增量区表现为两端低中部高的特点。而在松散岩层底部，高剪应变增量区则表现出相反的特点。当工作面宽度由 250m 增加到

350m 时，采空区上部基岩中的高剪应变增量区主要分布范围向开切眼处略有收缩，而在停采线处则表现为向采空区中部伸展的特点；同时，在松散层与基岩层接触的层位，采空区两端的剪应变增量区，逐渐向地表发展，当工作面宽度达到 350m 时，剪应变增量近零线已经达到地表。

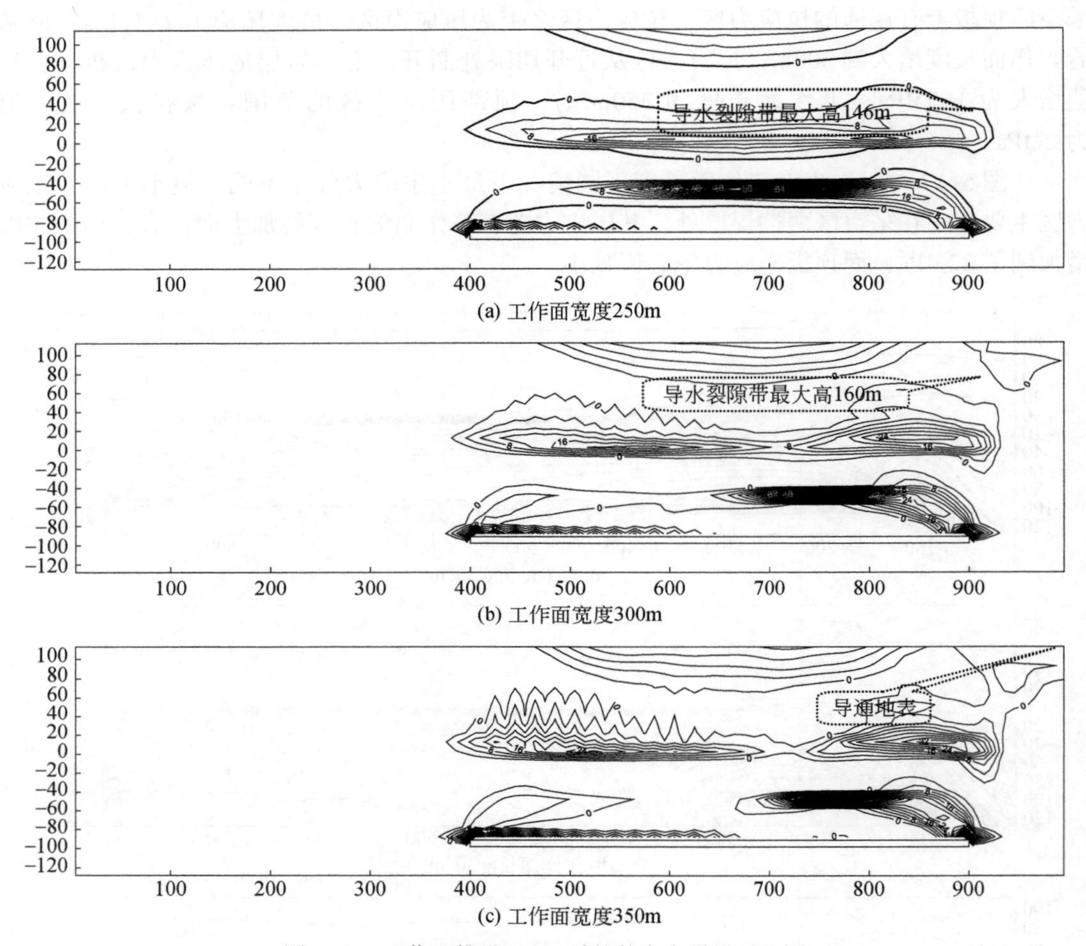

图 5-13 工作面推进 500m 时的剪应力增量对比图

数值模拟结果综合分析表明，导水裂隙带高度随工作面长度的增长其发育最大高度也增高，故选择合理工作面长度可有效控制导水裂隙带的高度。综合判断采高为 7m 时不同工作面长度下的导水裂隙带高度发育情况，并做出对比图（图 5-14）。图中显示，工作面长度越长，导水裂隙带发育越高；不同工作面长度情况下，导水裂隙带随着工作面的推进其变化形态是基本相同的。当工作面长度为 250m 时，导水裂隙带高度随着工作面的推进而增高，当工作面走向推进到 500m 时达到最高值 146m 之后不再升高；当工作面长度为 300m 时，导水裂隙带最大高度升高到 160m；当工作面长度加大到 350m 时，工作面推进到 400m 时的导水裂隙带高度已经到达 163m，随着工作面继续推进，导水裂隙带会继续向上发展，工作面推进到 500m 前它已经穿透隔水层，到达地表。

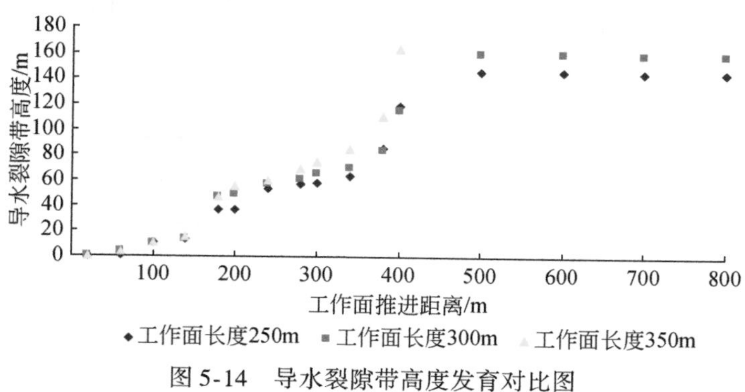

图 5-14 导水裂隙带高度发育对比图

从以上分析可知，当采高为7m时，工作面长度为250m和300m均不用限制工作面的走向推进距离就可以实现安全开采；要在工作面长度为350m的情况下实现保水开采，则必须限制工作面的推进距离，由式（5-1）计算得，要实现安全开采裂隙带高度<181m，最大推进距离不能超过400m。故工作面长度为300m最为可行，此时导水裂隙带最大高度为160m，其上的隔水土层仍具有隔水性能，可以实现保水开采。

综合以上分析结果可得，榆树湾煤矿首采工作面开采2^{-2}煤层时，最科学的“保水采煤”技术方案应为采用分层限高开采的方法，上分层开采高度为7m，工作面长度为300m。此方案既能实现“保水”，又能保证矿井的安全生产和最佳开采效率和效益，实现水资源、生态环境保护与煤炭资源开发并举的目标。

5.3 限高保水采煤效果

5.3.1 工作面位置及开采范围

20108上综采工作面位于榆神府矿区南部的201采区左翼，是榆树湾煤矿第四个回采工作面，位于201采区紧靠20106上工作面，回采的煤层是最上部的2^{-2}煤层。

20108上工作面走向长度为4608.5m，工作面倾向长度为296.60m，倾角为0°~3°，面积为1363600m^2。

煤层平均厚度为11.83m，上分层平均厚度为5.84m，走向长度为4608.5m，倾斜长度为296.60m，视密度为1.31，回采率为93%，采高为5.1m。经计算20108上分层可采储量为956万t。

5.3.2 回采前后水位变化情况

为了查明榆树湾煤矿保水采煤技术推广的采空区的地下水位变化情况，在该煤矿的采空区布置了5个水位观测钻孔，分别在20104工作面上布置3个钻孔（YT1、YT2、YT3号钻孔），在20106工作面上布置1个钻孔（YT4），在20108工作面老钻孔（Y10）原位布置 1 个钻孔（YT5），进行采前、采后水位对比（范立民等，2016b）。水位观测使用 BS-150 型便携式电测水位仪，每 5 天进行一次水位观测，观测成果见表 5-8。

表 5-8　榆树湾煤矿水位观测情况表

钻孔编号	孔深/m	开孔日期	水位埋深/m	水位/m	观测日期
YT1	11.00	2015/9/4	1.55	1293.90	2015/9/6
			1.57	1293.88	2015/9/11
			1.55	1293.90	2015/9/16
YT2	11.10	2015/9/4	4.50	1292.30	2015/9/6
			4.50	1292.30	2015/9/11
			4.51	1292.29	2015/9/16
YT3	11.40	2015/9/5	9.20	1290.80	2015/9/6
			9.21	1290.79	2015/9/11
			9.20	1290.80	2015/9/16
YT4	11.10	2015/9/5	3.11	1291.61	2015/9/6
			3.10	1291.62	2015/9/11
			3.10	1291.62	2015/9/16
YT5	10.70	2015/9/5	2.25	1289.58	2015/9/6
			2.24	1289.59	2015/9/11
			2.25	1289.58	2015/9/16

将本次工作中所钻进的 4 个钻孔定位到 2001 年陕西省煤田地质局一八五队编写的《陕西省陕北侏罗纪煤田榆神矿区榆树湾井田勘探地质报告》中的潜水等水位线图中，采用内插法从图中可知 YT1 ~ YT4 钻孔位置的采前水位，并与采后水位（本次所测水位）进行对比；同时查阅老钻孔 Y10 的水位与本次钻孔 YT5 进行对比，对比结果见表 5-9。

从表中可以看出，YTI ~ YT4 采后水位比采前水位均有上升，分别为 2.4m、1.1m、2.8m、2.12m；YT5 号钻孔比采前 Y10 号钻孔水位下降 2.22m。YT1、YT2、YT3 均布置在 20104 工作面上。

表 5-9　榆树湾煤矿采前、采后水位变化对比表

孔号	YTI	YT2	YT3	YT4	YT5
采前/m	1291.50	1291.20	1288.00	1289.50	1291.80
采后/m	1293.90	1292.30	1290.80	1291.62	1289.58
变化值	+2.4	+1.1	+2.8	+2.12	-2.22

第6章　窄条带保水采煤技术及工程实践

“窄条带”是针对榆阳区地方煤矿开采区采矿权面积小、边界不规则的小型矿井而设计的一种保水开采的采煤方法。“窄条带”开采时开采系统仍按照长壁开采系统布置，在原设计的回采工作面，平行于原开切眼划分若干个开采条带，开采时先开通由区段运输平巷到区段回风平巷的开掘面，形成较为规范的全负压通风系统，再采用后退扩巷回采，由于留设了长时间稳定煤柱，可有效提高顶板隔水层稳定性，保护上部含水层结构不被破坏。

6.1　榆阳区地方煤矿开采背景条件

榆阳区地方煤矿开采区紧邻榆林市区，侏罗系延安组为含煤地层，共含煤10层，其中可采及局部可采煤层6层，见表6-1。绝大多数矿井批准开采的煤层仅为2^{-2}煤层。

表6-1　可采煤层主要特征表

序号	煤层编号	煤层容重/（N/m^3）	煤层厚度/m		距上煤层间距/m		煤层稳定性
			最小/最大	一般	最小/最大	一般	
1	2^{-2}	1.30	1.32/12.50	6.8			稳定
2	3^{-1}	1.29	0.71/4.32	2.50	27.41/39.6	30.35	稳定
3	4^{-2}	1.29	0.00/5.36	2.0	31.90/42.10	38.42	基本稳定
4	4^{-3}	1.28	0.06/2.70	2.0	13.30/27.30	25.26	稳定
5	5^{-2}	1.30	1.11/4.98	3.4	26.10/40.50	35.40	不稳定
6	5^{-3}	1.31	0.41/6.07	3.4	9.00/23.50	12.20	稳定

6.1.1　矿井基本概况

6.1.1.1　榆卜界煤矿

2^{-2}煤层是榆卜界煤矿的主采煤层，厚度为4.35～5.57m，平均为5.23m。煤层埋藏深度为99～168m。2^{-2}煤层顶板：伪顶为厚度小于0.5m的泥岩或碳质泥岩薄层；直接顶为厚度2.4～6.67m的粉砂岩，个别地段基本顶直接赋存于煤层之上，单向抗压强度为76.34MPa；基本顶厚度大于20m。2^{-2}煤层底板为厚度不等的泥岩、粉砂岩、细砂岩，较稳定。

6.1.1.2　三台界煤矿

三台界煤矿3号煤层厚度为5.62～6.05m，平均为5.78m。由南向北煤层厚度逐渐增大，属于稳定型厚煤层。煤层倾角0.5°。煤层埋藏深度为85～177m，煤层的覆盖层厚度平均为110.07m。煤层顶板为灰白色砂质泥岩，厚度为6～25m，其中局部有0～3.3m的泥质砂岩伪顶，底板为泥质砂岩。

6.1.1.3　金牛煤矿

金牛煤矿3号煤层除西部遭受冲蚀变薄外，主体部分厚度为3.70～5.57m，平均厚度为4.37m。煤层厚度变异系数为12.6%，属稳定型厚煤层。煤层盖层厚度变化在87.62～142.54m。3号煤层直接顶为厚度2.06～10.67m的粉砂岩、泥质粉砂岩，老顶为厚4.25～10.62m的灰色厚层状细、中粒长石砂岩，即区域上标志层“真武洞砂岩”。底板为泥岩与粉砂岩互层。

6.1.1.4　二墩煤矿

二墩煤矿可采煤层2层，3号煤层是区内最上一层可采煤层，厚度大且稳定，全区可采。该煤层相当于榆神府矿区的2^{-2}号煤层（地方煤矿开采区有的煤矿已改为2^{-2}号煤），厚度稳定在7.50～8.73m，平均为8.43m。煤层由南西向北东逐渐增厚，变化规律明显，属于稳定性的厚-特厚煤层。煤层埋藏稳定，埋藏深度为136.81～196.58m。3号煤层顶板中有一层厚度为30.00～38.68m的灰白色厚层状细-中粒长石砂岩，即区域上标志层“真武洞砂岩”。3号煤层底板为泥岩与粉细砂岩互层，煤层与顶、底板呈现明显的接触关系。

6.1.1.5　沙炭湾煤矿

沙炭湾煤矿开采的主采煤层为3号煤层，厚度为7.50～8.65m，平均为8.43m。下部5m左右还有一层3号煤的分叉煤层3^{-1}号煤层，厚度为0.90～1.40m。煤层埋藏深度在134.57～234.42m。3号煤层的顶板为厚度35～50m的灰白色中粒长石砂岩，即区域上标志层“真武洞砂岩”。向西相变为粉砂质泥岩及粉砂岩。底板为灰色泥岩。煤质中硬，裂隙不甚发育。

6.1.2　水文地质条件

榆阳区地方煤矿所在的榆神府矿区，区内沙丘连绵起伏，地势相对较为平坦，以风沙滩地及半固定沙丘为主，局部分布黄土地貌。在西北部风沙滩地区，湖泊、海子星罗棋布，在东南部黄土沟谷发育，地形切割较深。矿区内较大水系有榆溪河和秃尾河。

矿区内含（隔）水层水文地质特征，按地下水的赋存条件及水力特征划分为新生界松散层孔隙潜水含水层和中生界碎屑岩裂隙承压含水层。

6.1.2.1　新生界松散层孔隙潜水含水层

1）风积沙

风积沙广泛分布矿区地表，岩性为粉细砂，厚度变化大，透水不含水或含水微弱，在低洼地带和沙漠滩地地区与下伏萨拉乌苏组构成同一含水层。

2）冲积层

冲积层呈条带状分布于榆溪河和秃尾河两侧，含水层为中细砂，局部为粗砂，孔隙大、透水性强，富水性好，含水层一般厚3～10m，水位埋深一般小于5m。

3）湖积层

湖积层集中分布于沙漠滩地区，其他地区零星分布。主要含水层为萨拉乌苏组，岩性以粉砂岩、中粗砂岩夹亚砂土为主，结构松散，孔隙度大，易于接受补给，地下水赋存条件好。其富水性严格受地形地貌及含水层厚度的制约，一般在低洼处形成富水性强区。

6.1.2.2　第四系中更新统离石黄土及新近系上更新统三趾马红土隔水层

该隔水层广布全区，连续分布，厚度为0～175m，南厚北薄，岩性为一套黄色、深红色、浅紫红色黏土及亚黏土，含钙质结核，富水性极差，是区内主要的隔水层组。

6.1.2.3　中生界碎屑岩裂隙承压含水层

该含水层主要有中侏罗统安定组、直罗组、延安组及下侏罗统富县组。总体上看，本区含水层以侏罗系砂岩为主，其结构致密，裂隙不发育，富水性差，是一弱含水层。

1）安定组裂隙承压含水层

该含水层分布于叶家湾—小草湾—王家伙场以西，厚度为10.56～169.17m，上部岩性以紫红色、暗红色泥岩、紫杂色砂质泥岩为主，下部以紫红色中、粗砂岩为主，夹有砂质泥岩。含水层主要在该层底部，其裂隙不发育，富水性差。

2）直罗组裂隙承压含水层

该含水层分布于青草界—黑龙沟—古庙梁一带，厚度变化大，一般为8.9～190.5m，上部为紫杂色、灰绿色泥岩与砂质泥岩互层，下部为黄绿色中、粗粒石英砂岩，大型交错层理发育，是本段主要含水层，裂隙不发育，富水性弱。

3）延安组裂隙承压含水层

延安组厚度一般在275m左右，其岩性为一套中细粒砂岩与砂质泥岩、粉砂岩、碳质泥岩互层，节理、裂隙极不发育，富水性极差。

4）富县组裂隙承压含水层

该含水层全区分布，平均厚度为78.43m，岩性主要为粗粒砂岩，其次为紫杂色、灰绿色泥岩、粉砂岩。含水层主要为灰绿色厚层状长石石英砂岩，裂隙不发育，富水性弱。

总体来看，榆阳区地方煤矿被划定为“保水开采”区域，对井下开采有影响的主要含水层，即萨拉乌苏组潜水层含水是“保水采煤”需要保护的水体。萨拉乌苏组是富水层，由于这个区域发生过数起矿井透水事故，萨拉乌组必须是“保水采煤”的保护层。另外，部分矿井的勘探报告指出，煤层顶板的砂岩含水体与萨拉乌组沟通。如榆卜界煤矿井田南侧2^{-2}煤层自燃使顶板垮落，造成一定厚度的冒落带和裂隙带，而其上方无隔水层存在，与第四系松散岩类含水层沟通。又如金牛煤矿东南部3号煤层自燃后顶板垮落，造成一定厚度的破碎层和裂隙密集带，其上无隔水层存在，与第四系松散岩类含水层沟通。因此，这个区域“保水采煤”的基本思路是开采中绝对要保证煤层顶板厚-巨厚砂岩层（即关键层）在开采中不能受到破坏。

6.2 窄条带开采合理参数确定

利用条带开采实现保水采煤技术实质是通过留设长时间稳定煤柱来保证覆岩不发生变形和破坏，以此维护含水层结构的稳定性，从而达到保水采煤的目的。因此，确定合理的开采技术参数对实现保水采煤具有十分重要的意义。

窄条带开采的核心是通过选取合理的条带开采宽度和煤柱宽度，抑制导水裂隙带高度，不破坏上覆含水层。

6.2.1 条带宽度确定

开采条带的合理跨度，一般是按“梁”的理论进行设计的。在进行设计之前，首先要确定顶板岩石梁所受的载荷。以金牛煤矿为例说明条带宽度的确定方法。

顶板一般是由一层以上的岩层所组成，因此，在计算第一层岩层的极限跨度时所选用的载荷大小，应根据顶板上方各岩层之间的互相影响来确定。工作面开采煤层顶板部分岩层岩石物理力学性质根据 ZK2135 柱状图确定（表 6-2），计算模型范围内的分层岩层中物理性质相近的岩层，简化为单一岩层。

表 6-2 物理力学性质参数一览表

序号	岩石名称	层厚/m	容重/(kg/m^3)	抗压强度/MPa	抗拉强度/MPa	弹性模量/MPa
1	泥质粉砂岩	4.8	2400	63.2	1.4	0.3
2	泥岩	4.4	2360	65.4	1.8	0.6
3	长石砂岩	22.5	2300	40.6	1.2	1.0
4	中粒长石砂岩	7.5	2680	59.8	1.9	6.6
5	泥岩	4.2	2638	76.3	3.0	9.0
6	泥质粉砂岩	5.5	2720	81.39	2.4	6.5
9	3 号煤	4.4	1420	29.2	1.3	0.4
10	砂质泥岩	18.6	2610	55.3	2.8	1.2

6.2.1.1 确定关键层

第 n 层对第一层综合影响形成的载荷 $(q_n)_1$ 可由下式计算：

$$(q_n)_1=\frac{E_1h_1^3(\gamma_1h_1+\gamma_2h_2+\cdots+\gamma_nh_n)}{E_1h_1^3+E_2h_2^3+\cdots+E_nh_n^3} \tag{6-1}$$

式中，E_1、E_2、…、E_n 分别为顶板各岩层的弹性模量；h_1、h_2、…、h_n 分别为顶板各岩层的厚度；γ_1、γ_2、…、γ_n 分别为顶板各岩层的容重。

当计算到 $(q_{n+1})_1<(q_n)_1$ 时，n 层作用于老顶岩层上的载荷 q 即采用 $(q_n)_1$ 计算。第 1 层（老顶岩层）本身的载荷 q_1 为

$$q_1=\gamma_1 h_1=27.2\times5.5=149.6\ (\text{kPa})$$

第2层对第1层的载荷作用 $(q_2)_1$ 为

$$(q_2)_1=\frac{E_1h_1^3\ (\gamma_1h_1+\gamma_2h_2)}{E_1h_1^3+E_2h_2^3}$$
$$=\frac{6.5\times5.5^3\times\ (27.2\times5.5+26.38\times4.2)}{6.5\times5.5^3+9.0\times4.2^3}$$
$$=\frac{1081.4375\times\ (149.6+110.796)}{1081.4375+666.792}=161.1\ (\text{kPa})$$

第3层对第1层的载荷作用 $(q_3)_1$ 为

$$(q_3)_1=\frac{E_1h_1^3\ (\gamma_1h_1+\gamma_2h_2)}{E_1h_1^3+E_2h_2^3}$$
$$=\frac{6.5\times5.5^3\times\ (27.2\times5.5+26.38\times4.2+26.8\times7.5)}{6.5\times5.5^3+9.0\times4.2^3+6.6\times7.5^3}$$
$$=\frac{1081.4375\times\ (149.6+110.796+201)}{1081.4375+666.792+2784.375}\approx110.08\ (\text{kPa})\ <\ (q_2)_1$$

由此可知，应考虑第一、二层对第一层载荷的影响。第三层由于本身强度大、岩层厚，对第一层载荷不起作用，所以第三层顶板将与其下部的顶板发生离层，第一分层承受岩梁上的载荷值为 $(q_2)_1=1.61\text{kg/cm}^2$，即

$$q=1.61\text{kg/cm}^2$$

在煤层中开掘巷道或支巷后，顶板岩层被巷道或煤房两侧煤柱支撑，形成类似于“梁”的结构。根据岩层物理力学性质，刚度较小的软岩层将随其下部刚度较大的坚硬岩层一起变形，此时上部岩层可视为下部岩层的载荷。在上覆岩层中，若有刚度较大的坚硬岩层存在，则在岩梁弯曲变形的过程中，将与下部的松软岩层发生离层。此时上覆岩层产生的压力将向梁两端的煤柱上转移，使下部已离层的岩层处于卸压区的范围之内。

6.2.1.2　确定条带宽度

根据巷道两侧煤柱对顶板岩梁的约束条件，顶板岩梁可按“简支梁”或“固定梁”的情况进行分析。一般当煤层赋存深度较浅、开掘巷道或煤房后在两侧煤柱中产生的支承压力不太大，或者煤柱两侧均被大面积采空的情况下，煤柱对顶板的“夹持”作用较小，岩梁可按“简支梁”处理；反之，若煤层埋藏较深，煤柱两侧被采空区包围，煤柱对顶板岩梁的“夹持”作用较大，则按“固定梁”处理较为合理。

1. 顶板岩梁简化为简支梁

顶板岩梁简化为简支梁的力学模型如图6-1所示。

取单位宽度的简支梁进行分析，则梁内任意一点 A 处的正应力和剪应力分别为

$$\sigma_x=\frac{12M_xy}{t^3}\qquad(6\text{-}2)$$

$$\tau_{xy}=\frac{3}{2}V_x\left(\frac{h^2-4y^2}{t^3}\right)\qquad(6\text{-}3)$$

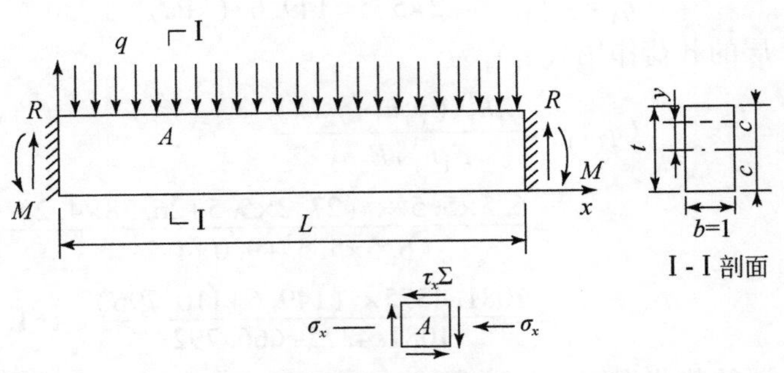

图 6-1　岩梁上任意点的应力分析

式中，M_x、V_x 分别为 A 点所在横截面上的弯矩和剪力；y 为 A 点到中性轴的距离；t 为梁的厚度。

最大弯矩发生在梁的中央，即 $X=L/2$ 的截面上，且 $M_{\max}=WL/8$。

最大拉、压正应力发生在该截面的上、下外侧边缘处，即 $y=\pm 1/2$ 处：

$$\sigma_{\max}=\pm\frac{3qL^2}{t^2} \tag{6-4}$$

式中，q 为岩梁上的均布载荷（对金牛煤矿，$q=1.61\mathrm{kg/cm^2}$）。

最大剪力发生在梁的两端，即 $x=0$，L 的截面上，且

$$V_{\max}=\frac{qL}{2} \tag{6-5}$$

最大剪应力将出现在该截面的中性轴上：

$$\tau_{xy}=\frac{3}{2}\frac{V_{\max}}{t}=\frac{3qL}{4t} \tag{6-6}$$

设岩梁的正应力和剪应力分别为 σ_c 和 τ_c，抗拉强度和抗剪强度分别为 R_1 和 R_i，则

$$\sigma_c=\frac{R_1}{F},\ \tau_c=\frac{R_i}{F} \tag{6-7}$$

式中，F 为安全系数，一般取 2～4。

依据金牛煤矿初步设计所给出的岩石力学参数，取 $R_1=24.0\mathrm{kg/cm^2}$，$R_i=58.0\mathrm{kg/cm^2}$，$F=3$，则

$$\sigma_e=\frac{R_1}{F}=\frac{24.0}{3}=8.0\ (\mathrm{kg/cm^2})$$

$$\tau_e=\frac{R_i}{F}=\frac{58.0}{3}=19.3\ (\mathrm{kg/cm^2})$$

用 σ_e 代替式中的 $\sigma_{\max}$，可得到确保岩梁不因跨度中央的最大拉应力超过其抗拉强度而破坏的极限跨距为

$$L=\sqrt{\frac{4t^2\sigma_e}{3q}} \tag{6-8}$$

代入金牛煤矿数据，可得不因跨度中央的最大拉应力超过其抗拉强度而破坏的煤房的极限跨度计算值：

$$L=\sqrt{\frac{4t^2\sigma_e}{3q}}=\sqrt{\frac{4\times550^2\times8.0}{3\times1.61}}\approx14.2\ (\text{m})$$

用 τ_e 代替式中的 τ_{max}，可得到确保岩梁不因梁内最大剪应力超过其抗剪强度而破坏的极限跨距为

$$L=\frac{4t\sigma_e}{3q}$$

代入金牛煤矿数据，可得不因距度中央的最大剪应力超过其抗剪强度而破坏的煤房的极限跨度计算值：

$$L=\frac{4t\sigma_e}{3q}=\frac{4\times550\times19.3}{3\times1.61}\approx87.9\ (\text{m})$$

在实际设计煤房跨度时，应取计算结果中的较小值。则金牛矿条带开采工作面顶板岩梁简化支梁时开采条带的极限跨度为

$$L'_{max}=14.2\ (\text{m})$$

2. 岩梁简化为固定梁

取单位宽度的固定梁进行分析，梁内的最大弯矩和剪力均发生在梁端煤壁处，其值为

$$M_{max}=\frac{qL^2}{12} \tag{6-9}$$

$$V_{max}=\frac{WL}{2} \tag{6-10}$$

则在该截面上的最大拉应力和最大剪应力分别为

$$\sigma_{max}=\frac{qL^2}{2t^2} \tag{6-11}$$

$$\tau_{max}=\frac{3qL}{4t} \tag{6-12}$$

由此可得到确保岩梁不因最大拉应力超过其强度极限而破坏的极限跨度距为

$$L=t\sqrt{\frac{2\sigma_e}{q}} \tag{6-13}$$

代入金牛煤矿数据，得

$$L=t\sqrt{\frac{2\sigma_e}{q}}=550\times\sqrt{\frac{2\times8.0}{1.61}}\approx17.3\ (\text{m})$$

确保岩梁不因最大剪应力超过其抗剪强度而破坏的极限跨度距为

$$L=\frac{4t\sigma_e}{3q} \tag{6-14}$$

代入金牛煤矿数据，得

$$L=\frac{4t\sigma_e}{3q}=\frac{4\times550\times19.3}{3\times1.61}=87.9\ (\text{m})$$

取计算结果中的较小值，可得金牛煤矿条带开采工作面顶板岩梁简化为固定梁时开采条带的极限距度为

$$L''_{max}=17.3\ (\text{m})$$

3. 条带采宽确定

比较上述两种计算结果，开采条带顶板的极限跨度为 14.2m，考虑到地质、采动影响因素，建议现场条带采宽不超过 12.0m，即

$$L=12.0\text{m}$$

需要说明的是：上述计算过程，是按直接顶的最小厚度进行条带采宽计算的，所确定的采宽也是最为保守的，在直接顶厚度增加的地方，条带采宽可适当增加。具体增加量应根据具体地质条件，施工地质钻孔取岩样进行分析并测试不同岩段的岩石的物理力学性质，进行相关计算再确定。

涉及规划的地方煤矿开采区，计算的结果见表 6-3。

表 6-3 地方煤矿开采区开采条带宽度

序号	煤矿名称	按固支梁计算/m	按简支梁计算/m	选取最大宽度/m
1	榆卜界	15.5	12.7	12.0
2	三台界	20.6	16.8	11.0～12.0
3	金牛	17.3	14.2	12.0
4	沙炭湾	18.6	16.2	15.0
5	二墩	19.6	16.0	12.0

6.2.2 煤柱宽度确定

条带煤柱的长期稳定性是保证实施保水采煤的关键。实际上，就是要保证条带煤柱有一个稳定的“弹性核区”。关于条带煤柱宽度和煤柱（体）边界塑性区宽度的计算，国内外有多种算法。计算方法仍以金牛矿为例。

6.2.2.1 力学模型求解屈服区宽度

按照吴立新、王金庄在 1997 年《煤柱宽度的计算公式及其影响因素分析》一文中所给出的煤柱屈服区宽度公式，计算公式如下：

$$r_{\mathrm{p}}=\frac{Md}{4.5\tan\varphi}\left[\ln\left(\frac{C+\sigma_{\mathrm{zl}}\tan\varphi}{C+\dfrac{P_x}{\beta}\tan\varphi}\right)^{\beta}+\tan^2\varphi\right] \tag{6-15}$$

针对金牛煤矿采高开采情况，根据现场实际情况对此公式参数进行调整：

$$r_{\mathrm{p}}=\frac{Md}{5.5\tan\varphi}\left[\ln\left(\frac{C+\sigma_{\mathrm{zl}}\tan\varphi}{C+\dfrac{P_x}{\beta}\tan\varphi}\right)^{\beta}+\tan^2\varphi\right] \tag{6-16}$$

式中，M 为煤柱高度，m；H_0 为煤层埋藏深度；d 为开采扰动因子，$d=1.2～3.0$；β 为屈服区与核区界面处的侧压系数，一般等于煤体的泊松比 μ，为 0.25～0.40；C 为煤层顶板接触面的黏聚力；φ 为煤层与顶板接触面的摩擦角，(°)；σ_{zl} 为煤柱极限强度；P_x 为煤壁的侧向约束力，MPa。

煤柱的极限抗压强度值可由两种方法求得：

（1）基于两区约束理论假设，由 Mohr-Coulomb 准则有

$$\sigma_1=\frac{2c\ \cos\varphi}{1-\sin\varphi}+\frac{1+\sin\varphi}{1-\sin\varphi}\gamma H \tag{6-17}$$

式中，γ 为上覆岩层的平均容重，MN/m^3；H 为开采深度，m；C 为煤体的黏聚力，MPa；φ 为煤体的内摩擦角，(°)。

取 $\gamma=0.0255MN/m^3$，$H=131m$，$c=1.5MPa$，$\varphi=28°$，代入得

$$\sigma_1=\frac{2\times1.5\cos28°}{1-\sin28°}+\frac{1+\sin28°}{1-\sin28°}\times0.0255\times131=14.2\ (MPa)$$

即

$\sigma'_{zl}=14.2MPa$

（2）采用经验公式：

$$\sigma_{zl}=\delta\eta\sigma_c \tag{6-18}$$

式中，η 为煤岩流变系数；σ_c 为煤岩试块的单轴抗压强度，MPa；

取 $\eta=0.4$，$\sigma_c=38.2MPa$，代入得

$\sigma''_{zl}=19.9MPa$

以上两种方法求得的煤柱极限有两种解，取最大值 $\sigma_{zl}=19.9MPa$ 代入计算。

其他参数依次取值：采高 $M=4.4m$；$d=2$；$\beta=0.252$；$C=3.0MPa$；$\varphi=28°$；代入计算得

$$r_p=\frac{4.4\times2}{5.5\tan28°}\left[\ln\left(\frac{3.0+19.9\tan28°}{3.0}\right)^{0.252}+\tan^2 28°\right]=2.7\ (m)$$

6.2.2.2　通过经验公式求解屈服区宽度

为了计算煤柱的屈服区宽度，一个世纪以来，世界各主要采煤国家均进行了大量的实验室实验和原位实验。在实验研究和实例调查的基础上，结合理论分析，提出了多种煤柱屈服区计算公式，其中国内外学者比较认可的煤层屈服区宽度的经验公式为

$$r_p=0.015H \tag{6-19}$$

式中，H 为煤层埋藏深度，m。

由此得出：

$$r_p=2.0m$$

6.2.2.3　确定屈服区宽度

以上两种方法得出的煤柱屈服区宽度存在一定差异，结合类似地质条件下矿井实际开采情况，取计算结果的最大值。屈服区宽度计算结果的最终值为

$$r_p=2.7m$$

由此可知，煤柱屈服区宽度 $r_p=2.7m$。

6.2.2.4　煤柱宽度确定

根据上述屈服区宽度的计算结果可知，有核区煤柱宽度要大于 5.4m，建议现场煤柱

留设宽度不低于6.0m。顶板条件较差时，建议有效的弹性核区宽度不小于1.0m，即煤柱宽度不小于6.4m。因此在设计中煤柱宽度选取8.0m，弹性核区宽度为2.6m。

采用类似的方法，确定榆阳区地方煤矿开采煤柱宽度见表6-4。

表6-4　榆阳区地方煤矿开采区煤柱宽度

矿井	榆卜界	三台界	金牛	二墩	沙炭湾
煤柱宽/m	8.0	8.0~9.0	8.0	10.0	8.0~10.0

6.3　窄条带开采煤柱稳定性数值模拟研究

通过计算最大开采条带宽度和最小煤柱尺寸和，初步提出的条带开采设计方案，还必须进行“围岩-煤柱群”整体力学模型计算。这是因为“围岩-煤柱群”是一个系统，在这个系统中，煤柱受的力并不是完全一致的，一般情况下，靠近开采边界的煤柱上实际受力要大一些。同时开采条带的宽度也影响着煤柱边界塑性区的宽度，因此必须把“围岩-煤柱群”作为一个整体力学模型进行计算。

以沙炭湾煤矿井田地质条件为例，采后“条带煤柱-顶板”体系破坏演进过程大致可以分为以下几个阶段。

第一阶段：区内支撑煤柱屈服破坏阶段。

如图6-2所示，每40m划分成一个条带分段，由图的左向右，边界为区域边界的隔离煤柱，开采12m宽的条带，留4m宽的区内支撑煤柱，再开采12m宽的条带，留12m宽条带隔离煤柱；依此类推。也就是说，如果划分的隔离区内只有一个4m宽的支撑煤柱不能保证系统的稳定性，那么，两个以上的4m支撑煤柱就更不可能了。我们把由隔离煤柱分开的开采区域，称为开采条带分段，数值模拟试验分析5个开采条带分段。可以看出：4m宽的区内支撑煤柱上集中承受了较高的压应力，而12m宽条带隔离煤柱上的高应力只是在煤柱两侧；开采条带的上方出现拉应力，而范围仅及第一层顶板的约一半高度。

随着4m区内支撑煤柱屈服，开采条带的顶板拉应力范围扩大，形成跨分段的两个开采条带，高度也有发展，基本上发展到第一层顶板的全部，如图6-3所示。

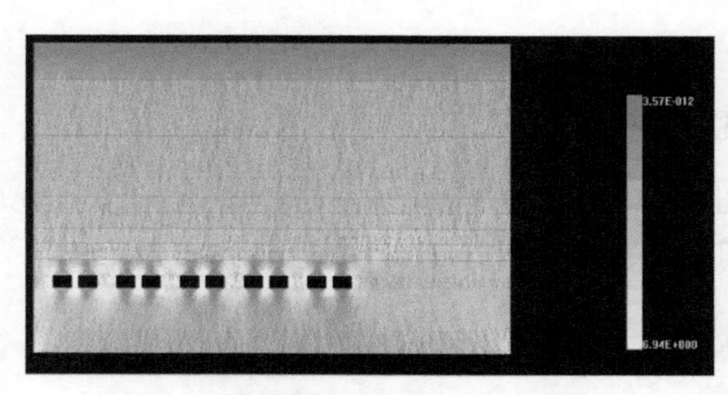

图6-2　“煤柱+顶板”破坏演化过程之一

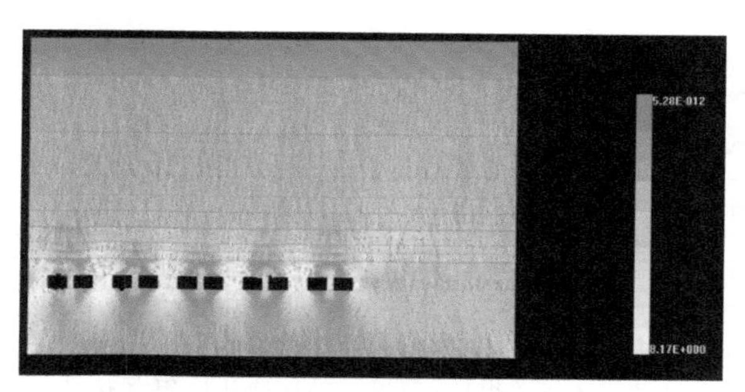

图 6-3　“煤柱+顶板”破坏演化过程之二

第二阶段：条带隔离煤柱屈服发展阶段。

屈服后的区内支撑煤柱破坏进一步发展的同时，每个 40m 开采条带内的采空条带顶板开始明显下沉，有的采空界出现集中应力造成的破裂裂缝，如图 6-4 所示。

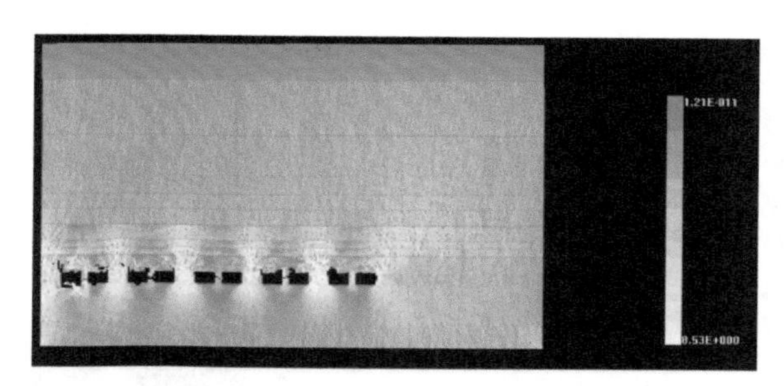

图 6-4　“煤柱+顶板”破坏演化过程之三

随着支撑煤柱的破坏，破坏的进一步发展必然是岩层压力向条带隔离煤柱的转移。即宽度 12m 的隔离煤柱要承担相当于宽度 40m 的等效载荷，当等效载荷超过煤柱体强度时，就形成了条带隔离煤柱的渐进破坏力学过程，如图 6-5 所示。

图 6-5　“煤柱+顶板”破坏演化过程之四

第三阶段：顶板离层发展阶段。

条带煤柱的群体失稳，导致整个开采区域顶板离层运动的形成和发展，如图 6-6 所示。

图 6-6　“煤柱+顶板”破坏演化过程之五

第四阶段：贯通裂缝形成发展阶段。

由于开采的 5 个分段区总的宽度为 200m，隔离煤柱的整体失稳，造成已采空区域的顶板较大范围的离层下沉。下沉过程发展中，形成贯通裂缝，并向上发展，如图 6-7 所示。

图 6-7　“煤柱+顶板”破坏演化过程之六

贯通裂缝的发展过程中，条带开采区域破坏发展，采空区进一步冒落。一个重要的现象是由于围岩的较大范围破坏活动，在开采区域的前方形成明显的拉应力区，这将影响进一步开采，如图 6-8 所示。

图 6-8　“煤柱+顶板”破坏演化过程之七

第五阶段：溃水灾变阶段。

整个开采区域破坏向上发展，一旦触及含水层，就可能导致水体的破坏，进而发生溃水灾害，如图 6-9 所示。

图6-9　“煤柱+顶板”破坏演化过程之八

显然，一组大的贯通裂缝形成和发展是造成溃水灾变的基本条件。保水采煤控制的关键，是控制贯通裂缝形成和发展。从理论计算可以看出，如果将煤柱尺寸调整到6m及以上，在现有赋存条件下煤柱稳定性能够得到保证。如果采用统一的开采条带和煤柱尺寸参数，则从工艺上更容易保证。建议开采条带宽度为12m，条带煤柱宽度为8m，不再设隔离煤柱。

图6-10～图6-13分别为开采第二、六、十、十二个条带时的围岩应力状态，可见采空区的顶板、煤柱以及上覆盖层均处于稳定状态，说明此方案实现水体下安全开采是完全可行的。

图6-10　“采12留8”方案开采第二个条带围岩应力状态

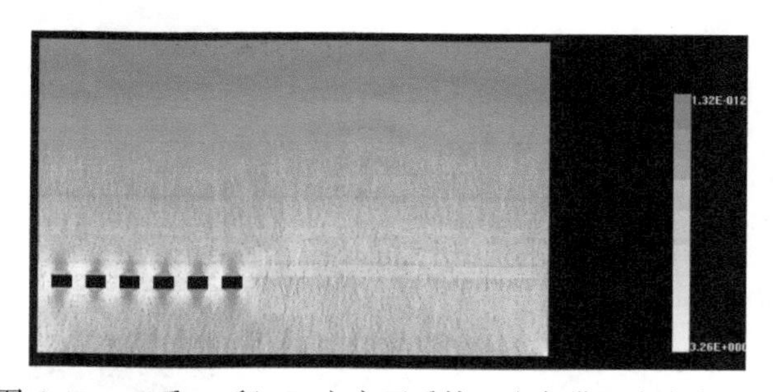

图6-11　“采12留8”方案开采第六个条带围岩应力状态

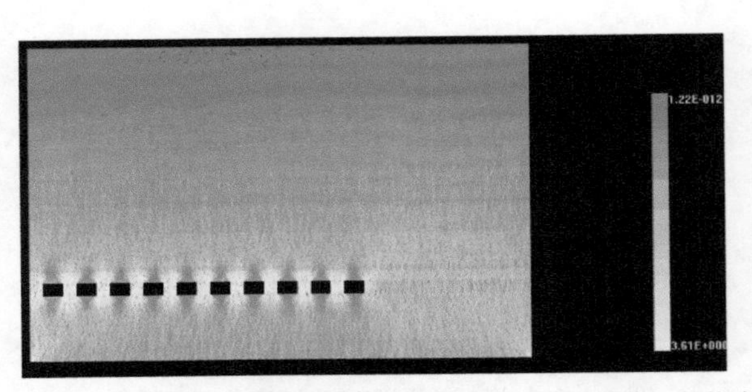

图 6-12　“采 12 留 8”方案开采第十个条带围岩应力状态

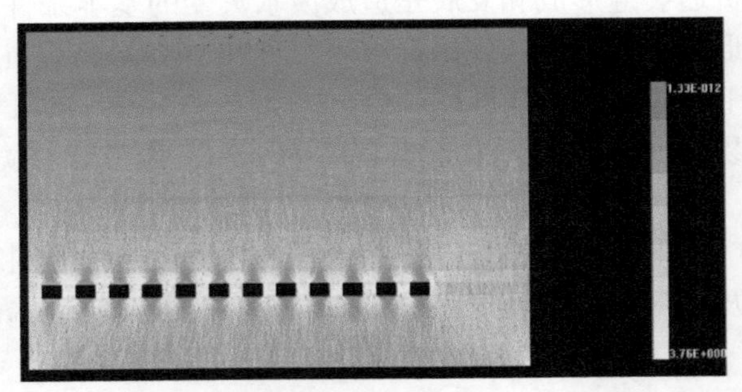

图 6-13　“采 12 留 8”方案开采第十二个条带围岩应力状态

为了研究适当扩大条带开采宽度，以实施长壁推进“间歇式”开采的可行性，同时进一步研究不同采宽比条件下，围岩的破坏演化规律，以三台界煤矿为例，就“采 14 留 8”方案进行了计算。图 6-14 ~ 图 6-16 分别为开采第一个条带到开采第六个条带的状况。

图 6-14　“采 14 留 8”开采第一个条带的围岩状态

图 6-15　“采 14 留 8”开采第四个条带的围岩状态

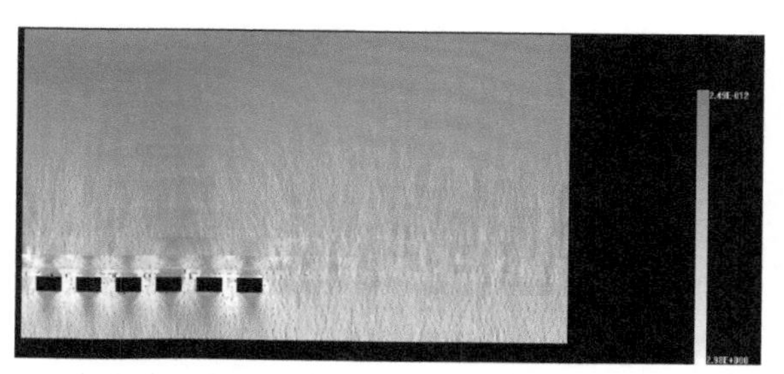

图6-16　“采14留8”开采第六个条带的围岩状态

可以看出，开采发展到第五、六个条带时，开采条带的顶板、煤柱体的稳定性已经受到明显的影响，而“采12留8”方案是没有影响的。

当开采发展到第七个条带时，就完全进入了破坏演化的过程，如图6-17～图6-20所示。

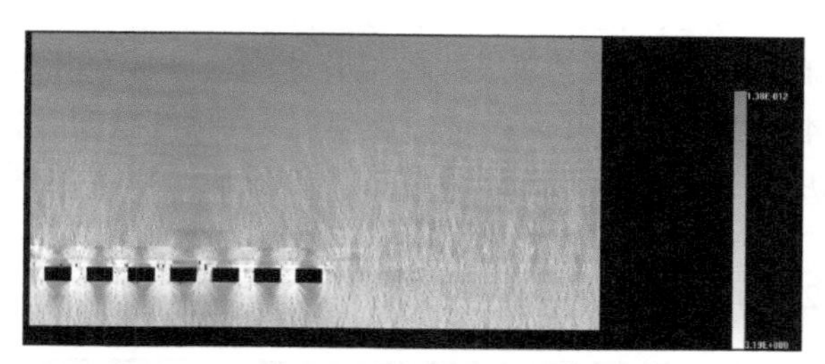

图6-17　开采到第七个条带时的破坏发展过程之一

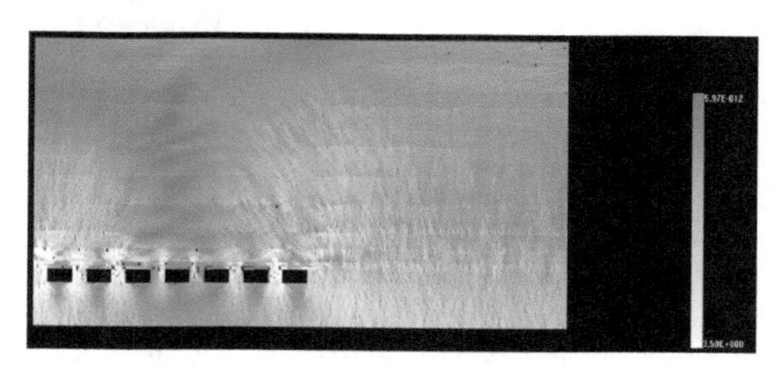

图6-18　开采到第七个条带时的破坏发展过程之二

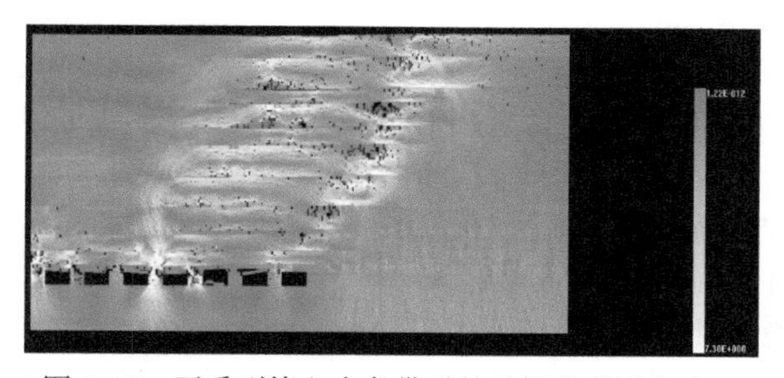

图6-19　开采到第七个条带时的破坏发展过程之三

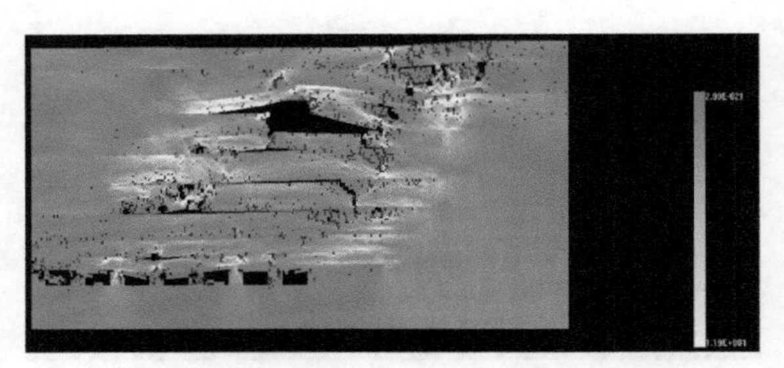

图 6-20　开采到第七个条带时的破坏发展过程之四

可以看出，这个发展过程有以下特点。

（1）开采条带的顶板承受明显的压应力，条带煤柱的两侧承受拉应力。无论是拉应力还是压应力，都在发展，且分布不均。第四个条带和第五个条带，压应力相对集中，形成一个破坏拱，发展到巨厚层砂岩。巨厚层砂岩含水层的水流入工作面，如果巨厚层砂岩含水层与萨拉乌苏组含水层沟通，就会发生突水的灾害。

（2）第四个条带和第五个条带之间煤柱最早开始失稳破坏，开采条带的顶板都发生破坏和冒落。破坏拱基本上跨过所有开采条带，破坏发展到萨拉乌苏组含水层。

（3）顶板和覆盖层的破坏逐步向开采方向的上方发展，以至达到地表。随着煤柱体的塌落，地表塌陷。

最终破坏如图 6-21 所示。

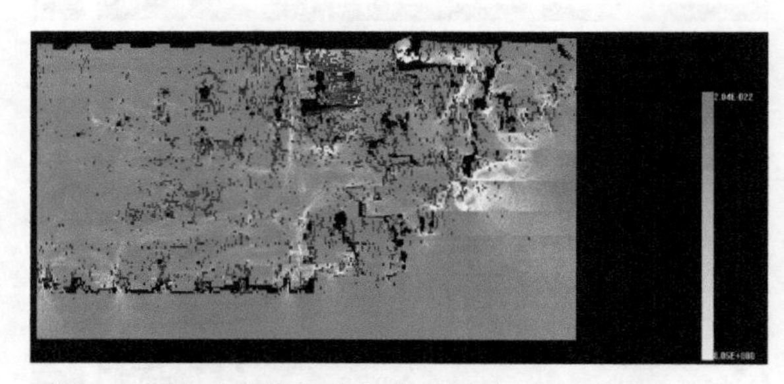

图 6-21　开采到第七个条带时的破坏发展过程之十二

显然，采用“采 12 留 8”开采方案时，可以实现“保水采煤”。如果增加开采条带宽度，采用“采 14 留 8”开采方案，开采到第七个条带时，就会发生“煤柱群-围岩”系统失稳过程，导致灾害的发生。

6.4　窄条带保水开采工程实践

窄条带保水开采方法研制成功后，在榆卜界、二墩煤矿进行了工业试验，开采过程中在工作面布置测点进行了矿山压力现场监测。

1）条带开采的稳定性观测

条带开采用于“三下”保护性开采，就是要保证整个开采系统的稳定性。观测主要内容如下。

（1）煤柱变形监测。包括采用DdW-4型多点位移计监测煤柱片帮情况及采用ZYG-25型埋入式载荷监测仪观测煤柱应力变化。

（2）煤柱塑性区范围监测。采用RSM-SY5智能松动圈检测仪进行塑性区范围监测。

2）可能发生灾变危险性的预测

条带开采是“煤柱群–围岩”相互关系的复杂系统，由于设计是对整体的地质状况做出的，而自然地质体是复杂的，作业的过程也有许多人为因素的影响，因而不可能排除发生灾害的可能性，必须预测可能发生的灾变危险性。

6.4.1　煤柱变形监测

榆卜界、二墩煤矿试验工作面测点布置如图6-22所示。现场监测得出以下两点认识。

（1）榆卜界煤矿试验工作面采用“采12留8”方案，煤柱发生片帮的概率大幅降低，煤柱帮部极小部分煤体的剥落主要是受放炮振动所致。煤柱所受载荷较稳定，顶底板基本无位移变化，可以实现“保水开采”的目的。

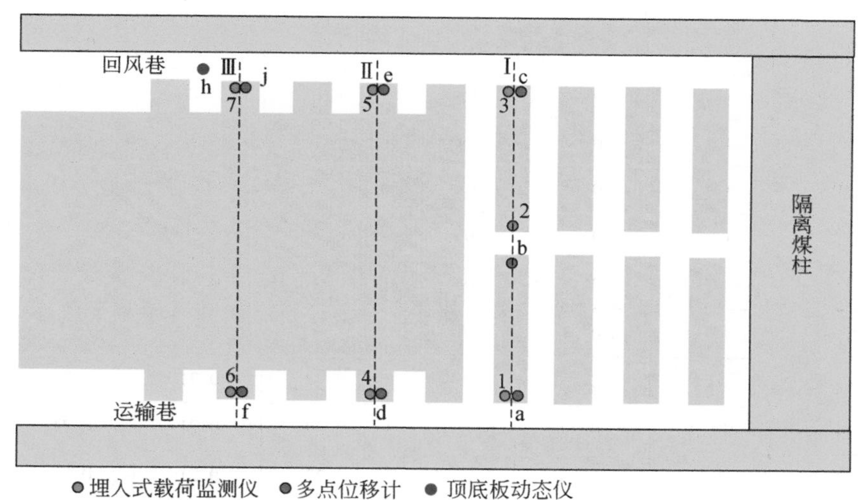

图6-22　榆卜界（二墩）煤矿试验工作面监测点布置示意图

以榆卜界煤矿为例，煤柱载荷监测记录如表6-5所示，煤柱所受载荷非常稳定。煤柱片帮位移记录如表6-6所示，采空区部分煤柱帮部煤体的剥落主要是放炮振动所致，顶底板动态仪在监测过程中基本无变化。

表6-5　榆卜界煤矿埋入式载荷监测仪记录表

时间	Ⅰ测线压力测值/MPa			Ⅱ测线压力测值/MPa		Ⅲ测线压测值/MPa	
	1测点	2测点	3测点	4测点	5测点	6测点	7测点
2009/3/5	0.17	0.26	0.18	0.16	0.17	0.18	0.12
2009/3/8	0.17	0.26	0.18	0.16	0.17	0.18	0.20

续表

时间	Ⅰ测线压力测值/MPa			Ⅱ测线压力测值/MPa		Ⅲ测线压测值/MPa	
	1 测点	2 测点	3 测点	4 测点	5 测点	6 测点	7 测点
2009/3/11	0. 17	0. 26	0. 18	0. 16	0. 17	0. 18	0. 20
2009/3/14	0. 17	0. 26	0. 18	0. 16	0. 18	0. 19	0. 20
2009/3/17	0. 17	0. 26	0. 18	0. 16	0. 18	0. 19	0. 20
2009/3/20	0. 17	0. 27	0. 19	0. 15	0. 18	0. 19	0. 20
2009/3/23	0. 18	0. 27	0. 19	0. 16	0. 18	0. 19	0. 20
2009/3/26	0. 18	0. 27	0. 19	0. 17	0. 18	0. 19	0. 20
2009/3/29	0. 18	0. 28	0. 19	0. 17	0. 19	0. 20	0. 20
2009/4/1	0. 18	0. 28	0. 19	0. 17	0. 19	0. 20	0. 20
2009/4/4	0. 18	0. 28	0. 19	0. 18	0. 19	0. 20	0. 21
2009/4/7	0. 18	0. 28	0. 19	0. 18	0. 19	0. 20	0. 21
2009/4/10	0. 18	0. 28	0. 22	0. 19	0. 19	0. 21	0. 21
2009/4/13	0. 19	0. 29	0. 22	0. 19	0. 19	0. 21	0. 21
2009/4/16	0. 19	0. 29	0. 22	0. 20	0. 19	0. 21	0. 21
2009/4/19	0. 19	0. 29	0. 22	0. 21	0. 20	0. 21	0. 21
2009/4/22	0. 19	0. 30	0. 22	0. 21	0. 20	0. 22	0. 21
2009/4/25	0. 19	0. 30	0. 22	0. 21	0. 20	0. 22	0. 22
2009/4/28	0. 19	0. 30	0. 21	0. 22	0. 21	0. 22	0. 22
2009/5/1	0. 21	0. 30	0. 21	0. 22	0. 21	0. 21	0. 22
2009/5/4	0. 21	0. 34	0. 21	0. 23	0. 21	0. 21	0. 22
2009/5/7	0. 21	0. 34	0. 21	0. 23	0. 21	0. 20	0. 22
2009/5/10	0. 21	0. 34	0. 21	0. 23	0. 21	0. 20	0. 22
2009/5/13	0. 22	0. 34	0. 22	0. 23	0. 22	0. 20	0. 22
2009/5/16	0. 22	0. 34	0. 22	0. 23	0. 22	0. 20	0. 22

表 6-6 榆卜界煤矿煤柱片帮位移监测记录表

时间	Ⅰ测线测值/mm			Ⅱ测线测值/mm		Ⅲ测线测值/mm	
	a 测点	b 测点	c 测点	d 测点	e 测点	f 测点	g 测点
2009/3/5	0	0	0	0	0	0	0
2009/3/8	0	0	0	0	0	0	0
2009/3/11	0	0	0	0	0	0	0

续表

时间	Ⅰ测线测值/mm			Ⅱ测线测值/mm		Ⅲ测线测值/mm	
	a测点	b测点	c测点	d测点	e测点	f测点	g测点
2009/3/14	0	0	0	0	0	0	0
2009/3/17	0	0.5	0	0	0	0	0
2009/3/20	0.6	0.8	0	0	0	0	0
2009/3/23	1.2	1.2	0	0	0	0	0
2009/3/26	1.2	1.5	0.8	0	0	0	0
2009/3/29	1.4	2.2	1.2	0	0	0	0
2009/4/1	1.6	2.5	1.5	0	0	0	0
2009/4/4	1.6	2.8	1.5	0	0	0	0
2009/4/7	2.0	3.0	2.0	0	0	0	0
2009/4/10	2.5	3.5	2.0	0	0	0	0
2009/4/13	3.0	3.5	2.5	0	0.5	0	0
2009/4/16	3.0	4.0	2.5	0.8	0.8	0	0
2009/4/19	3.5	5.0	3.0	0.8	1.1	0	0
2009/4/22	4.0	5.0	3.5	0.8	1.1	0	0
2009/4/25	4.0	5.0	4.2	1.2	1.1	0	0
2009/4/28	4.5	6.5	4.5	1.2	1.2	0	0
2009/5/1	5.0	7.5	4.8	1.5	1.2	0	0
2009/5/4	5.5	8.5	5.2	1.5	1.2	0.5	0.8
2009/5/7	5.5	9.0	5.5	1.8	1.2	1.2	1.2
2009/5/10	5.5	10.5	6.2	1.8	1.5	1.5	1.2
2009/5/13	6.0	12.5	6.5	1.8	1.8	1.5	1.5
2009/5/16	6.0	12.5	7.0	1.8	2.2	2.0	1.5

（2）二墩煤矿在开采平均厚度为8.16m的特厚煤层时，作为对比研究，在4303工作面采用“采12留8”的试验开采。4303工作面长度为200m，推进长度为600m，工作面在2009年8月23日安装监测仪表时已推进300m左右。煤柱载荷监测记录如表6-7所示，煤柱片帮位移记录如表6-8所示。

表6-7　二墩煤矿埋入式载荷监测仪记录表

时间	Ⅰ测线压力测值/MPa			Ⅱ测线压力测值/MPa		Ⅲ测线压测值/MPa	
	1测点	2测点	3测点	4测点	5测点	6测点	7测点
2009/8/23	0.24	0.35	0.23	0.22	0.19	0.17	0.18

续表

时间	Ⅰ测线压力测值/MPa			Ⅱ测线压力测值/MPa		Ⅲ测线压测值/MPa	
	1 测点	2 测点	3 测点	4 测点	5 测点	6 测点	7 测点
2009/8/26	0. 24	0. 35	0. 23	0. 23	0. 19	0. 17	0. 20
2009/8/29	0. 24	0. 35	0. 23	0. 23	0. 19	0. 17	0. 21
2009/9/1	0. 24	0. 35	0. 23	0. 23	0. 19	0. 17	0. 21
2009/9/4	0. 25	0. 35	0. 24	0. 23	0. 20	0. 17	0. 21
2009/9/7	0. 25	0. 38	0. 24	0. 24	0. 20	0. 17	0. 22
2009/9/10	0. 25	0. 38	0. 24	0. 24	0. 20	0. 19	0. 22
2009/9/13	0. 25	0. 38	0. 25	0. 24	0. 20	0. 19	0. 22
2009/9/16	0. 25	0. 38	0. 25	0. 24	0. 20	0. 20	0. 22
2009/9/19	0. 25	0. 38	0. 25	0. 26	0. 22	0. 20	0. 22
2009/9/22	0. 25	0. 39	0. 26	0. 26	0. 22	0. 21	0. 22
2009/9/25	0. 26	0. 39	0. 26	0. 26	0. 22	0. 21	0. 22
2009/9/28	0. 27	0. 39	0. 26	0. 26	0. 22	0. 21	0. 22
2009/10/1	0. 27	0. 39	0. 28	0. 28	0. 22	0. 21	0. 22
2009/10/3	0. 27	0. 42	0. 28	0. 28	0. 22	0. 21	0. 22
2009/10/6	0. 27	0. 42	0. 28	0. 28	0. 24	0. 21	0. 24
2009/10/9	0. 28	0. 42	0. 28	0. 29	0. 2. 4	0. 22	0. 24
2009/10/12	0. 28	0. 42	0. 28	0. 29	0. 24	0. 22	0. 24
2009/10/15	0. 28	0. 44	0. 28	0. 29	0. 24	0. 22	0. 24
2009/10/18	0. 29	0. 44	0. 28	0. 29	0. 25	0. 21	0. 24
2009/10/21	0. 29	0. 43	0. 28	0. 26	0. 25	0. 21	0. 24
2009/10/24	0. 29	0. 42	0. 28	0. 26	0. 23	0. 21	0. 23
2009/10/27	0. 30	0. 39	0. 28	0. 26	0. 23	0. 22	0. 21
2009/10/30	0. 28	0. 39	0. 29	0. 26	0. 23	0. 22	0. 21
2009/11/2	0. 28	0. 39	0. 28	0. 25	0. 22	0. 22	0. 21

表 6-8　二墩煤矿煤柱片帮位移监测记录表

时间	Ⅰ测线测值/cm			Ⅱ测线测值/cm		Ⅲ测线测值/cm	
	a 测点	b 测点	c 测点	d 测点	e 测点	f 测点	g 测点
2009/8/23	0	0	0	0	0	0	0
2009/8/26	0	0	0	0	0	0	0

续表

时间	Ⅰ测线测值/cm			Ⅱ测线测值/cm		Ⅲ测线测值/cm	
	a测点	b测点	c测点	d测点	e测点	f测点	g测点
2009/8/29	0.5	0	0	0	0	0	0
2009/9/1	0.5	0	0.4	0	0	0	0
2009/9/4	1.0	1.0	0.5	0	0	0	0
2009/9/7	1.2	1.8	0.5	0	0	0	0
2009/9/10	1.5	2.2	0.6	0	0	0	0
2009/9/13	1.5	2.5	0.8	0	0	0	0
2009/9/16	2.0	3.2	1.4	0.5	0	0	0
2009/9/19	2.5	3.5	1.7	0.8	0.5	0	0
2009/9/22	2.5	4.5	1.7	0.8	0.5	0	0
2009/9/25	3.0	5.0	2.1	1.1	0.5	0	0
2009/10/1	4.0	5.5	2.4	1.5	1.2	0	0
2009/10/3	4.0	6.0	2.8	2.8	1.7	0.2	0
2009/10/6	5.4	采空区冒顶	3.2	2.8	2.1	0.5	0
2009/10/9	冒顶无法观测	—	3.6	4.8	2.1	0.5	0.5
2009/10/12	—	—	冒顶	5.2	2.5	0.8	0.5
2009/10/15	—	—	—	5.2	2.7	1.2	0.8
2009/10/18	—	—	—	5.5	2.9	1.5	1.7
2009/10/21	—	—	—	5.9	3.2	1.5	1.8
2009/10/24	—	—	—	片帮掩埋	3.5	2.2	3.2
2009/10/27	—	—	—	—	4.5	2.7	3.2
2009/10/30	—	—	—	—	5.4	3.4	3.5
2009/11/2	—	—	—	—	片帮掩埋	4.5	4.9

监测表明，4303工作面按照“采12留8”的条带布置方式，煤柱发生持续片帮的概率大幅增加。随着工作面的推进及煤柱尺寸的减小，处于采空区域的煤柱整体所受荷载增加，煤柱在较短时期内将由于覆岩荷载超出其极限强度而发生失稳，从而达不到保水开采的目的。现场监测中，2009年10月6日工作面向前推进至108m（距Ⅰ号测线）时，4303工作面采空区发生严重冒顶事故，采空区部分煤柱破坏，Ⅰ测线测点已无法监测，且随着开采的持续，采空区存在发生进一步大范围顶板岩层垮落的危险。因此，为保证达到“保水开采”目的，二墩煤矿条带煤柱的尺寸应按理论计算与模拟试验调整至10m。

6.4.2　煤柱塑性区监测

榆卜界煤矿试验工作面超声波测试钻孔布置如图 6-23 和图 6-24 所示。

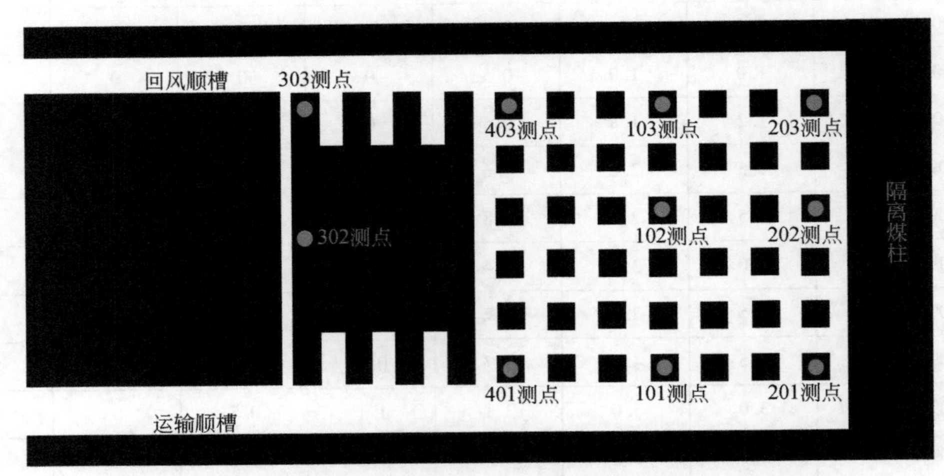

图 6-23　榆卜界煤矿 306 留矩形煤柱工作面松动圈检测钻孔布置示意图

图 6-24　榆卜界煤矿 300 条带工作面松动圈检测钻孔布置示意图

采用“采 12 留 8”留条带煤柱开采，煤体松动范围要明显小于原来的房柱式采煤法中“采 8 留 8”留矩形煤柱的煤柱松动范围。对于采空区而言，沿工作面长度方向，中部煤柱的塑性区范围要总体上大于靠近工作面两巷煤柱的塑性区范围；对于已开切眼尚未扩帮的煤柱而言，其靠近工作面两巷煤柱的塑性区范围总体上大于中部煤柱的塑性区范围。如图 6-25 ~ 图 6-31 所示，此次榆卜界煤矿检测数据中，300 工作面松动圈范围均小于 1.4m，从煤柱整体稳定性上考虑，留条带煤柱要明显优于留矩形支撑煤柱。

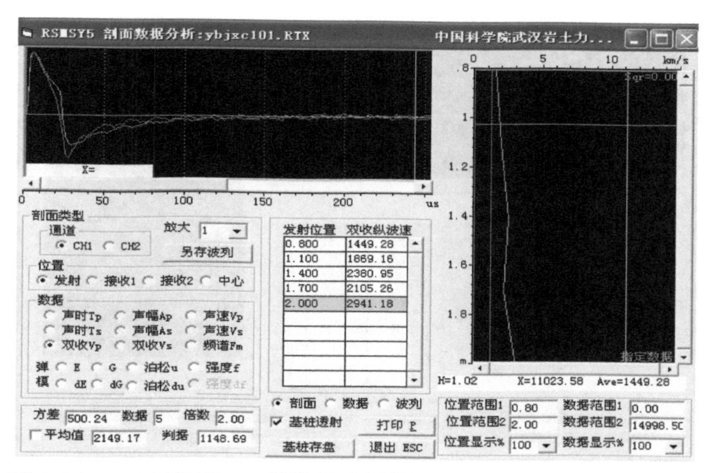

图6-25　306工作面101测孔松动圈范围监测（松动圈范围0.8m）

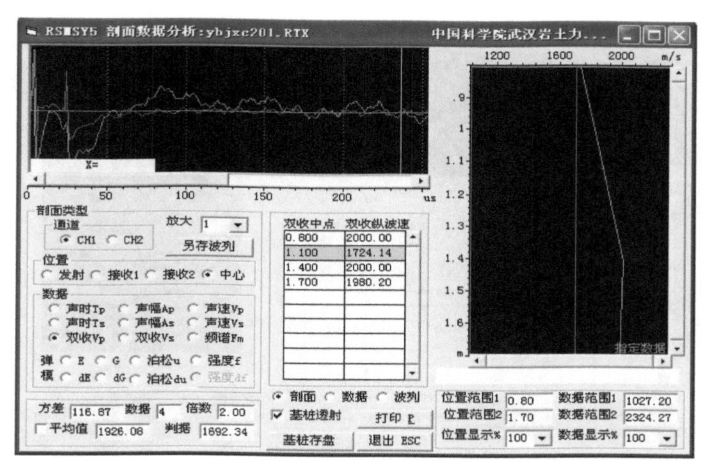

图6-26　306工作面201测孔松动圈范围监测（松动圈范围0.8m）

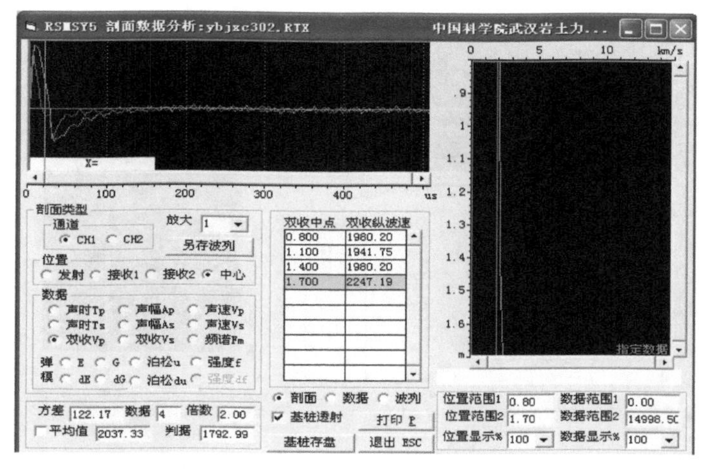

图6-27　306工作面302测孔松动圈范围监测（松动圈范围0.8m）

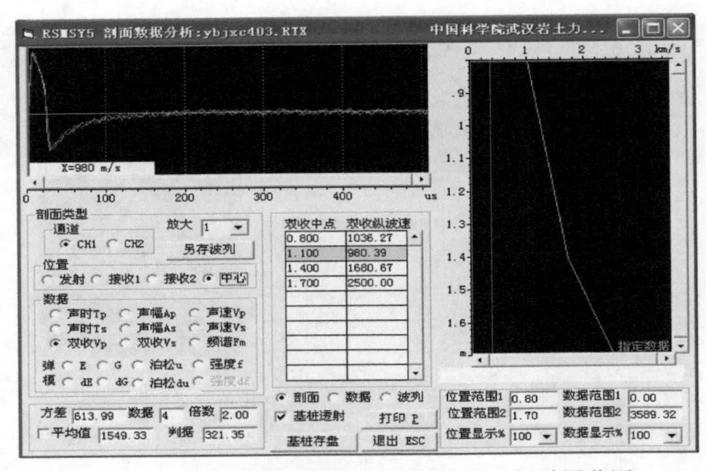

图 6-28　306 工作面 403 测孔松动圈范围监测（松动圈范围 1.4m）

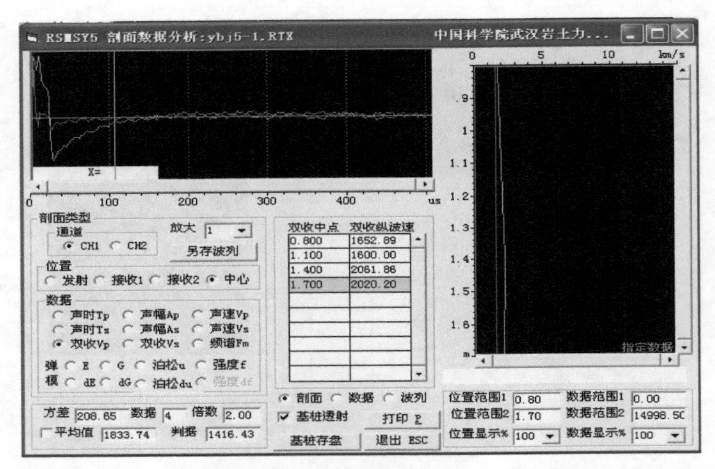

图 6-29　300 工作面 501 测孔松动圈范围监测（松动圈范围 1.1m）

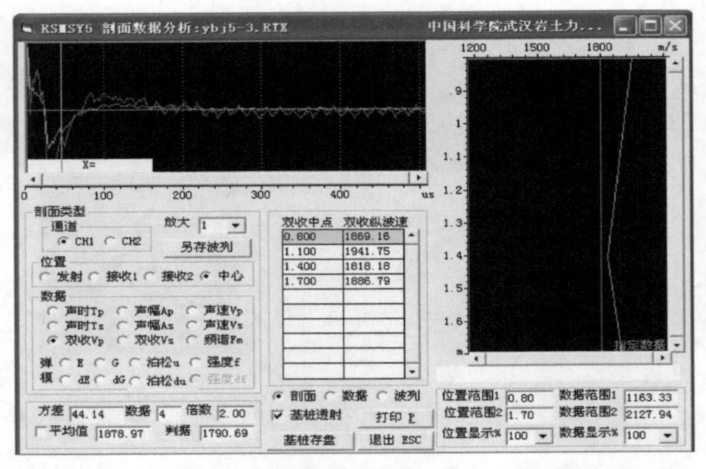

图 6-30　300 工作面 503 测孔松动圈范围监测（松动圈范围 0.8m）

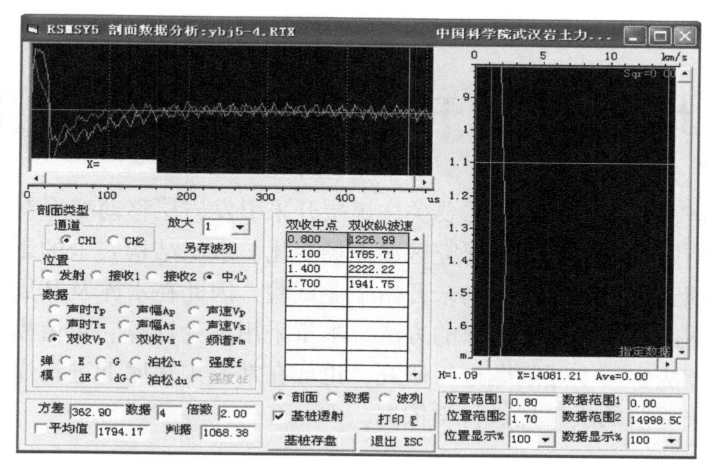

图 6-31　300 工作面 504 测孔松动圈范围监测（松动圈范围 0. 8 ~ 1. 1m）

6. 4. 3　经济与社会效益

陕北地方煤矿自 2008 年起，进行了以采煤方法改革和优化参数研究为基础的“窄条带”保水采煤研究和试生产，取得了显著的经济与社会效益。

（1）结合榆卜界、三台界、金牛、二墩等煤矿的煤层赋存特征和水文地质条件，在试验工作面采用了窄条带开采方式，“窄条带”开采区域围岩及覆盖层稳定，成功实现了保水采煤。

（2）通过观测模拟研究认识了“窄条带”开采围岩运动及破坏演化规律，对矿井可能发生的围岩灾变有了一定认识。据此布置了防止大面积灾害的监测系统，对煤柱的稳定性进行了观测，奠定了安全生产的基础。

（3）“窄条带”工作面研究期间没有发生安全事故，实现了安全生产。

（4）条带工作面煤炭采出率在 50% 左右，留下了大量条带煤柱，但条带煤柱稳定性好，为后期在资金与技术保障下进行充填复采创造了条件。若基于良好条带稳定性的充填复采置换条带煤柱成功，工作面煤炭采出率将达到 70% 以上，带来显著的经济与社会效益。

第7章　地表水体下保水采煤技术及工程实践

地表水体下进行煤炭资源开采需要关注煤层开采引发岩层移动变形对水工结构稳定性及安全运行的影响以及煤层开采对研究区渗流场变化、水工结构安全的影响。陕北地区煤层埋藏浅，水下填充开采技术方法尚未开始工业试验，因此在水库及其周边留设防水隔离煤柱是唯一可行的能够实现保水采煤的方法。本章采用理论计算、数值模拟、现场测量和相似模拟结合的方法，对上述问题进行研究，论证在常家沟水库下进行煤炭资源开采的可行性，从而为相关部门的决策提供科学依据。

7.1　常家沟水库地质背景条件

7.1.1　基本概况

常家沟水库位于张家峁煤矿中部，乌兰不拉河与老来河的交汇处，是神木市目前最大的蓄水水库。汇水面积为44km^2，容水面积约0.3km^2，水库最大容量1295万m^3，库底标高1111.74m，比矿井5^{-2}煤层底板标高1055m高出56.74m，洪峰期最高水位1138.17m，比矿井5^{-2}煤层底板标高1055m高出83.17m，枯水期水位标高1121.74m，比矿井5^{-2}煤层底板标高1055m高出66.74m。本区属黄河一级支流窟野河流域。常家沟为窟野河次一级支流，为研究区内唯一常年性河流，由乌兰不拉沟泉和老来沟溪流汇合而成，延伸7km，自西向东在研究区外5km处汇入窟野河。区内最低侵蚀基准面标高1080m，位于常家沟下游。常家沟河谷呈“V”字形，属侵蚀型谷地，河床宽2~10m，河漫滩及一级阶地均不发育，一级阶地最宽约100m，河谷两侧冲沟较为发育，其北侧支沟自西向东依次为乌兰不拉沟、贺家窑沟、木瓜树沟、陈家塔沟、乔家沟，南侧支沟自西向东依次为老来沟、黑圪垯沟、石岩畔沟（图7-1）。据陕西省煤田地质局131队1989年4月~1990年3月在陈家塔村站观测资料，常家沟河流量为3.25~635L/s，一般为60~120L/s，流量变幅受降水量及水库排水量双重因素控制。2012年10月24日在乌兰不拉沟观测河流流量为11L/s，在老来沟观测河流流量为163L/s。

7.1.2　水力联系

7.1.2.1　主要含水层

常家沟水库东侧开采煤层为5^{-2}煤，南北侧开采煤层为4^{-2}、4^{-4}、5^{-2}煤三层，西侧开采煤层为4^{-2}、4^{-3}、4^{-4}、5^{-2}煤四层。张家峁煤矿5^{-2}煤层15205综采工作面及上覆4^{-2}煤层

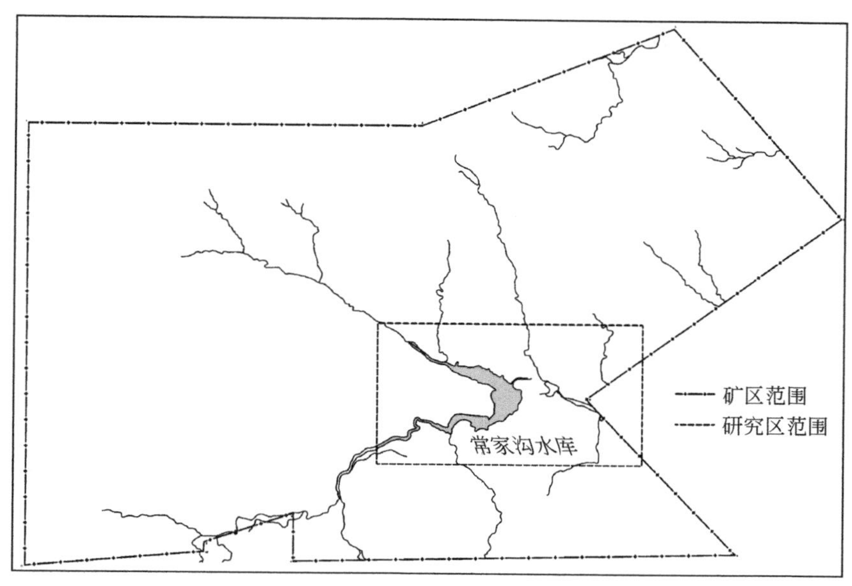

图7-1　研究区范围

等位于常家沟水库东北方向，水库的西南区域为矿井的接续开采区，煤炭开采与水资源保护的矛盾显得十分突出。与常家沟水库有水力联系的主要含水层包括以下几种。

1）4^{-2}煤层以上基岩风化带含水层

4^{-2}煤层以上基岩风化带含水层出露于研究区东北部沟谷两侧，露头面积相对较广，出露位置较高，位于当地侵蚀基准面以上。岩性以中、细粒砂岩为主，局部分布有粉砂岩，中等-弱风化，风化裂隙较发育。据ZK1、ZK2、ZK3钻孔资料，本区沟谷两侧数百米以内，基岩风化带一般不含水，仅在一些地势低洼一带（ZK8）与4^{-2}煤层烧变岩构成的同一含水层，具一定的富水性。风化带深度一般在基岩顶面以下10～15m处。

2）4^{-2}～5^{-2}煤层间含水层（J_2y^2）

4^{-2}～5^{-2}煤层间含水层全区广泛分布，出露于研究区东部4^{-2}～5^{-2}煤层露头线之间的沟谷两侧，5^{-2}煤层自燃边界线以西地区。该含水层段主要为4^{-3}煤层顶板浅灰色细粒砂岩以及5^{-2}煤层顶板中、细粒砂岩含水层。据抽水试验资料（表7-1），含水层厚度为36.28～54.38m，水位埋深15.20～49.16m，单位涌水量为0.000663～0.000806L/(s·m)，渗透系数为0.0010～0.0016m/d，富水性弱，水质以HCO_3-Na·Ca型为主，矿化度为274～2044mg/L。

表7-1　5^{-2}煤层顶板正常基岩含水层抽水试验成果

孔号	含水层厚度/m	涌水量/(L/s)	单位涌水量/[L/(s·m)]	渗透系数/(m/d)	矿化度/(mg/L)	水化学类型
ZK2	36.28	0.024	0.000791	0.0016	446	HCO_3-Na·Ca
ZK5	54.38	0.023	0.000806	0.0010	347	HCO_3-Na·Ca
ZK11	45.87	0.019	0.000663	0.0012	959	$CaHCO_3$-Na

3）烧变岩含水层

研究区各煤层在露头处大部分自燃，烧变岩在沟谷区广为出露且成片分布（图 7-2）。

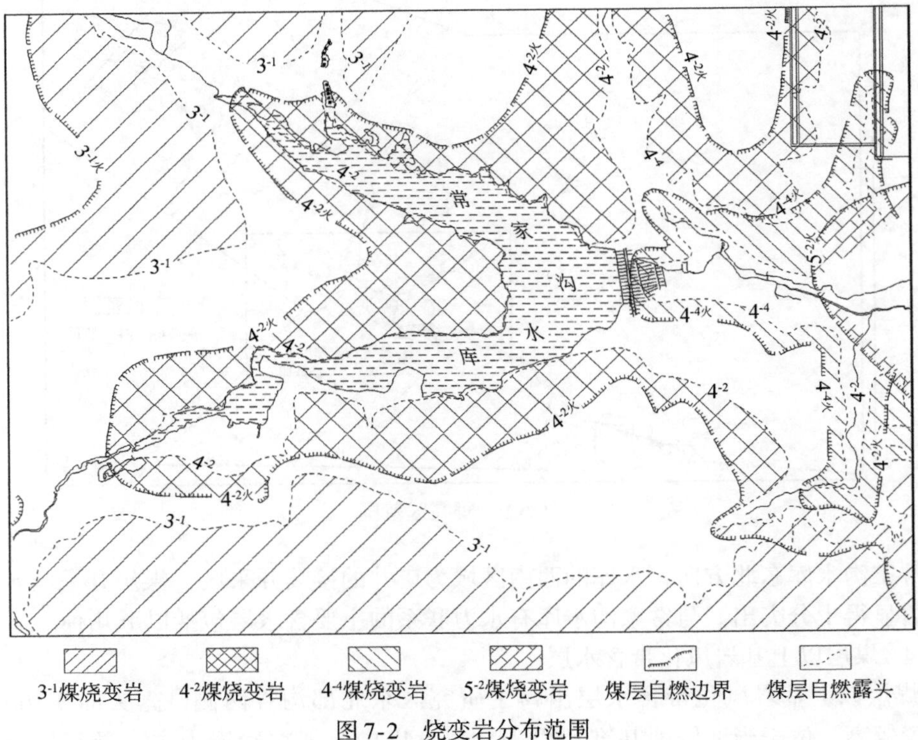

图 7-2　烧变岩分布范围

煤层自燃后上部岩石受到烘烤变质直至熔融并产生大量气孔。从钻孔简易水文地质观测可以看出，各钻孔进入烧变岩段时，发生不同程度的漏水现象，最大漏失量在 $15m^3/h$ 以上（ZK12 号钻孔）。烧变岩裂隙孔洞较发育，为地表水、大气降水的渗入和地下水的储存、径流创造了有利条件。本区内烧变岩厚度各处不一，主要与煤层厚度、自燃程度及所处地貌部位有关，据区内钻孔揭露情况，厚度为 6. 25m（ZK4）～27. 40m（ZK10）。

3^{-1}煤层烧变岩在乌兰不拉沟与老来沟之间上覆萨拉乌苏组富含水层，且局部与萨拉乌苏组含水层发生水力联系，因此，该区域烧变岩为强富水性含水层；乌兰不拉沟以北附近和老来沟附近，上覆松散层补给条件较好，因而富水性中等（图 7-3）。

4^{-2}煤层烧变岩为区内主要的烧变岩含水层。根据 H17 水文孔抽水试验结果，4^{-2}煤烧变岩的单位涌水量为 0. 5063L/(s · m)，渗透系数达到 11. 97m/d，依据《煤矿防治水规定(2009)》中含水层富水性等级标准，其富水性为中等。根据 ZK8 水文孔抽水试验结果，4^{-2}煤烧变岩的单位涌水量为 1. 3576L/(s · m)，渗透系数为 197. 7087m/d，富水性极强。

根据研究区西部 H17 钻孔 4^{-2}煤烧变岩上覆风积沙层，且在其西北侧还有萨拉乌苏组地层分布的特点，结合 H17 钻孔抽水试验成果，将分布在西部风沙滩地区的 4^{-2}煤层烧变岩和常家沟水库西侧有风积沙、萨拉乌苏组分布地区的 4^{-2}煤烧变岩的富水性定为富水性中等（图 7-3）。

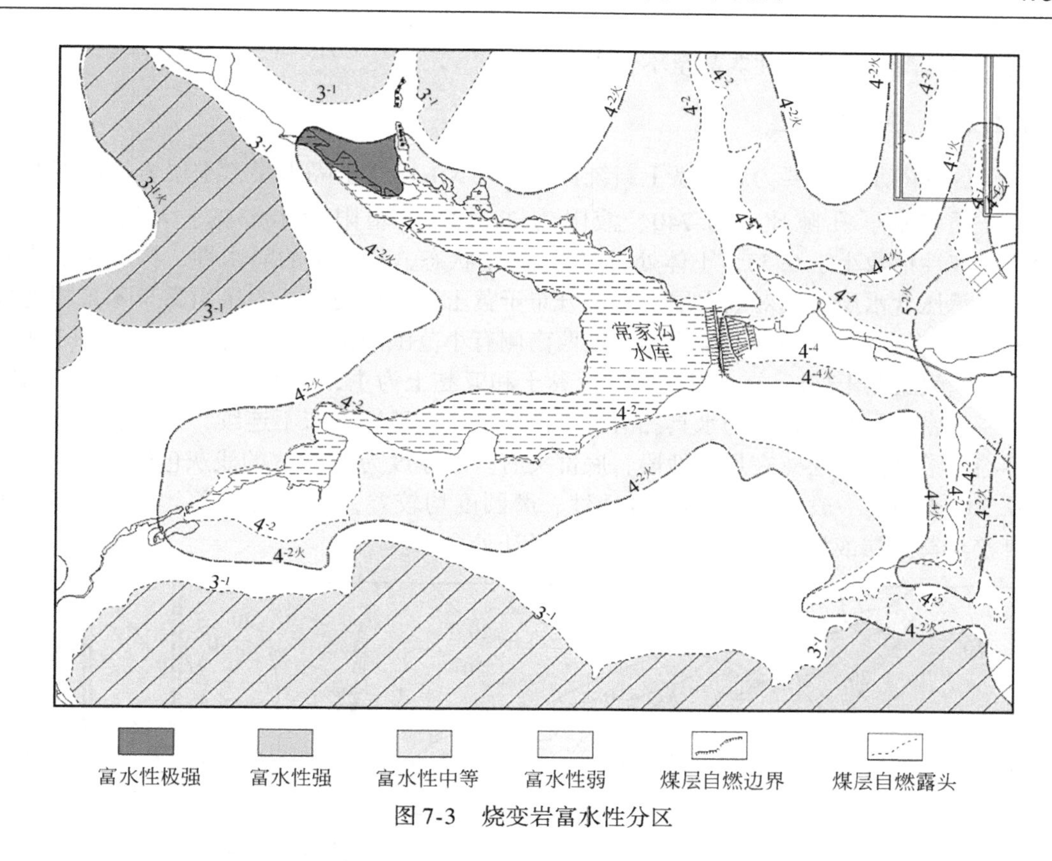

图7-3 烧变岩富水性分区

根据研究区西北部ZK8钻孔抽水试验结果，该区域富水性极强，4^{-2}煤烧变岩上覆松散砂层4.00m，土层缺失，烧变岩与上覆风化基岩构成了同一含水层，总厚28.50m，因此，将北部乌兰不拉沟与木瓜树沟之间的4^{-2}煤烧变岩的富水性定为富水性极强；研究区东北部主要为黄土梁峁地区，4^{-2}煤层烧变岩位置较高，多呈疏干状态，因此将该区域4^{-2}煤层烧变岩富水性定为富水性弱（图7-3）。

研究区南部ZK5和ZK11钻孔静水位低于烧变岩的底板深度，从而确定该区域烧变岩不含水，分析得出主要原因是所处的相对位置较高，烧变岩底板高于当地侵蚀基准面，尽管有大气降水的补给，但很快就呈疏干状态，因此，将研究区南部4^{-2}煤层烧变岩富水性定为富水性弱（图7-3）。

4^{-4}煤层烧变岩分布面积局限，出露位置较高，富水性弱。

5^{-2}煤层烧变岩主要位于研究区东部。由于其位于黄土梁峁丘陵区，多面悬空，多呈疏干状态，故大多不含水。如在先期开采地段外围施工的井筒检查孔主检2号孔，对5^{-2}煤层烧变岩含水层进行了抽水试验，结果表明梁峁区烧变岩不含水。但位于常家沟两侧附近的5^{-2}煤层烧变岩，局部可能有松散含水层水补给而富水性中等（图7-3），如15203工作面顺槽遇5^{-2}煤层烧变岩，涌水量达130m^3/h。

综合以上分析，烧变岩的富水性差异大，主要受补给条件、隔水底板发育程度及地貌形态控制。因此，位于乌兰不拉沟北侧局部地区富水性极强；位于风沙滩地区的烧变岩富水性一般中等，但在萨拉乌苏组地层分布地区，烧变岩富水性强；位于黄土梁峁丘陵区的烧变岩，多被疏干，富水性弱甚至不含水。

7.1.2.2　主要隔水层

研究区的隔水层主要为新近系上新统保德组（N_2b）红土隔水层，土层岩性以亚黏土为主，土质细腻，孔隙比为0.740、液限为27.18%、塑限为18.3%、天然含水量为22.2%，液性指数小于0.53。土体处于坚硬-硬塑状态，具一定的隔水性，构成了潜水和碎屑岩类承压含水层的相对隔水层。主要分布于黄土梁峁丘陵区，零星出露于木瓜树沟以及陈家塔沟东侧及梁峁顶部，常家沟水库西南侧有小范围的出露，厚度为0～32m（7-4钻孔），分布范围见图7-4。红土以浅棕红色黏土和亚黏土为主，中下部夹有多层钙质结核，岩性均一致密，可塑性强，遇水具黏滑感，由于区内该地层分布不连续，呈片状分布，是区内不稳定潜水隔水层。在局部地段，底部夹有一层厚度为1～2m的浅灰色砂砾石层，砾径为0.5～15cm，一般为2～3cm，分选性、磨圆度均较差，半固结，当上部黏土层缺失时，直接与黄土层或松散砂层接触，在地形低洼处含水。

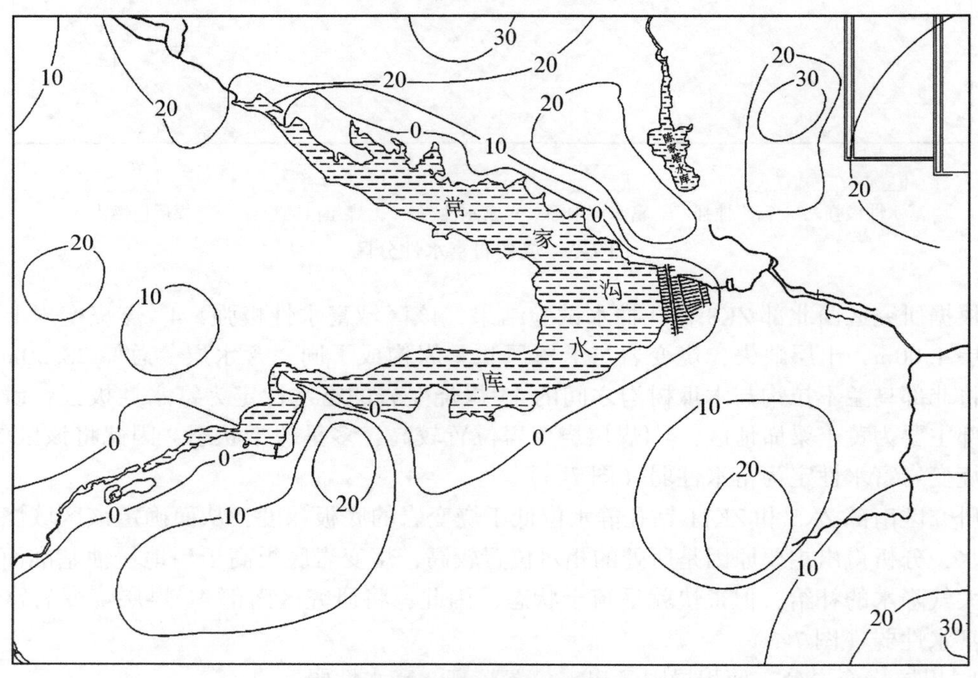

图7-4　土层隔水层厚度及范围分布

侏罗系碎屑岩类各含水层中的泥岩、粉砂质泥岩、粉砂岩均呈互层状沉积，岩性粒度小，孔隙率小，胶结致密，一般以水平层理为特征，透水性差，构成了基岩承压含水层的顶底板。主要分布于中侏罗统延安组各煤层顶板附近，是区内上、下含水层段（基岩含水层）之间相对较好的隔水层。

7.1.2.3　水力联系

在常家沟水库西侧及北侧，大部段4^{-2}煤层自燃后形成的烧变岩，裂隙空洞较发育，出露地段常形成陡坡、陡崖或被松散砂层所覆盖，底部埋没于水库之中，尤其是位于常家沟水库西北侧的 4^{-2} 煤层底板标高均低于水库水面标高，烧变岩含水层与水库水位空间位置关系见图 7-5。如 ZK8 钻孔 4^{-2} 煤层烧变岩底板标高 1127. 36m，比当时常家沟水库水位（1131. 53m）低 4. 17m，烧变岩含水层静止水位标高 1133. 11m，比当时常家沟水库水位（1131. 53m）高出 1. 58m，原因是该区北部分布有大面积的第四系松散砂层，地势相对平坦，在雨季以接受大气降水入渗、地下水径流等方式补给了烧变岩，施工期间雨季刚过，地下水位有所抬升，从而使烧变岩地下水位稍高于水库水位。4^{-2} 煤烧变岩水补给水库水，形成了一定的补径排关系。常家沟水库南岸分布的 4^{-2} 煤烧变岩属于透水不含水区，从图 7-5 可以看出，目前水库水位低于烧变岩底板，水库水不会补给 4^{-2} 煤烧变岩，但水库最高洪水位标高却高于烧变岩底板，如近期遇到历史最高洪水位时，该区烧变岩又将重新富水，采煤时如与烧变岩沟通，将会引起库水倒灌，应引起高度重视。

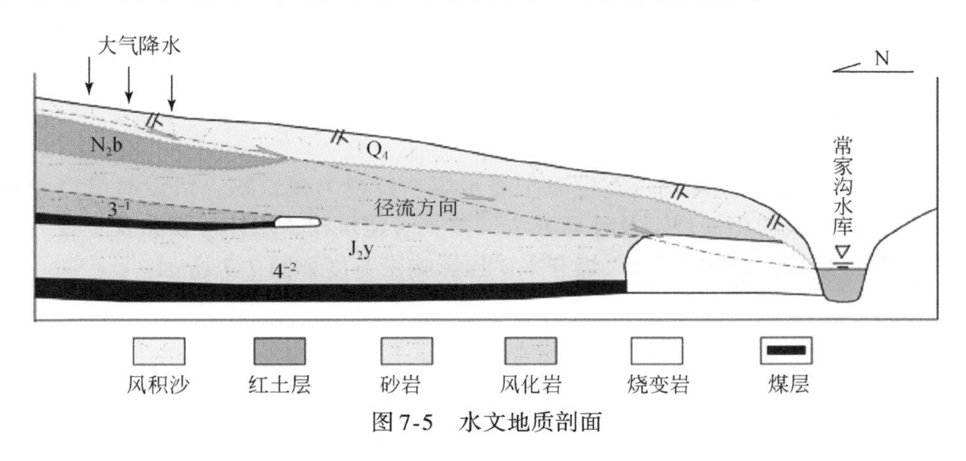

图 7-5　水文地质剖面

7.2　地表水体保护煤柱合理宽度留设

根据矿山压力和水压力对煤体不同作用和影响，保护煤柱从防隔水功能上沿宽度方向可划分为矿压影响带、有效隔水带。因此，保护煤柱合理宽度为

$$L=L_1+L_2 \tag{7-1}$$

式中，L 为保护煤柱宽度，m；L_1 为矿压影响带煤柱宽度，m；L_2 为有效隔水带煤柱宽度，m。

由于 5^{-2} 煤为单一煤层开采模式，且工作面位于常家沟水库下方，煤层开采后，采空区上方的地表产生移动和变形，会造成其影响范围内的岩体破坏，为保证有效隔水带煤岩体不受采动影响，须根据采动影响的范围增加保护煤岩柱的宽度。为了所留设有效隔水带煤岩体的完整性不被破坏，在分析时把隔水煤岩柱视为建筑物对待，留设时借鉴建筑物下采煤时保护煤柱留设的相关规定及计算方法，参考陕西煤业化工集团神南矿业公司、陕西省煤田地质局一八五队、中国矿业大学共同完成的《神南大型矿区煤炭开采水资源动态及保水技术研究》，矿压影响带煤柱宽度 L_1 以地表下沉 10mm 为边界，则 5^{-2} 煤单一煤层开采模式的保护煤柱留设如图 7-6 所示。

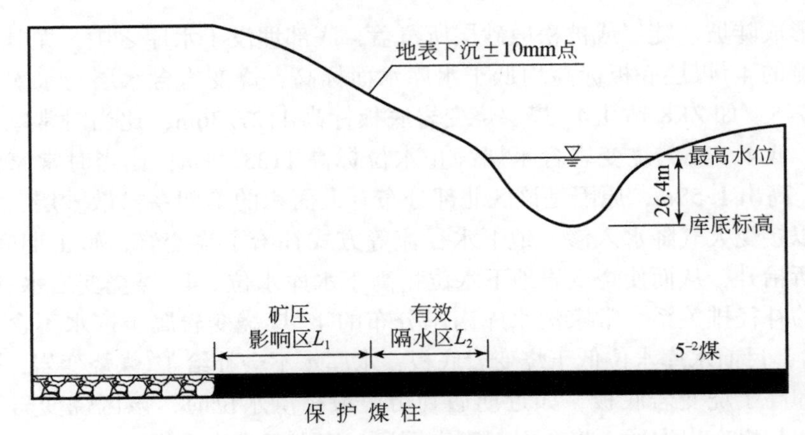

图 7-6　5^{-2}煤单一煤层开采模式的保护煤柱留设示意图

7.2.1　煤柱矿压影响带宽度计算

在分析5^{-2}煤开采矿压影响带宽度时把隔水煤岩柱视为建筑物，留设时借鉴建筑物下采煤时保护煤柱留设的相关规定及计算方法，参照《建筑物、水体、铁路及主要井巷煤柱留设与压煤开采规范》（2017），5^{-2}煤开采矿压影响带宽度如图 7-7 所示：

$$L_1 = \frac{H}{\tan\delta} \tag{7-2}$$

式中，H 为地表下沉±10mm 点与煤层标高差，m；δ 为煤层采动边界角，(°)。

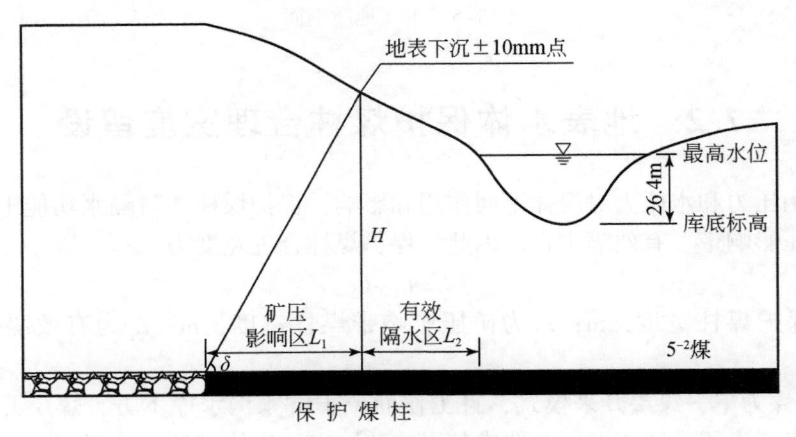

图 7-7　5^{-2}煤开采矿压影响带宽度示意图

7.2.2　有效隔水带煤柱宽度力学模型

1. 力学模型求解有效隔水带宽度

为了求解问题方便，本书对煤柱屈服区应力计算进行简化，简化后计算图如图 7-8 所示，图中p_0为水压，p_z为矿山压力，φ为内摩擦角，α为等效孔隙水压系数，$\overline{\sigma_x}$为塑性区与核区交界处的侧向压应力，用$\beta\sigma_{zl}$表示，β为侧向压力系数。

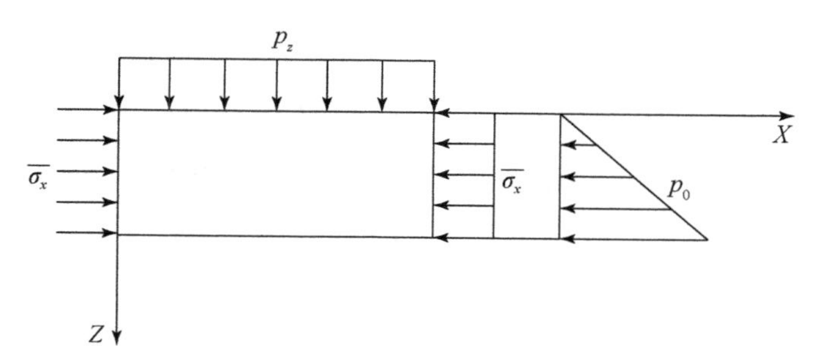

图7-8　矿山压力与水压作用下煤柱的受力简化模型

模型的边界条件为

$$[\sigma_z]_{z=0}=-p_z,\quad [\sigma_x]_{x=0}=-\bar{\sigma}_x,\quad [\sigma_x]_{x=l}=-\frac{p_0}{M}-\bar{\sigma}_x$$

对于模型的应力求解，本书采用满足应力边界条件的半逆解法。考虑应力边界外载荷分布的特性，拟由应力边界条件（Ⅱ）和（Ⅲ）假设x轴方向应力表达式为

$$\sigma_x=-f_0(x)\left(\frac{p_0}{ML}z\right)-\bar{\sigma}_x \tag{7-3}$$

其中，$f_0(x)$又满足边界条件：$f_0(0)=0$，$f_0(L)=L$，根据模型加载的载荷类型较为简单，可以用满足$f_0(x)$各边界条件的简单一次项x代替，因此有

$$\sigma_x=-x\left(\frac{p_0}{ML}z\right)-\bar{\sigma}_x \tag{7-4}$$

又有，Airy应力函数与应力分量的关系：

$$\begin{cases}\dfrac{\partial^2\Phi}{\partial x^2}=\sigma_z\\ \dfrac{\partial^2\Phi}{\partial z^2}=\sigma_x\\ \dfrac{\partial^2\Phi}{\partial z\partial x}=-\tau_{xz}\end{cases} \tag{7-5}$$

联立式（7-9）和式（7-10）第二项则可求出应力函数为

$$\Phi=-x\left(\frac{p_0}{6ML}z^3\right)-\frac{\bar{\sigma}_x}{2}z^2+zf(x)+g(x) \tag{7-6}$$

将式（7-4）代入式（7-5）第一项以及Airy应力双调和函数方程和应力边界条件中得

$$\begin{cases}\Delta^2\Phi=g^{(4)}(x)+zf^{(4)}(x)=0\\ \dfrac{\partial^2\Phi}{\partial x^2}=\sigma_z=g''(x)+zf''(x)\\ [\sigma_z]_{z=0}=-p_z\end{cases} \tag{7-7}$$

对于式（7-7）的第一个方程式根据 z 各次项的无关性得，$f^{(4)}(x)=0$，$g^{(4)}(x)=0$，并代入第二个方程联并式（9-9）以及第三方程求解出：

$$\begin{cases} g(x)=-\dfrac{p_z}{2}x^2+Ex+F \\ f(x)=\dfrac{A}{6}x^3+\dfrac{B}{2}x^2+Cx+D \end{cases} \tag{7-8}$$

将式（7-8）代入式（7-6）中得到应力函数，然后应用应力与应力函数关系得到各应力分量表达式：

$$\begin{cases} \sigma_x=-x\left(\dfrac{p_0}{ML}z\right)-\bar{\sigma}_x \\ \sigma_z=-p_z+(A+Bx)z \\ \tau_{xz}=-Ax-\dfrac{B}{2}x^2+\dfrac{p_0}{2ML}z^2 \end{cases} \tag{7-9}$$

而上述所得到的应力函数应满足弹性体边界平衡条件：

$$\begin{aligned} &\int_0^M[\tau_{xz}]_{x=L}\mathrm{d}z+p_zL+\int_0^L[\sigma_Z]_{z=M}\mathrm{d}x-\int_0^M[\tau_{xz}]_{x=0}\mathrm{d}z=0 \\ &-\int_0^L[\tau_{xz}]_{z=0}\mathrm{d}x+\int_0^L[\tau_{xz}]_{z=M}\mathrm{d}z+M\bar{\sigma}_x+\int_0^M[\sigma_x]_{x=L}=0 \end{aligned} \tag{7-10}$$

将式（7-9）代入式（7-10）中，检验之后发现其满足应力边界条件，则可知式（9-14）中的应力函数为所求结果。同时，根据模型假设交界面处无剪切力存在，故令常数 A、B 均为零，模型的弹性力学解答为

$$\begin{cases} \sigma_x=-x\left(\dfrac{p_0}{ML}z\right)-\bar{\sigma}_x \\ \sigma_z=-p_z \\ \tau_{xz}=\dfrac{p_0}{2ML}z^2 \end{cases} \tag{7-11}$$

再由岩石力学可知，煤岩是满足复杂应力下沿着最大剪切面发生破坏的结构体。同时，考虑煤体中含有软弱夹层，因此对于煤岩破坏的强度选择，可采用 Mohr-Coulomb 准则作为煤柱强度失效判据。

由两区约束理论假设可知核区可视为弹性体，其弹性单元任意角度应力具有莫尔圆关系：

$$\left(\sigma-\frac{\sigma_1+\sigma_3}{2}\right)^2+\tau^2=\tau_{\max}^2=\left(\frac{\sigma_1-\sigma_3}{2}\right)^2 \tag{7-12}$$

其中 σ_1、σ_3 由下列公式得到：

$$\left.\begin{matrix}\sigma_1\\ \sigma_3\end{matrix}\right\}=\frac{\sigma_x+\sigma_z}{2}\pm\sqrt{\left(\frac{\sigma_x-\sigma_z}{2}\right)^2+\tau_{xz}^{\ 2}} \tag{7-13}$$

由煤岩破坏的线性 Mohr-Coulomb 准则知，图中直线方程为 $\tau=\sigma\tan\varphi+C$，则线段 $AO=$

$\frac{C}{\tan\varphi}$，$OO'=\frac{\sigma_1+\sigma_3}{2}$，$OB=\frac{\sigma_1-\sigma_3}{2}$，如图7-9在直角三角形$ABO'$中满足如下关系：

$$\frac{\frac{\sigma_1-\sigma_3}{2}}{\frac{\sigma_1+\sigma_3}{2}+c/\tan\varphi}=\sin\varphi \tag{7-14}$$

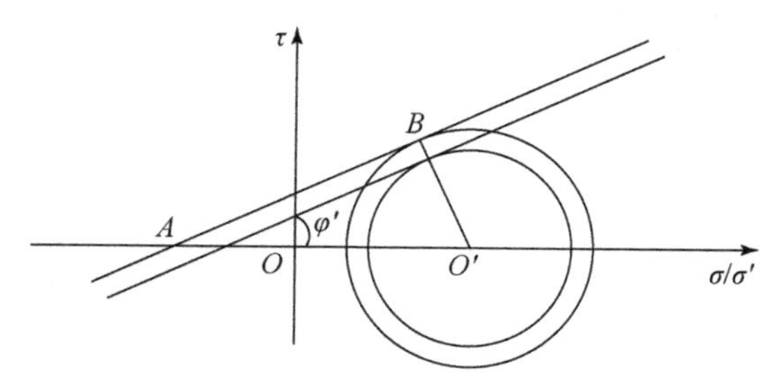

图7-9　含有效应力的Mohr-Coulomb准则

则可导出主应力与内摩擦角、黏聚力之间的关系为

$$\sigma_1=\frac{1+\sin\varphi}{1-\sin\varphi}\sigma_3+\frac{2c\cos\varphi}{1-\sin\varphi} \tag{7-15}$$

又由于在水的作用影响下，煤体孔隙在注水压力和毛细管作用力的共同作用下吸附水分，从而使煤体颗粒间的黏聚力和内摩擦角降低。当煤体内注入水压后，由于存在孔隙水压p_v使得有效应力发生变化，其关系为

$$\sigma'=\sigma-\alpha\cdot p_v \tag{7-16}$$

且知煤体外侧静水压力水压p_s函数关系，其中负号表示煤体承压：

$$p_s=-\frac{p_0}{M}z \tag{7-17}$$

将式（7-12）变为

$$\left[(\sigma-\alpha p_v)-\frac{(\sigma_1-\alpha p_v)+(\sigma_3-\alpha p_v)}{2}\right]^2+\tau^2=\tau_{\max}^2=\left[\frac{(\sigma_1-\alpha p_v)-(\sigma_3-\alpha p_v)}{2}\right]^2$$

$$\left(\sigma'-\frac{\sigma_1'+\sigma_3'}{2}\right)^2+\tau^2=\tau_{\max}^2=\left(\frac{\sigma_1'-\sigma_3'}{2}\right)^2$$

则式（7-15）同样变为

$$\sigma_1'=\frac{1+\sin\varphi}{1-\sin\varphi}\sigma_3'+\frac{2\cos\varphi}{1-\sin\varphi} \tag{7-18}$$

由于煤柱破坏止于核区表面，则可以近似认为动水压力与静水压力相同，即$p_s=p_v$；且为了给设计留有余地，计算核区合理宽度联立式（7-19）、式（7-15）、式（7-16），取$z=M$，$x=L_2$，解得核区合理长度为

$$L_2^1=\frac{Mp_0}{\sqrt{[2c\cos\varphi-\sin\varphi\,(p_0+p_z-2\alpha p_0+\bar{\sigma}_x)]^2-(p_0-p_z+\bar{\sigma}_x)^2}} \tag{7-19}$$

2.《煤矿防治水规定》(2009) 中经验公式

《煤矿防治水规定》(2009) 中规定，含水或导水断层防隔水煤柱留设公式：

$$L_2^2=0.5KM\sqrt{\frac{3p}{K_p}}\geq 20\text{m} \tag{7-20}$$

式中，L_2^2 为煤柱留设的宽度，m；K 为安全系数，一般取 2～5，此次取 5；M 为煤层厚度或采高，m；p 为水头压力，MPa；K_p 为煤的抗拉强度，取 0.22MPa。

3. 根据极限平衡理论计算有效隔水煤柱宽度

王永红、沈文等编著的《中国煤矿水害预防及治理》一书中，根据极限平衡理论对隔水煤柱的留设做出了细致的分析，认为真正起隔水作用的煤柱宽度是扣除塑性破坏后的核心部分，则有效隔水带煤柱宽度为

$$L_2^3=\frac{PM}{2\ (c+f\delta_y)} \tag{7-21}$$

式中，L_2^3 为煤（岩）柱扣除塑性破坏带宽度后的有效宽度，m；M 为煤层厚度或采高，m；P 为侧向水头压力，MPa；c 为煤层黏聚力，MPa；f 为煤层摩擦系数，常近似取 0.1；δ_y 为顶底板摩擦阻力，其值为 $K\gamma H$，MPa。

综上所述，在进行煤柱有效隔水带宽度计算时，建议取这 3 种计算方法得出的最大值 $L_2=\max\ \{L_2^1,\ L_2^2,\ L_2^3\}$。

在总结前人研究成果的基础上，根据矿山压力和水压力对煤体不同作用和影响，将保护煤柱从防隔水功能上沿宽度方向划分为矿压影响带、有效隔水带。按照不同开采模式，分别对矿压影响带宽度和有效隔水带宽度进行理论分析，推导出了相应的计算公式，据此 5^{-2} 煤保护煤柱宽度为

$$L^{5^{-2}}=\frac{H}{\tan\delta}+\max\begin{cases}\dfrac{Mp_0}{\sqrt{[2c\cos\varphi-\sin\varphi\ (p_0+p_z-2\alpha p_0+\bar{\sigma}_x)]^2-(p_0-p_z+\bar{\sigma}_x)^2}}\\ 0.5KM\sqrt{\dfrac{3p}{K_p}}\geq 20\text{m}\\ \dfrac{PM}{2\ (c+f\delta_y)}\end{cases} \tag{7-22}$$

由此可见，煤层采动边界角是决定矿压影响带宽度的关键因素，本书通过现场监测确定煤层采动边界角。

7.3　5^{-2} 煤层开采地表移动观测

矿区黄土、沙土覆盖地表被纵横交错的黄土沟壑切割形成复杂的地表形态，使得开采引起的地表移动变形变得非常复杂。依据矿区接续开采的布置方式，在张家峁煤矿 N15203 工作面开展地表移动规律观测等工作，得出覆岩垮落带发育和地表移动规律，为常家沟水库保护煤柱合理留设提供技术支撑。

7.3.1　观测站的布置

观测站的布置形式一般分为剖面线观测站和网状线观测站两种。一般常用的布站形式

为剖面线观测站，本次的地表移动观测也采用剖面线观测站的布置形式，其剖面线观测站是在主断面方向（倾斜与走向）上布点成直线形。剖面线观测站一般由两条观测线组成。一条沿煤层走向方向，另一条沿倾斜方向，它们互相垂直并相交。为了校验观测的数据，一般在沿倾斜方向布置两条观测线，但在地表条件复杂时，可只布置一条观测线。由于本次观测的 N15203 工作面的地表条件复杂，因此在煤层走向方向与沿倾斜方向各布置一条观测线（图 7-10）。

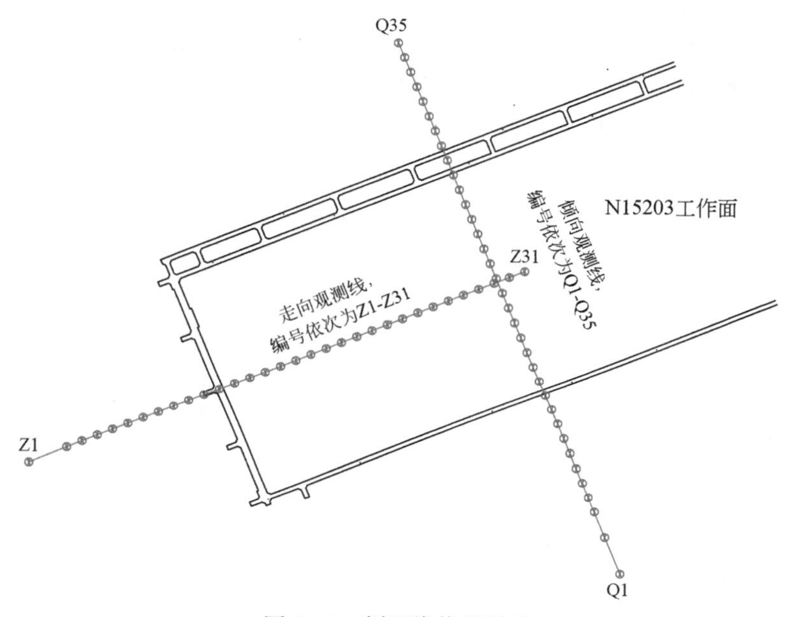

图 7-10　剖面线状观测站

（1）在 N15203 工作面中心位置沿走向方向布置一条走向观测线，走向观测线垂直于 N15203 工作面切眼，长度 L_Z 应尽量控制半盆地范围，按式（7-23）进行计算：

$$L_Z \geqslant 2(H_0-h)\cot(\delta-\Delta\delta)+2h\cot\varphi+D_2 \tag{7-23}$$

式中，H_0 为回采工作面的平均开采深度，取 150m；D_2 为布置两条互相平行的观测线时线间的平距，一般取 50m；h 为松散层厚度，取 70m；δ 为走向移动角，取 63°；$\Delta\delta$ 为走向移动角的修正值，一般取 20°；φ 为松散层移动角，取 45°。

根据计算得知，走向观测线长度 L_Z 应不小于 361.58m。这条观测线已经控制了下沉盆地的最大下沉区，同时也控制了 N15203 工作面开采时下沉盆地的特征区。通过工作面开采的分期观测成果，应用半剖面叠加方法能够实现走向半盆地下沉曲线的比较校正，达到观测精度的要求。

（2）沿倾斜布置观测线，观测线垂直于走向观测线，且与走向观测线相交。根据要求，倾斜观测线应能够控制沿倾斜的全盆地，其长度由式（7-24）进行计算：

$$L_b \geqslant 2h\cot\varphi+(H_1-h)\cot(\beta-\Delta\beta)+(H_2-h)\cot(\gamma-\Delta\gamma)+L\cos\alpha \tag{7-24}$$

式中，L_b 为回采工作面的倾斜长度，m；γ 为上山移动角，(°)；β 为下山移动角，(°)；δ 为走向移动角，取 63°；$\Delta\gamma$ 为上山移动角的修正值，(°)；$\Delta\beta$ 为下山移动角的修正值，

(°)；H_1、H_2为开采区下山边界和上山边界的开采深度，m。

由式（7-24）经计算可知倾斜观测线长度应不小于435m。

倾斜观测线距开采工作面开切眼距离 D_1 必须满足：

$$D_1 \geqslant (H_0-h)\cot(\delta-\Delta\delta)+h\cot\varphi \tag{7-25}$$

由计算可知，D_1应不小于155.79m，即倾斜观测线到开切眼的距离应大于156m。

（3）测点和控制点可采用混凝土就地浇筑，也可埋设预制混凝土测桩。预制混凝土测点结构及尺寸大小如图7-11、图7-12所示，中间用长度30cm，直径2cm的铁杆做标志，标志的顶部加工成球形，并钻一个深5mm，直径为1～2mm的孔作为测点标志中心。如果采用其他结构必须保证测点和地表土层有足够的摩擦力，使之成为一个整体。为了保证观测点的可靠性，对观测点采取一定的保护措施，使之免遭破坏。观测点的埋设深度应在冻土层以下0.5m，标志周围填紧土石，和冻土隔离，使之免受冻土影响。埋设测点时，在标定的位置挖一个直径30～35cm的坑，深度不小于60mm，将测量标志点埋设于地下，如图7-13所示。

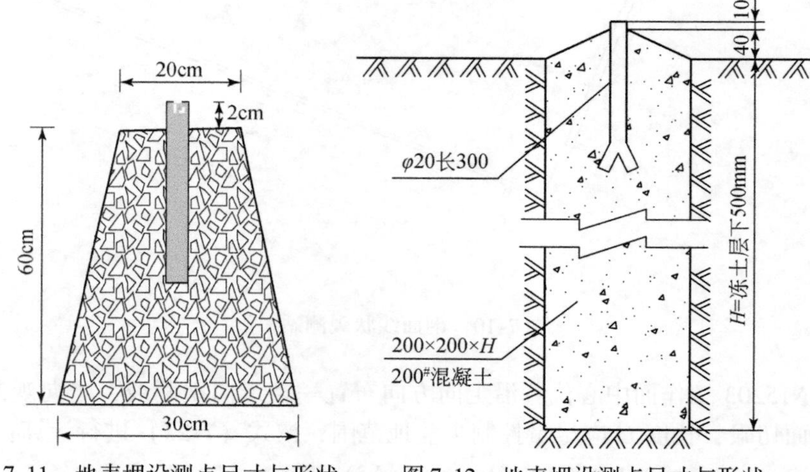

图7-11　地表埋设测点尺寸与形状　　图7-12　地表埋设测点尺寸与形状

图7-13　地表移动观测测点实际埋设照片

7.3.2　观测成果的计算

在 N15203 工作面观测区地表布设了两条观测线，一条走向观测线，另一条倾向观测线，共埋设控制点 4 个，观测点 66 个。截至 2014 年 3 月共进行了 6 次全面观测，4 次日常观测。通过数据整理分析，取得了较为可靠的地表移动参数。

1. *移动和变形计算*

地表移动和变形计算主要包括：各测点的下沉和水平移动；相邻两测点间的倾斜和水平变形；相邻两线段的曲率变形；观测点的下沉速度等。

在采动过程中，对倾向观测线 Q 线、走向观测线 Z 线一共进行了 10 次观测（包括首次全面测量）。地表沉降趋于稳定的标志是：连续 6 个月观测地表各点的累积下沉值均小于 30mm。最后几次的观测数据表明，地表沉降已稳定。

（1）m 次观测时 n 点的下沉为

$$w_n = H_n^0 - H_n^m \tag{7-26}$$

式中，w_n为 n 点的下沉值，mm；H_n^0、H_n^m 为分别为首次和 m 次观测时 n 点的高程，mm。

（2）相邻两点间的倾斜为

$$i_{n\sim n+1} = \frac{w_{n+1} - w_n}{l_{n\sim n+1}} \tag{7-27}$$

式中，$l_{n\sim n+1}$为 n 号点至 $n+1$ 号点间的水平距离，m；w_{n+1}、w_n分别为 $n+1$ 号点和 n 号点的下沉量，mm。

（3）n 号点附近的曲率为

$$K_n = \frac{2(i_{n+1\sim n} - i_{n\sim n-1})}{l_{n+1\sim n} + l_{n\sim n-1}} \tag{7-28}$$

式中，$i_{n+1\sim n}$、$i_{n\sim n-1}$分别为 $n+1$ 号点至 n 号点和 n 号点至 $n-1$ 号点的倾斜，mm/m；$l_{n+1\sim n}$、$l_{n\sim n-1}$分别为 $n+1$ 号点至 n 号点和 n 号点至 $n-1$ 号点的水平距离，m。

（4）n 号点的水平移动为

$$u_n = (L_n^m - L_n^0) \times 1000 \tag{7-29}$$

式中，L_n^m、L_n^0 分别为 m 次观测和首次观测时 n 号点至观测线控制点间的水平距离，mm。

（5）n 号点的下沉速度为

$$V_n = \frac{w_n^m - w_n^{m-1}}{t} \tag{7-30}$$

式中，w_n^m、w_n^{m-1} 分别为 $m-1$ 次和 m 次观测时 n 点的下沉值，mm；t 为两次观测的间隔天数，d。

从图 7-14 中容易看出：走向观测线 Z 各测点的最大下沉速度发生的时间是不一致的，各测点随着工作面的推进依次开始下沉，而后达到最大下沉速度，最后又都逐渐减小。在对观测站进行的所有观测中，我们很好地观测到了 Z17 点的最大下沉，在 2013 年 8 月 8 日的观测中，Z17 点的最大下沉速度达到了 391mm/d。这很好地反映了实际的地表下沉规律：地表下沉具有突发性，即地表会在很短的时间内产生较大的下沉，这也符合榆神府地

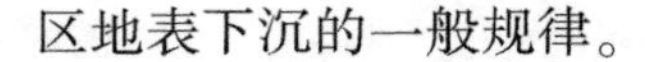

区地表下沉的一般规律。

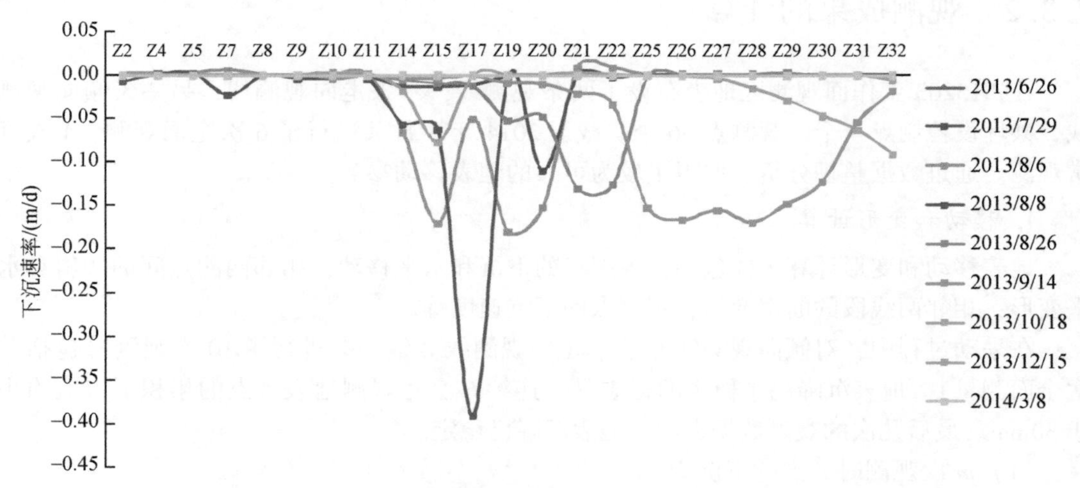

图 7-14　动态下沉及下沉速度曲线

2. 地表移动的角量分析

研究地表移动规律的主要方法是通过实地测量得到地表移动数据，再经过整理、分析得出在该地质条件下的一些角量值，它反映了工作面回采后地表移动特征点与回采工作面的几何关系，并为该区其他工作面的采煤或是“三下开采”及为保护煤柱的留设提供参考依据。

1）起动距的确定

当地下开采达到一定范围后，煤层顶板断裂破坏向上传递，经一定的时间后，覆岩移动开始波及地表，将地表开始移动时工作面的推进距离称为起动距。地表开始移动的标志通常以地表任意点（一般情况下位于开采沉陷下沉盆地的主断面内）下沉达到 10mm 时为准。地表移动启动距可以为正确确定地面建筑物加固、维修和观测时间提供依据。起动距主要与覆岩岩性和开采深度有关。一般在初次采动时，起动距为平均采深 H_0 的 1/4～1/2。

根据张家峁 N15203 工作面地表的实际情况，沿走向布置了一条观测线 Z。这条观测线可以很好地确定在开采过程中的起动距大小。根据观测区的地质及采矿条件，当预计地表点开始移动时，在预定的观测点进行不间断的高程测量，以此来确定地表开始移动的开采距离及时间。根据测得的数据分析可得，当 N15203 工作面推进约 60m 位置时，地表对应的观测点 Z12 开始移动，即地表移动起动距为 60m。根据张家峁矿区的覆岩特性可判定，起动距的主要决定因素是基岩的厚度，另外由于地表沟壑纵横，地形复杂，又由于煤层埋深浅，起动距与其他地区相比明显要小。除此之外，因黄土层抗拉伸变形能力差，垂直裂隙非常发育，岩层内部的移动变形在黄土层中的传递在很短的时间内就能完成，因此地表沉降在刚开始沉降时具有突变性。起动距可由下式确定。

（1）按覆岩总厚度计算：

$$L_{起}=nH_0 \tag{7-31}$$

式中，H_0 为煤层平均采深，取 128m；n 为系数；$L_{起}$ 为地表移动起动步距，m。

设 $L_{起}=60m$，则 $n=\frac{L_{起}}{H_0}=0.468$，起动步距约为采深的47%。

（2）按基岩厚度计算：

$$L_{起}=n(H_0-h) \tag{7-32}$$

式中，H_0 为煤层平均采深，取128m；n 为系数；h 为黄土层厚度，取60m；$L_{起}$ 为地表移动起动步距，m。

设 $L_{起}=60m$，则 $n=\frac{L_{起}}{H_0-h}=0.88$，起动步距为基岩厚度的88%。

由以上分析可得出以下结论：张家峁矿区由于开采引起地表移动的起动步距可按基岩厚度的88%或平均埋深的47%来判定。

2）超前影响角的确定

为了掌握工作面推进过程中前方地表开始下沉的位置，确定采动地表动态移动的影响情况，需要知道开采的超前影响角。一般将工作面前方地表开始移动的点与此时工作面位置的连线和水平线在矿柱一侧的夹角称为超前影响角，用 ω 表示。超前影响角的计算公式为

$$\omega=\text{arccot}\frac{l}{H_0} \tag{7-33}$$

式中，l 为超前影响距，m；H_0 为煤层平均采深，取128m；ω 为超前影响角，(°)。

超前影响角的大小与采动程度、工作面的开采速度及采动次数有关。当地表为非充分采动时，ω 随开采范围的增大而减小；当地表达到充分采动后，ω 趋于定值；当回采结束，地表移动稳定后，ω 等于边界角 δ_0。ω 值随工作面推进速度的增大而增大。重复采动时的超前影响角要比初次采动小。

掌握了在工作面推进过程中超前影响规律，就可以确定工作面在任意位置时的地表影响范围。根据观测结果可确定，工作面前方地表移动的超前影响距 $l=80m$，则超前影响角为

$$\omega=\text{arccot}\frac{l}{H_0}=\text{arccot}\frac{80}{128}=57.9° \tag{7-34}$$

3）最大下沉角的确定

在移动盆地的倾斜主断面上，采空区的中点与地表最大下沉点或下沉盆地平底的中点的连线与水平线之间在矿层下山方向的夹角称为最大下沉角，如图7-15所示。

在倾斜主断面上，最大下沉点Q18，最大下沉值为3.861m，Q距离底板高度为150m，根据18号点所处位置和采空区关系可以得到：

$$\theta=\text{arccot}\frac{L}{H_0}=\text{arccot}\frac{15.43}{150}=84° \tag{7-35}$$

3. 地表裂缝发育特征及原因分析

煤矿开采诱发地表裂缝的产生，其发展程度与采深、表土层厚度、覆岩性质及地表移动的发展过程（地表移动的初始、活跃、衰退三个阶段的时间分布及移动量）有密切关系。而采动引起的地表裂缝通常表现为两种形式：第一种形式为超前开采工作面并平行于开采工作面的动态裂缝，这种裂缝一般在超前工作面按一定距离出现，随工作面继续推进

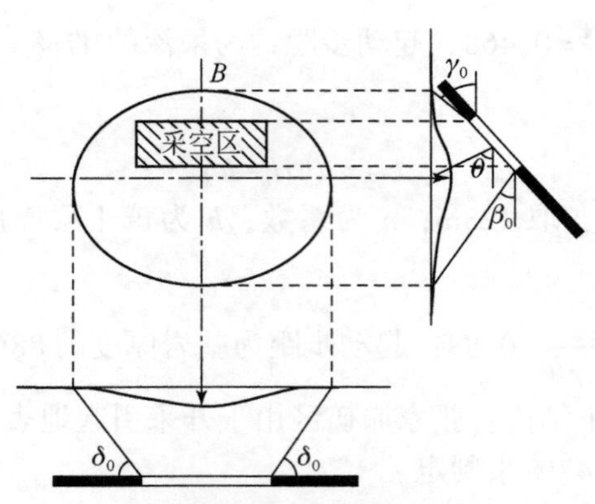

图 7-15　最大下沉角确定

逐渐发展变宽，当工作面推过地表裂缝位置时，裂缝达到最宽，此后随时间延续逐渐有所闭合，所以也称为闭合裂缝；第二种形式为当工作面推进到一定距离（一般在基本顶初次断裂之后持续 3 ~ 5 天），在地表移动开始后，逐渐形成沿采空区边界略偏外位置出现的裂缝，这类裂缝位于下沉盆地的拉伸区，特性为张口且随时间延续持续发展扩大的永久裂缝。有时永久裂缝与闭合裂缝间断地连接在一起，但也有可能两者并无直接联系，这主要取决于基岩厚度、开采高度及其采空区的长宽比等。长宽比越接近，闭合裂缝与永久裂缝联系越密切。由于张家峁工作面观测站采厚大、采深小、深厚比较小，因此地表移动的形式主要表现为台阶状逐段断裂坍塌。

张家峁煤矿 N15203 工作面裂缝的发生、发展具有如下特点：

（1）时间上的突然性。当工作面推进到一定距离后，裂缝是在较短的时间内形成的。第一天测量时地表无明显变化，第二天测量时发现裂缝发育明显，道路被破坏，车辆无法通行。

（2）裂缝等距离分布，裂缝间距相差不大，局部地方受地形的影响会有所偏差。

（3）裂缝出现与地形地貌有密切联系。

可见地表沉陷破坏剧烈，地表沉陷破坏为连续台阶裂缝破坏，在近沟壑边缘位置破坏更严重，发展范围也比塬面位置大。

4. 地表移动稳定后的角值确定

1）边界角的确定

走向边界角以下沉 10mm 的位置作为临界边界，结合测量的数据和上述走向观测线 Z 的下沉曲线图，可求取矿区的走向边界角。可由下式确定：

$$\delta_0 = \arctan \frac{H_0}{L_1} \tag{7-36}$$

走向方向上变形边界点是 Z10，Z10 距离底板高度为 87m，倾向方向上变形临界点是 Q6，距离底板高度为 167m。根据与工作面的关系计算边界角如下。

走向方向边界角为

$$\delta = \operatorname{arccot} \frac{L}{H_0} = \operatorname{arccot} \frac{40}{87} = 65^\circ$$

倾向方向边界角为

$$\delta=\operatorname{arccot}\frac{L}{H_0}=\operatorname{arccot}\frac{105}{167}=57.8°$$

2）充分采动角的确定

由测量数据可知当工作面开采距离达到 145m 左右时，开采已经达到充分采动，因此可以根据走向主断面上的 Z 观测线和倾斜主断面上的 Q 观测线得到充分采动角。根据观测数据可得综合充分采动角约为 62°。

5. 采动过程中地表移动分析

地下矿层采出后引起的地表沉陷是一个时间和空间的动态变化过程。在这个过程中地表出现复杂的移动变形，在移动盆地的形成过程中地表各个点都经历了拉伸、压缩、弯曲等复杂的移动变形。因而研究采动过程中的地表移动的变形规律有重大的意义。

在开采过程中，随着采空区面积的增大，地表一定区域内各点的下沉速度逐渐增大，并且在这个过程中该区域内各个点的下沉速度也是不相等的。当工作面开采达到充分采动后地表各个点的下沉速度基本相同，并随开采的不断增加而下沉速度逐渐变小，当开采停止后，地表各点的下沉速度会渐渐趋于零。总的来说，地表各个点的移动经历了以下阶段，即开始下沉→达到最大下沉速度→下沉速度逐渐减小→下沉结束。

从图 7-14 中可以看出随着工作面的推进达到 105m 距离时，下沉值有一个很明显的突变，下沉速度也急剧增加，随着开采的继续推进，Z15 点达到一个最大的下沉速度，此阶段为下沉的活跃阶段。随后下沉速度又开始降低，并且降低过程较增大过程要稍慢一些且经历的时间更长。这主要是由于下沉最大速度发生在工作面推过该点一段距离后，这段时间顶板要悬空一定的长度，当悬空距离达到顶板初次来压步距时，直接顶随之冒落并充填采空区。由于采空区矸石压实有个过程，所以下沉速度的降低会有一个相对较长的时间。随着工作面的不断推进，最终下沉速度也趋于稳定且接近于零。

（1）地表移动过程中的三个阶段

从地表开始移动到移动停止要经历三个阶段：启动阶段、活跃阶段、衰减阶段。从图 7-14 还可以看出，当工作面推过该点一段距离以后，该点的下沉速度才能达到最大。由表 7-2 可以看出：开始阶段和衰减阶段，该点的下沉速度 $v<42$mm/d，在活跃阶段 v 在 13～42mm/d，最大值下沉速度可达到 42mm/d。从表 7-2 中数据还可以得出，在活跃阶段内该点的下沉量超过了该点下沉总量的 85%，由此可以说明地表的下沉主要发生在下沉活跃期内。

表 7-2　Z15 点的下沉速度和下沉值对比表

日期	下沉速度 v/(m/d)	下沉值 ω/m
2013/6/26	0.000	0.000
2013/7/29	−0.013	−0.432
2013/8/6	−0.042	−1.805
2013/8/8	−0.042	−1.932

续表

日期	下沉速度 v/(m/d)	下沉值 ω/m
2013/8/26	-0.009	-2.100
2013/9/14	-0.004	-2.174
2013/10/18	-0.0078	-4.810
2013/12/15	-0.001	-4.842
2014/3/8	0	-4.859

（2）地表下沉的持续时间与下沉速度参数

地表移动持续时间主要与覆岩岩性、开采深度与采高之比及开采速度等因素有关。覆岩越软、推进速度越大、采深与采高比越小，则下沉速度越大。重复采动时的最大下沉速度比初次采动时大。据有关资料认为地表最大下沉速度与地表最大下沉值、开采速度、覆岩岩性以及工作面推进速度有关，其关系可用常用的经验公式表示为

$$v_{\max}=\frac{K\omega_{\max}v}{H_0} \tag{7-37}$$

式中，K 为下沉速度系数；v 为工作面开采速度，m/d。

地表移动时间因开采各因素和各地区地质情况的差异而有所不同，一般要持续 1.5～2.5 年，在采深较大、覆岩坚硬的条件下，甚至可能会持续 5～6 年。根据本矿区的观测数据可得，张家峁 N15203 工作面由于其特殊的环境，即浅埋深、厚黄土层、薄基岩的条件，充分采动区的地表沉降 9 个月已基本完成，达到稳定的下沉盆地。

6. 地表移动的变形最大值

分析两条观测线（Q 线和 Z 线）的测量结果，可以得到地表的最大下沉值、最大倾斜值、最大水平移动和最大曲率等（表 7-3）。

表 7-3　地表移动变形最大值

观测项	Q 线	Z 线
最大下沉值/mm	3861	4859
最大倾斜值/(mm/m)	-68.16	-148.5
最大曲率/(10^{-3}/m)	-1.96	7.24
最大水平移动/m	1.56	1.84
最大下沉速度/(mm/d)	94.8	391

通过对 N15203 工作面地表观测资料的分析，得出上述地表移动过程中下沉盆地的特征参数。这些参数是基于综合机械化全部垮落法顶板管理采煤方法得出的，前期开采速度小（在开采前几个月工作面日推进速度约为 2～3m/d），观测区地形复杂，沟壑纵横，地面高差大，测得的数据针对不同的地形有一定的局限性。因此，即使在同一矿区，一般应建立在多个观测站观测资料的基础上，并经详细的分析得出，才是比较可靠的。

7.4　5^{-2}煤层开采合理保护煤柱的确定

7.4.1　常家沟水库周边自燃边界圈定

煤层自燃边界一般是以150m对孔控制为准（图7-16），以便把煤层自燃边界的摆动幅度控制在75m范围内。

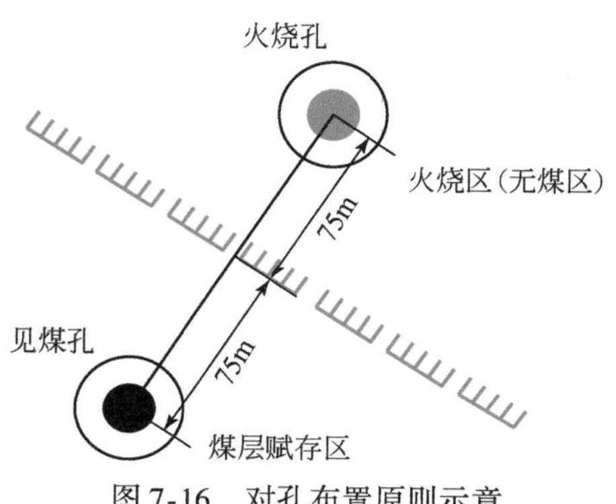

图7-16　对孔布置原则示意

经2011年陕西省煤田地质局131队在该区的补勘工作，常家沟水库周边各煤层自燃边界如图7-17所示。

本次分析主要在以往高精度磁法勘探及验证钻孔确定的煤层自燃边界的基础上，重点以2012年陕西煤田地质局185队施工的4个水文孔（ZK3、ZK5、ZK8、ZK11）和8个探煤孔（ZK1、ZK3、ZK4、ZK6、ZK7、ZK9、ZK10、ZK12）为依据重新圈定4^{-2}、4^{-4}煤自燃边界。

4^{-2}煤自燃边界：在陕西省煤田地质局185队施工的12个钻孔中，ZK1、ZK2、ZK3、ZK7钻孔探明4^{-2}煤，ZK4、ZK5、ZK6、ZK8、ZK9、ZK10、ZK11、ZK12钻孔探明4^{-2}煤烧变岩，据此，根据对孔距150m的控制距离，对4^{-2}煤自燃边界进行了修订。

常家沟水库东北部ZK1、ZK2、ZK3钻孔施工前确定为4^{-2}煤层自燃区，施工后查明4^{-2}煤层均未自燃，依对孔距原则，将4^{-2}煤自燃边界ZK1钻孔正北方向的点移至该钻孔正南方75m处，其余各处按照变化趋势用圆滑线条自然连接，自燃边界向南移动，煤层可采区扩大，增加了回采煤量；常家沟水库北部ZK7、ZK8、ZK9钻孔施工前缺少一部分自燃边界，本次依ZK7（见煤孔）、ZK8（火烧孔）钻孔中点连线将其东部缺失部分补充连接完整；常家沟水库西部ZK4、ZK5、ZK6钻孔施工后，在原来探明的煤层赋存区域发现ZK6火烧孔，因此，根据对孔距原则，过ZK6钻孔做原自燃边界的垂线，在垂线上取ZK6钻孔西北方向75m距离的点作为本次自燃边界的修正点，其余各处按照变化趋势用圆滑线条自然连接，该处变动使得自燃区域增大，煤炭可采面积变小；常家沟水库南部ZK10、ZK11、ZK12钻孔施工前确定为煤层未自燃区，施工后查明该区域4^{-2}煤层均自燃，4^{-2}煤

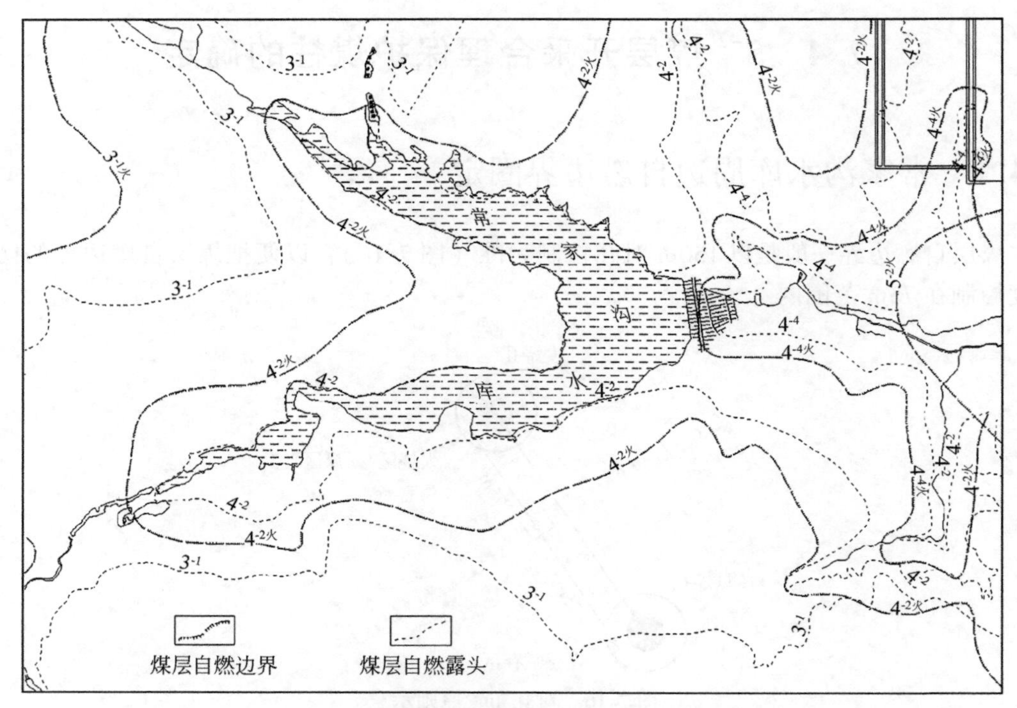

图 7-17　常家沟水库周边各煤层自燃边界分布

层自燃范围较之前有所扩大，取 ZK12 钻孔正南方向 75m 处的点作为本次的修正点，然后依变化趋势用圆滑线条自然连接其余各处。

4^{-4}煤自燃边界：由于陕西省煤田地质局 185 队施工的 12 个钻孔中尚未探查出 4^{-4}煤烧变岩，因此，本次未做改动，保持原状。

7.4.2　常家沟水库保护煤柱留设尺寸确定

常家沟水库水坝为土质结构，坝高46.7m，长250m，坝面宽10m，坝底及周围岩石为延安组第三段极弱含水层段。库底被泥沙淤积，库底标高+1111.74m，最高洪水位+1138.17m，枯水期水位标高+1121.74m，蓄水量为 $154\times10^4\sim299\times10^4\mathrm{m}^3$，一般为 $225\times10^4\mathrm{m}^3$。在常家沟水库周边，大部地段是 4^{-2}煤层自燃后形成的烧变岩，裂隙空洞较发育，出露地段常形成陡坡、陡崖或被松散砂层覆盖，底部埋没于水库之中。由于烧变岩裂隙孔洞发育较好，透水性极好，且烧变岩和水库水直接或间接地的接触，这样水库水势必直接或间接地和烧变岩含水层形成了紧密联系，从而形成了一定的补径排关系。因此，常家沟水库周边煤柱留设均是以火烧区边界为留设边界。

1. *矿压影响带煤柱宽度 L_1 计算*

由前述矿压影响带煤柱宽度理论研究可知，5^{-2}煤层开采时，矿压影响带煤柱宽度 L_1 计算如下：

$$L_1 = \frac{H}{\tan\delta} \tag{7-38}$$

式中，H 为地表下沉±10mm 点与煤层标高差，m；δ 为煤层采动边界角，(°)。

常家沟水库洪峰期最高洪水位标高为+1138.17m，5^{-2}煤层底板标高为+1055m，则相对最高水位标高而言，此区域内5^{-2}煤层的最大埋深为83.17m，即H_1取83.17m。

由5^{-2}煤层开采地表移动观测分析结果得出，5^{-2}煤层开采后走向边界角为65°，倾向边界角为57.8°。选取最小边界角值进行计算，因此取边界角为57.8°。

则 $L_1 = H_1/\tan\delta_1 = 83.17/\tan57.8° = 52.4$（m）

2. 有效隔水带煤柱宽度L_2计算

由前述有效隔水带煤柱宽度理论研究可知，有效隔水带煤柱宽度将基于3种不同的理论进行计算，取其最大值为L_2。

1）力学模型求解有效隔水带宽度

采用式（7-19）计算，如下：

$$L_2^1 = \frac{Mp_0}{\sqrt{[2c\cos\varphi - \sin\varphi(p_0 + p_z - 2\alpha p_0 + \bar{\sigma}_x)]^2 - (p_0 - p_z + \bar{\sigma}_x)^2}}$$

式中，采高 M 取6.0m；煤层黏聚力 c 为2.81MPa；内摩擦角 φ 为23°；等效空隙水压系数 α 取0.3；上覆岩层平均容重 γ 取24kN/m³；5^{-2}煤层埋深平均取130m；水头压力 p_0 取0.26MPa；煤柱上的矿山压力 p_z为3.12MPa；5^{-2}煤层单轴抗压强度为15MPa；侧向压力系数为0.24；则塑性区与核区交界处的侧向压应力$\bar{\sigma}_x$为3.68MPa。

计算得出 $L_2^1 = 4.8$m，即利用力学模型求得有效隔水带煤柱宽度为4.8m。

2）《煤矿防治水规定》（2009）中经验公式

《煤矿防治水规定》（2009）中，含水或导水断层防隔水煤柱留设公式为

$$L_2^2 = 0.5KM\sqrt{\frac{3p}{K_p}} \geqslant 20$$

式中，K 为安全系数，取5；采高 M 取6.0m；水头压力 p 为0.26MPa；煤的抗拉强度 K_p 为0.3MPa。

计算得出 $L_2^2 = 24.2$m，即参考《煤矿防治水规定》（2009）中经验公式求得有效隔水带煤柱宽度为24.2m。

3）根据极限平衡理论计算有效隔水煤柱宽度

采用式（7-21）计算，如下：

$$L_2^3 = \frac{pM}{2(c + f\delta_y)}$$

式中，水头压力 p 为0.26MPa；采高 M 取6.0m；煤层黏聚力 c 为2.81MPa；煤层摩擦系数 f 取0.1；顶底板摩擦阻力 δ_y为3.12MPa。

计算得出 $L_2^3 = 2.45$m，即根据极限平衡理论计算有效隔水煤柱宽度为2.45m。

因此，最终有效隔水带煤柱宽度 L_2为24.2m。

综上所述，常家沟水库东侧煤柱留设总宽度为 $L^{5-2} = L_1 + L_2 = 52.4 + 24.2 \approx 77$m。

7.5　社会经济效益分析

7.5.1　经济效益

本书在总结前人研究成果的基础上，根据矿山压力和水压力对煤体不同作用和影响，将保护煤柱从防隔水功能上沿宽度方向划分为矿压影响带、有效隔水带。按照不同开采模式，分别对矿压影响带宽度和有效隔水带宽度进行理论分析，推导出了相应的计算公式，综合得出了常家沟水库周边煤层开采合理宽度计算公式。在此基础上，通过相似材料模拟和数值模拟，得出了煤层群重复采动覆岩破坏和地表移动规律，从而确定出水库周边合理的保护煤柱宽度。

若不进行张家峁煤矿常家沟水库保护煤柱合理留设技术研究，依据《煤矿防治水规定》（2009）和《建筑物、水体、铁路及主要井巷煤柱留设与压煤开采规范（2017）》，采用传统公式计算确定出保护煤柱宽度，具体思路如下。

利用公式：

$$L=L_1+L_2 \tag{7-39}$$

式中，L 为煤柱留设宽度，m；L_1 为煤岩柱第一段宽度，m；L_2 为煤岩柱第二段宽度，m。其中 $L_1=H/\tan\delta$ [H 为河堤与煤层标高差，m；δ 为煤层采动边界角，依照《建筑物、水体、铁路及主要井巷煤柱留设与压煤开采规范》（2017）中相似地质条件下的取值，这里取 46.6°]。

煤岩柱第二段宽度 $L_2=0.5KM\sqrt{\dfrac{3p}{K_p}}\geqslant 20\text{m}$（$L_2$ 为规定中含水或导水断层防隔水煤柱留设公式，这里 K 为安全系数，一般取 2～5；M 为煤层厚度或采高，m；p 为水头压力，MPa；K_p 为煤的抗拉强度，MPa）。

代入计算所需参数，即可得常家沟水库周边保护煤柱的留设宽度，见表 7-4。

表 7-4　常家沟水库保护煤柱留设计算表

煤层区域	4^{-2}	4^{-3}	4^{-4}	5^{-2}	备注
东侧				103m（77m）	括号里为本书研究成果
南北侧	34m（23m）		74m（52m）	113m（90m）	
西侧	34m（23m）	53m（37m）	66m（49m）	104m（85m）	

对比结果可以得出，在保证水库周边煤层安全开采的前提下，采用本书研究成果进行保护煤柱宽度计算，结果更为合理，水库周边可采煤炭资源的范围扩大，避免了煤炭资源的浪费，其中 4^{-2} 煤层增加工业储量 462.0 万 t，4^{-3} 煤层增加工业储量 1.1 万 t，4^{-4} 煤层增加工业储量 1.7 万 t，5^{-2} 煤层增加工业储量 145.3 万 t，共计增加工业储量 610.1 万 t。考虑采区回采率，则增加的可采储量为 457.5 万 t，可增加产值 18.3 亿元（按原煤 400 元/t 计算），利润约 6.8 亿元（按原煤利润 150 元/t 计算）。

7.5.2 社会效益

本书提出了浅埋单一煤层及煤层群开采水体保护煤柱的计算方法，具有推广应用价值，为国内外水体周边煤层开采提供了有益的借鉴和参考。主要表现在以下四个方面。

（1）确定了常家沟水库周边各煤层开采的保护煤柱留设宽度，由此改变了4^{-2}、4^{-3}、4^{-4}、5^{-2}煤层各采区工作面的布置方案，保障了工作面的正常回采，保证安全产出煤炭4^{-2}煤1470万t、4^{-3}煤180万t、4^{-4}煤420万t、5^{-2}煤2520万t，共计4590万t煤炭资源。

（2）对确保张家峁煤矿安全生产、提高矿井回采率、保护水资源、促进经济可持续发展具有重要社会意义。

（3）对于西部浅埋及近浅埋类似水体下采煤保护煤柱留设具有参考价值。

（4）对西部矿区安全高效绿色开采技术的发展、解决西部生态脆弱地区大规模煤炭生产与生态环境保护之间的矛盾、国家能源战略西部转移及可持续发展有着重要意义。

第8章　承压水体上保水采煤技术及工程实践

澄合矿区远景资源量为68亿t以上，现有生产矿井8处，其中澄合矿业有限公司4处，地方煤矿4处，生产能力420万t/a。根据《澄合矿区总体规划》，在今后6年内将建成12处矿井，使原煤产量达到1980万t/a（后期目标3000万t/a）以上的规模，成为陕西省重要的原煤产地。

区内含煤地层为上石炭统太原组和下二叠统山西组，含可采煤层5层，近年来随着浅部3号煤层煤炭资源的枯竭，深部的5、10号煤层是矿区持续发展的唯一接替资源。而区内可采的5号煤层大部分位于奥陶系岩溶水静水位标高以下（+375m），奥陶系承压水富水性强，水头压力高，对煤层开采威胁极大，是矿井生产的主要安全隐患。奥陶系岩溶水水位稳定对区内国家级湿地公园和工业项目用水起着重要的作用。因而，解决5号煤层带压开采问题，实施保水采煤，是澄合矿区及渭北老煤炭工业基地亟待解决的难题。

近年来，董家河煤矿以保水采煤理论为基础，立足对隔水层、水压、水量、构造等综合水文地质开采条件的研究，研制了以水文地质探查和注浆加固底板为一体的立体式、综合性保水采煤方案。经开采工程实践验证，该方案切实可行，能有效解决澄合矿区承压水体上煤炭资源安全开采问题，既保证了井下开采的安全性，也降低了奥陶系岩溶水水位受采煤影响的程度，实现了保水采煤目标。

8.1　煤层底板地质条件探查技术

8.1.1　地震勘探

为了准确评价煤层底板隔水层工程地质条件，近年来澄合矿业有限公司完成了以地震勘探、电磁法勘探为主的底板探测工程。

8.1.1.1　地震勘探适应条件

澄合矿区含煤地层为上石炭统太原组和下二叠统山西组地层，勘探的主要目的层5煤层是石炭二叠系煤层，赋存条件较好，是目前矿井主要开采煤层，煤层厚度在0～7m，平均约3.4m。煤层顶底板为中细粒砂岩或石英砂岩，煤层与围岩密度差异明显，能形成能量较强的反射波，一般称之为T5波。由于5煤层与4煤层间距一般为0.62～9.94m，平均为5.28m，间距小于地震勘探纵向分辨率，因此T5波实际上是4煤层与5煤层的复合波。

澄合矿区具有良好的深层地震地质条件，典型时间剖面如图8-1所示。

8.1.1.2　地震勘探及效果

澄合矿区地震工作开始于2000年左右，2008年底澄合矿区开始三维地震勘探工作，

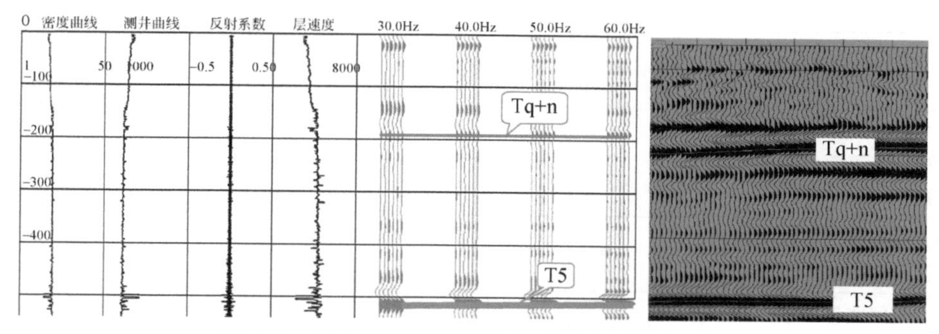

图 8-1　区内主要反射波组在时间剖面上的反映

到 2013 年初，共完成二、三维地震勘探项目 27 个，完成三维勘探面积 78.66km²。三维地震勘探较地质勘探阶段更加精细地解释了 5 煤层的赋存形态及埋藏深度，解释了新生界松散覆盖层的厚度，预测了各地震勘探区内煤层厚度的变化趋势；共解释断层 365 条，褶皱 59 条，采空区 6 块，陷落柱 1 个，煤层风氧化带多处，见表 8-1。

表 8-1　澄合矿区地震勘探成果统计表

序号	项目名称	断层	正断层	逆断层	采空区/km²	异常区/km²	背斜	向斜	圈定缺失	陷落柱
1	澄合百良旭升煤矿补充勘探三维地震勘探	15	14	1			1			
2	陕西省渭北石炭二叠纪煤田澄合矿区山阳井田首采区三维地震勘探	2	2			1	1	3		
3	陕西省渭北石炭二叠纪煤田澄合矿区西卓子井田首采区三维地震勘探	8	7	1			2	1		
4	陕西省合阳县中东深部勘查区煤炭资源勘查（陕地勘金字［2009］3 号）	6	6							
5	陕西澄城董东煤业有限责任公司董东煤矿三维地震勘探	14	14					1		
6	陕西省澄城中深部煤炭资源详查（中间地质）二维地震勘探报告陕地勘金字［2009］151 号	10	8	2			4	4		
7	陕西省澄合矿区王村煤矿三采区下山北部三维地震、瞬变电磁综合勘探	14	14				1	2		
8	陕西省渭北煤田澄合矿区王村斜井一采区三维地震勘探	7	7							

续表

序号	项目名称	断层	正断层	逆断层	采空区/km²	异常区/km²	背斜	向斜	圈定缺失	陷落柱
9	陕西省渭北石炭二叠纪煤田澄合矿区坊镇勘查区详查二维地震勘探	4	4						1	
10	渭北煤田澄合矿区安阳井田首采区三维地震勘探	10	10					1		
11	陕西省渭北煤田澄合矿区安阳井田西盘区综合物探	6	6		0.43	0.048	2	2	4	
12	陕西省渭北煤田澄合矿区澄合二矿二水平三、四采区三维地震勘探	58	58		0.26		4	3		
13	陕西省渭北煤田澄合矿区澄合二矿三水平一采区三维地震勘探报告	14	14				3	2		1
14	陕西省渭北煤田澄合矿区董家河煤矿三水平三维地震勘探报告	7	7				1			
15	陕西省渭北煤田澄合矿区王村煤矿四采区东翼三维地震勘探报告	13	13					1		
16	陕西省渭北煤田澄合矿区王村斜井（5218、5220、5222 区域）三维地震勘探报告	8	7	1	0.022	0.06				
17	陕西省渭北石炭二叠纪煤田澄合矿区山阳井田首采区（西区）三维地震勘探报告	9	9				2	2		
18	陕西省渭北石炭二叠纪煤田澄合矿区西卓井田（西区）三维地震勘探报告	10	9	1						
19	陕西澄合百良旭升煤炭有限责任公司旭升煤矿 509-510 工作面三维地震勘探报告	10	10			0.05				
20	陕西省澄城县石家坡煤矿（整合区）三维地震勘探报告	24	1	23			3	3		
21	陕西省渭北煤田澄城县三眼桥煤业有限公司煤矿（整合区）三维地震勘探报告	13	13				1	2		
22	陕西省渭北石炭二叠纪煤田澄合矿区太贤井田二维、三维地震勘探报告	7	7					1		
		18	13	5			4	4		

续表

序号	项目名称	断层	正断层	逆断层	采空区/km^2	异常区/km^2	背斜	向斜	圈定缺失	陷落柱
23	陕西省渭北石炭二叠纪煤田澄合矿区义合井田二维、三维地震勘探报告	2	1	1						
		28	21	7			2	1		
24	陕西省渭北石炭二叠纪煤田澄合矿区同家庄勘查区煤炭资源详查二维地震勘探	8	8							
25	澄合矿务局权家河煤矿物探工程	1	1							
26	陕西陕煤澄合矿业有限公司王村煤矿三维地震勘探	27	26	1						
27	合阳县秦晋矿业开发有限公司平政煤矿三维地震勘探	12	11	1			1	1	1	
合计		365	320	44	0. 712	1. 098	32	34	6	1

三维地震勘探区西部异常时间剖面特征表现为反射波产状突变，部分强相位波消失。三维地震被认为是由断层或巷道开采造成，命名为 3DF10，后经向矿方了解，确因巷道开采造成；地震成果解释的 3DF11 断层，也在矿方建设过程中被证实该处煤层破碎严重，从而划出一块破坏区，放弃开采。目前掘进巷道对煤层底板标高揭示，煤层埋深的解释误差小于 1. 5%。

8. 1. 2　电磁法勘探

8. 1. 2. 1　电磁法勘探适应性

澄合矿区地层沉积序列稳定，煤系地层为石炭二叠系，其岩性多为砂岩、粉砂岩、铝土质泥岩和碳酸盐岩，主采 5 煤层直接顶板为 K_4 砂岩，K_3 砂岩为其老底。煤层与其顶、底板岩层的电性差异十分明显，而砂岩富水区和裂隙充水、断层破碎带含水将是明显的低阻异常，利用电法勘探在高阻围岩中寻找低阻地质体具有优势。图 8-2 为澄合矿区瞬变电磁反演后等视电阻率典型断面图。由图可知，视电阻率等值线平滑成层，与地层情况相吻合，断面图中部及右侧发育有 DF1、段庄正断层，断层错断 5 煤层，由于断层错断正常地层，上升盘老地层抬升，致使其在断面图上的断层处上升盘视电阻率高于下降盘，通过与围岩电性进行对比，可判断断裂构造的含水性。

由图 8-3 可以看出，澄合矿区直流电测深视电阻率值随深度的加深而增大，煤系地层层位稳定，等值线平滑成层，与地层情况相吻合，断面图中存在 5 煤层采空区，其在断面图上反映为高阻隆起（桩号 1600 ~ 1700 段），而桩号 1540 处单点高阻异常为地面公路所致；桩号 1300 ~ 1340 段等值线扭曲变形，在小号端呈低阻下降台阶，为权家河正断层错

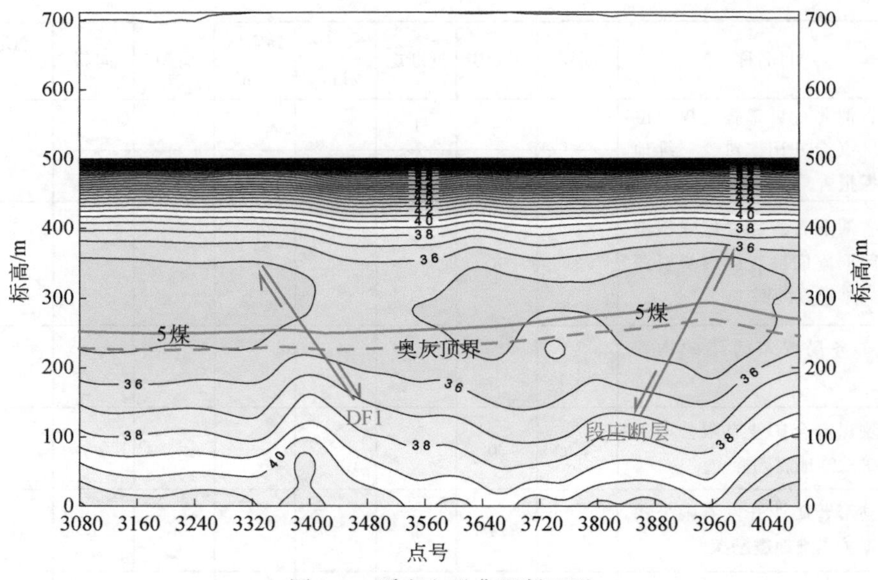

图 8-2　瞬变电磁典型断面图

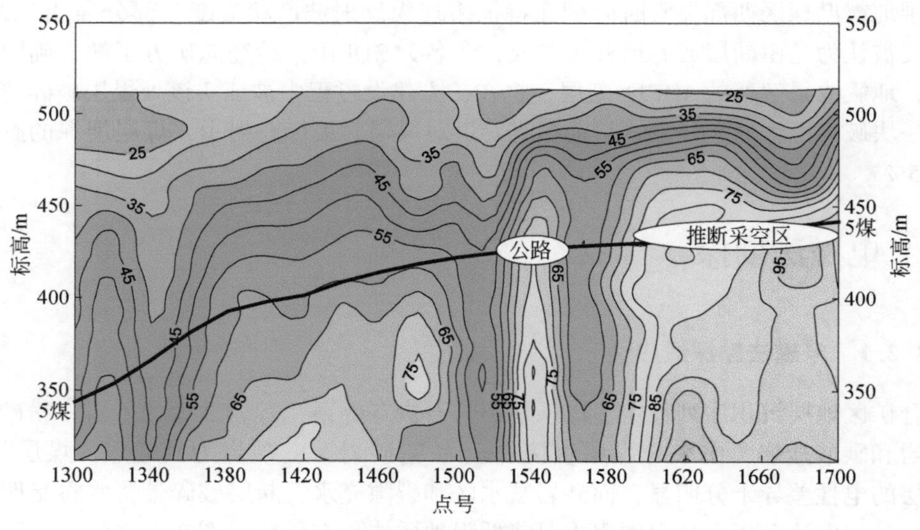

图 8-3　直流电测深典型断面图

断正常地层的电性反映。

由图 8-4 可以看出，瞬变电磁有效扫描区域内，视电阻率值为 20～300Ω · m，右侧帮视电阻率值相对于左侧帮整体较低，视电阻率值为 20～60Ω · m。根据视电阻率等值线变化特征推断该区域内异常区域位于迎头正前方至右侧 15°范围内及右侧 45°～90°范围内(见图中蓝色粗实线圈定区域)，迎头方向等值线密集分布处有断层发育，通过钻探验证该处存在一条正断层。

综合分析认为，矿区中深层物探条件较好。

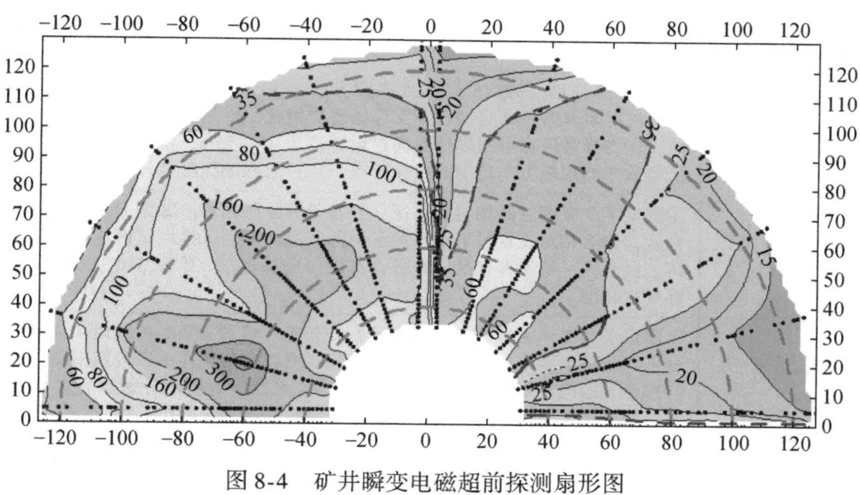

图 8-4 矿井瞬变电磁超前探测扇形图

8.1.2.2 电磁法勘探效果

澄合矿区常用电磁勘探采用的仪器及装置见表 8-2。澄合矿区电磁工作始于 2007 年，到 2013 年，共开展电磁勘探项目 12 项，完成地面瞬变电磁物理点 18606 个，完成井下瞬变电磁超前探测物理点 90 个，完成井下电测深物理点 687 个。主要是对煤层围岩的富含水性，煤层内断层的导水性，对奥灰岩顶界附近岩溶发育及富水性进行评价，见表 8-3。

表 8-2 探测仪器及装置形式一览表

编号	瞬变电磁法	直流电测深	矿井 瞬变电磁	矿井 直流电法
1	GEONICS 发射器 PROTEM 数字接收器	WDJD-3 型多功能数字式直流激电仪	terraTEM 瞬变电磁探测仪	DZ-IIA 型防爆数字直流电法仪
2	MSD-1 型大功率脉冲瞬变电磁仪	—	—	—
3	V8 多功能电磁仪	—	—	—
4	GGT-10 发射机 GDP-32 Ⅱ 电法工作站	—	—	—
装置形式	大定源内回线 边长 120～600m	10m 等间极距对称四极	多匝 2m×2m 重叠回线	10m 等间极距三极测深

表 8-3 澄合矿区电磁法勘探成果统计表

序号	项目名称	勘探成果
1	董家河矿扩大区	①预测了 5 煤附近可能存在的导水裂隙。②对 5 煤顶底板及奥灰附近富水区进行了控制

续表

序号	项目名称	勘探成果
2	董东煤矿 50101 工作面胶带运输巷	①底板方向迎头右侧 15°扫描线探测方向上 40 ~ 70m 处，视电阻率值为 7 ~ 9Ω · m，呈相对低阻异常反映，结合本工作面地质情况，推测该异常为底板灰岩局部富水的反映，探测异常区在巷道顺层方向投影距离为 25 ~ 55m，位于巷道下方 25 ~ 55m。②本次超前探测顶板方向范围内电性反映正常，未探测到明显含水低阻异常
3	王村煤矿三下采区北部	①圈定了 5 煤围岩的相对富水区，分布于测区西北部。②划分了奥灰顶界岩溶相对发育区，岩溶相对发育区集中在测区中部及西北部。③推测了区内三维地震解释断层的富、含水性，解释部分断层在各含水层位局部富水，推测 3DF3、3DF4 断层为层间局部导水断层
4	澄合二矿二水平三、四采区	①圈定了 5 煤顶底板的相对富水区，分布于一区段西部、2 区段中南部拐角处。②划分了奥灰顶界岩溶相对发育区，岩溶相对发育区集中在一区段西南角、2 区段中南部。③推测了区内三维地震解释断层的富、含水性，解释部分断层在各含水层位局部富水，推测段庄、D3DF1、D3DF4 断层为层间局部导水断层
5	董东煤矿首采区	①圈定了 5 煤围岩的相对富水异常区，分布于北部测区西部、向斜轴处及南部测区的西北角。②划分了 10 煤顶板含水层的富水异常区，主要集中在北部测区向斜轴地段，以北北东向条带状展布，其他区域零星发育。③揭示了奥灰顶界岩溶发育情况，岩溶相对发育区在测区西部呈近南北向条带，在向斜地段亦较为发育。④基本查明了区内三维地震解释断层的富、含水性，解释部分断层在各含水层位局部富水，推测 DF17 断层为层间局部导水断层
6	董东煤矿 501 采区轨道运输巷	①底板方向视电阻率值较高，仅在右帮 75°扫描方向上存在 17 ~ 18Ω · m 的相对低阻区，其异常幅值较小，结合实际情况认为本次超前探底板方向未发现含水异常。②顺层探测方向存在 3 处相对低阻异常，推测Ⅰ号异常区为单点数据畸变所致；Ⅱ号异常区与迎头处锚杆影响有关；Ⅲ号异常区为瞬变电磁体积效应即顶板方向存在的低阻带在水平方向上的映射。③顶板方向右帮 0° ~ 90° 扫描线探测方向相对低阻异常条带，推测该异常区为煤层顶板砂岩裂隙含水，强含水区位于迎头右侧 30 ~ 55m，位于巷道上方30 ~ 55m 范围内
7	董家河煤矿三水平东翼	①5 煤上部平面图中共分布有 11 处低阻异常区，大部分主要存在于 5 煤上 100m 以上的地层中。从异常区的整体分布特征来看，由 K_5 砂岩层平面图向上，异常区的分布特征较为一致。②5 煤及其下 20m 平面图中共分布有 12 处低阻异常区，由 K 中砂岩层平面图向下，异常区的分布特征较为一致。③奥灰顶界下 50m 平面图中共分布有 19 处低阻异常区，异常区分布不均匀，没有固定的规律可循，大多呈小范围的低阻圈闭形态
8	安阳煤矿工业广场	推断出了区内 5 煤采空区存在位置、范围和形态，并结合地质资料对采空区含水性进行了评价
9	澄合二矿 24501、24502 工作面及三水平一采区	①探测范围内，各主要含水层位的相对低阻异常区推断为含水异常区。其中，A 测区的低阻异常区主要集中于测区南部，其他地段零星分布；B 测区在测区南部及西部低阻异常值相对较强；其中，在奥灰内部存在低阻含水异常区，A 测区内主要分布于测区西南部，B 测区内主要集中在测区西部，应予重视。②探查了区内各断层在各含水层位的含水、导水性，推测段庄、D3DF1、df5、df9、df10、df14、3df1 及 3df4 断层为层间局部导水断层，解释 X1 陷落柱在 K 中–奥灰下 50m 层间导水
10	董家河煤矿 22518、22508 面外段	对 22518、22508 工作面底板下 50m 内的有效隔水层厚度进行了控制，并对奥灰顶部富水性进行了圈定和评价，推测注浆量
11	权家河煤矿	①圈定了勘探区内 5 煤采空区 3 块，划分了采空积水异常区，结合煤层底板等高线推测了积水上限标高。②解释了权家河断层在区内的延展形态
12	王村煤矿五采区	查了 5 煤顶底板附近各个含水层的富含水情况，分别对 5 煤上部二叠系砂岩裂隙含水层及底板下 20m 岩层进行富水区的圈定和划分。②探查了奥灰下 50m 岩层的主要富水分布，划分了 13 处富水区

在董家河煤矿勘探过程中，在新回风立井打有一验证孔，钻探至 249m 时出水，后钻孔继续延伸至 257m 的深度，一直出水，最大出水量达每小时上百立方米。与电法解释异常区吻合相对较好，见图 8-5。

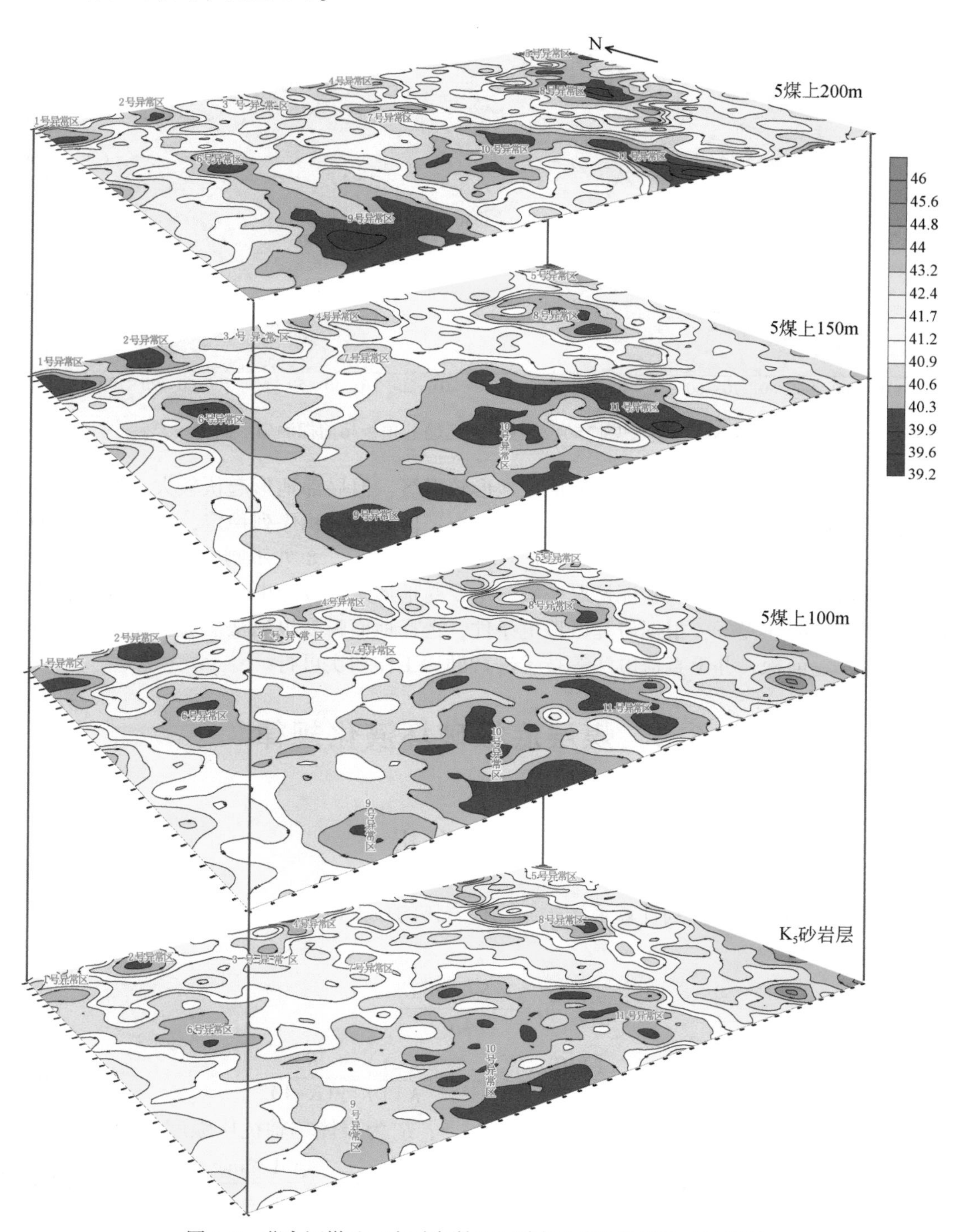

图 8-5　董家河煤矿三水平东翼地面瞬变电磁法勘探综合示意图

在董东煤矿掘进过程中，出现顶板淋水现象，与超前探测成果吻合，见图8-6。

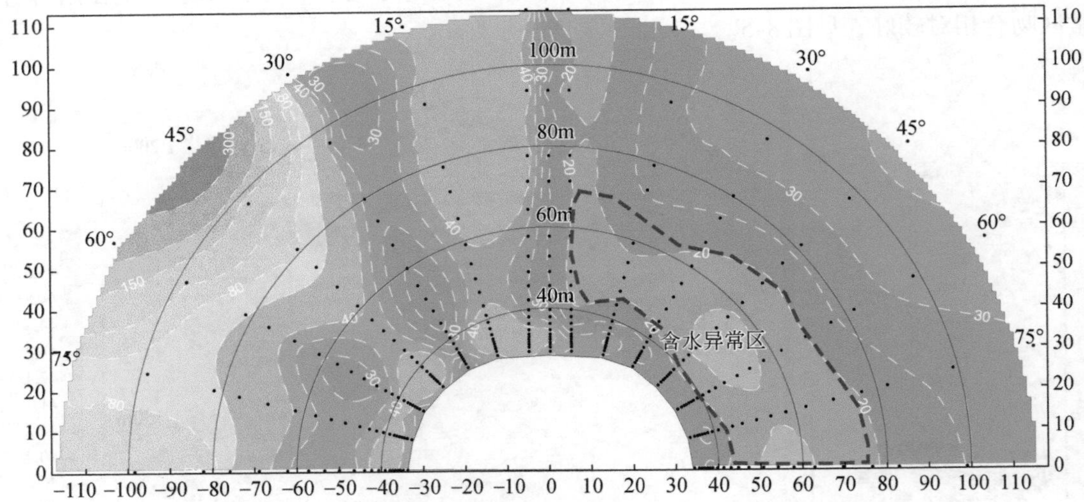

图8-6　董东煤矿501采区轨道运输巷顶板超前探测扇形图

澄合矿区为厚黄土塬区，大部分地区地形较平缓，但局部地形起伏较大，构成树枝状沟壑；井田内村庄、高压线等人文建筑密集分布；但地层沉积序列稳定，奥灰岩地层的埋深一般为20～600m。收集到的地质验证情况：10处吻合、8处不吻合，吻合率约55%。综合分析认为矿区电磁勘探验证情况一般，主要受地形条件及地电干扰影响较大，在去除上述因素影响的前提下，根据研究区地电条件，选择地面瞬变电磁法、直流电法、配合井下瞬变电磁超前探、井下直流电法等技术进行勘探工作切实可行。

8.2　煤层底板破坏演化规律

8.2.1　煤层底板破坏演化规律理论分析

采用以下两个公式分别计算采场边缘底板岩体的最大破坏深度 h_1 和长壁工作面底板岩体最大破坏深度 h_2。

$$h_1=\frac{1.57\gamma^2H^2L_x}{4R_c^2} \tag{8-1}$$

$$h_2=\frac{(n+1)H}{2\pi}\left(\frac{2\sqrt{K}}{K-1}-\arccos\frac{K-1}{K+1}\right)-\frac{R_c}{\gamma(K-1)} \tag{8-2}$$

式中，n 为最大应力集中系数，一般 n 为1.5～5；R_c 为岩体单轴抗压强度，MPa；H 为开采深度，m；γ 为岩体容重，kg/m^3；L_x 为工作面斜长，m；$K=\frac{1+\sin\varphi_0}{1-\sin\varphi_0}$，$\varphi_0$ 为岩体内摩擦角，(°)。

选取董家河煤矿22507、澄合二矿24508、王村煤矿斜井5206、王村煤矿13506四个工作面进行5号煤层底板破坏深度的研究。工作面详细情况如下。

董家河煤矿5号煤层22507工作面位于二采皮带下山东部，南部与22506采空区以30m煤柱相隔，北部为实区。煤层在工作面内部发育完整，厚1.5～4.0m，平均为3.0m。地面标高+644.2～+680.7m，工作面标高+255～+273m，工作面走向长度为910m，倾斜长度为114m。总体表现为南高北低的单斜构造，工作面内煤层倾角变化较大，为0°～15°。在巷道掘进中揭露断层数条，因大多位于停采线以外，对回采影响较小。该工作面水文地质条件复杂，属承压开采工作面，5号煤层底板距奥灰岩顶面间距为27～40m，存在奥灰水突水的可能性。

澄合二矿5号煤层24508工作面位于二水平四采区北部，四周均为实区，西端与四采区皮带下山、轨道下山相通。该工作面标高为+275～+315m，工作面倾斜长度为60m。工作面内煤岩总体向北倾斜，地层倾角为0°～20°，一般在10°左右，次一级褶曲构造较发育，多数呈短轴型背斜、向斜，使地层呈波状起伏，小断层比较发育。24508工作面主要充水因素为顶板砂岩组裂隙水和底板以下的奥灰水。顶板砂岩组裂隙水主要为K_4、$K_{中}$、K_5、砂岩中的裂隙水，具有不均一性，通过岩层裂隙和断层破碎带导入工作面。该面属承压开采工作面，5号煤层至奥灰顶面的间距为25～45m，相对隔水层所承受的水压为1～1.3MPa，突水系数为0.04～0.06MPa/m。

王村煤矿斜井5号煤层5206工作面位于二采区的+403水平，东为采区巷道，西为三采区，南为5208待掘工作面，北为11505工作面采空区。工作面地表多为梯状农田，西高东低，西部平缓，东部为沟壑地带，冲沟发育，无建筑物。地面标高为+601～+708m，工作面标高为+424～+442m，工作面走向长1276m，倾斜长150m。该面煤层厚度为1.5～2.8m，平均为2.2m。属中厚煤层，倾向北东–南西，倾角为1°～19°，平均为3°，属缓倾斜煤层。夹矸1～3层，一般2层，属复杂结构煤层。稳定程度属中等。本回采工作面大致呈一轴东西背斜构造，两翼角度变化不大，一般为2°～8°，工作面褶曲发育，断裂构造较发育，共揭露0.45～6m断层2条，对回采有一定影响。该工作面水文地质条件较为简单，充水因素为煤层上部K_4、$K_{中}$砂岩含水层，K_4距煤层顶板5～12m，富水性较弱，$K_{中}$距煤层顶板12～17m，富水性弱至中等。工作面老顶为灰色中细粒砂岩，以石英为主，斜层理，砂质胶结，平均厚度为3.2m；直接顶为厚度2.4m的灰黑色粉砂岩，砂质胶结。

王村煤矿5号煤层13506工作面位于三采中部，东为北蔡村庄煤柱，西为西太铁路保安煤柱，南为13507面采空区，北为13505工作面采空区。地面标高平均为+733m，工作面标高平均为+465m，工作面走向长1050m，倾斜长125m。该面煤层厚度为1.4～4.15m，平均为3.23m。属中厚煤层，倾向北东–南西，倾角为1°～9°，平均为5°，属缓倾斜煤层。夹矸1～3层，一般2层，属复杂结构煤层。稳定程度属中等。该面西部比较宽缓，由西向东高程逐渐降低，工作面中部位于向斜构造轴部，其间次级平台发育，向斜基底不平有古隆起，地层走向与工作面走向一致，工作面东部位于向斜构造东翼，地层倾向大约为340°，工作面南北高差较大。根据工作面两顺槽实际揭露，该面断裂构造不甚发育，仅在2号切眼L19南风氧化带边界遇见一正断层，该断层在风氧化带储量报损范围内，对回采没有影响。另外，受古河床冲蚀影响，工作面西部大约700m范围5号煤层直接顶板为K_4

砂岩，有利于回采。13506 工作面充水因素为上覆 K_4、$K_中$ 砂岩裂隙水和孔隙水，以及 13505、13507 工作面采空区积水。该面 5 号煤层顶板及 K_4 砂岩老顶裂隙发育，回采过程中会有顶板裂隙水滴淋并汇聚在工作面低凹处；另外，该面南北均为采空区，回采后顶板来压造成面间煤柱裂隙发育，采空区积水可能沿裂隙带侵入工作面，对回采造成一定影响。

上述 4 个工作面参数见表 8-4。

表 8-4 澄合矿区典型工作面参数一览表

序号	典型工作面	采深/m	采厚/m	工作面斜长/m	岩体容重/(kg/m³)	岩体单轴抗压强度/MPa	最大应力集中系数	岩体内摩擦角/(°)
1	董家河煤矿 22507	350	4	114	2620	52	2	36.8
2	澄合二矿 24508	403	4	60	2100	40	1.8	32
3	王村煤矿斜井 5206	220	4	150	2100	40	3.3	35
4	王村煤矿 13506	268	3	125	2200	20	2.2	32.5

1）董家河煤矿 22507 工作面

$$h_1=\frac{1.57\gamma^2H^2L_x}{4R_c^2}=\frac{1.57\times2620^2\times350^2\times114}{4\times52^2}=13.92(\mathrm{m})$$

$$K=\frac{1+\sin\varphi_0}{1-\sin\varphi_0}=\frac{1+\sin36.8°}{1-\sin36.8°}=4$$

$$h_2=\frac{(n+1)H}{2\pi}\left(\frac{2\sqrt{K}}{K-1}-\arccos\frac{K-1}{K+1}\right)-\frac{R_c}{\gamma(K-1)}=\frac{(2+1)\times350}{2\times3.14}\left(\frac{2\times\sqrt{4}}{4-1}-\arccos\frac{4-1}{4+1}\right)$$

$$-\frac{52}{2620\times(4-1)}=6.69(\mathrm{m})$$

2）澄合二矿 24508 工作面

$$h_1=\frac{1.57\gamma^2H^2L_x}{4R_c^2}=\frac{1.57\times2100^2\times403^2\times60}{4\times40^2}=10.54(\mathrm{m})$$

$$K=\frac{1+\sin\varphi_0}{1-\sin\varphi_0}=\frac{1+\sin32°}{1-\sin32°}=3.26$$

$$h_2=\frac{(n+1)H}{2\pi}\left(\frac{2\sqrt{K}}{K-1}-\arccos\frac{K-1}{K+1}\right)-\frac{R_c}{\gamma(K-1)}=\frac{(1.8+1)\times403}{2\times3.14}\left(\frac{2\times\sqrt{3.26}}{3.26-1}-\arccos\frac{3.26-1}{3.26+1}\right)$$

$$-\frac{40}{2100\times(3.26-1)}=10.6(\mathrm{m})$$

3）王村煤矿斜井 5206 工作面

$$h_1=\frac{1.57\gamma^2H^2L_x}{4R_c^2}=\frac{1.57\times2100^2\times220^2\times150}{4\times40^2}=7.85(\mathrm{m})$$

$$K=\frac{1+\sin\varphi_0}{1-\sin\varphi_0}=\frac{1+\sin35°}{1-\sin35°}=3.65$$

$$h_2=\frac{(n+1)H}{2\pi}\left(\frac{2\sqrt{K}}{K-1}-\arccos\frac{K-1}{K+1}\right)-\frac{R_c}{\gamma(K-1)}=\frac{(3.3+1)\times220}{2\times3.14}\left(\frac{2\times\sqrt{3.65}}{3.65-1}-\arccos\frac{3.65-1}{3.65+1}\right)$$

$$-\frac{40}{2100\times(3.65-1)}=7.23(\mathrm{m})$$

4）王村煤矿13506工作面

$$h_1=\frac{1.57\gamma^2H^2L_x}{4R_c^2}=\frac{1.57\times2200^2\times268^2\times125}{4\times20^2}=42.63(\mathrm{m})（不合理舍去）$$

$$K=\frac{1+\sin\varphi_0}{1-\sin\varphi_0}=\frac{1+\sin32.5°}{1-\sin32.5°}=3.35$$

$$h_2=\frac{(n+1)H}{2\pi}\left(\frac{2\sqrt{K}}{K-1}-\arccos\frac{K-1}{K+1}\right)-\frac{R_c}{\gamma(K-1)}=\frac{(2.2+1)\times268}{2\times3.14}\left(\frac{2\times\sqrt{3.35}}{3.35-1}-\arccos\frac{3.35-1}{3.35+1}\right)$$

$$-\frac{20}{2200\times(3.35-1)}=7.65(\mathrm{m})$$

8.2.2　煤层底板破坏演化规律数值模拟

为深入系统地研究复杂条件下工作面开采底板岩层破坏机理和突水条件，根据现场工程地质、水文地质条件，采用$\mathrm{FLAC^{3D}}$有限差分程序，运用数值模拟方法，建立上述4个典型工作面地质模型，对澄合矿区5号煤层开采的底板破坏效应以及底板应力状态进行模拟研究。

1. 数值计算本构模型的选取

在采用数值模拟软件进行岩土工程、采矿工程的系统稳定性和力学行为计算时，第一步就是要把工程的实际结构简化为一个力学模型。力学模型建立的好坏是工程结构稳定性计算至关重要的问题。以往的数值模拟通常把空间问题简化为平面问题，应用二维的平面应变模型，而三维数值计算具有更客观、准确、形象等诸多优点，是模拟空间结构受力及变形的重要手段。

本构模型决定了岩石介质的力学响应特性，对于计算区域赋予何种本构模型这一问题，根据澄合矿区井下开采的特点，从整体来看大范围区域内属弹性岩体，可近似认为是弹性模型，局部范围属塑性屈服破坏，因此可按弹塑性模型处理，即在进行计算时选择Mohr-Coulomb模型。

2. 数值模拟参数的选择

采用数值模拟方法研究煤层开采时的底板破坏效应，构建和简化模型较易，参数较少，相对较为简单。主要需要考虑边界条件、初始条件、底板岩层厚度和岩性的影响，以及矿压、水压等影响因素，以便合理地构建计算模型。

1）模型的建立

根据选定的4个工作面5号煤顶底板实际情况，将覆岩体按工程地质性状的相似性分成14组模型材料（表8-5），最上部为覆岩，往下依次为砂质泥岩、中粒砂岩、泥砂岩、砂质泥岩、5号煤层、石英砂岩、砂质泥岩与石英砂岩互层、6煤与砂质泥岩互层、中粒砂岩、K_2灰岩、10号煤、铝质泥岩、奥灰岩。

表 8-5 岩体参数一览表

岩性	厚度/m	累计厚度/m	体积模量/GPa	切变模量/GPa	密度/(kg/m³)	黏聚力/MPa	内摩擦角/(°)	抗拉强度/MPa
覆岩	28	28	4.67	4.34	2670	4.67	39	1.34
砂质泥岩	8	36	3.65	3.28	2640	2.25	38	1.55
中粒砂岩	6	42	3.38	3.32	2650	5.00	40	1.10
砂岩	6	48	4.22	4.03	2620	3.98	39	1.11
砂质泥岩	2	50	3.65	3.28	2640	2.25	38	1.55
5 号煤层	4	54	1.43	0.44	1400	1.52	28	0.10
石英砂岩	3	57	4.54	4.31	2660	4.72	40	1.21
砂质泥岩与石英砂岩互层	7	64	4.20	4.15	2640	4.58	39	1.24
6 煤与砂质泥岩互层	2	66	3.65	3.28	2640	2.25	38	1.55
中粒砂岩	4	70	3.38	3.32	2650	5.00	40	1.10
K_2 灰岩	4	74	22.6	11.1	2090	3.65	37	1.71
10 号煤	2	76	1.43	0.44	1400	1.00	25	0.10
铝质泥岩	6	82	4.86	4.78	2620	4.71	30	1.51
奥灰岩	8	90	8.78	5.23	2770	4.32	37	1.32

模拟计算做了如下假设：① 由于松散层与上覆岩层厚度大，在一定范围内可用补偿荷载来代替；② 岩体为多孔连续介质；③ 原始应力场为自重应力场；④ 流体在孔隙介质中符合 Darcy 定律，同时满足 Biot 方程；⑤ 对煤层及顶板采用无水处理，只对煤层底板进行耦合分析，且在未开采前底板岩体内完全饱和，即饱和度为 100%。

2）初始条件和边界条件

计算模型走向长度为 400m，倾向宽度为 300m，高度为 90m，模型单元总数为 432000 个，节点总数为 455182 个，模型中，垂直 X 轴、垂直 Y 轴和 Z 轴的下底界面均设置为位移边界，顶界面设置为应力边界，其中垂直界面、底界面设置为滚动界面，顶面受上覆岩层地应力，按至地表的岩体自重施加垂直方向上的荷载。

应力场数值模拟时采用三维应变模型，采用 Mohr-Coulomb 屈服准则判断岩体的破坏，并且均不考虑塑性流动（不考虑剪胀）。模拟工作面分步依次开采达到平衡后的位移、应力和塑性破坏等情况，原岩应力为静应力场，岩层为连续介质。地质模型图见图 8-7。

材料的力学性质对模拟结果有着重要的影响，岩体参数选取的正确与否直接关系到最终计算结果的正确性。材料的力学性质一般是指岩体的力学性质，岩体由岩块和结构面组成，因此它的性质取决于岩块和结构面的力学性质。

在华北平原冲积层下采煤时，应力状态基本一致。在平原地区，埋深在 500m 内区域的地应力，侧压系数一般为 1.0 ~ 2.5。如邢台矿务局东庞矿的最大主水平应力和垂直应力的比值为 1.45，峰峰矿务局通二矿的最大主水平应力和垂直应力的比值为 1.42，大同矿务局祈州窑矿的最大主水平应力和垂直应力的比值为 2.5 ~ 2.9。因此在数值模拟时，取侧压系数为 1.1 ~ 1.3，则在 X 方向上的侧压系数为 1.1，Y 方向上的侧压系数为 1.2，以便

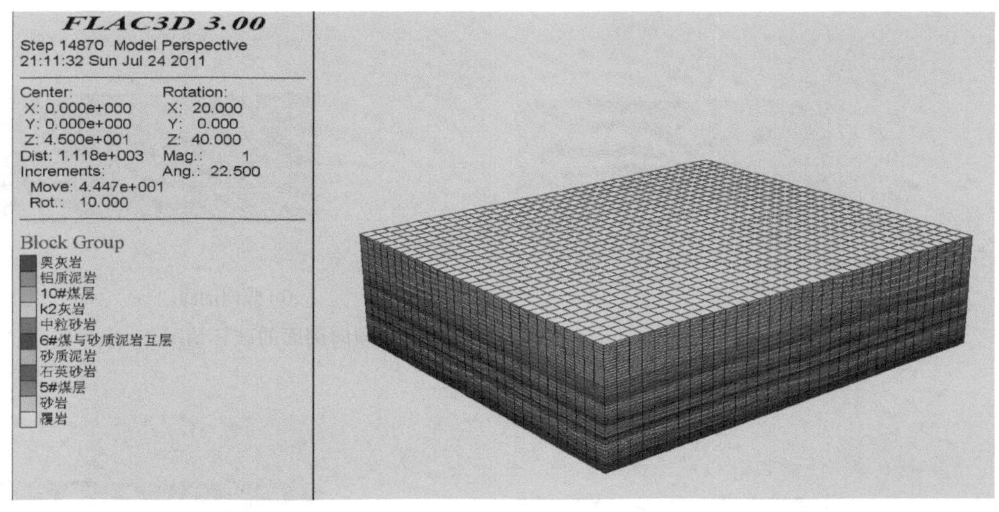

图 8-7　地质模型图

尽可能模拟真实的采煤过程。

3. 模拟结果

根据上述建立的模型，按各工作面实际开采尺寸和工况条件模拟 4 个工作面 5 号煤层开采后底板破坏深度，结果见表 8-6 和图 8-8 ~ 图 8-11。

表 8-6　澄合矿区典型工作面数值模拟结果统计

序号	工作面名称	工作面斜长/m	底板破坏深度/m
1	董家河煤矿 22507 工作面	114	11
2	澄合二矿 24508 工作面	60	8.3
3	王村煤矿斜井 5206 工作面	150	12
4	王村煤矿 13506 工作面	125	10.8

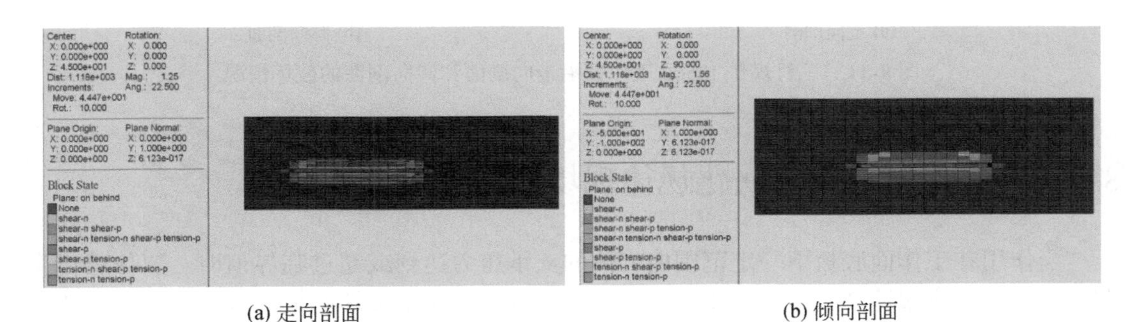

(a) 走向剖面　　(b) 倾向剖面

图 8-8　董家河煤矿 22507 工作面沿走向剖面和倾向剖面的破坏情况

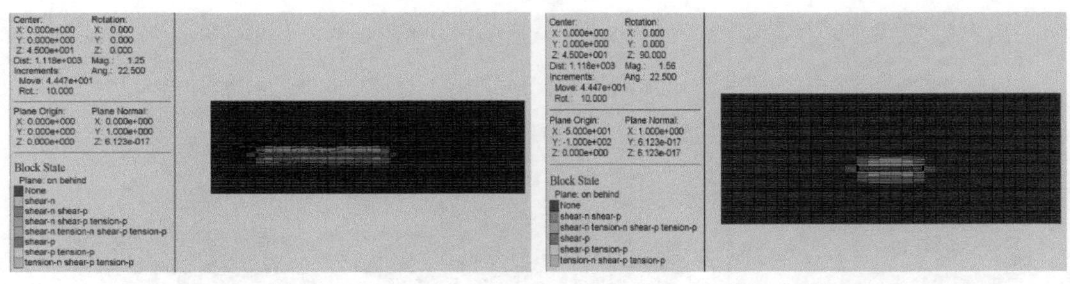

(a) 走向剖面　　(b) 倾向剖面

图 8-9　澄合二矿 24508 工作面沿走向剖面和倾向剖面的破坏情况

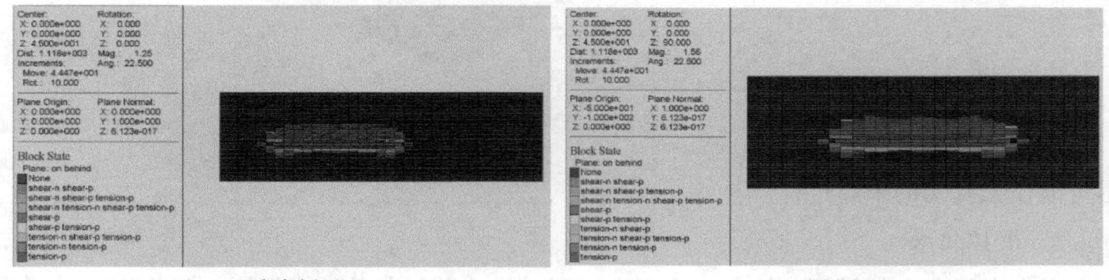

(a) 走向剖面　　(b) 倾向剖面

图 8-10　王村煤矿斜井 5206 工作面沿走向剖面和倾向剖面的破坏情况

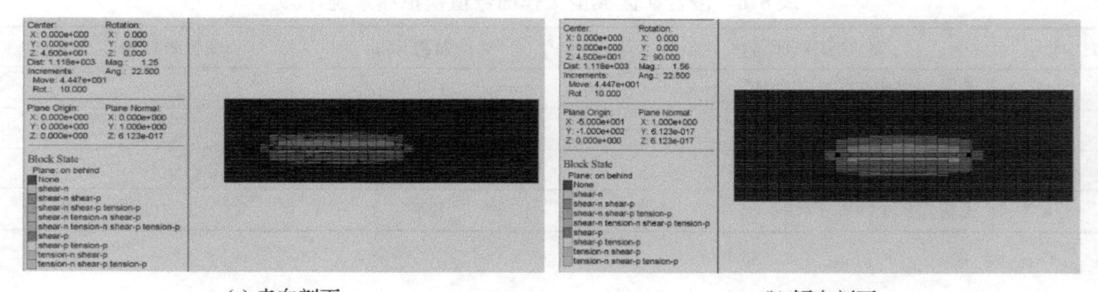

(a) 走向剖面　　(b) 倾向剖面

图 8-11　王村煤矿 13506 工作面沿走向剖面和倾向剖面的破坏情况

8.2.3　煤层底板破坏演化规律现场测试

当作用在工作面底板下一定范围内岩体的支承压力达到或超过临界值时，岩体将产生塑性变形，形成塑性区，当支承压力达到导致部分岩体完全破坏的最大载荷时，支承压力作用区域周围的岩体塑性区将连成一片，致使采空区内底板隆起，已发生塑性变形的岩体向采空区内移动，并且形成一个连续的滑移面，此时底板岩体遭受的采动破坏最为严重。

现场监测包括现场巷道顶板及两帮围岩收敛变形监测、底板岩层破坏深度监测（电测法及钻探）和底板岩层钻孔采样测试三部分，从而确定 5 号煤采场底板破坏深度分布规律。以下以董家河煤矿 22507 工作面为例，说明采场底板破坏深度监测方案。

共布置 3 条观测线对董家河煤矿 22507 工作面轨道巷回采期间数据进行监测，其中包括收敛断面 3 组、顶板及两帮离层状态监测断面 2 组。董家河煤矿 22507 工作面轨道巷采场顶板及两帮围岩变形监测设计断面布置如图 8-12 所示。

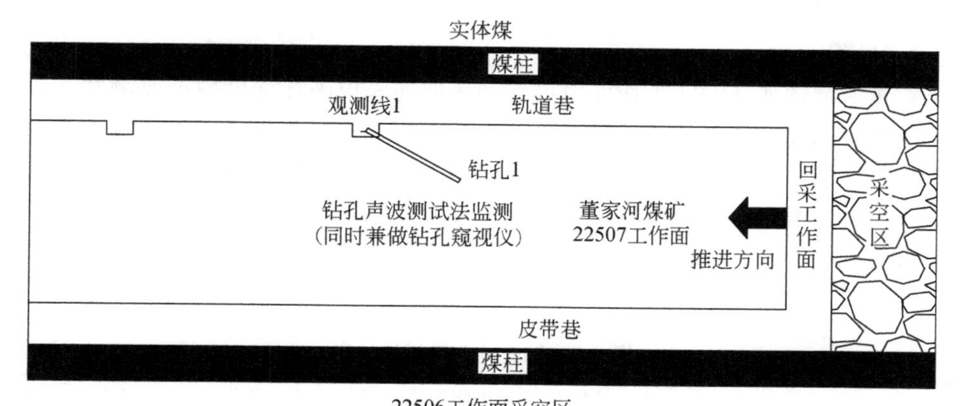

图 8-12　董家河煤矿 22507 工作面轨道巷监测设计断面布置图

1. 表面收敛量监测

采用十字布点法布设表面位移监测断面（图 8-13）。共设 3 组，每组 4 个测点，顶部测点布置在顶板中线位置，两帮测点布置在帮部表面中点位置，现场垂直于帮（顶）部钻 φ28mm，深 300mm 的浅孔，将直径 20mm、长度 400mm 的测钩用树脂锚固剂锚固于孔中。

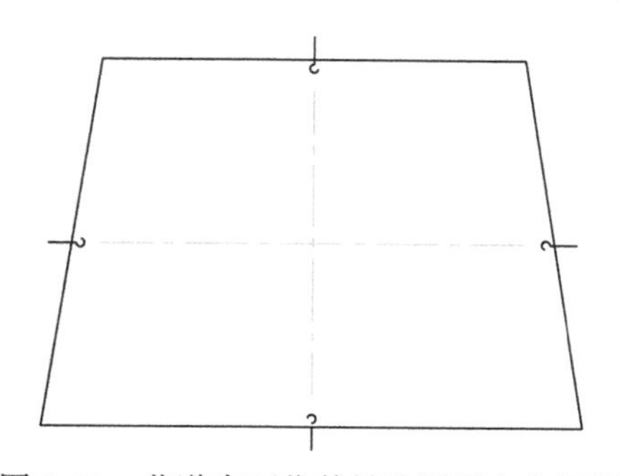

图 8-13　巷道表面收敛量监测测点布置图

2. 底板破坏深度监测

为了获得煤层开采过程中岩体的底板破坏演化规律以及底板岩体破坏深度，对董家河煤矿 22507 工作面进行了底板岩体受采动影响期间的现场观测工作，用于测试岩体采动影响特征的观测方法是钻孔声波测试法。

1）钻探设备及施工工艺

钻探设备：选用井下专用坑透钻 MK-4 型钻机。

钻具组合：内丝钻杆，φ75mm 金刚石钻头，加设防斜扶正器，并能保持足够的钻压。

取心钻具：$\varphi75\times1500$mm 岩心管。

冲洗液：采用全孔清水钻进。

2）测试时间

现场施工及监测历时近 80 天。在 1 号孔进行底板岩层移动观测 15 次，并且在 1 号钻孔相对应的位置进行“三量”观测 38 次，取得有关数据近千组。

3）测试过程

本书对董家河煤矿 22507 工作面轨道巷回采期间底板破坏深度数据监测共布置 1 条观测线，观测线 1 为钻孔声波测试。经过理论设计可知底板最大破坏深度约为 12m，董家河煤矿 22507 工作面轨道巷破坏性试验面共布置了 1 个声波钻孔（同时兼做钻孔窥视仪）。由于轨道巷外侧没有专门开掘的观测巷道，故此可以从轨道巷底板或者注浆钻场中向采区底板斜下方打孔，距底板垂深用孔的斜长和倾角控制，如钻探数据统计如表 8-7 和图 8-14 所示。

表 8-7　钻孔施工数据统计表

项目	钻孔目的	垂直倾角 /(°)	水平倾角 /(°)	孔深 /m	垂深 /m	水平距 /m	终孔孔径 /mm
1 号孔	底板破坏深度测试声波测试法	−29	27	28. 8	14	22. 4	73

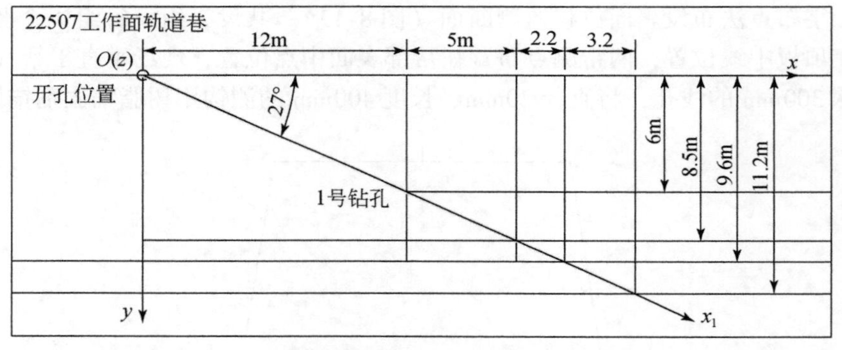

图 8-14　1 号钻孔所在 x-o-y 水平面投影位置图

3. 测试结果

董家河煤矿 22507 工作面底板破坏深度试验孔垂深为 14m，孔径为 75mm。从工作面试验钻孔内部裂隙情况观测结果（图 8-15）可以看出，在垂深 6 ~ 11m 的位置钻孔内部围岩破碎，裂隙较发育；而垂深 11 ~ 14m 在回采后钻孔内部围岩完整性较好，基本没有出现衍生裂隙或底板离层。

通过董家河煤矿 22507 工作面回采期间底板测试钻孔“时间–垂深”变化可知，埋深 2 ~ 10. 8m 测试段的声波波形起伏达到最大值，波形出现明显的“升高—降低—升高”变化，说明底板岩层破裂发育到这一深度，而 10. 8 ~ 14m 的测试段底板仍处于弹性变化区域，声波波形起伏变化较小，说明底板岩层破裂还没有发育到这一深度；钻孔窥视仪观测结果显示垂深 6 ~ 11m 的位置内部围岩破碎；对比分析以上两种方法，将董家河煤矿

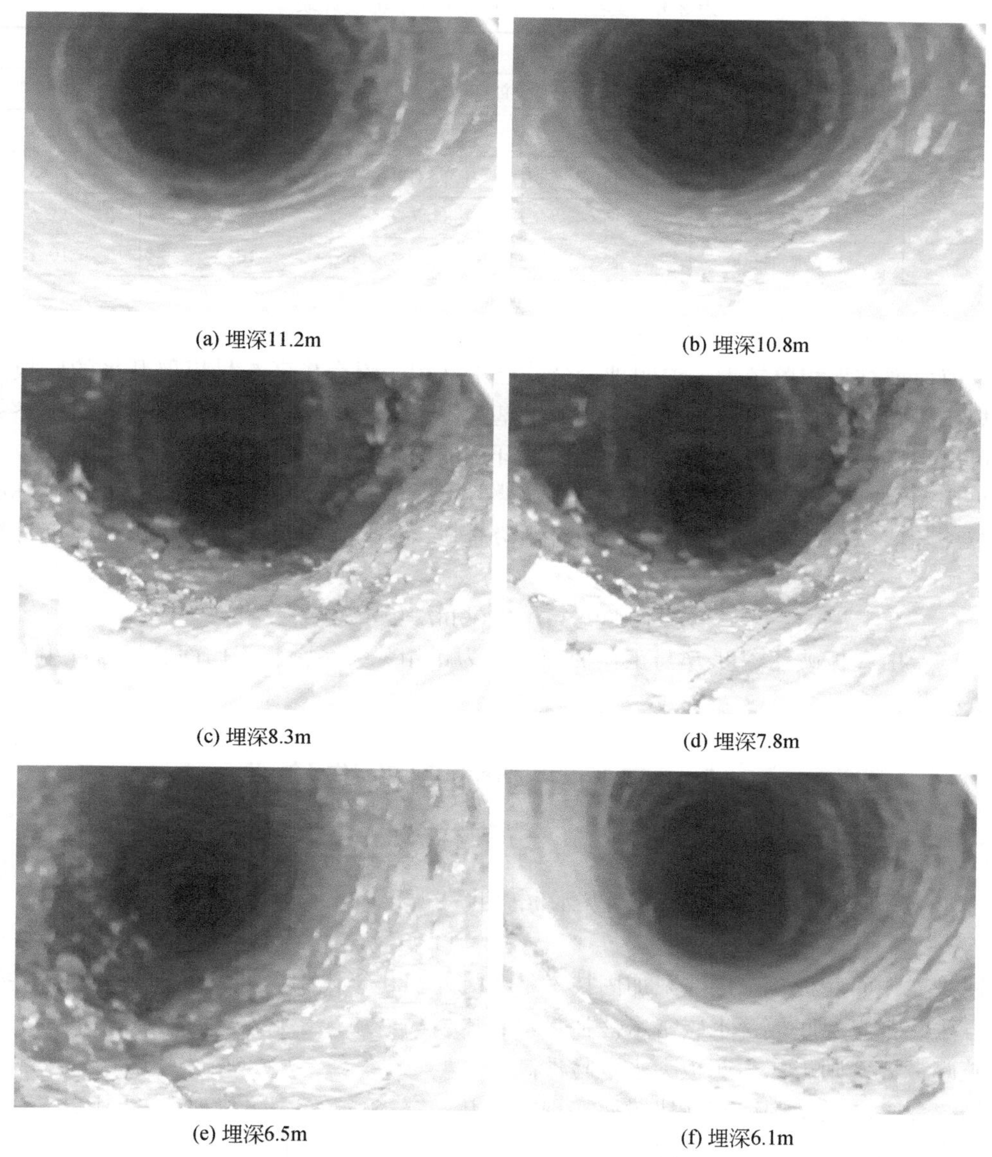

(a) 埋深11.2m　(b) 埋深10.8m

(c) 埋深8.3m　(d) 埋深7.8m

(e) 埋深6.5m　(f) 埋深6.1m

图 8-15　董家河煤矿 22507 工作面采场底板钻孔窥视图

22507 工作面底板破坏深度最大值确定为 10. 8m。

利用相似的方法，测得澄合二矿 24508 工作面底板最大破坏深度为 7. 85m；王村煤矿斜井 5206 工作面底板最大破坏深度为 11. 5m；王村煤矿 13506 工作面底板最大破坏深度为 10. 1m。

综合以上理论分析、数值模拟和现场实测结果，4 个典型工作面 5 号煤层底板破坏深度结果见表 8-8。

表 8-8　典型工作面底板破坏情况统计表

序号	工作面名称	工作面斜长/m	底板破坏深度/m		
			理论计算式 1/式 2	数值模拟	现场实测
1	董家河煤矿 22507	114	13.92/6.69	11	10.8
2	澄合二矿 24508	60	10.54/10.6	8.3	7.85
3	王村煤矿斜井 5206	150	7.85/7.23	12	11.5
4	王村煤矿 13506	125	42.63（舍去）/7.65	10.8	10.1

由表 8-8 可知，王村煤矿斜井与王村煤矿底板采动导水裂隙带的理论计算与现场实测、数值模拟结果相差较大，说明理论公式已不适用于澄合矿区 5 号煤层开采的底板破坏演化规律研究；而数值模拟与现场实测成果基本一致，说明该模型概化正确，给定参数合理，可以用来预测不同开采条件下 5 号煤层开采的底板破坏深度。

采用 MATLAB 编程软件，依据选择的函数类型，统计澄合矿区 5 号煤层底板破坏的理论计算、数值模拟、现场实测数据，拟合出澄合矿区 5 号煤层开采的底板破坏深度计算公式为

$$H=10.3963+0.7206\ln L-2.4618D \tag{8-3}$$

可以看出底板破坏深度 H 与工作面斜长 L 为正相关关系，与工作面底板岩性组合系数 D 为负相关关系。

8.3　底板注浆加固改造技术

8.3.1　煤层底板注浆改造技术原理

回采工作面底板含水层注浆加固技术是 20 世纪 80 年代中后期发展起来的一种注浆防治水方法。若煤层底板含水层富水性强且水头压力高，或煤层底板隔水层薄，底板有导水构造破碎带等，则工作面底板突水危险性高。

据统计，底板受构造破坏块段要实现安全开采突水系数一般不大于 0.06MPa/m，正常块段不大于 0.10MPa/m。当工作面突水系数大于 0.06MPa/m 的临界突水系数时，一般可采取两种防治水措施：①采用疏水降水压方法，降低突水系数，实现安全开采。但是当含水层富水性强、补给性好时，会遇到难以疏降水压、排水量大、费用高、疏降时间长等问题，因此目前很少有矿井采用该方法疏降奥灰或与奥灰有水力联系的含水层。②采用改造底板含水层与隔水层注浆加固防治水方法，可通过增加隔水层厚度降低突水系数，减少矿井突水危险性，并且有效果显著、工程规模灵活、技术可行等优点，目前被大多数矿井采用。

如图 8-16 所示，底板注浆加固技术原理是利用回采工作面已掘出的上部回风巷和下部运输巷，应用地球物理勘探成果或钻探等手段，探查工作面范围底板岩层的富水性及其裂缝发育状况，通过设计加固工程参数，采用注浆措施改造含水层和加固隔水层，使其变

为相对隔水层或进一步提高其隔水性。注浆站可建在地面也可建在井下，注浆材料选择水泥、黏土-水泥、粉煤灰-水泥等。

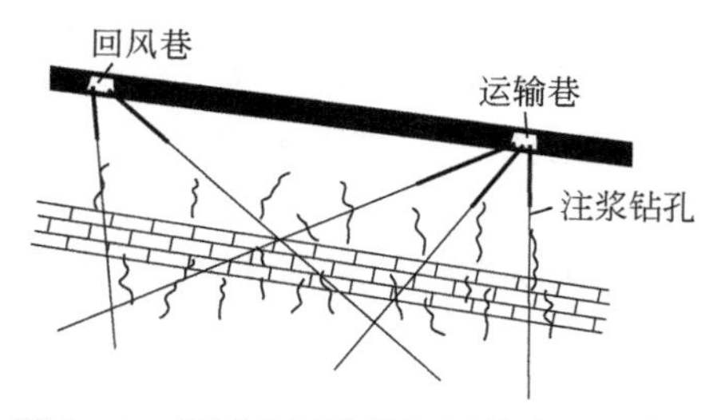

图 8-16　煤层底板注浆加固技术原理示意

澄合矿区属华北型煤田，其水文地质结构是：煤层底板之下发育有数层太原组灰岩薄含水层，在该组含水层之下又有巨厚的奥陶系灰岩含水层。尽管薄层灰岩水不会给矿井生产带来灾害性水患威胁，但它破坏了煤层底板隔水层的连续性；奥陶灰岩含水层距离煤层相对较远，但其高压水可通过薄层灰岩逐级导入矿井。为了防止奥陶系灰岩水突入矿井，需要在采区对薄层灰岩实施注浆改造，变薄层灰岩含水层为隔水层或提高隔水层的阻水性。主要有以下两个目的。

1）改造含水层为隔水层

由于区内可采煤层与下伏强含水层之间的隔水层厚度小于带压安全开采的隔水层厚度，采用含水层改造技术可有效地加厚、加固煤层底板隔水层或构造断裂等，为安全开采创造有利条件。由于底板含水层改造工程都具有面状注浆的性质，工程量一般较大，为了减少钻探工程量，采用井上下联合注浆技术，即在地面建立造浆系统，在井下施工注浆孔。

为了选择合理必要的含水层改造区段，在运输巷和轨道巷形成以后采用井下直流电法探测采煤工作面底板下 50m 范围内潜在的含水、导水构造，对含水层富水性分布规律进行预测，圈定需要注浆改造的靶区，再合理布置注浆钻孔，实施注浆改造含水层。

2）提高隔水层的阻水性

在矿井水文地质结构中，由于构造原因，煤层与含水层之间的隔水层常存在区域性或局部性裂隙破碎带，减弱了隔水层的阻水性能或抗水压能力。当巷道掘进或工作面回采遭遇这些薄弱区段时，常常会发生突水事故。为此在工作面回采之前，应对已经探知或分析预测的隔水层破碎带进行注浆改造，以充填和加固隔水层整体完整性，提高其防突水能力和阻抗水压的能力，避免工作面在回采过程中发生突水事故。

注浆改造作为改变岩体水文地质条件的方法和手段，其基本原理是：在一定压力作用下，使浆液在注浆目的层原来被水占据的空隙或通道内脱水、固结或胶凝，并使结石体或胶凝体与围岩岩体形成联合阻水体，从而改变不利于采矿的水文地质条件。注浆改造的作用表现在以下三个方面。

（1）在注浆压力作用下，浆液在薄层灰岩岩溶裂隙含水层中沿溶隙、溶孔、溶洞、裂隙扩散，将赋存于岩溶裂隙含水层之中的水“推挤开来”，并结石、充填含水层的储水空间，从而使其不含水或弱含水，并具有一定的阻水能力。

（2）在注浆压力作用下，浆液通过薄层灰岩岩溶裂隙，在将含水层之中的水“推挤开来”的同时，跟随被排挤出来的水向其补给通道运移，并结石、胶凝、充填或部分充填补给通道，从而封堵或缩小导水通道，减少薄层灰岩岩溶裂隙含水层的补给量。

（3）在注浆压力作用下，浆液沿煤层底板隔水岩层构造裂隙和导升裂隙扩散、结石、胶凝，并充填此类裂隙，与煤层底板隔水岩层形成统一的阻水体，从而在增强隔水岩层阻水能力的同时，减小直至消除薄层灰岩岩溶裂隙水的导升裂隙。

8.3.2　煤层底板注浆加固材料及其配比

8.3.2.1　注浆加固材料选择

在注浆过程中注浆材料的选择和浆液配比等都会对注浆效果产生重要影响。目前用于煤层底板注浆加固与改造的注浆材料主要有单液水泥浆类、水泥-黏土类、水泥-砂浆类、水泥水玻璃类、水玻璃类、砂砾石等骨料类以及有机化学材料类等。在选取注浆材料时，应结合本区实际情况和现场试验结果，在保证浆液质量的稳定性、可控制性和注浆改造工程质量的可靠性的前提下，考虑降低浆液成本。澄合矿区煤层底板加固注浆改造从附近就地取材，以当地黏土为主材、添加一定量的水泥，形成黏土-水泥混合浆，这种材料与现有的水泥类浆液相比具有以下优点。

（1）良好的抗水稀释性：能吸收大量的水分而不会发生分层析水，仅使浆液变稀，能在流动的地下水条件下进行注浆止水，且浆液流失量小，注浆成本低。

（2）良好的流变性：浆液流变性好，可以根据施工目的而调整其流变参数以符合施工设计的要求。

（3）浆液以胶结方式充填于地下裂隙中并将其胶结起来，有良好的对裂隙自我封闭作用，固化后所形成的结石体塑性大，有良好的抗震性能。

（4）黏土一般情况下能就地取材，材料成本低。

（5）浆液中黏土所占比重大，黏土颗粒都能充分地分散，浆液流动性好，易于渗入岩层的微细裂隙中。

8.3.2.2　注浆加固材料配比

为克服浆液存在的凝结时间较长、结石率较低的缺点，全面剖析黏土水泥浆液材料的配方，进一步摸清黏土水泥浆液性能特点，改善浆液性能，提高结石率，为注浆改造工程提供科学合理的浆液配方，有必要对浆液的比重、结石率、凝胶时间、黏度、静切力、强度和渗透性等指标进行系统试验研究。

本试验主要开展以下工作：①比重测定；②结石率测定；③凝胶时间测定；④黏度测定；⑤静切力测定；⑥在龄期为7天、14天、28天时测结石体的抗压强度；⑦在龄期为7天、14天、28天时测结石体的渗透系数。

黏土在董家河煤矿注浆站堆土场选取，在中国矿业大学进行室内试验测定，测定了6500个试样。

通过前期注浆材料适用范围的对比，结合本区黏土-水泥浆液的试验性能分析，在确保注浆效果的前提下，为有效降低工程材料费用，以董家河煤矿22507工作面为例研究底板注浆材料的配比，地面注浆站采用黏土浆液或黏土与水泥液浆交替使用，必要时采用纯水泥浆液，对主采煤层底板进行注浆改造加固。

1. 纯黏土浆液（单浆液）

采用纯黏土浆液注浆时，水与黏土配合比一般为1.6∶1～3∶1，并尽量控制黏土浆液的密度在1.10～1.22kg/m³，纯黏土浆液的配合比如表8-9所示。

表8-9　纯黏土浆液的占比

序号	水∶土	水量/L	水泥量/kg	浆液密度/(kg/m³)
1	3∶1	500	166.67	1.10
2	2.8∶1	500	178.57	1.12
3	2.7∶1	500	185.19	1.13
4	2.5∶1	500	200	1.15
5	1.6∶1	500	312.5	1.22

2. 水泥与黏土浆液（双液浆）

双液注浆材料采用425号普通硅酸盐水泥，密度控制在1.15～1.26kg/m³，水泥与黏土浆液的配合比如表8-10所示。

表8-10　水泥与黏土浆液的占比

序号	水∶土∶水泥	水量/L	黏土量/kg	水泥量/kg	浆液密度/(kg/m³)
1	2.6∶1∶0.03	500	192.31	5.77	1.15
2	2.8∶1∶0.05	500	178.57	8.93	1.16
3	2.7∶1∶0.05	500	185.19	9.26	1.17
4	2.5∶1∶0.05	500	200	10	1.18
5	2.4∶1∶0.05	500	208.33	10.42	1.19
6	2.3∶1∶0.05	500	217.39	10.87	1.20
7	1.6∶1∶0.04	500	312.5	12.5	1.26

3. 纯水泥浆液（单浆液）

纯水泥浆液采用425号普通硅酸盐水泥，浆液由稀到稠，水灰比控制在0.75∶1～1∶1，如表8-11所示。

表8-11　纯水泥浆液的占比

序号	水∶水泥	水量/L	水泥量/kg
1	0.75∶1	150	200
2	0.8∶1	160	200
3	0.85∶1	170	200
4	0.9∶1	180	200
5	1∶1	200	200

在选取注浆材料时，应考虑降低浆液成本，首先选用黏土浆液，当单孔的黏土浆液量达到一定程度时，再根据所揭露钻孔的涌出水量情况，调整使用黏土与水泥浆、纯水泥浆，利用黏土、水泥浆液的黏塑性及凝结强度填充裂隙并加固提高底板强度。

经过对国内各矿区煤层底板注浆材料的综合考察，结合本区实际情况和现场试验结果，在保证浆液质量的稳定性、可控制性和注浆改造工程质量的可靠性的前提下，从经济有效的角度考虑，本区采用黏土-水泥混合浆液对煤层底板隔水层及薄层灰岩含水层进行灌注，达到了预期的工程目的。

8.3.3 层底板注浆加固工艺

8.3.3.1 注浆加固层位选择

依据以上注浆加固的原则与澄合矿区 5 号煤层底板破坏深度的研究成果，结合澄合矿区的水位地质条件（图 8-17），主采煤层 5 号煤层以下含水层有 K_2 含水层，然后是奥灰含水层，由于奥灰含水层的富水性强其可注浆改造条件有限，另外依据相关研究，澄合矿区奥灰顶段虽然存在充填带但受制于其岩性的耐溶蚀性有限且距离 5 号煤层较 K_2 含水层较远，因此仅 K_2 含水层符合注浆加固的层位选择。

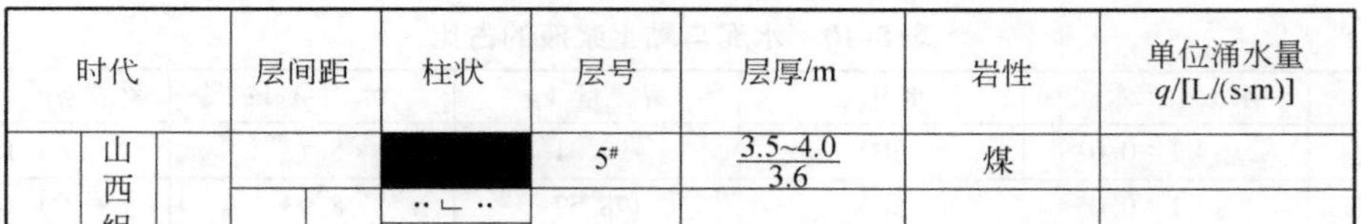

时代		层间距		柱状	层号	层厚/m	岩性	单位涌水量 q/[L/(s·m)]
上石炭统	山西组				5#	3.5~4.0 3.6	煤	
	太原组	23.08m	10.08m		6# 7# 8#	4.2~12.3 10.08	石英砂岩、粉砂岩、砂质泥岩、泥岩	隔水层
					K_2 9#	0~13.6 5.48	石英砂岩 石灰岩	0.00069~1.649
					10#	1.2~13.85 7.52	煤	隔水层
					11# K_1		铝质泥岩	隔水层
中奥陶统	峰峰组	150.00m			O_2f^2		石灰岩夹白云质灰岩及泥灰岩	0.2~36

图 8-17　澄合矿区水文地质综合柱状图

K_2含水层底部距离5号煤层平均15.56m，这一距离大于5号煤开采底部破坏深度，因此K_2含水层有一定的注浆改造空间。另外，长期对K_2灰岩的注浆改造可以看出该含水层有普遍的可注入性，单孔注浆量主要集中在100～500m^3；从经济和安全角度分析，K_2含水层距离5号煤平均距离仅10.08m，钻孔工程量有限，另外澄合矿区长期加固厚度在5m左右。从突水系数角度来看，澄合矿区的5号煤底板承受的奥灰静水压力在0～2MPa，多集中在1MPa，临界突水系数在0.06～0.1MPa/m。注浆改造后5号煤底板抗奥灰静水压力提高0.3～0.5MPa，基本可以满足澄合矿区安全带压开采的需求。

综上，澄合矿区的底板注浆加固层段应选择在底板破坏深度以下至K_2含水层揭露的5m范围。但该注浆加固层段的选择应依据构造、埋深、煤层采厚等其他因素综合确定，当其他因素出现显著变异时，应加大底板注浆加固厚度或改变注浆层位，甚至改造奥灰顶界面为相对隔水层。

8.3.3.2 钻孔布置

（1）影响钻孔布置的主要因素是浆液扩散半径，根据其他矿区经验，浆液扩散半径为20m，即注浆加固范围内钻孔终孔位置间距应不大于40m。

（2）考虑煤层底板采动破坏深度，注浆加固的目的层为煤层底板下10m至K_2段底板下2m的含导水构造。

（3）钻孔裸孔段应尽可能多地穿过注浆加固的目的层段。

（4）钻孔方向尽可能垂直于构造裂隙发育方向，以利于浆液向垂直裂隙带扩散。

（5）注浆钻孔对物探异常区、断层带的探查与加固有所侧重。

（6）工作面切眼位置、初次来压位置、周期来压位置、巷道直接底板两侧15m范围内和停采线附近作为重点加固区段。

（7）起钻位置即钻窝位置应该在利于排水、通风、逃生的同时，选择围岩相对完整的区段。

（8）注浆钻孔一般布置在利于施工与运输的巷段。

（9）注浆钻孔的布置在满足注浆技术要求和上述原则的前提下，兼顾“经济有效”的原则，充分利用现有勘探孔对煤层底板进行注浆改造。

8.3.3.3 工艺流程

采用全孔段注浆方式，注浆之前先进行压水试验，根据压水试验结果计算注浆段单位吸水量，然后确定浆液配比与浓度后进行注浆，简述如下。

1. 注浆目的层

底板破坏深度以下至K_2含水层揭露的5m范围。

2. 压水试验

注浆之前首先按照上述分段进行正规压水试验。压水试验分2MPa、4MPa、6MPa三个压力量程，每个压力阶段稳定30～60min。

按下式计算单位吸水量：

$$W = Q/LS \tag{8-4}$$

式中，W 为岩层单位吸水量（率），L/(min · m · m)；Q 为压入水量，L/min；S 为试验压力水头，m；L 为压水段长，m。

压水前观测压水孔及相邻钻孔水位、水量，压水过程中观测邻孔水位变化，压水后对压水孔和邻孔水位及其下降速度进行观测。

3. 浆液配比

采用黏土-水泥混合浆液灌注。浆液浓度遵循由稀到浓的原则，逐级改变，结束时又略变稀。初始浓度根据单位吸水量确定，见表8-12。

表8-12　单位吸水量与浆液初始浓度对比表

单位吸水量(率)/[L/(min · m · m)]	0.5～1.0	1.0～5.0	5.0～10	>10
初始浓度（水灰比）	4 : 1	2 : 1	1 : 1	0.5 : 1

水与黏土之比根据试验结果确定。该工程注浆前，分别通过试验手段，采用现场试验方法利用量杯及天平称重，依据黏土与水的不同比例关系（重量比）分别测试，最终测试出不同配比下各浆液的比重值，其值采用比重计进行量测，测试结果为：①当水黏土比为1.6 : 1时，其比重值为1.22；②当水黏土比为2.3 : 1时，其比重值为1.20；③当水黏土比为2.6 : 1时，其比重值为1.15；④当水黏土比为2.8 : 1时，其比重值为1.12；⑤当水黏土比为2.7 : 1时，其比重值为1.13。

利用上述试验参数对该工程探水孔进行注浆实施，所用材料为纯黏土掺合水制成黏土浆，其注浆所用黏土情况见下面所述各注浆钻孔干土用量汇总。

其计算公式为

$$\text{各不同配比比重值干土用量 } T = \frac{\text{钻孔注浆总量}(\mathrm{m^3}) \times \text{不同配比值注 } 1\mathrm{m^3} \text{ 所需干土量}(\mathrm{kg})}{1000(\mathrm{kg})}$$

公式中干土量为纯黏土浆所需用量。未添加水泥用量，水泥用量另计。

水泥用量按水灰比1 : 1比例制浆液后，掺入黏土浆中，其用量占黏土浆液的20%～30%，相对密度达到1.17～1.21。

在注浆工程实践中，董家河煤矿根据煤层底板工程地质条件、水文地质条件等实际情况，在现有的注浆工艺基础上进行了改进，主要取得了以下几个方面的创新。

（1）在注浆工程中，有些注浆孔由于底板裂隙比较发育，出水量大，注浆量一般需1000～2000m³，使注浆进度和注浆量都受到较大影响。鉴于此种情况，为了缩短注浆时间、降低注浆量，对注浆工艺进行改进，具体方法如下：

①对于出水在40m³/h的注浆孔，在经过连续累计注浆已达300m³，且孔口压力无明显上升时，采取提高浆液浓度，实施对注浆孔添加锯末和海带丝的工艺，用高压将其压入，对裂隙进行充填，关闭阀门，使其在底板深层裂隙膨胀。

②骨料添加1小时之内，可反复间歇注浆，确保骨料充分膨胀，1h之后，对注浆孔再次连续注浆。

③经过反复实验，对进浆量在1000～2000m³的注浆孔，注浆量可控制在500～

1000m^3，在确保注浆质量的前提下，提高了注浆效率。

为防止浅层裂隙在注浆过程中发生漏浆、跑浆现象，用直径为159mm的无缝钢管注入化学浆液——马丽散，对浅层裂隙进行封堵；浅层裂隙封堵后，改用直径为89mm的无缝钢管进行透孔，透孔完成后，可注入黏土浆、水泥、水玻璃等类型浆液，对深层含水层裂隙进行注浆封堵（图8-18）。

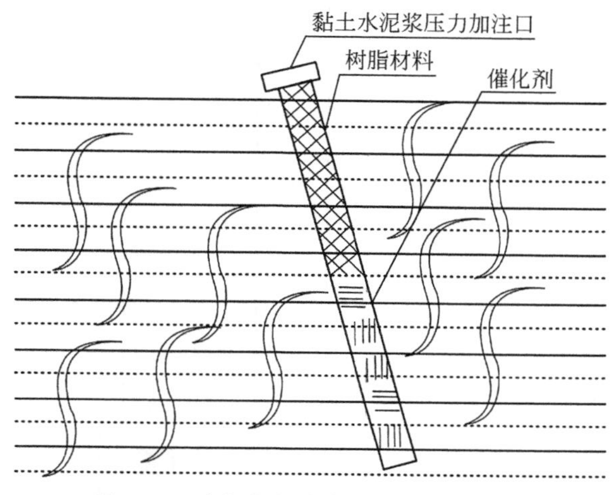

图8-18　底板深层含水破裂带注浆装置

（2）如出现底板、帮部漏浆，通过添加普通骨料（海带丝、锯末、黄豆、胶皮等）对浅层底板、帮部裂隙进行封堵，从而使浆液达到深层，确保注浆效果。如出现底板、帮部漏浆，添加普通骨料（海带丝、锯末、黄豆、胶皮等）处理漏浆效果不大时，可添加水玻璃、水泥，加速骨料凝固性，快速封堵底板、帮部裂隙，具体方法如下（图8-19、图8-20）。

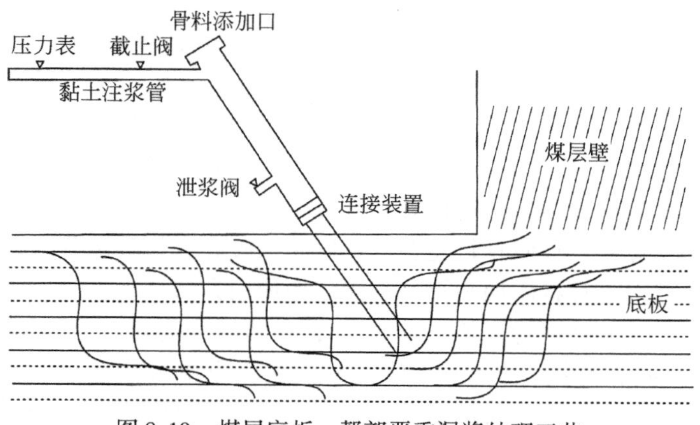

图8-19　煤层底板、帮部严重漏浆处理工艺

①对漏浆严重的孔先用普通骨料（细锯末、海带丝）充填，充填次数根据骨料添加过程的压力变化，变化范围控制在5～7MPa，细锯末、海带丝以4：1～5：1的比例经过充

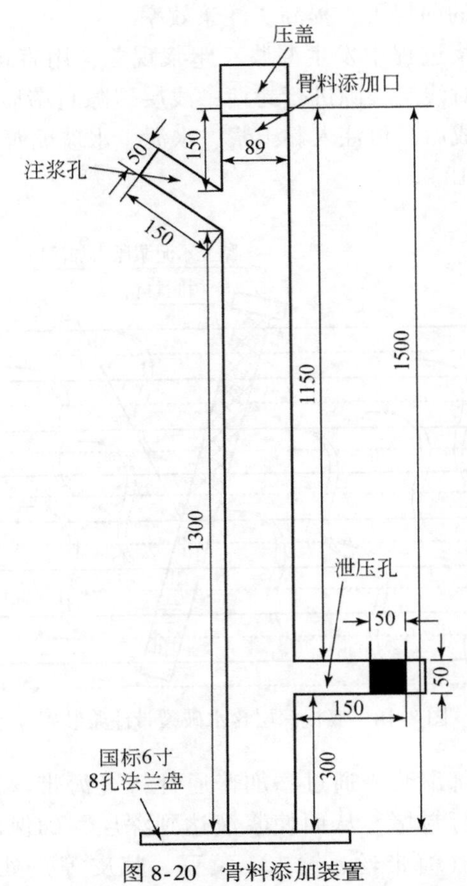

图 8-20　骨料添加装置

(1) 图中单位均为 mm；(2) 主筒为 3 寸无缝钢管，两侧注浆孔和泄压孔均用 2 寸无缝钢管焊接；(3) 主筒下端焊接 6 寸法兰盘，便于与注浆孔连接；(4) 1 寸≈3. 33cm

分搅拌，以干燥状态加压送入注浆主管道中，填入时将骨料量加大，每次填入后间隔 0. 5 ~ 1h，确保骨料充分膨胀，使其有效封堵底板大裂隙。

②将水玻璃和水泥快速充入注浆孔，使其充填至裂隙处，封堵普通骨料充填后的小裂隙，每次填入后间歇 2h 以上，充填 2 次，完后此孔停止注浆，更换注浆孔，以便于水玻璃和水泥更好凝固，从而达到封堵底板裂隙的目的。

为方便添加注浆骨料，且使骨料能够用高压注入破碎底板裂隙处，起到封堵裂隙的效果，保障注浆顺利进行，骨料添加装置的具体制作使用方法如下：

①首先取一根 3 寸无缝钢管，长度为 1. 5m，在两侧分别开口，各焊接一根 15cm 长的 2 寸无缝钢管，注浆孔 2 寸钢管与主管道呈 45°夹角，末端焊接端头，各做管卡槽，便于连接管路。泄压侧 2 寸无缝管一头加工成 5cm 的外丝（粗丝螺纹）便于连接阀门。

②在骨料添加口端，做管卡槽，并加工一压盖，在骨料添加完后，将压盖与主管道用卡子连接，使其形成密封状态。

③在添加骨料时停注浆液，在泄压侧将压力泄去，关闭注浆口阀门，然后打开骨料添

加口，添加骨料，当压力升至合适的压力值后，打开注浆阀门，将骨料压入。

（3）在底板注浆加固工作过程中，有时底板浅部破碎松软层及壁帮会出现渗透、漏浆现象，造成注浆钻孔压力不足，浆液难以注入深部目的层位。所以根据渗浆裂隙发育情况，采用添加骨料、间歇式注浆等方法，确保浆液注入目的层位，针对渗浆、漏浆情况加工一套骨料添加装置（图 8-21）。

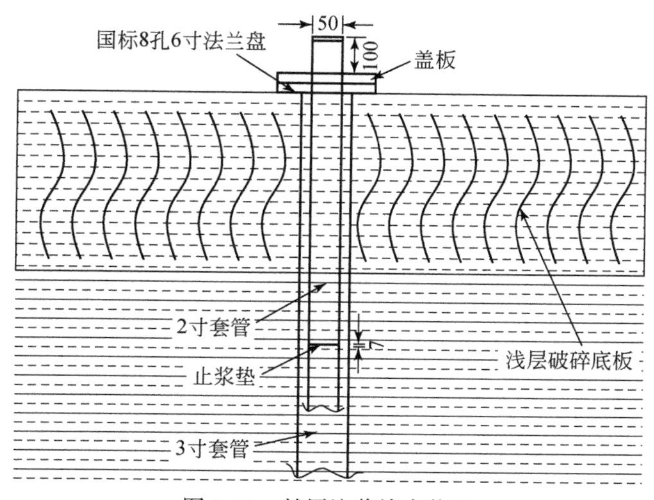

图 8-21　越层注浆堵水装置

（1）图中单位均为 mm；（2）在法兰盘上焊接一空心盘，盘心孔径为 51mm，并将第一根 2 寸套管（下端头 50mm 段为外丝粗丝螺纹），穿过空心盘焊接在法兰盘上；（3）第二根套管起每根管子端头各有 50mm 粗丝螺纹，一段为外丝，一段为内丝；（4）根据破碎底板的深度加长套管，以套管下至完好底板段 2m 深为宜；（5）每根套管长度为 2m

具体使用方法如下：

①采用直径为 50mm 钢管 6 根，每根钢管长度为 2m，钢管长度和数量可根据浅部松软层的厚度适当增减，连接放入套管，套管直径为 89mm。

②在套管穿过松软层进入深度裂隙处后，在直径为 50mm 的内管端头连接一个和直径 89mm 套管内径相匹配的圆盘，圆盘厚度为 4mm，圆盘下部加垫一个厚度 3mm 的橡胶垫板，以阻挡浆液从深层回渗。

③在孔口法兰处加工一个和注浆管路连接的盖板装置，阻止浅层破碎底板发生跑浆、漏浆。盖板厚度为 5mm，连接法兰盘，法兰盘直径为 159mm，使浆液通过连接的 6 根注浆管注入深层目的层位，保证注浆效果。

（4）根据工作面开采过程中的矿压特征、煤层底板受开采扰动破坏深度及含水层裂隙发育情况，提出适宜的浆液配比，避免在工作面开采初期注浆过程中浆液配比的盲目性，降低浆液材料成本。具体方法如下：

①在工作面开采初期以单一黏土浆液为主，工作面开采初期的浆液配比水：黏土比重为 2.8：1～3：1，浆液密度控制在 1.10～1.12kg/m^3 范围内。

②在工作面开采中期以黏土-水泥浆液为主，工作面开采中期的浆液配比水：黏土：水泥比重为 2.4：1：0.05～2.8：1：0.05，浆液密度控制在 1.15～1.18g/cm^3 范围内。

③在工作面开采末期以黏土-水泥浆液为主，工作面开采末期的浆液配比水：黏土：水泥比重为1.6：1：0.04～2.3：1：0.05，浆液密度控制在1.20～1.26g/cm^{3}范围内。

以上这些在工程实践中的创新，对保证注浆效果，提高注浆效率，产生了巨大的推进作用，有效降低了注浆工程费用，带来了显著的经济效益与社会效益。

（5）注浆技术要点如下：

①当注浆压力保持不变，吸浆量均匀减少时，或吸浆量不变，压力均匀升高时，注浆工作应该持续下去，一般不得改变浆液浓度。

②注浆时，当改变浆液水灰比后，如注浆压力突增或吸浆量突减，立即查明原因进行处理。

③注浆前后及注浆时都必须观测邻孔的水量、浑浊度及水位变化情况，以便判断或发现钻孔串浆，便于及时处理。

④一般注浆工作必须连续进行，直至结束。当注浆孔段已经用到最大浓度的浆液，吸浆量仍然很大，不见减少，孔口压力无明显上升或发生底鼓及底板裂隙漏浆时，采用间歇式注浆。

（6）注浆结束标准如下：

①结束压力在6MPa左右。

②结束吸浆量一般为35L/min，越小越好。

即达到结束压力时，吸浆量小于35L/min，稳定20～30min。注浆工作结束后，对注浆孔采用纯水泥浆液予以封闭，以防形成人为导水通道。

工作面注浆采用地面建立注浆泥浆泵站，通过铺设注浆管路，使浆液输送到工作面各个注浆钻孔内。注浆设备包括黏土破碎机、输送机、供水泵、制浆机、除砂器、射流泵、初浆池、二次搅拌池、水泥浆搅拌机、注浆泵和注浆管路等。

8.4　煤层底板保水开采工程实践

澄合矿区煤炭资源在开采过程中不同程度地受到岩溶承压水的威胁，属“带压开采”。为确保安全开采，提高隔水层的隔水能力是关键，通过地质体注浆改造技术，可提高隔水层的阻水能力，将含水层改造为隔水层。以董家河煤矿为试点，在前期研究注浆材料的选择、浆液配比试验、注浆加固技术的基础上，本着“操作简单、安全可靠、经济实用”的原则，设计、建立具有自动计量、实时监控、动态控制、连续作业功能的董家河煤矿地面注浆站。

8.4.1　系统组成

澄合矿区底板注浆加固系统由制浆系统、注浆系统与自动控制记录系统三部分组成，自动控制记录系统主要实现生产过程自动化。在制浆和注浆过程中将具有自动计量、实时监控、动态控制、连续作业功能的水泥-黏土混合浆地面制浆、注浆系统，用于煤矿井下含水层注浆改造工程。该系统可以制备黏土浆（水+黏土）、黏土水泥浆（水+黏土+水泥)、水泥浆(水+水泥)三种浆液,实现三种浆液制备的自动控制和堵水灌浆过程参数的自动记录。系统操作简单,运行稳定可靠。制浆、注浆过程的可实现手动、自动化控制操作。

8.4.1.1 制浆系统

制浆系统由两套系统组成,分别是黏土制浆系统和水泥制浆系统,见图8-22。

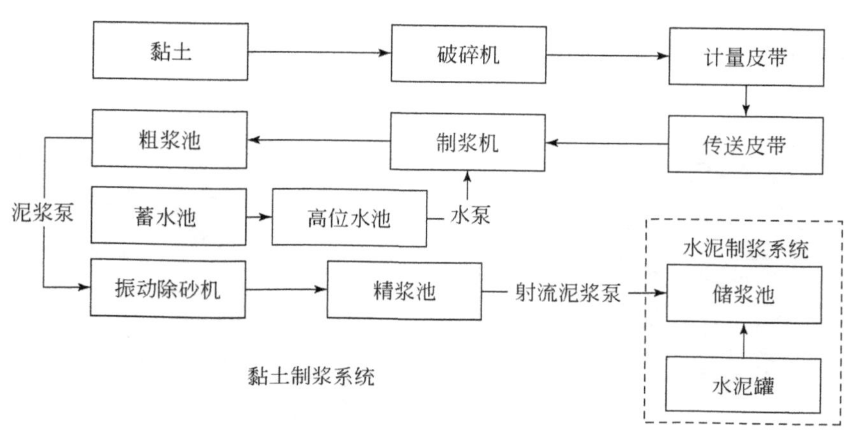

图8-22 制浆系统流程示意图

1. 黏土制浆系统

从黏土破碎机开始,到精浆池为止,把粗黏土制成合格的黏土浆液。有两条生产线,一备一用。由上料皮带输送机、黏土破碎机、变频定量给料皮带、黏土制浆机、粗浆池、液下多用泵、一级振动除砂机、搅拌机、精浆池等组成。其作用是把黏土经过粉碎搅拌除砂后制成合乎要求的黏土浆。核心设备是NL20型制浆机和ZDS系列振动除砂机。

2. 水泥制浆系统

水泥制浆系统可以制作单液水泥浆或黏土水泥浆。纯水泥浆液制作是通过清水泵直接加水与水泥在精浆池中混合,水量和水泥量可根据浆液参数进行调节;水泥黏土浆液制作是通过向精浆池中的黏土浆液加配水泥,加配水泥量可根据浆液参数进行调节。

8.4.1.2 注浆系统

系统设计为自动计量、实时监控、动态控制、连续作业的水泥-黏土混合浆地面制浆、注浆系统,主要用于煤矿井下含水层注浆改造工程。其主要生产工艺如下:

(1)黏土通过破碎机均化、电子皮带秤计量、输送皮带机至黏土制浆机。

(2)清水管道泵根据配黏土量和配比系数动态调节完成配水量的多少,此过程是决定浆液密度的关键。

(3)黏土浆液流入粗浆池,搅拌机对浆液进行搅拌使其均化,后通过液下泵经过振动除砂机注入精浆池。

(4)粗浆池内搅拌机再次对浆液进行搅拌均化,同时通过循环泵进行密度自检,根据实际密度效果来进一步对清水管道泵配水量进行二次微调，产生优质的合格浆液。

（5）精浆池内配置射流泥浆泵为配混合浆液用，控制调节过程同清水管道泵。

（6）散装水泥罐下侧安装有螺旋计量秤，根据工艺参数来设定给水泥量；分别对应射流泥浆泵，完成配浆液的过程。

（7）射流泥浆泵的浆液流入对应的储浆池，浆液在池内搅拌均化。

（8）用注浆泵将储浆池中的浆液输送至需要注入区域，为保证系统安全可靠运行，一般需配备两个注浆泵备用。

（9）注浆管道上安装有密度流量计、压力变送器对注入站点的浆液进行实时检测（图 8-23）。

(a) 智能电磁流量计

(b) 测速传感器

图 8-23　流量监控器

计算机能够对生产过程、注浆的参数（压力、密度、流量、站点等）进行存储，并可以查询历史记录。

（10）本控制系统具备与远程控制调度联网接口功能，调度室安装相应的软件后可以监视注浆站相关技术数据。

8.4.2　注浆效果

建立地面注浆站对 5 号煤层煤底板灰岩和奥灰岩承压水进行注浆治理后，取得了很好的效果。由于它的连续性，方便造浆和大量注浆，与传统的井下注浆相比，运料方便、快捷，节省了大量的人力、物力，井下人员减少，增加了人员的安全系数，有着无可替代的优越性和可靠性。在治理矿井水害中具有广泛的推广应用前景。

（1）通过该注浆系统对董家河煤矿 5 号煤层底板进行注浆加固，可为董家河煤矿安全回采煤炭资源 360. 21 万 t，占 5 号煤层总储量的 27. 5%，按照每吨煤 392. 5 元计算，可创造直接经济效益约 21 亿元。

（2）对董家河煤矿 5 号煤层 22507、22508 工作面底板进行注浆改造工程追踪分析，已回采结束，安全的回采出煤量达 37. 5 万 t，创造直接经济效益 14720 万余元。

（3）注浆改造后董家河煤矿 5 号煤层 22507、22508 工作面涌水量可减小到 $60m^3/h$ 以下，每年可有效降低排水费用上百万元。

（4）澄合、合阳一带湿地面积较大，主要依赖岩溶水的自然溢出补给，一旦岩溶水受采煤影响而水位下降，势必造成泉水流量衰减。采用煤层底板注浆加固技术，保护了岩溶水含水结构不受采煤破坏，保持渭北地区岩溶水水位标高（+370m）稳定，从而保护了岩溶水的自然流场，保护了湿地“供水”来源和生物多样性，生态效益显著。

第9章 巨厚砂砾岩含水层下保水采煤技术与实践

鄂尔多斯盆地西南部侏罗纪煤田广泛分布区，属于盆地中生界白垩系碎屑岩裂隙孔隙地下水系统，白垩系地下水天然资源量有7.57亿m^3/a，是西部干旱缺水地区煤炭基地建设、人畜生活和生态恢复的重要水源。白垩系砂砾岩含水层广泛分布的区域，厚-特厚煤层开采深度一般大于500m；特厚煤层保水开采，是这一地区中深部开采所面临的新的技术难题。

本章以黄陇侏罗纪煤田永陇矿区崔木煤矿综放开采实践为基础，结合彬长矿区开采实践，对巨厚白垩系砂砾岩含水层下伏特厚煤层保水开采进行探讨。

9.1 保水开采的地质背景

9.1.1 含（隔）水层特征

研究区属于鄂尔多斯中生界承压水盆地西南缘。盆地主体为下白垩统、侏罗系及三叠系各粒级碎屑岩。地下水以砂岩承压水为主，松散层潜水次之。砂岩含水层主要为白垩系孔隙-裂隙含水层和侏罗系及三叠系裂隙含水层，分属于白垩系承压水向斜与侏罗系、三叠系承压水单斜两类储水构造。区内地表沟谷中零星出露有下白垩统洛河组，其上新近系及第四系广泛覆盖。地层及含（隔）水层水文地质特征如图9-1所示。

中侏罗统直罗组（J_2z）砂岩含水层、延安组（J_2y）煤层及其顶板砂岩含水层为煤层开采顶板直接充水含水层，因其埋藏深、裂隙不甚发育、补给条件差、富水性弱，井巷充水易于疏排，对煤层开采影响不大。下白垩统洛河组（K_1l）砂岩含水层虽为煤层顶板间接充水含水层，但其厚度大、分布广、富水性好，且与区域强含水层相连，矿井建设及生产中曾发生多起涌突水事故，严重危害安全开采。因此，白垩系砂岩含水层地下水，既是区域重要的供水水源，又是矿井涌突水主要来源，需要重点加强防治和开发利用。白垩系洛河砂岩地下水是保水开采关注的重点对象。

白垩系含水层与煤系含水层之间存在着厚度大、层位稳定、连续性好、隔水性能良好的安定组（J_2a）泥岩隔水层，以及直罗组泥岩段和煤层顶板泥岩段等多个隔水层段。含水层富水性、水头高度和水质类型、矿化度等水文地质特征，均显示白垩系地下水与煤系地下水为两个互不相连的地下水系统；白垩系地下水与煤系地层地下水之间在天然状态下没有水力联系。安定组泥岩隔水层是保水开采的关键隔水层。

9.1.1.1 洛河组砂岩含水层

洛河组砂岩含水层零星出露于区内合阳沟、常家河等较大河谷中，含水层为棕红色各

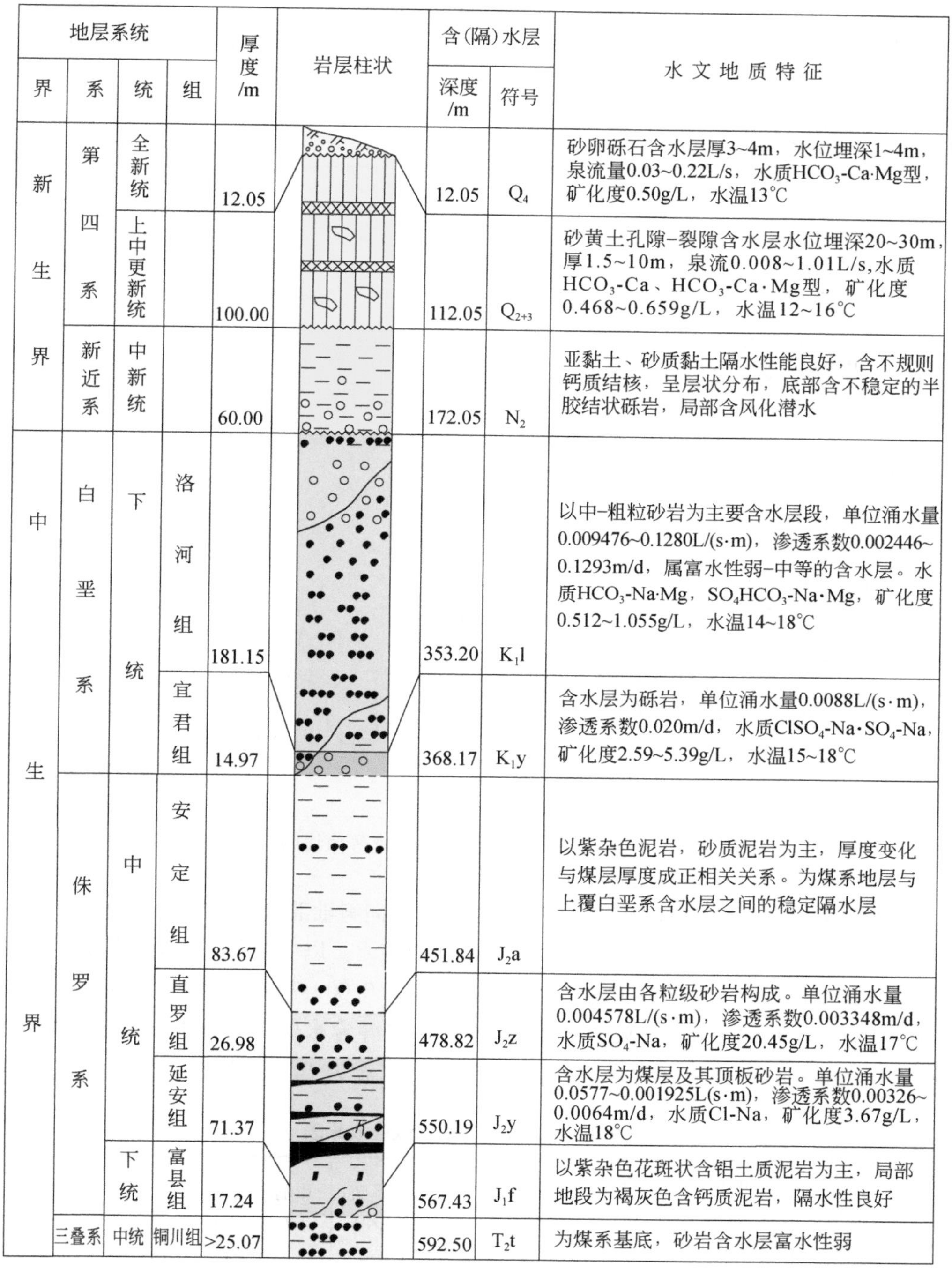

地层系统				厚度/m	岩层柱状	含(隔)水层		水文地质特征
界	系	统	组			深度/m	符号	
新生界	第四系	全新统		12.05		12.05	Q_4	砂卵砾石含水层厚3~4m，水位埋深1~4m，泉流量0.03~0.22L/s，水质HCO_3-Ca·Mg型，矿化度0.50g/L，水温13℃
		上中更新统		100.00		112.05	Q_{2+3}	砂黄土孔隙–裂隙含水层水位埋深20~30m，厚1.5~10m，泉流0.008~1.01L/s,水质HCO_3-Ca、HCO_3-Ca·Mg型，矿化度0.468~0.659g/L，水温12~16℃
	新近系	中新统		60.00		172.05	N_2	亚黏土、砂质黏土隔水性能良好，含不规则钙质结核，呈层状分布，底部含不稳定的半胶结状砾岩，局部含风化潜水
中生界	白垩系	下统	洛河组	181.15		353.20	K_1l	以中–粗粒砂岩为主要含水层段，单位涌水量0.009476~0.1280L/(s·m)，渗透系数0.002446~0.1293m/d，属富水性弱–中等的含水层。水质HCO_3-Na·Mg，SO_4HCO_3-Na·Mg，矿化度0.512~1.055g/L，水温14~18℃
			宜君组	14.97		368.17	K_1y	含水层为砾岩，单位涌水量0.0088L/(s·m)，渗透系数0.020m/d，水质$ClSO_4$-Na·SO_4-Na，矿化度2.59~5.39g/L，水温15~18℃
	侏罗系	中统	安定组	83.67		451.84	J_2a	以紫杂色泥岩，砂质泥岩为主，厚度变化与煤层厚度成正相关关系。为煤系地层与上覆白垩系含水层之间的稳定隔水层
			直罗组	26.98		478.82	J_2z	含水层由各粒级砂岩构成。单位涌水量0.004578L/(s·m)，渗透系数0.003348m/d，水质SO_4-Na，矿化度20.45g/L，水温17℃
			延安组	71.37		550.19	J_2y	含水层为煤层及其顶板砂岩。单位涌水量0.0577~0.001925L(s·m)，渗透系数0.00326~0.0064m/d，水质Cl-Na，矿化度3.67g/L，水温18℃
		下统	富县组	17.24		567.43	J_1f	以紫杂色花斑状含铝土质泥岩为主，局部地段为褐灰色含钙质泥岩，隔水性良好
	三叠系	中统	铜川组	>25.07		592.50	T_2t	为煤系基底，砂岩含水层富水性弱

图9-1　水文地质综合柱状图

粒级砂岩，厚度为20.55~265.18m，平均为110.07m。如图9-2所示，井田西部和中部厚度较大，自西向东，由中部向南向北边部变薄。西部煤层富集区厚度大于140m，局部达

180m 以上，中部为 100～140m，向北向南为 60～100m，至井田东北及西南边部厚度小于 60m。含水层富水性主要受岩性、厚度、地形地貌、地质构造等多种因素综合控制。

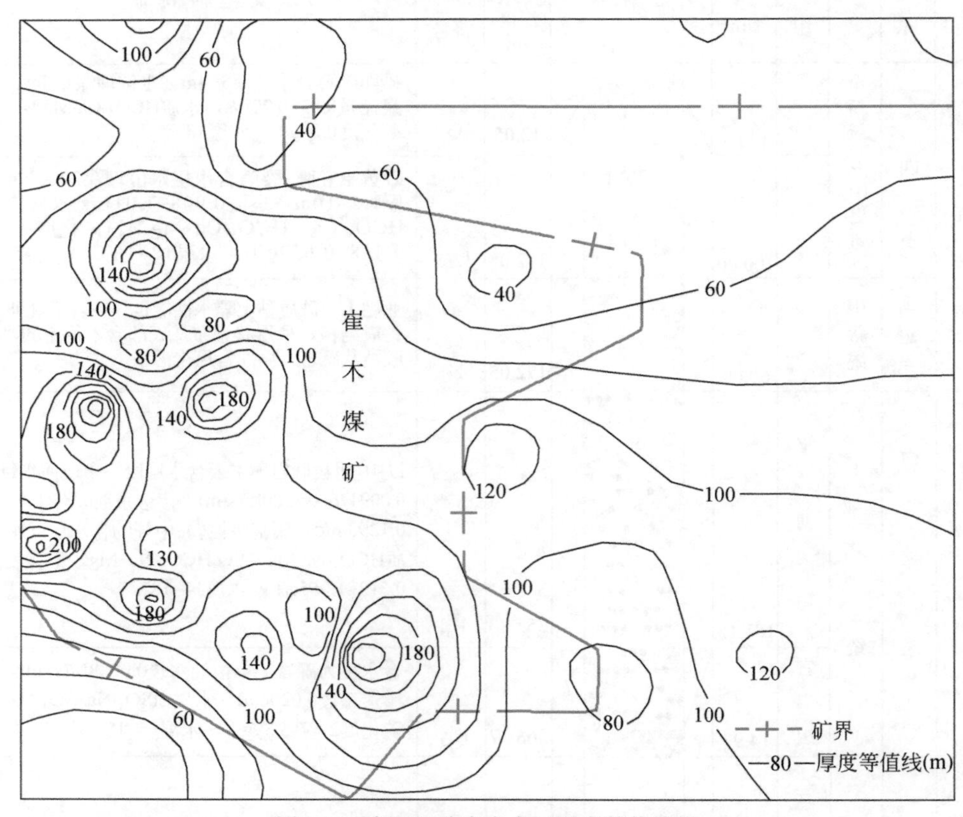

图 9-2　洛河组砂岩含水层厚度等值线图

地下水主要赋存于中-粗粒砂岩之中，河谷地段及向斜轴部富水性较好，为相对富水区，梁峁与砂岩含量少的地段，富水性较弱，水资源相对贫乏。以中-粗粒砂岩为主要含水层段，钻孔及水井抽水试验成果如表 9-1 所示：单位涌水量为 0.009476～0.1280L/(s·m)，渗透系数为 0.002446～0.1293m/d，属富水性不均一的弱-中等含水层。水质类型 HCO_3-Na·Mg，SO_4·HCO_3-Na·Mg，矿化度为 0.512～1.055g/L，水温为 14～15℃。

表 9-1　K_1l 含水层抽水试验成果表

孔号	含水层厚度 M/m	静止水位埋深/m	水位降深 S/m	单位涌水量 q/[L/(s·m)]	渗透系数 K/(m/d)	影响半径 R/m	水质类型	矿化度/(g/L)
K2-3	231.20	103.60	27.70	0.04678	0.017011	36.13	HCO_3-Mg·Na	0.53
K6-3	268.83	52.60	26.20	0.05576	0.014679	31.74	HCO_3-Na	1.055
X5-1	237.90	19.20	33.20	0.08946	0.033354	60.63	HCO_3-Na	0.512
主检	282.39	153.37	46.23	0.01551	0.004432	30.50	HCO_3-Mg·Na	0.642

续表

孔号	含水层厚度 M/m	静止水位埋深/m	水位降深 S/m	单位涌水量 q/[L/(s·m)]	渗透系数 K/(m/d)	影响半径 R/m	水质类型	矿化度/(g/L)
副检	284.90	149.10	55.40	0.01294	0.003756	33.95	HCO_3-Mg·Na	0.613
1 号井	95.11	54.89	69.37	0.0721	0.0343	410.33	SO_4·HCO_3-Na·Mg	0.641
2 号井	146.25	40.85	70.18	0.0895	0.0393	463.78	HCO_3-Na·Mg	0.68
3 号井	127.97	37.62	49.09	0.1280	0.1293	399.21	HCO_3-Na·Mg	0.70
4 号井	169.32	82.37	66.26	0.0907	0.07805	458.99	HCO_3-Na·Mg	0.70
5 号井	155.58	20.70	80.88	0.0882	0.08405	584.94	HCO_3-Na·Mg	0.70
G1	194.38	166.69	22.90	0.05205	0.0122	25.40	HCO_3-Na·Mg	0.62
G2	281.99	56.01	87.38	0.009476	0.002446	43.21	HCO_3-Na·Mg	0.72
G3	200.71	151.37	50.24	0.01900	0.005467	37.21	SO_4·HCO_3-Na·Mg	0.78
G4	54.02	148.88	35.05	0.0236	0.043004	72.74	Cl·HCO_3-Na.	0.64
G5	306.50	199.24	45.88	0.0199	0.005728	34.82	SO_4·HCO_3-Na·Mg	0.75

洛河组含水层地下水流场见图 9-3。受区域地下水流场控制，洛河砂岩地下水总体由西南、东北、西北向泾河及其支流排泄；在矿区及其周围，形成的地下水局部流场，显示了矿井开采及疏排对上覆白垩系巨厚砂砾岩含水层地下水的影响，以及保水开采的必要性。

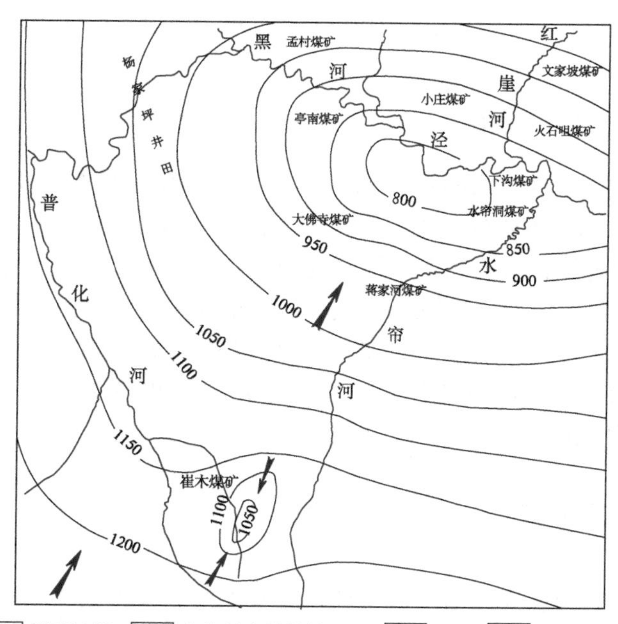

图 9-3　洛河组含水层地下水流场图

据水源井及观测孔测试结果：洛河砂岩地下水位总体呈逐年下降趋势。水源井地下水位下降幅度逾 30m，且仍在下降；4 年内中心地带水源井水位下降 50% 以上。

工作面长观孔地下水位动态观测成果如图 9-4 所示，洛河组地下水位总体呈波浪状下降，出现的 6 个波谷对应井下 6 次工作面涌突水。从 2013 年 2 月到 2014 年 2 月，以平均波峰值统计水位下降 7. 64m，以波谷值统计下降 33. 25m。总体水位年降幅 7. 64 ~ 33. 25m，平均降幅每年 20. 45m，显示了保水开采的紧迫性。

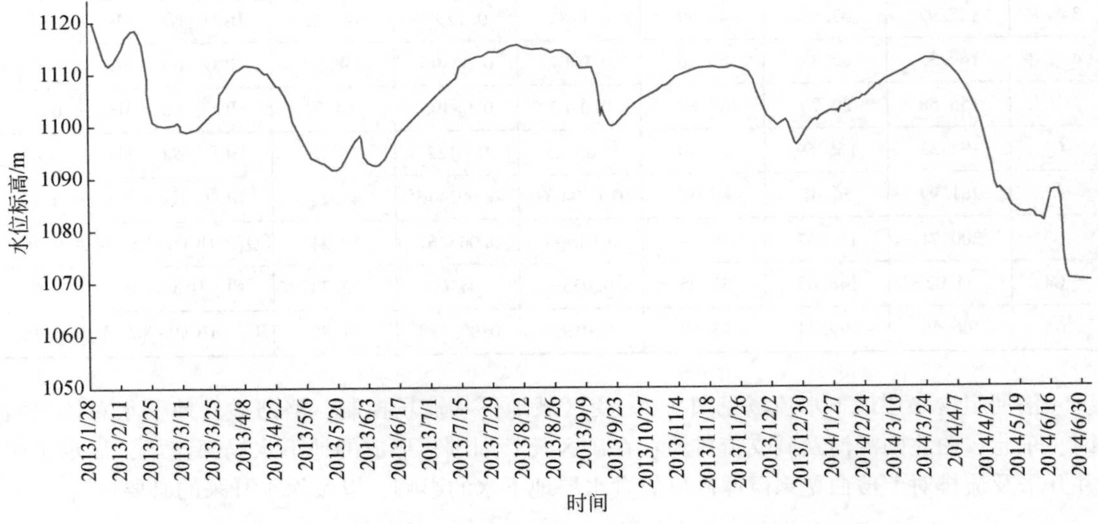

图 9-4　洛河组地下水位动态曲线图（2013 年 2 月至 2014 年 6 月）

9. 1. 1. 2　安定组泥岩隔水层

安定组泥岩隔水层以紫杂色泥岩为主，团块状，松软。厚度为 0 ~ 121. 50m，平均为 65. 06m。泥岩及砂质泥岩主要分布于安定组中上部，一般 4 ~ 5 层，单层厚度7 ~ 20m，含砂岩薄层、条带、包裹体；由上往下单层厚度变薄，砂岩条带及包裹体减少，致密度和脆性增强。图 9-5 显示泥岩-砂质泥岩分布总体上呈现与煤层赋存密切相关，在井田西部富煤区厚度大，中东部无煤区厚度小。厚煤-特厚煤区发育厚度为 60 ~ 80m，局部达 100m 以上；但个别地段如 21301、21302 工作面的 X7-3、K6-2，以及 22303、22304 工作面的 X1-2、K2-7 四个钻孔周围相变为砂岩。区内无出露。

9. 1. 2　主要可采煤层

研究区为掩盖式煤田，煤系地层为中侏罗统延安组，处于太峪背斜与遥远背斜之间古隆起控煤的含煤凹陷区。地层走向近东西，倾向北西，倾角 3° ~ 12°，整体分布平缓。3 煤层位于延安组第一段中部，为区内主要可采煤层，属深埋厚-特厚煤层。如图 9-6 及图 9-7 所示，煤层沉积规律为古隆起部位沉积薄或缺失，凹陷部位沉积厚（Wang，1989；王

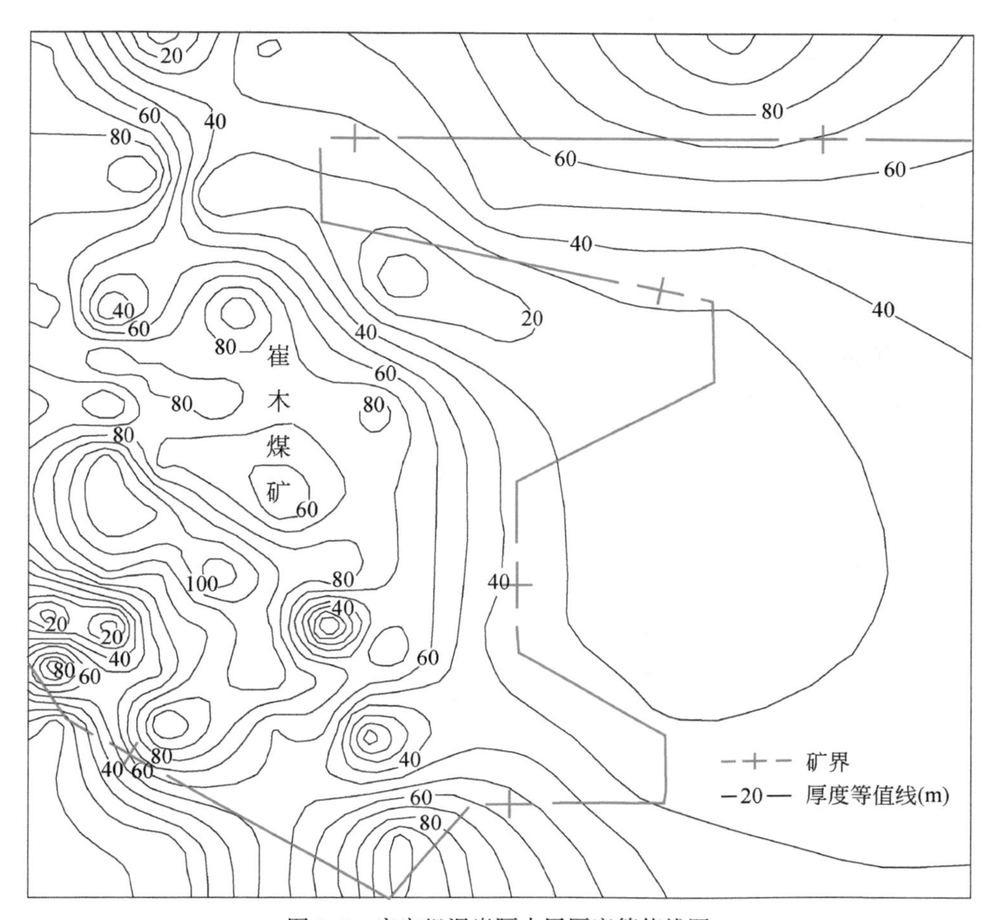

图 9-5　安定组泥岩隔水层厚度等值线图

双明，1996）；煤层厚度为 0.35 ~34.20m，平均为 16.89m，可采面积为 29.95km^2；埋深 314.42 ~777.03m，一般在 500m 以上；底板标高 626.10 ~970.00m。

9.1.3　煤层顶板覆岩特征

煤层顶板覆岩发育特征研究是进行顶板隔水性能评价、矿井涌突水机理和保水开采研究的基础。以下主要从覆岩厚度变化规律、岩性组合特征、构造发育程度、岩石物理力学性质及岩体质量特征等方面，对 3 煤顶板至白垩系砂砾岩含水层底界之间覆岩发育特征进行分析研究。

9.1.3.1　覆岩厚度变化规律

3 煤顶至白垩系砂砾岩含水层底界之间覆岩厚度为 125.43 ~ 277.80m，平均为 185.80m。如图 9-8 所示，覆岩分布呈现西北部厚、东北部次之、中部变薄的特点，并与

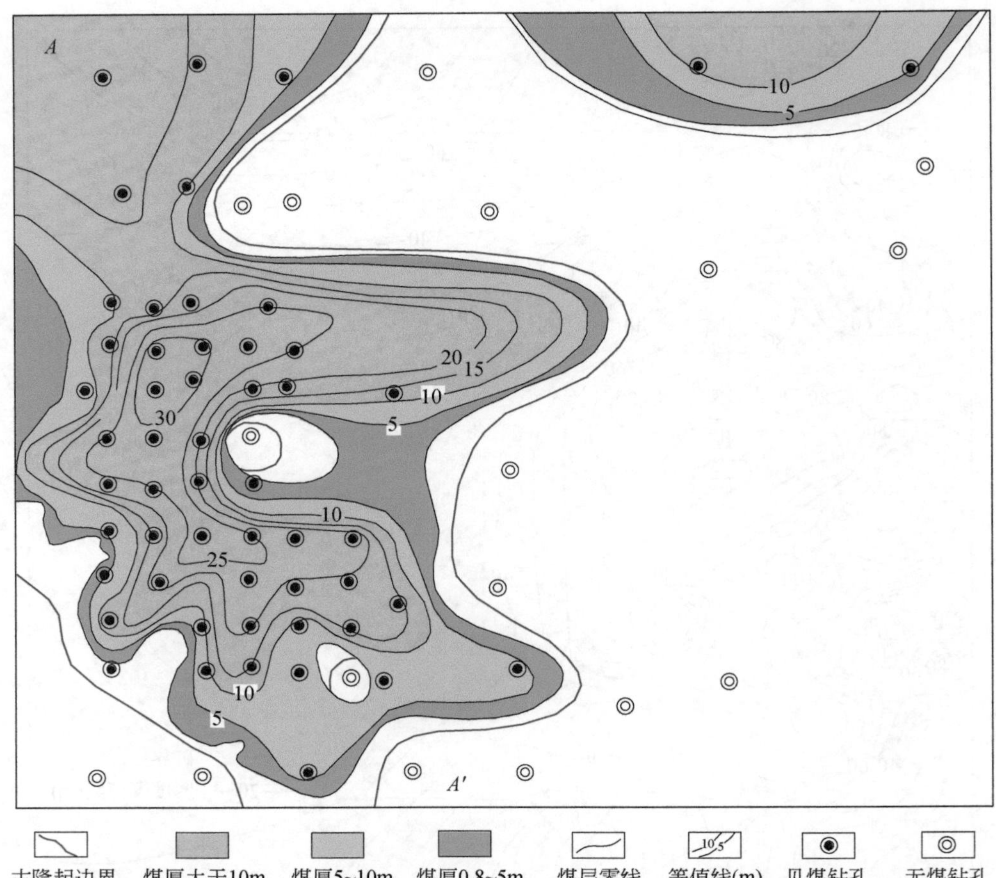

图 9-6　3 煤分布及厚度等值线图

煤层厚度呈正相关。井田西部厚煤及特厚煤区，煤层顶板覆岩厚度大于 180m，当覆岩厚度小于 120m 时，煤层不可采或缺失。总体上，3 煤与上覆白垩系砂砾岩含水层之间的覆岩厚度较大且基本稳定，对保水采煤十分有利。

9.1.3.2　岩性组合特征

覆岩岩性组合特征见表 9-2。3 煤顶板至白垩系砂砾岩含水层底界的岩性组合为泥岩-砂质泥岩、粉砂-细粒岩砂岩和中-粗粒砂岩，且以泥岩-砂质泥岩为主。泥岩-砂质泥岩具备一定的阻隔上覆白垩系含水层地下水下渗补给径流作用，同时可有效降低 3 煤顶板导水裂隙带向上发育高度及降低矿井顶板含水层充水强度。泥岩、砂质泥岩和粉砂岩的含量比例较大，泥岩遇水易崩解软化，使煤层采动形成的导水裂隙带闭合，重新胶结恢复隔水性能，对保水开采具有积极意义。

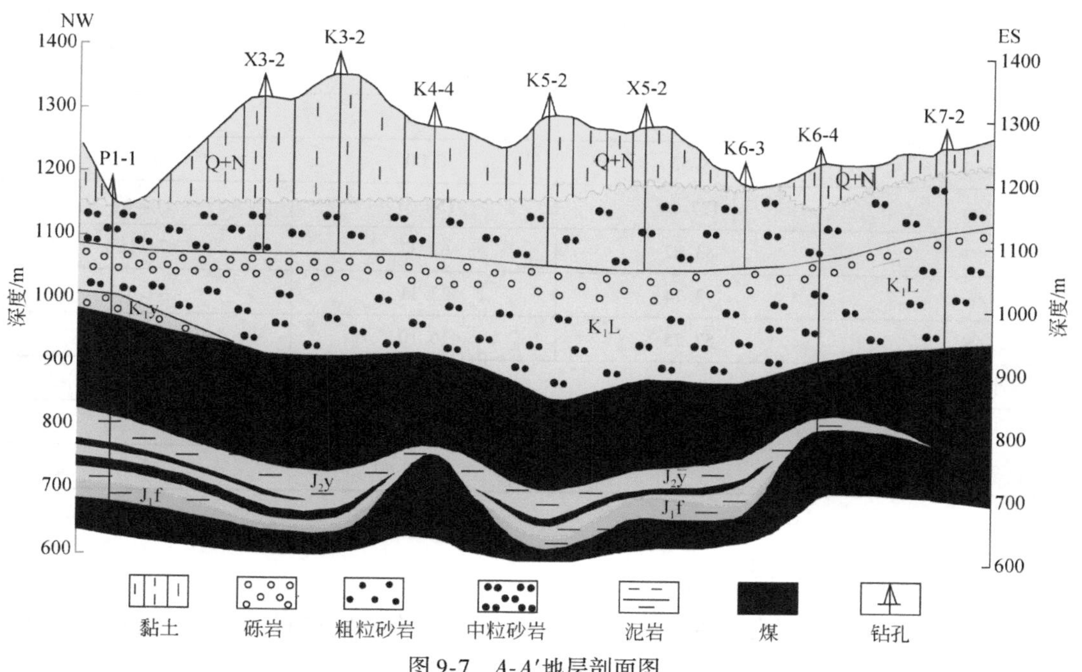

图9-7 *A-A'*地层剖面图

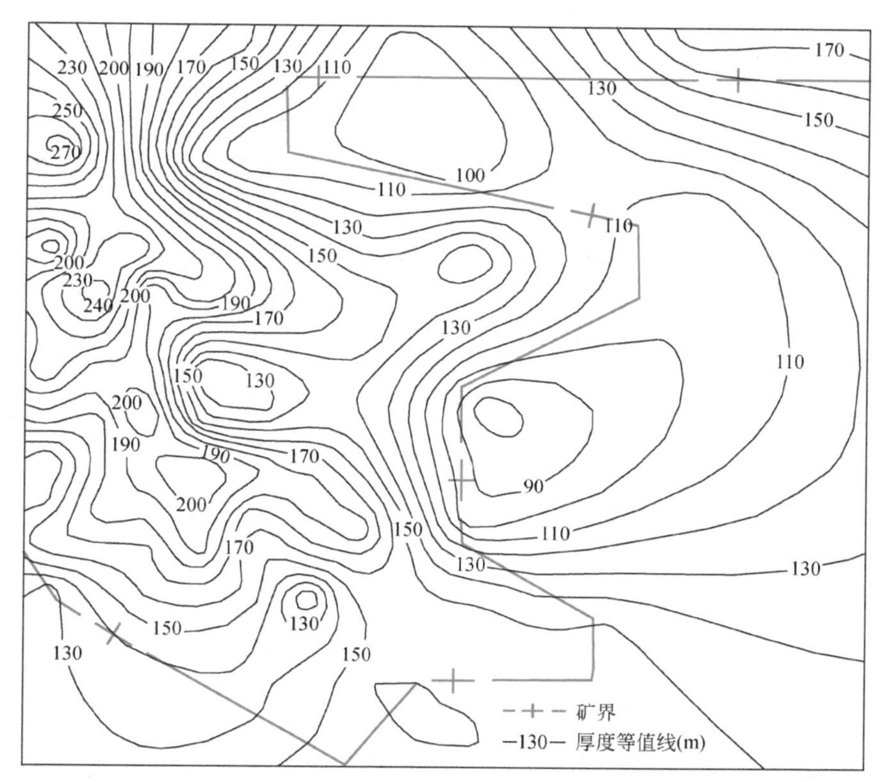

图9-8 白垩系砂砾岩含水层底界到3煤顶岩层厚度等值线图

表 9-2　煤层顶板覆岩岩性特征统计表

岩性	泥岩-砂质泥岩	粉砂-细粒砂岩	中-粗粒砂岩
最小累厚/m	5.85	0.00	1.50
最小占比/%	8.52	0.00	6.47
最大累厚/m	177.99	150.37	112.67
最大占比/%	83.92	67.37	74.16
平均累厚/m	92.74	33.11	44.63
平均占比/%	57.75	16.10	26.14
覆岩最小总厚度/m	125.43		
覆岩最大总厚度/m	277.80		
覆岩总厚度平均/m	185.80		

9.1.3.3　构造发育程度

研究区总体为一东南高、西北低的波状单斜构造。在波状单斜之上，北北西向展布的背向斜交替呈现，覆岩起伏较大，小的褶曲比较发育，北西、东西和北东延伸的小断层相对密集。构造对煤层开采的影响主要表现为：向斜轴部工作面易发生涌突水，小断层影响巷道掘进和工作面布置，断层带及其周围顶板维护困难、煤质变差，个别断层有可能沟通煤层上覆白垩系含水层，对煤层安全回采构成威胁，不利于保水开采。

首采区三维地震发现断层 5 条，其中最大落差大于等于 10m 的断层 3 条，最大落差等于 5m 的断层 1 条，最大落差小于 5m 的断层 1 条。21305 工作面巷道掘进中揭露断层 11 条，断层延伸方向主要为北西、东西和北东，按断层落差划分，最大落差大于或等于 3m 的断层 4 条（HDF2、HDF5、HDF7、HDF9），最大落差为 2～3m 的断层 3 条（HDF1、HDF4、HDF6），最大落差小于 2m 的断层 4 条（HDF3、HDF8、HDF10、HDF11）。按断层性质划分均属正断层。工作面揭露的小断层特征详见表 9-3。

表 9-3　工作面巷道揭露断层情况统计表

编号	上盘	下盘	断层带特征	断距/m	产状	性质
HDF1	煤	煤		2.0	120°∠55°	正断层
HDF2	煤	煤	煤变软，易冒落，有淋水，瓦斯涌出	3.0	175°∠65°	正断层
HDF3	细砂岩	煤		1.80	340°∠70°	正断层
HDF4	细砂岩	煤		2.70	325°∠82°	正断层
HDF5	细砂岩	煤		3.0	5°∠45°	正断层
HDF6	煤	煤、砂岩	断面不明显，局部有牵引现象	2.10	185°∠80°	正断层
HDF7	煤	煤、泥岩	破碎宽 0.03m，泥岩潮湿，有揉皱	3.70	175°∠75°	正断层
HDF8	煤	泥岩	断面清晰，有牵引现象	0.3～1	30°∠75°	正断层

续表

编号	上盘	下盘	断层带特征	断距/m	产状	性质
HDF9	煤	泥岩	断面清晰，落差向外延伸增大	4.5	255°∠40°	正断层
HDF10	煤	泥岩		1.20	110°∠25°	正断层
HDF11	煤	煤、泥岩	断面清晰，破碎带不明显	1.50	45°∠60°	正断层

9.1.3.4　岩石物理力学性质

煤层顶板与白垩系砂砾岩含水层之间的岩层物理力学性质测试成果如表9-4所示。

表9-4　岩石物理力学性质指标统计表

层段	J_2a			J_2z		J_2y		
岩性	泥岩	粉细粒砂岩	中粗粒砂岩	泥岩	中粗粒砂岩	泥岩	粉细粒砂岩	中粗粒砂岩
干燥抗压强度/MPa	10.77	8.48	7.21	16.50	13.20	16.63	20.81	22.20
饱和抗压强度/MPa	6.65	4.60	3.87	10.25	8.04	11.16	13.83	14.66
抗拉强度/MPa	0.45	0.17	0.24	0.66	0.52	0.67	0.88	0.98
抗剪强度 c/MPa	0.87	0.46	0.46	1.29	0.92	1.29	1.63	1.92
内摩擦角/(°)	34.67	35.86	36.19	37.40	37.42	37.85	37.99	37.98
弹性模量 E_{cp}/(10^4MPa)	0.79	0.58	0.30	1.23	0.63	1.76	1.21	1.80
泊松比	0.23	0.22	0.28	0.24	0.24	0.21	0.22	0.20
天然容重/(g/cm^3)	2.32	2.40	2.37	2.34	2.35	2.12	2.44	2.30
干容重/(g/cm^3)	2.26	2.35	2.28	2.27	2.27	2.06	2.38	2.24
相对密度	2.51	2.59	2.56	2.53	2.53	2.29	2.63	2.51
孔隙率/%	9.79	9.45	11.01	10.29	10.44	9.89	9.72	10.19
含水率/%	1.03	0.56	1.42	0.98	0.96	1.54	0.70	0.90
软化系数	0.61	0.49	0.55	0.61	0.60	0.66	0.66	0.66

由表9-4可知：岩石抗压强度、抗拉强度和抗剪强度，具有由上到下强度逐渐增大的趋势；安定组、直罗组泥岩强度高于粉细砂岩和中粗粒砂岩，延安组中粗粒砂岩强度高于粉细砂岩和泥岩；岩石天然容重、干容重总体平稳，主要表现为粉细砂岩较大，泥岩及中粗粒砂岩较小。总体而言，岩石坚硬程度分类属软岩、极软岩，岩体稳定性属Ⅲ类。

9.1.3.5　岩体质量评价

1. *岩石质量*

煤系及其上覆岩石的RQD值（表9-5）显示：以砂岩为主的块状结构及层状结构岩体，岩石质量好-中等，岩体较完整-中等完整；以泥岩及砂质泥岩为主的薄层状结构岩体，岩石质量劣，岩体完整性差。同类岩组具有上覆岩石 RQD 值小于下伏岩石的特征，反映出深部岩石质量优于浅部。

表 9-5　岩石物理力学性质指标（RQD）统计表

地层	泥岩	粉砂岩	细粒砂岩	粗粒砂岩
J_2a	$\frac{21\sim56}{46}$	$\frac{22\sim65}{48}$	55	$\frac{41\sim71}{56}$
J_2z	$\frac{25\sim61}{47}$	$\frac{25\sim58}{49}$	65	$\frac{45\sim76}{68}$
J_2y	$\frac{37\sim60}{49}$	$\frac{31\sim60}{53}$	$\frac{55\sim66.3}{60}$	$\frac{53\sim75}{70}$

2. 岩体质量评价

延安组各类岩体岩石 RQD 值、Z 值、M 值分析评价结果见表 9-6。

表 9-6　延安组岩体质量评价结果统计表

岩体结构类型	岩石饱和抗压强度/MPa	摩擦系数	岩体质量等级评价					
			RQD 值法		岩体质量系数法		岩体质量指标法	
			RQD 值	岩体质量	Z 值		M 值	
薄层状结构	11.16	0.35	49	岩体完整性差 岩石质量劣	1.91	一般	1.82	良
层状结构	13.83	0.40	57	岩体中等完整 岩石质量中等	3.15	好	2.63	良
块状结构	14.66	0.50	70	岩体中等完整 岩石质量中等	5.13	特好	3.42	优

以上三种定量评价方法所得结果基本一致，岩体质量定性与定量评价结论相符，说明岩体结构类型划分正确反映了煤层覆岩工程地质特征。

运用同样方法，对直罗组及安定组岩体质量评价，结果表明其岩体质量普遍比延安组差。

9.2　采煤对覆岩及洛河组含水层的影响

为进一步查证煤层开采对洛河组砂岩主要含水层及安定组泥岩关键隔水层的影响，在 21301、21302 等工作面布置探查钻孔，进行了水文地质钻探、钻孔抽水试验、井下电视、地球物理测井及采样测试等探查工作。工作面钻孔布置如图 9-9 所示，G1 孔为采后孔，在工作面推进 7 个月后施工完成；G2 及 G3 为采前孔，在工作面回采前完成各项测试，并进行了回采期间及采后观测。

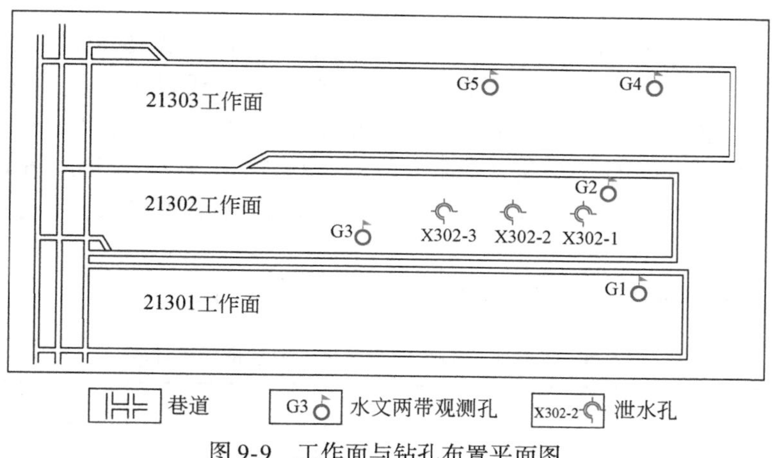

图 9-9　工作面与钻孔布置平面图

9.2.1　覆岩强度及结构采动变化

9.2.1.1　采动覆岩强度降低

洛河组砂岩及砾岩采动前后岩石物理力学指标见表 9-7。

表 9-7　洛河组岩石采动前后物理力学指标统计表

层段	采后孔 G1		采前孔 G2			采前孔 G3		
岩性	中粒砂岩	砾岩	细粒砂岩	中粒砂岩	砾岩	细粒砂岩	中粒砂岩	砾岩
天然抗压强度/MPa	13. 47	31. 35	22. 32	16. 74	58. 34	22. 46	22. 46	68. 86
饱和抗压强度/MPa	3. 99	13. 83	9. 67	9. 09	31. 18	12. 03	12. 03	35. 30
抗拉强度/MPa	0. 65	1. 53	1. 02	0. 76	2. 99	1. 10	1. 10	3. 72
抗剪强度 c/MPa	3. 08	4. 76	4. 22	3. 66	7. 73	4. 33	4. 33	7. 47
内摩擦角/(°)	33. 08	36. 22	34. 78	34. 44	38. 08	35. 62	35. 62	38. 98
弹性模量 $E_{cp}/10^4$ MPa	1. 085	1. 545	1. 268	1. 165	2. 693	1. 239	1. 239	3. 418
泊松比	0. 23	0. 20	0. 20	0. 21	0. 21	0. 19	0. 19	0. 17
天然容重/(g/cm³)	2. 28	2. 53	2. 38	2. 44	2. 63	2. 48	2. 48	2. 78
干容重/(g/cm³)	2. 22	2. 51	2. 34	2. 40	2. 62	2. 45	2. 45	2. 77
相对密度	2. 74	2. 74	2. 70	2. 74	2. 76	2. 72	2. 69	2. 83
孔隙率/%	18. 84	8. 29	12. 99	12. 57	5. 26	8. 76	8. 92	2. 12
含水率/%	1. 27	0. 81	1. 38	1. 40	0. 77	1. 46	1. 46	0. 57
软化系数	0. 29	0. 44	0. 43	0. 53	0. 50	0. 54	0. 54	0. 51

由表 9-7 可知，砂岩天然抗压强度采后降低 19.5% ~40.0%，饱和抗压强度降低 56.1% ~66.8%，抗拉强度降低 14.5% ~40.9%，抗剪强度降低 15.8% ~28.9%，软化系数降低 45.3% ~46.3%，孔隙率增加 33.2% ~52.7%；砾岩天然抗压强度采后降低 46.3% ~54.5%，饱和抗压强度降低 55.6% ~60.8%，抗拉强度降低 48.8% ~58.9%，抗剪强度降低 36.3% ~38.4%，软化系数降低 12% ~13.7%，孔隙率增加 36.6% ~74.4%。说明洛河组砂砾岩含水层受采动影响，岩石强度和软化系数普遍降低，孔隙率增大，岩石结构发生改变。

安定组岩层采动前后岩石物理力学指标对比如表 9-8 所示。

表 9-8　安定组岩石采动前后物理力学指标统计表

层段	采后孔 G1		采前孔 G2		采前孔 G3	
岩性	砂质泥岩	粗粒砂岩	砂质泥岩	粗粒砂岩	砂质泥岩	粗粒砂岩
天然抗压强度/MPa	4.22	2.41	6.47	8.87	13.06	7.77
饱和抗压强度/MPa	1.21	0.60	2.12	3.36	5.33	3.11
抗拉强度/MPa	0.23	0.12	0.30	0.43	0.61	0.37
抗剪强度 c/MPa	1.25	0.74	1.54	2.13	2.73	1.96
内摩擦角/(°)	28.81	26.73	31.18	31.58	32.33	29.65
弹性模量 E_{cp}/10^4MPa	0.927	0.893	1.075	1.002	1.106	1.026
泊松比	0.23	0.24	0.23	0.22	0.21	0.19
天然容重/(g/cm^3)	2.36	2.33	2.39	2.41	2.41	2.46
干容重/(g/cm^3)	2.31	2.30	2.36	2.38	2.38	2.43
相对密度	2.72	2.68	2.70	2.69	2.69	2.72
孔隙率/%	15.07	14.18	12.57	11.36	11.32	10.29
含水率/%	1.38	0.67	1.24	1.53	1.32	1.40
软化系数	0.29	0.25	0.31	0.36	0.35	0.40

由表 9-8 可知，砂质泥岩天然抗压强度采后降低 34.8% ~67.7%，饱和抗压强度降低 42.9% ~77.3%，抗拉强度降低 24.4% ~62.3%，抗剪强度降低 18.8% ~54.2%，软化系数降低 6.5% ~17.1%，孔隙率增加 16.6% ~24.9%；粗粒砂岩天然抗压强度采后降低 69% ~73.8%，饱和抗压强度降低 80.7% ~82.1%，抗拉强度降低 67.6% ~72.1%，抗剪强度降低 62.2% ~65.3%，软化系数降低 30.6% ~37.5%，孔隙率增加 19.9% ~27.4%。说明安定组砂泥岩受采动影响，岩石强度和软化系数普遍降低，孔隙率增大，岩石结构发生改变。

9.2.1.2　采动覆岩结构松弛

采动覆岩结构松弛主要表现为岩石弹性模量及强度指标下降。由表 9-7 及表 9-8 可知，洛河组砾岩采后弹性模量降低 42.6% ~54.8%，中粒砂岩降低 6.9% ~12.4%；安定组砂质泥岩采后弹性模量降低 13.8% ~16.2%，粗粒砂岩降低 10.9% ~13%。洛河组砾岩采后弹性模量下降幅度最大，孔隙率增幅最大，安定组砂岩采后强度指标降幅最大，表明其采动后结构变化最大。洛河组砂岩采后软化系数降幅最大，与其砂-泥质胶结有关，采后岩体结构进一步松弛。总体而言，洛河组砂砾岩采动后强度及结构变化较大，安定组泥岩-砂质泥岩采后强度及结构变化较小。

9.2.2　主要含水层与关键隔水层采动变化

9.2.2.1　采动后关键隔水层富水性明显增大

主要含水层与关键隔水层采动前后抽水试验成果见表 9-9。

表 9-9　主要含水层与关键隔水层采动前后抽水试验成果统计表

孔号	类别	试验段	静止水位埋深/m	恢复水位埋深/m	标准孔径单位涌水量/[L/(s·m)]
G1	采后孔	J_2a	290.21	290.19	0.03196
		K_1l	166.69	166.63	0.052732
		J_2a+K_1l	168.02	167.91	0.033361
G2	采前孔	J_2a	135.25	135.63	0.0005394
		K_1l	56.01	55.89	0.007988
G3	采前孔	J_2a	174.42	175.10	0.0008072
		K_1l	151.37	152.93	0.016837

由表 9-9 可知，采动前关键隔水层（J_2a）与主要含水层（K_1l）单位涌水量相差 14.81 ~20.86 倍，采后钻孔单位涌水量相差 1.65 倍。表明采动后主要含水层和关键隔水结构变化、相互导通，洛河砂砾岩地下水补给安定组，关键隔水层富水性明显增大；但水位差基本保持稳定，表明水力联系不强；即安定组渗透性差，隔水性能良好。

9.2.2.2　采动后关键隔水层水位呈上升趋势

主要含水层采动后水位则呈下降趋势（图 9-10）。从水位动态曲线（图 9-10）可以看出，安定组地下水位总体呈波浪状上升，出现的 6 个波谷与洛河组水位动态曲线的波谷一致，并与井下 6 次工作面涌突水相对应。从 2013 年 2 月到 2014 年 2 月，以平均波峰值统计水位上升 36.05m，以波谷值统计上升 12.19m。总体水位上升 12.19 ~36.05m，平均上升幅度为 24.12m/a。

9.2.2.3　采动后主要含水层与关键隔水层形成含水层组

采后主要含水层与关键隔水层（J_2a+K_1l）抽水试验结果（表 9-9）显示：水位埋深 168.02m，与主要含水层水位 166.69m 接近；单位涌水量 0.033361L/(s·m)，与关键隔水层单位涌水量 0.03196L/(s·m）基本一致。其水位与及富水性介于主要含水层（K_1l）

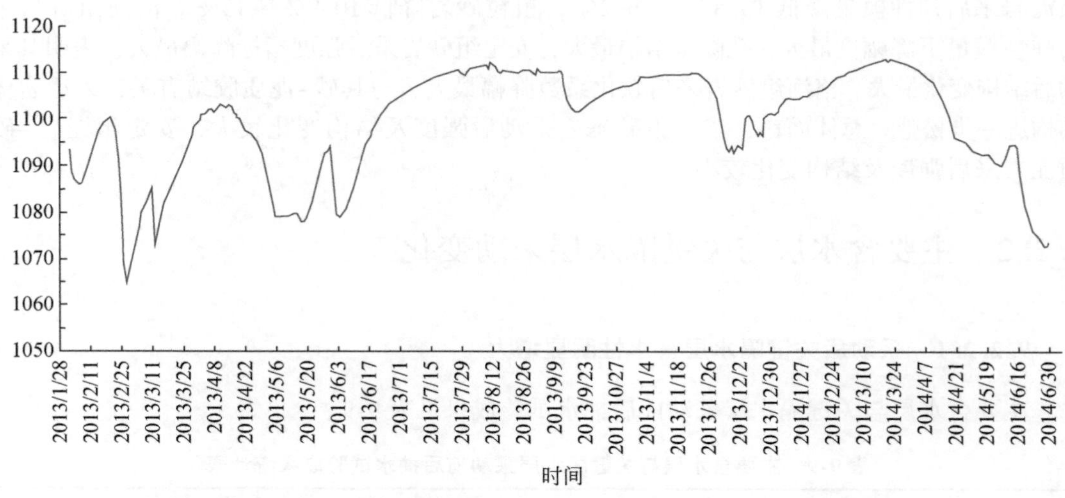

图 9-10　G3 孔安定组地下水位曲线图（2013 年 1 月至 2014 年 6 月）

与关键隔水层（J_2a）之间，显示了采动后主要含水层与关键隔水层形成具有水力联系、富水性接近的含水层组。含水层组水位接近 K_1l，显示其与主要含水层水力联系密切，具联动效应；单位涌水量与 J_2a 基本一致，显示富水性和储水空间弱小、导水性差，对主要含水层保水开采具有积极意义。

9.3　导水裂隙带高度探查分析评价

9.3.1　导水裂隙带高度探查

1. 导水裂隙带高度探查方法

为查明导水裂隙带发育特征，在崔木煤矿 21301、21303 和 21305 等工作面开展导水裂隙带发育高度探查，探查钻孔布置见图 9-9。探查方法为钻孔冲洗液漏失量观测法和井下窥视法。钻孔冲洗液漏失量观测法，是通过探测钻孔岩心完整性、冲洗液消耗量、钻孔水位等异常情况，综合判定导水裂隙带发育特征；实施中严格执行《导水裂缝带高度的钻孔冲洗液漏失量观测方法》（MT/T 865—2000）。井下窥视法是把一自带光源的防水摄像探头放入地下钻孔中，探测覆岩受采动影响岩体裂缝发育特征；观测中选用 GD3Q-A/B 型钻孔全孔壁成像系统仪器。以下以 21301 工作面导水裂隙带高度探查为例进行阐述。

2. 冲洗液漏失量观测法确定导水裂隙带高度

钻孔冲洗液漏失量及水位观测如图 9-11 所示。结果表明：孔深 188.0m 以下，消耗量明显增大，表明进入覆岩离层发育带；孔深 302m 以后，冲洗液全部漏失，表明已进入导水裂隙带。水位在孔深 188.00 ~ 302.75m 段，从 86.2m 突降至 124.5m，在后续施工中，孔内水位持续大幅下降。因此，将孔深 302.75m 定为导水裂隙带顶界，由此确定的导水裂隙带发育高度为238.67m，约为采厚的19.89倍。

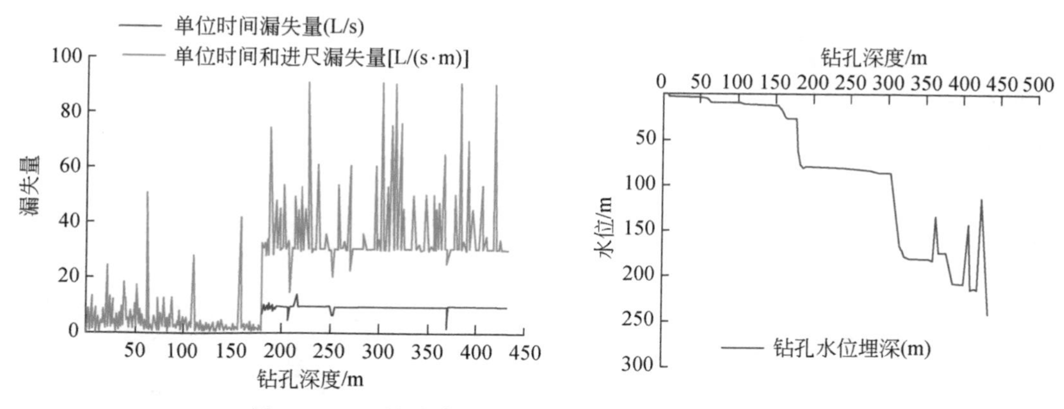

图9-11　G1钻孔冲洗液消耗量及水位随孔深变化曲线

3. 井下窥视法确定导水裂隙带高度

如图9-12所示，钻孔深度301.86m开始出现垂直裂隙，且随深度增大，垂直裂隙数目逐渐增加，规模不断扩大，并出现部分孔段塌孔现象，可认为301.86m为导水裂隙带的顶界。故井下窥视观测得到的导水裂隙带发育高度为239.56m，约为采厚的19.96倍。

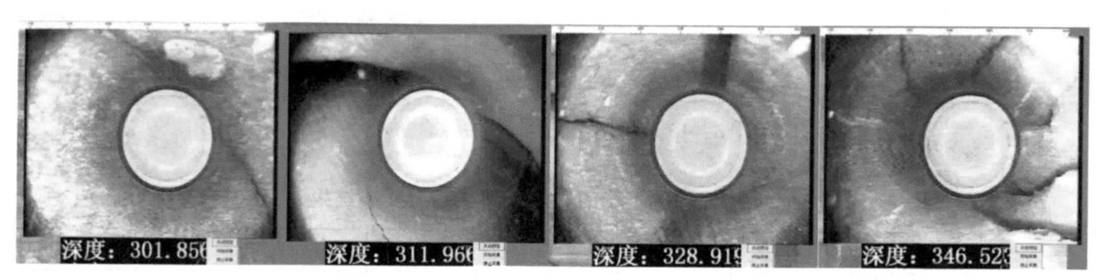

图9-12　G1钻孔井下窥视垂直裂隙照片

如图9-13所示，在G1孔中共观测到裂隙76组，其中孔深202.65～288.08m以水平–近水平裂隙为主，对应的位置应为离层带，离层带高度为85.43m。离层带位于导水裂隙带以上，发育水平离层裂隙；离层带之下的导水裂隙带，既有垂直裂隙，也有水平离层裂隙发育。

9.3.2　导水裂隙带高度探查结果分析

前述探查结果表明：导水裂隙带已发育至白垩系含水层，两种方法观测的导水裂隙带高度基本一致，可取其平均值作为21301工作面导水裂隙带发育高度，平均值为239.12m，裂高采厚比为19.93。离层带位于裂隙带之上高度为85.43m。

运用同样的观测方法，在崔木煤矿21303、21305工作面，彬长矿区胡家河煤矿401工作面及亭南煤矿106工作面等开展导水裂隙带发育高度探查，实测结果见表9-10。

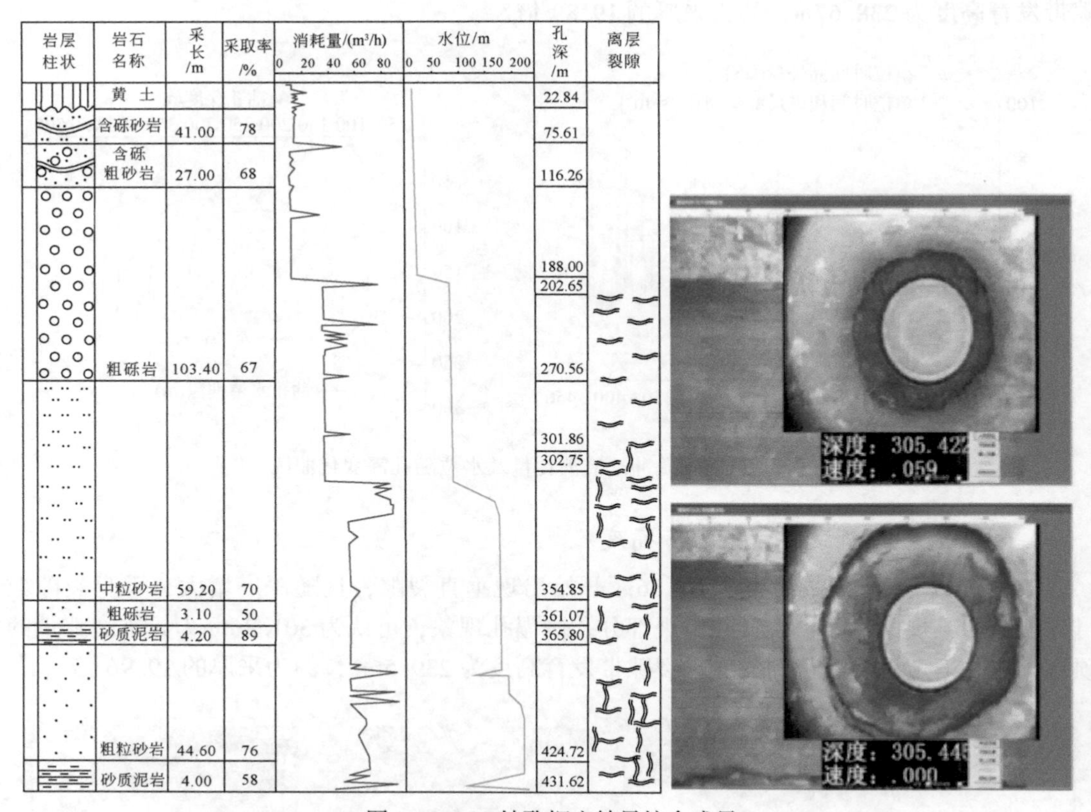

图 9-13　G1 钻孔探查结果综合成果

表 9-10　综放工作面导水裂隙带高度实测结果

工作面	实测裂高/m	采厚/m	裂高采厚比	面宽/m	采深/m
胡家河 401	252	12	21	200	529.44
崔木 21301	239.12	12	19.93	196	553.22
崔木 21303	190.51	8.2	23.23	202.5	576.89
崔木 21305	230.97	10.86	21.27	150	694.83
下沟 ZF2801	125.83	9.9	12.71	93.4	329.67
下沟 2802	165.61	11	15.06	96.2	331.98
亭南 106	121.03	9.1	13.3	116	480.03
亭南 204	136.2	6	22.7	200	550.02
大佛寺 40106	189.06	11.22	16.85	180	450.03

运用 Excel 数据分析中的多元回归分析工具，对表 9-10 中实测裂高与采厚、面宽和采深进行多元回归分析，得到导水裂隙带高度回归公式：

$$H_f=-154.534+18.77719M+0.446365L+0.157095H \tag{9-1}$$

式中，H_f 为导水裂隙带高度（裂高），m；M 为煤层开采厚度（采厚），m；L 为工作面宽度（面宽），m；H为煤层开采深度（采深），m。

回归公式的复相关系数 $R=0.963714$、复测定系数 $R^2=0.928745$、标准误差为16.86694，统计量 $F=21.72347$、显著性水平下的 $F_{\alpha}=0.00269$，自变量M、L和H的显著性P值分别为0.001619、0.04631和0.065854，显著性t值分别为6.178004、2.633987和2.346405。回归统计、方差分析、标准误差和预测计算结果表明，分析得到的导水裂隙带高度回归公式适当，可作为综放开采条件下考虑采厚、面长和采深的导水裂隙带高度计算公式。

关于综放开采条件下导水裂隙带高度，中等坚硬覆岩目前主要采用以下公式进行计算：

$$H_f=(100\sum M)/(1.6\sum M+3.6)\pm 5.6 \tag{9-2}$$

$$H_f=(100\sum M)/(0.26\sum M+6.88)\pm 11.49 \tag{9-3}$$

$$H_f=(100\sum M)/(0.26\sum M+4.57)\pm 3.15 \tag{9-4}$$

$$H_f=20M+10 \tag{9-5}$$

运用上述公式及本次求得的回归公式，对表9-10中各工作面不同开采状况下导水裂隙带高度进行计算，并将计算裂高与实测值对比分析，结果见表9-11，并示于图9-14。

表9-11　导水裂隙带高度计算结果统计表

项目	数值								
采厚/m	9.9	11	9.1	6	11.22	12	12	8.2	10.86
实测裂高/m	125.83	165.61	121.03	136.2	189.06	252	239.64	190.51	230.97
式（9-1）计算裂高	50.93	51.89	50.11	45.45	52.06	52.63	52.63	49.04	51.93
与实测值误差/%	−59.52	−68.67	−58.60	−66.63	−72.46	−79.12	−78.04	−74.26	−77.52
式（9-2）计算裂高	104.72	112.94	98.42	71.09	114.52	120	120	90.99	111.92
与实测值误差/%	−16.78	−31.81	−18.68	−47.8	−39.43	−52.38	−49.92	−52.24	−51.54
式（9-3）计算裂高	138.58	148.05	131.2	97.88	149.86	156.05	156.05	122.35	146.88
与实测值误差/%	10.13	−10.60	8.40	−28.14	−20.73	−38.08	−34.88	−35.78	−36.41
式（9-4）计算裂高	208	230	192	130	234.4	250	250	174	227.4
与实测值误差/%	65.26	38.88	58.64	−4.86	23.98	−0.79	4.32	−8.66	−1.55
回归公式计算裂高	124.84	147.11	143.53	133.81	207.19	243.24	245.19	180.45	225.5
与实测值误差/%	−0.79	−11.17	18.59	−1.75	9.59	−3.48	2.32	−5.28	−2.37

由表9-11及图9-14可见：

（1）回归公式计算的导水裂隙带高度与实测值的误差为18.59%～−0.79%，多数情况下误差小于5%，公式的实际适用性较好。

（2）“三下采煤规范”推荐的计算式（9-2）预计的导水裂隙带高度与实测值的误差为−79.12%～−59.52%，预计的裂高均小于实测裂高值，说明规范推荐的公式不适用于计算综放开采工作面的导水裂隙带高度。

（3）式（9-3）预计的导水裂隙带高度与实测值的误差为−52.38%～−16.78%，预计

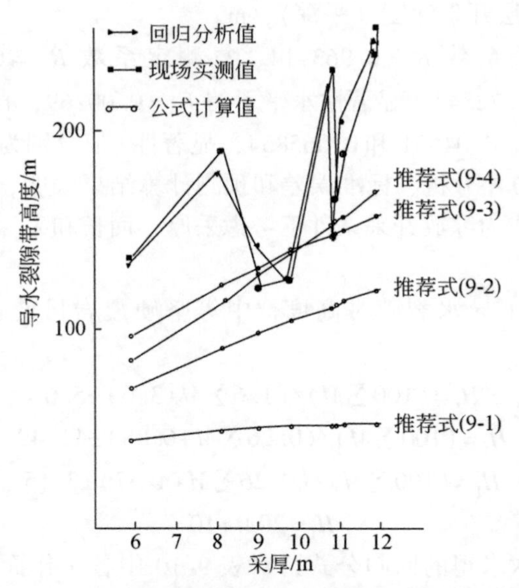

图 9-14　导水裂隙带高度实测值与计算结果对比图

的裂高同样均小于实测裂高值。

（4）式（9-4）预计的导水裂隙带高度与实测值的误差为-38.08%～8.40%，当工作面宽度小于120m，采深小于480m时，预算与实测裂高误差为-10.60%～10.13%，公式具有一定的适用性。

（5）式（9-5）预测的导水裂隙带高度与实测值的误差为-0.79%～65.26%，当工作面宽度为150～200m，采深大于500m时，预算与实测裂高误差为-4.86%～4.32%，公式的适用性较好。

9.3.3　导水裂隙带高度探查结果分析评价

（1）通过地面钻孔冲洗液漏失量观测及井下窥视，得到崔木煤矿深埋特厚煤层综放开采条件下顶板导水裂隙带发育高度为190.51～239.12m。裂高与煤层采厚之比为19.93～23.23倍，平均为21.48倍。

（2）井下窥视图像和观测数据显示，垂直裂隙主要发育在导水裂隙带顶点以下区域，裂隙数量自上而下逐渐增多；水平裂隙主要发育在导水裂隙带定点以上，发育范围为202.65～288.08m，显示导水裂隙带之上离层带的高度为85.43m。

（3）以崔木煤矿及其周围邻近矿井实测资料为基础，运用多元回归方法分析表明，导水裂隙带高度与煤层采厚、工作面宽度、开采深度密切相关，据此求得裂高的相关方程，可作为导水裂隙带发育高度计算的多元回归公式。

（4）对现行规程、规范及文献中综放开采导水裂隙带发育高度计算公式适用性分析表明，多元回归公式预算综放开采条件下导水裂隙带发育高度，具有更好的适用性。

9.4　保水开采分区技术及实践

9.4.1　保水开采保护层

按照《建筑物、水体、铁路及主要井巷煤柱留设与压煤开采规范》(2017)要求，普采和分层综采时的保护层厚度，根据有无松散层及底部黏性土层厚度等情况选取；对综放开采防水安全煤岩柱的保护层厚度留设，尚无明确规定。在巨厚砂砾岩含水层下特厚煤层综放开采中，考虑到要实现保水采煤的要求，矿井顶板充水含水层与导水裂隙带之间的岩柱，需有效阻止地下水大量渗透和涌突；可运用《煤矿防治水规定》附录五中采煤工作面“安全水头压力值计算公式”的原理，来比照计算保水开采保护层厚度。计算公式如下：

$$H_b = P/T_s \geqslant 20\text{m} \tag{9-6}$$

式中，H_b为保水开采保护层厚度，m；T_s为临界突水系数；P为水头压力，MPa。

据首采盘区11个钻孔测得白垩系砂砾岩含水层水柱高度为185.26～299.30m，平均为246.29m。按照《煤矿防治水规定》附录五，以隔水层完整无断裂构造破坏地段T_s为0.1MPa/m计算，则保水开采保护层计算厚度为24.63m；考虑到保留一定的安全系数，实际应用中采用保水开采保护层厚度为30m，作为保水开采水文地质分区依据。

9.4.2　保水开采分区

以煤层顶板至白垩系含水层底界之间的覆岩厚度与导水裂隙带高度(21.48倍采厚)的差值，作为煤层开采的保护层。当保护层不足以承受上覆白垩系砂砾岩含水层静水压力时，地下水将突破保护层，经导水裂隙涌入矿井形成水害。综合考虑充水含水层富水性、保水开采保护层厚度、岩性组合与隔水性能，结合现行规程、规范和标准，可进行如下保水开采水文地质分区：自然保水开采区、可控保水开采区和保水限采区。

如图9-15所示，基于保水开采区各分区水文地质与工程地质特征和开采技术条件，可有针对性地选取保水开采技术措施。

1. 自然保水开采区

以厚煤为主，含水层砂岩厚度小，泥岩隔水层厚度大，煤层保水开采保护层厚度大于30m。采用一次采全厚开采，导水裂隙带发育高度虽然波及不到白垩系含水层，但会在导水裂隙带上方形成离层带，本次实测高度为85.43m。离层空间主要位于白垩系底部宜君组-洛河组砂砾岩与侏罗系顶部安定组泥岩接触带，白垩系地下水可进入离层空间，形成离层蓄水。当离层蓄水富集到一定程度，受采动诱发因素影响，会发生离层蓄水涌突。保水开采的重点是预防离层蓄水涌突，可选择合理的工作面布局和推进速度，并布置适量地面直通式导流泄水孔和井下离层蓄水探放工程。

2. 可控保水开采区

为厚煤-特厚煤，含水层砂岩厚度较大，泥岩隔水层厚度较小，保水开采保护层厚度

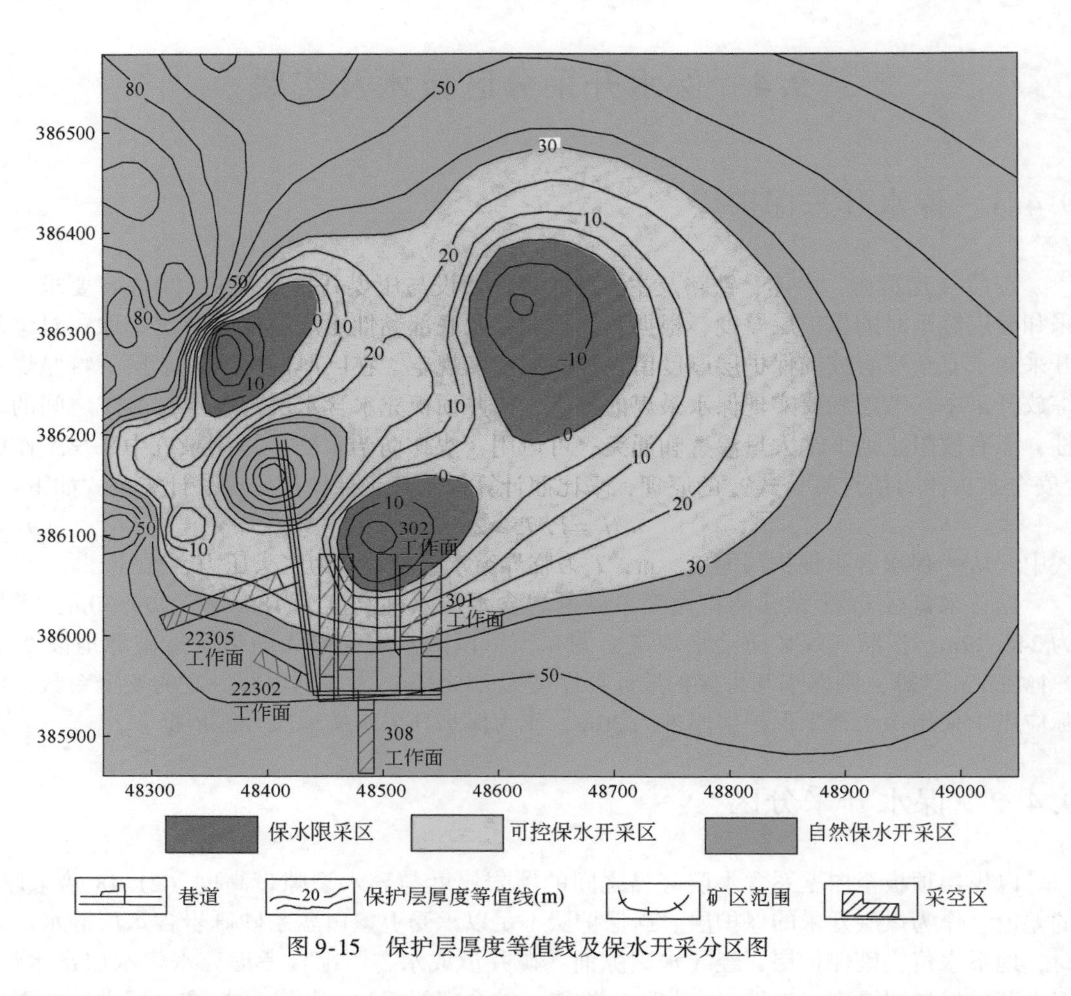

图 9-15　保护层厚度等值线及保水开采分区图

小于 30m。既要防治离层蓄水涌突，又要控制导水裂隙带高度；对此可选用分层综采、综放开采、分层综放开采。崔木煤矿综放工作面倾向长度曾选用 196m、200m 和 150m，目前采用面长 150m；工作面推进速度为 5～6m/d，且均匀推进；采用地面直通式导流泄水孔与井下探放水孔相结合的离层蓄水疏放，和以控制采高、推进速度、强化疏排为主要措施的综合防治技术体系；以监测孔水位+覆岩破断距+工作面来压+支架异常状态+围岩异常变化+瓦斯释放速率突增为核心指标的联合预测预报系统，有效防止了离层蓄水涌突，实现工作面安全回采。

3. 保水限采区

以特厚煤层为主，含水层砂岩厚度大，泥岩隔水层厚度较小，保水开采保护层失效，即图 9-11 中保水开采厚度等值线 0 以下区域。严格限制采高，采用分层开采。采取综合措施，兼容自然保水开采区和可控保水开采区特点，充分利用覆岩隔水层采动后的恢复与再造功能。

9.4.3　保水开采技术实践

9.4.3.1　抑制导水裂隙发育高度

1. 抑制采高

首采盘区21301、21302工作面煤层顶板覆岩特性、煤层与白垩系砂砾岩含水层间距，以及限制导水裂隙带高度和限采厚度统计计算见表9-12。结果表明：当采高控制在8m以下时，白垩系砂砾岩地下水不会进入采场。

表9-12　工作面覆岩岩性及限采高度计算结果统计表　（单位：m）

钻孔	泥岩	砂岩	砾岩	间距	限制裂高	限采厚度	备注
K6-1	128.27	50.40	0	178.67	148.64	6.96	保护层厚度取30m，计算限采厚度大于煤层厚度时取煤厚
K6-2	66.25	109.54	0	182.59	152.59	7.14	
K6-3	128.35	36.07	2.2	166.62	136.62	6.40	
X7-2	108.55	65.95	0	174.50	144.50	6.76	
X7-3	97.81	75.19	29.48	202.48	172.48	8.07	
平均	105.85	67.43	6.34	180.97	150.97	7.07	

2. 分层开采

分层开采条件下，煤层采厚、分层开采导水裂隙带发育高度等计算结果如表9-13所示，其中，分层开采条件下顶板导水裂隙带高度运用以下公式：

$$H_{\mathrm{f}} = \frac{100\sum M}{3.3n + 3.8} + 5.1 \tag{9-7}$$

式中，H_{f}为导水裂隙带高度，m；$\sum M$为累计采厚，m；n为分层数。

所计算的完整覆岩厚度，即保护层厚度为5.49～90.34m，平均为38.33m，大于保水开采保护层厚度。

表9-13　工作面覆岩岩性及分层开采裂高计算结果统计表　（单位：m）

钻孔	泥岩厚	砂岩厚	砾岩厚	间距	煤层采厚	计算裂高	保护层厚度
K6-1	128.27	50.40	0	178.67	17.48	173.18	5.49
K6-2	66.25	109.54	0	182.59	15.68	155.87	26.72
K6-3	128.35	36.07	2.2	166.62	12.92	129.33	37.29
X7-2	108.55	65.95	0	174.50	14.31	142.70	31.80
X7-3	97.81	75.19	29.48	202.48	7.60	112.14	90.34
平均	105.85	67.43	6.34	180.97	13.60	142.64	38.33

另据21302工作面开采数值模拟，上分层开采3.5m，导水裂隙带发育高度约68m；下

分层开采 6m 后导水裂隙带高度约 110m；导水裂隙带发育最高位置距离白垩系底部 62.41m，超过保水开采保护层厚度 32.41m，亦表明在分层开采条件下白垩系砂砾岩含水层地下水可得到有效保护，不会泄漏涌突。

9.4.3.2 选择合理的工作面推进速度

离层蓄水涌突是在采场特定的开采技术条件下发生的顶板溃水灾害，崔木煤矿曾发生多起危害严重的煤层顶板离层蓄水涌突事故，对其突水来源、通道和强度等涌突特征研究发现：蓄水离层主要发育在白垩系砂砾岩与侏罗系泥岩接触带以及白垩系下部砂砾岩中，离层蓄水的补给来源主要为白垩系砂岩地下水，离层蓄水形成、富集和涌突受覆岩结构、开采方式和工作面采放高度、推进速度等多种因素控制。

离层空间形成并在不断增大的过程中，设定白垩系含水层水头 H_i 降至洛河组底界标高 H_0，即相对水位标高为零，周边含水层中的水会在水头压差下向离层内流动。根据承压含水层地下水动力学计算公式，离层空间第 i 边的单宽流量 q_i 计算公式为

$$q_i = kM\frac{H_i - H_0}{R_i} = kM\frac{\Delta H_i}{R_i} \tag{9-8}$$

由此，可得总离层蓄水量为

$$Q_{\mathrm{d}} = \sum^{n} q_i l_i \tag{9-9}$$

式中，k 为离层范围内洛河组含水层的渗透系数，m/d；M 为离层空间顶板含水层平均厚度，m；R_i 为离层空间第 i 边的对应水位降深的影响半径，m；q_i 为离层空间第 i 边的单宽流量，m^3；l_i 为离层空间第 i 边的长度，m。

运用理论公式和经验类比法可就 21302 工作面宽 202.5m，推进 $L=150$m 时，求得不同采高的离层空间大小；运用式（9-8）及式（9-9）计算得到工作面不同开采速度下的离层积水体积。结果表明：采高一定，不同开采速度下的离层积水体积不同；采速越小，离层积水体积越大。如图 9-16 所示，采高为 12m，采速≤4m/d 时，离层空间中全部充水；采速>5m/d 时，出现未充水离层空间，且随着开采速度的增加，离层蓄水量逐渐减少，未充水离层空间体积逐渐增大。

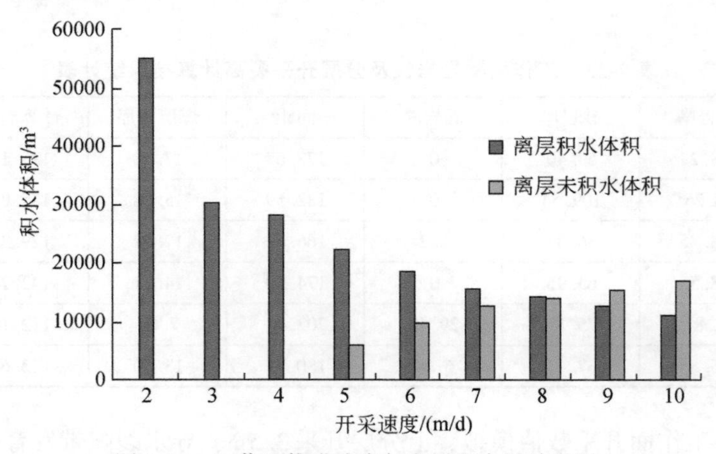

图 9-16 工作面推进速度与离层积水量关系图

9.4.3.3　隔水层采动破坏后的恢复与再造

在距21302停采线约50m、回风顺槽约40m的位置上，布置了G3观测孔（图9-9），并安装了水位自动监测系统，对21302和21303工作面采前、采中和采后含水层水位动态，进行了近2个水文年的自动监测。G3孔深501.78m，为完整井，首先施工至煤层顶部，精细测量原始地层漏失量变化情况，进行安定组和洛河组抽水试验，之后封闭安定组以下地层，留作安定组和洛河组水文长观孔。含水层水位动态与工作面涌突水关系如图9-17所示。

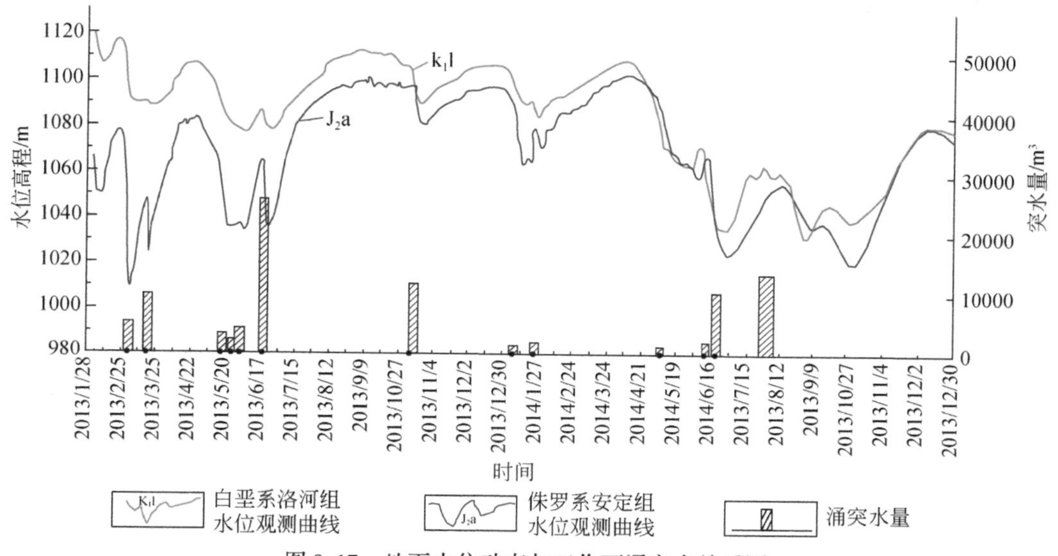

图9-17　地下水位动态与工作面涌突水关系图

图9-17显示：

（1）工作面回采前期，洛河组（K_1l）水位总体呈波浪状下降而安定组（J_2a）地下水位总体呈波浪状上升，出现的波谷对应井下13次工作面涌突水。从2013年初至2014年4月，K_1l平均降幅为20.45m，J_2a平均上升幅度为24.12m。

（2）工作面停采及涌突水结束后，洛河组地下水位明显恢复。K_1l水位2014年2月19日21302工作面停采时水位为1093.92m，2014年4月14日水位恢复至1108m，回升14.08m；21303工作面2014年8月21日停采时水位为1053.26m，2014年10月8日水位恢复至1092.04m，回升38.78m。

（3）工作面回采后期及收作后，K_1l与J_2a趋于一致，形成洛河–安定含水层组。从2014年4月至2014年8月，工作面发生4次涌突水，K_1l与J_2a水位同步升降，且J_2a幅度大于K_1l。2014年8月以后，21302及21303工作面全部收作，至2014年10月，K_1l水位回升45.40m，J_2a水位回升71.35m。水位回升表明洛河砂岩地下水下渗通道闭合，有利于保水开采。

（4）洛河组及安定组水位与工作面涌突水联动效应，显示了采煤造成安定组关键隔水层破断，主要含水层洛河砂岩地下水涌入采场；每次涌突水结束、工作面停采后，水位自动回升，表明隔水层采动破坏后可自动恢复与再造。究其机理，安定组水位的上升是由于受采动影响的安定组泥岩首先破断，洛河砂岩地下水由破断裂隙下渗补给；安定组富水性明显增强，且与洛河组水力联系密切，形成洛河-安定含水层组。随着工作面推进及时间的延续，采动作用造成洛河-安定含水层组岩石强度降低、空隙率增大、软化系数变小、岩层结构松软，泥岩及砂岩水解膨胀后致使导水裂隙封堵闭合，阻止洛河组地下水进一步下渗，对保水采煤产生了至关重要的积极意义。即洛河组含水层及其下伏安定组隔水层泥岩水解膨胀后充填封闭导水裂隙通道，阻止了上覆含水层地下水大量下渗，安定组隔水层功能恢复，起到保水开采的作用。

第10章　结论与建议

10.1　结　　论

本书系统分析整理了陕北侏罗系煤田榆神府矿区地质、水文地质和开采地质条件，研究了澄合矿区、永陇矿区保水采煤条件，研究了浅埋煤层开采中所面临的水资源和生态环境制约因素，分析了榆神府矿区开展保水采煤技术研究的可行性和必要性，总结了导水裂隙带发育高度的区域变异特征，采用多种方法分析计算了导水裂隙带高度，在此基础上提出了保水采煤分区方法，提出了防治突水溃沙的判据。针对不同矿区遇到的具体问题，提出了基于顶板含水层结构保护和底板含水层结构保护的保水采煤方法并进行了工程实践。具体取得了以下认识和成果。

1. 提出了保水采煤概念和科学内涵

（1）梳理和总结了榆神府矿区煤层赋存特征，水资源与生态环境现状，提出制约煤炭资源开发的因素主要为水资源短缺和生态环境脆弱。

（2）总结了保水采煤理论的发展历程。保水采煤理论的发展历经4个阶段，包括保水采煤问题的提出、地质基础条件探测、生态和水量约束条件的建立与工程实践。

（3）提出了保水采煤的概念，认为保水采煤是指在干旱半干旱地区煤层开采过程中，通过控制岩层移动维持具有供水意义和生态价值含水层（岩组）结构稳定或使水位变化在合理范围内，寻求煤炭开采量与水资源承载力之间最优解的煤炭开采技术。

（4）厘定了保水采煤的科学内涵，保水采煤的科学内涵包括保水采煤的适用条件、研究内容、研究方法、关键技术，以及基于矿区水资源保护目标和保护技术的采煤技术和工艺。

2. 研究了陕北沙漠区植被与地下水关系

（1）地下水位埋深在一定程度上影响植被种属、长势根系发育等分布特征，在地下水浅埋区，地下水与植被关系密切。

（2）研究区植被类型以草地和稀疏灌丛为主，稀疏灌丛尤以沙柳分布最广，因此沙柳在风沙滩地区为优势植被。

（3）沙柳与水分来源关系为沙柳能够同时利用土壤水和地下水。干旱时段沙柳可以使用更多的地下水导致地下水水位快速下降；在相对湿润时段，土壤水和地下水虽然开始下降，但降速较低。相关分析和回归分析表明地下水水位变化受累积蒸腾的影响，即沙柳蒸腾依赖地下水。

（4）数值分析表明，实验期间，蒸散发对地下水的利用率为20%～40%。

（5）地下水水位对蒸腾影响分析表明，当地下水埋深为215cm时，沙柳不能够利用地下水。这说明：①矿区初始水位埋深小于 215cm 而煤炭开采导致地下水位埋深大于 215cm 时，对沙柳将产生包括水势变化、根系重新分布、生物量改变、利用水源改变等影响。就利用水源而言，地下水水位下降后，沙柳将充分利用浅根系吸收土壤水分，以满足蒸腾的需求，其长势将受控于气象因素，而对地下水的依赖程度降低。②初始水位埋深大于 215cm 而煤层开采（导水裂隙带未导通含水层情况）引起地表下沉量大于水位下沉量时，水位埋深减小，当地下水位埋深小于 215cm 时，地下水将为沙柳蒸散提供水源，这将增加地下水蒸散发量，减少地下水资源可利用率，这也为陕北风沙滩地保水采煤技术提出了新的课题。

3. 基于实测的导水裂隙带发育高度科学划分了保水采煤分区

（1）施工完成了 25 个“三带”高度探测钻孔，实测了首采煤层开采导水裂隙带高度，一般为采厚的 23～27 倍。

（2）综合考虑采厚、硬岩岩性比例系数、工作面斜长、采深、推进速度五个因素，通过线性回归建立适用于榆神府矿区导水裂隙带发育高度的经验公式。

（3）提出了基于生态－地下水关系的保水采煤分区方法，使其更侧重于指导生产实践。

（4）研究了基于无量纲化的多因素综合识别突水溃沙分区方法。将沙层厚度、覆岩厚度、导水裂隙和采空空间等因素统一在维度上进行叠加分析，确定了榆神府矿区突水溃沙危险区，极大地提高了预测井下灾害事故的能力。

（5）结合现有工程实践，研究限高保水采煤技术、充填保水采煤技术、窄条带保水采煤技术，并分析其适用条件，划定了不同采煤方法适用区域。

4. 研发了不同地质条件下保水采煤方法并开展工程实践

（1）研究充填保水开采技术，研发以风积沙高水膨胀材料作为井下充填材料的充填开采系统，包括充填工艺、充填材料和自动控制系统。在综采充填工作面布置了地表变形监测系统，经计算在充分采动条件下地表最大下沉值为 53mm，小于《建筑物、水体、铁路及主要井巷煤柱留设与压煤开采规范》中关于砖混结构建筑物损坏等级Ⅰ级的变形限值，完全满足地表建（构）筑物下安全开采的要求，达到了保水采煤的目的。

（2）开展了厚煤层限高保水开采技术研究。通过建立数值模拟模型预测了不同采高条件下（5m，6m，7m，12m）地表位移量和导水裂隙带发育高度，通过理论分析和地质条件研究，划定了榆树湾煤矿保水采煤条件下合理采高分区，制定了榆树湾煤矿保水开采一次采高上限为 7m，工作面长度为 300m 的方案，经 20108上工作面开采实践，该方案既能实现“保水”，又能保证矿井的安全生产和最佳开采效率和效益，实现水资源、生态环境保护与煤炭资源开发并举的目标。

（3）针对榆阳区地方煤矿开采区采矿权面积小、边界不规则的小型矿井而设计了“窄条带”保水采煤方法，并在榆卜界煤矿、三台界煤矿、金牛煤矿、二墩煤矿和沙滩湾煤矿进行了工程实践。通过理论推导和数值模拟计算求取了各煤矿保水开采的方案为“采 12 留 8”。基于以上研究结论在榆卜界、二墩煤矿进行了工业试验。

（4）开展了地表水体下保水采煤技术研究，以常家沟水库水体保护为例，设计了地表水体下保护煤柱留设方案。通过力学模型、规程规范和极限平衡理论3种方法求取了地表水体保护煤柱合理宽度，以张家峁煤矿N15203工作面开展地表移动规律观测，得出其覆岩垮落带发育和地表移动参数，并以此计算了常家沟水库东侧5^{-2}煤层时煤柱留设总宽度为77m。

（5）开展了承压水体上保水采煤技术研究，基于澄合矿区底板奥灰水“370”统一水位保护的要求开展了底板含水层结构保护的保水采煤研究。采用理论计算、数值模拟和现场实测等方法研究了煤层底板破坏深度为8～10m。研究了底板注浆材料的配比，并建立了地面注浆站，采用黏土浆液或黏土与水泥液浆交替使用，必要时采用纯水泥浆液，对主采煤层底板进行注浆改造加固。研制了煤层底板注浆加固工艺并在董家河煤矿开展了工程实践，基本解决了带压开采和奥灰水突水问题。

（6）以崔木煤矿为例，研发了原砂岩含水层下保水采煤技术。通过钻孔实测了崔木煤矿3号煤层开采导水裂隙带高度，建立了导水裂隙带高度与采厚工作面高度和采深的统计关系，以此为基础划分了保水采煤分区，提出了3种在巨厚砂岩含水层下实现保水采煤的途径。

10.2　建　　议

（1）进一步调整、优化西部矿区煤炭开发总体规划和矿井布局，淘汰保水采煤“不合适开采区域”的煤矿，推进“适合开采区域”内煤矿建设。

（2）研发低成本、高资源回收率的充填保水采煤技术、充填材料和工艺，仍然是保水采煤采矿技术领域面临的重大技术难题。

（3）岩层控制是含水层结构稳定的基础，导水裂隙带抑制是保水采煤的关键技术参数，抑制导水裂隙带发育，控制煤层顶、底板岩层稳定，是实现隔水层隔水稳定性的前提，因此，尽管浅埋煤层岩层控制技术已经取得重要进展，仍有许多难题亟待突破。

（4）榆神府矿区等煤层埋深较大的区域，由于采煤沉陷而产生的潜水位埋深变浅以及由此引发的地质环境问题，也是保水采煤研究需要解决的难题。

（5）完善大型煤炭基地地下水监测网建设，集中统一管理矿山企业现有监测井，确保采煤对地下水影响的实时监控和优化调控。

参 考 文 献

白海波，缪协兴．2009. 水资源保护性采煤研究进展与面临的问题．采矿与安全工程学报，26（3）：253-262.

曹虎麒．2015. 陕北典型煤矿开采引起含水层破坏机理物理模拟试验研究．西安：长安大学．

常建忠．2015. 基于法经济学视角的“以煤补水”的生态补偿机制研究．太原：山西财经大学．

常金源，李文平，李涛，等．2011. 神南矿区煤炭开采水资源漏失量评价分区．煤田地质与勘探，39（5）：41-45.

常金源，李文平，李涛，等．2014. 干旱矿区水资源迁移与“保水采煤”思路探讨．采矿与安全工程学报，31（1）：72-77.

陈家瑞．2016. 应力作用下破碎岩体变形与水沙渗流特性试验研究．徐州：中国矿业大学．

陈建平，范立民，杜江丽，等．2014. 陕西省矿山地质环境治理现状及变化趋势分析．中国煤炭地质，26（9）：43-46.

陈立．2015. 长治盆地群采区含水层结构变异及水资源动态研究．北京：中国地质大学（北京）．

陈敏．2016. 厚松散薄基岩煤层密实充填开采的覆岩移动破坏变形规律研究．淮南：安徽理工大学．

陈通．2010. 榆林地方煤矿开采区“保水采煤”地质基础研究．西安：西安科技大学．

陈伟，李文平，刘强强，等．2014. 陕北非饱和重塑红土渗透特性试验研究．工程地质学报，22（1）：106-111.

陈育民，徐鼎平．2008. FLAC/FLAC3D 基础与工程实例．北京：中国水利水电出版社．

代革联．2016. 矿井水害防治．徐州：中国矿业大学出版社．

董东林，武强，钱增江，等．2006. 榆神府区水环境评价模型．煤炭学报，31（6）：776-780.

杜荣军．2010. 大保当煤矿区潜水流畅对采煤扰动的响应研究．西安：西安科技大学．

杜涛，毕银丽，张姣，等．2013. 地表裂缝对青杨根际环境的影响．科技导报，（2）：45-49.

杜祥琬，呼和涛力，田智宇，等．2015. 生态文明背景下我国能源发展与变革分析．中国工程科学，17（8）：46-53.

范钢伟．2011. 浅埋煤层开采与脆弱生态保护相互响应机理与工程实践．徐州：中国矿业大学．

范立民．1992. 神木矿区的主要环境地质问题．水文地质工程地质，19（6）：37-40.

范立民．1998a. 保水采煤是神府煤田开发可持续发展的关键．地质科技管理，15（5）：28-29.

范立民．1998b. 保水采煤—神东煤田可持续发展的保证．中国地质矿产报，1998-5-26（2）．

范立民．1999. 榆神府煤田开发可持续发展的基本模式//环境地质研究（第四辑）．北京：地震出版社：145-151.

范立民．2000. 先保水后采煤．光明日报，2000-6-19.

范立民．2004. 论陕北煤炭资源的适度开发问题．中国煤田地质，16（2）：1-3.

范立民．2005a. 论保水采煤问题．煤田地质与勘探，33（5）：50-53.

范立民．2005b. 陕北煤炭基地规划中几个关键技术问题的探讨．陕西煤炭，24（1）：3-7.

范立民．2007. 陕北地区采煤造成的地下水渗漏及其防治对策分析．矿业安全与环保，34（5）：62-64．

范立民．2011. 生态脆弱区保水采煤研究新进展．辽宁工程技术大学学报（自然科学版），33（5）：667-671.

范立民．2012. 榆神府区煤层与含（隔）水层组合类型//纪念中国煤炭学会成立五十周年省（区、市）煤炭学会学术专刊：113-116，118.

范立民．2017a. 保水采煤的科学内涵．煤炭学报，43（1）：27-35.

范立民．2017b. 我的第一篇论文：保水采煤观点的诞生．水文地质工程地质，44（6）：177.

范立民．2018. 西部大型煤炭基地地下水监测工程问题．中国煤炭地质，30（6）：87-91.
范立民，冀瑞君．2015a. 论榆神府区煤炭资源的适度开发问题．中国煤炭，41（2）：40-44.
范立民，冀瑞君．2015b. 西部高强度采煤矿井灾害新灾种——突水溃沙．地质论评，61（S1）：13-15.
范立民，蒋泽泉．2004. 榆神矿区保水采煤的工程地质背景．煤田地质与勘探，32（5）：32-35.
范立民，蒋泽泉．2006. 烧变岩地下水的形成及保水采煤新思路．煤炭工程，（4）：40-41.
范立民，马雄德．2016. 浅埋煤层矿井突水溃沙灾害研究进展．煤炭科学技术，44（1）：8-12.
范立民，王国柱．2006. 萨拉乌苏组地下水及其采煤影响与保护．采矿技术，6（3）：422-425，428.
范立民，王双明．2010. 榆神矿区西部煤矿建设的地质条件．山东科技大学学报（自然科学版），29（S1）：558-560.
范立民，蒋泽泉，许开仓．2003. 榆神矿区强松散含水层下采煤隔水层特性研究．中国煤田地质，15（4）：25-26，30.
范立民，王双明，刘社虎，等．2009a. 榆神矿区矿井涌水量特征及影响因素．西安科技大学学报，29（1）：7-11，27.
范立民，王双明，马雄德．2009b. 保水采煤新思路的典型实例．矿业安全与环保，36（1）：61-62，65.
范立民，马雄德，杨泽元．2010. 论榆神府区煤炭开发的生态水位保护．矿床地质，29（S1）：1043-1044.
范立民，马雄德，冀瑞君．2015. 西部生态脆弱矿区保水采煤研究与实践进展．煤炭学报，41（8）：1711-1717.
范立民，马雄德，蒋辉，等．2016a. 西部生态脆弱矿区矿井突水溃沙危险性分区．煤炭学报，42（3）：531-536.
范立民，仵拨云，向茂西，等．2016b. 我国西部保水采煤区受保护烧变岩含水层研究．煤炭科学技术，44（8）：1-6.
范立民，向茂西，彭捷，等．2018. 毛乌素沙漠与黄土高原接壤区泉的演化分析．煤炭学报，43（1）：207-218.
高召宁，应治中，李铭．2015a. 生态脆弱矿区煤层覆岩隔水特征及保水开采实验研究．矿业安全与环保，42（2）：12-15，31.
高召宁，应治中，王辉．2015b. 厚风积沙薄基岩浅埋煤层保水开采研究．水文地质工程地质，42（4）：108-113，120.
葛亮涛，叶贵钧，高洪列．2001. 中国煤田水文地质学．北京：煤炭工业出版社．
顾大钊．2012. 能源“金三角”煤炭开发水资源保护与利用．北京：科学出版社．
顾大钊．2013. 能源“金三角”煤炭现代开采水资源及地表生态保护技术．中国工程科学，15（4）：102-107.
顾大钊．2015. 煤矿地下水库理论框架和技术体系．煤炭学报，40（2）：239-246.
顾大钊，等．2015. 晋陕蒙接壤区大型煤炭基地地下水保护利用与生态修复．北京：科学出版社．
顾大钊，张勇，曹志国．2016. 我国煤炭开采水资源保护利用技术研究进展．煤炭科学技术，44（1）：1-7.
韩树青．1989. 陕北萨拉乌苏组的地下水．煤田地质与勘探，17（1）：45-46.
韩树青，范立民．1991. 对陕北侏罗纪煤田水文地质勘探方法的意见．煤田地质与勘探，19（3）：45-47.
韩树青，范立民，杨保国．1992. 开发陕北侏罗纪煤田几个水文地质工程地质问题的分析．中国煤田地质，4（1）：49-52.
何兴巧．2008. 浅埋煤层开采对潜水的损害与控制方法研究．西安：西安科技大学．
胡火明．2009. 近浅埋煤层保水开采覆岩运动模拟研究与实测．西安：西安科技大学．

胡振琪，龙精华，王新静．2014a. 论煤矿区生态环境的自修复、自然修复和人工修复．煤炭学报，39（8）：1751-1757.
胡振琪，王新静，贺安民．2014b. 风积沙区采煤沉陷地裂缝分布特征与发生发育规律．煤炭学报，39（1）：11-18.
虎维岳．2016. 浅埋煤层回采中顶板含水层涌水量的时空动态预测技术．煤田地质与勘探，44（5）：91-96.
虎维岳，赵春虎．2017. 蒙陕矿区地下水环境系统及采掘扰动．煤田地质与勘探，45（2）：85-59.
虎维岳，周建军．2017. 煤矿水害防治技术工作中几个易混淆概念的分析．煤炭科学技术，45（8）：60-65.
黄金廷，王文科，何渊，等．2006. 鄂尔多斯沙漠高原湖淖群的形成演化及生态功能探讨．资源科学，（2）：140-146.
黄庆享．2000. 浅埋煤层长壁开采顶板结构及岩层控制研究．徐州：中国矿业大学出版社．
黄庆享．2009. 浅埋煤层保水开采隔水层稳定性的模拟研究．岩石力学与工程学报，28（5）：987-992.
黄庆享．2017. 浅埋煤层保水开采岩层控制研究．煤炭学报，42（1）：50-55.
黄庆享，张文忠．2014. 浅埋煤层条带充填保水开采岩层控制．北京：科学出版社．
黄庆享，蔚保宁，张文忠．2010. 浅埋煤层黏土隔水层下行裂隙弥合研究．采矿与安全工程学报，27（1）：35-39.
冀瑞君．2015. 大柳塔矿区采动对三不拉沟泉域地下水扰动规律研究．徐州：中国矿业大学．
冀瑞君，彭苏萍，范立民，等．2015. 神府矿区采煤对地下水循环的影响．煤炭学报，40（4）：938-943.
蒋泽泉．2010. 萨拉乌苏组水文地质特征//安全高效煤矿建设与开采技术研究．北京：煤炭工业出版社：234-238.
蒋泽泉，范立民．2014. 神府矿区上覆采空区积水突水危险性分析．中国矿业，23（9）：102-106.
蒋泽泉，吕文宏．2014. 榆阳煤矿保水采煤的工程地质条件．陕西煤炭，33（5）：29-34.
蒋泽泉，孟庆超，王宏科．2011a. 陕西神南矿区煤炭开采保水煤柱留设分析．中国地质灾害与防治学报，21（2）：87-91.
蒋泽泉，王建文，王宏科．2011b. 浅埋煤层关键隔水层隔水性能及采动影响变化．中国煤炭地质，23（4）：26-31.
蒋泽泉，郭亮亮，吕文宏．2014. 榆阳煤矿矿井涌水来源及对红石峡水源地的影响．地下水，36（4）：15-17.
蒋泽泉，雷少毅，曹虎生，等．2017. 沙漠产流区工作面过沟开采保水技术．煤炭学报，42（1）：73-79.
金志远．2015. 浅埋近距煤层重复扰动区覆岩导水裂隙发育规律及其控制．徐州：中国矿业大学．
靳德武．1998. 煤矿水害防治中的综合水文地质分析方法．煤田地质与勘探，26（2）：52-54.
靳德武．2017. 我国煤矿水害防治技术新进展及其方法论思考．煤炭科学技术，45（5）：141-147.
靳德武，刘其声，王琳，等．2009. 煤矿（床）水文地质学的研究现状及展望．煤田地质与勘探，37（5）：28-31.
靳德武，刘英锋，刘再斌，等．2013. 煤矿重大突水灾害防治技术研究新进展．煤炭科学技术，41（1）：25-29.
李东东．2017. 红柳林煤矿 2^{-2} 煤顶板涌（突）水危险性评价．西安：西安科技大学．
李建伟．2017. 西部浅埋厚煤层高强度开采覆岩导气裂缝的时空演化机理及控制研究．徐州：中国矿业大学．
李亮．2012. 浅埋煤层柔性条带充填保水开采基础研究．西安：西安科技大学．
李涛．2012. 陕北煤炭大规模开采含隔水层结构变异及水资源动态研究．徐州：中国矿业大学．

李涛，李文平，孙亚军，等．2011. 半干旱矿区近浅埋煤层开采潜水位恢复预测．中国矿业大学学报，40（6）：894-900.

李涛，王苏健，李文平，等．2013. 干旱缺水矿区采空区储水条件及储水时序研究．煤炭工程，（S1）：94-97.

李涛，冯海，王苏健，等．2016a. 微电阻率扫描成像测井探测采动土层导水裂隙研究．煤炭科学技术，44（8）：52-55，73.

李涛，王苏健，李文平，等．2016b. 沙漠浅滩地表径流保水煤柱留设生态意义及方法. 采矿与安全工程学报，33（1）：134-139.

李涛，王苏健，韩磊，等．2017. 生态脆弱矿区松散含水层下采煤保护土层合理厚度．煤炭学报，42（1）：98-105.

李文平，叶贵钧，张莱，等. 2000. 陕北榆神府矿区保水采煤工程地质条件研究. 煤炭学报，25（5）：449-454.

李文平，王启庆，李小琴．2017. 隔水层再造——西北保水采煤关键隔水层 N_2 红土工程地质研究．煤炭学报，42（1）：88-97.

李琰庆．2007. 导水裂隙带高度预计方法研究及应用．西安：西安科技大学．

李琰庆，许冲，侯恩科，等．2008. 关键层初次破断前动态载荷研究．矿业研究与开发，28（4）：12-15.

李瑜．2015. 榆神府煤炭开采区地下水动态特征研究．西安：西安科技大学．

李正杰．2014. 浅埋薄基岩综采面覆岩破断机理及与支架关系研究．北京：煤炭科学研究总院．

刘斌．2014. 超高水材料充填保水机理及安全开采技术研究．徐州：中国矿业大学．

刘开云，乔春生，周辉，等．2004. 覆岩组合运动特征及关键层位置研究．岩石力学与工程学报，23（8）：1301-1306.

刘美乐．2016. 小保当井田煤层开采对潜水流场的影响评价．西安：西安科技大学．

刘腾飞．2006. 浅埋煤层长壁开采隔水层破坏规律研究．西安：西安科技大学．

刘晓燕．2008. 河流健康理念的若干科学问题．人民黄河，30（10）：1-3.

刘晓燕，张原峰．2006. 健康黄河的内涵及其指标．水利学报，37（6）：49-54.

刘洋，石平五，张壮路．2006. 浅埋煤层矿区“保水采煤”条带开采的技术参数分析．煤矿开采，（6）：6-10.

刘玉德．2008. 沙基型浅埋煤层保水开采技术及其适用条件分类．徐州：中国矿业大学．

吕广罗，杨磊，田刚军，等．2016. 深埋特厚煤层综放开采顶板导水裂隙带发育高度探查分析. 中国煤炭，2017（11）：53-57.

吕广罗，田刚军，张勇，等．2017. 巨厚砂砾岩含水层下特厚煤层保水开采分区及实践．煤炭学报，42（1）：189-196.

吕文宏．2013. 充填开采技术在榆阳煤矿的应用实践．科技创新导报，（33）：48-51.

马保东．2014. 矿区典型地表环境要素变化的遥感监测方法研究．沈阳：东北大学．

马丹．2017. 破碎岩体的水-岩-沙混合流理论及时空演化规律．徐州：中国矿业大学．

马立强．2007. 沙基型浅埋煤层采动覆岩导水通道分布特征及其控制研究．徐州：中国矿业大学．

马立强．2013. 浅埋煤层长壁工作面保水开采机理及其应用研究．徐州：中国矿业大学出版社．

马立强，张东升，刘玉德，等．2008a. 薄基岩浅埋煤层保水开采技术研究．湖南科技大学学报（自然科学版)，23（1）：1-5.

马立强，张东升，刘玉德，等．2008b. 浅埋煤层采动覆岩导水通道分布特征试验研究．辽宁工程技术大学学报（自然科学版），27（5）：642-652.

马立强，张东升，王烁康，等．2018. “采充并行”式保水采煤方法．煤炭学报，43（1）：62-69.

马雄德，王文科，范立民，等．2010. 生态脆弱矿区采煤对泉的影响．中国煤炭地质，22（1）：32-36.
马雄德，范立民，贺卫中，等．2015a. 浅埋煤层高强度开采突水溃沙危险性分区评价．中国煤炭，41（10）：33-36，52.
马雄德，范立民，张晓团，等．2015b. 榆神府区水体湿地演化驱动力分析．煤炭学报，41（5）：1126-1133.
马雄德，范立民，张晓团，等．2015c. 榆神府区土地荒漠化及其景观格局动态变化．灾害学，30（4）：126-129.
马雄德，杜飞虎，齐蓬勃，等．2016a. 底板承压水保水采煤技术与工程实践．煤炭科学技术，44（8）：61-66.
马雄德，范立民，张晓团，等．2016b. 基于遥感的矿区土地荒漠化动态及驱动机制．煤炭学报，41（8）：2063-2070.
马雄德，范立民，严戈，等．2017a. 植被对矿区地下水位变化响应研究．煤炭学报，42（1）：44-49.
马雄德，范立民，张晓团，等．2017b. 基于植被地下水关系的保水采煤研究．煤炭学报，42（5）：1277-1283.
毛节华，许惠龙．1999. 中国煤炭资源预测与评价．北京：科学出版社．
苗霖田．2008. 榆神府区主采煤层赋存规律及煤炭开采对水资源影响分析．西安：西安科技大学．
苗彦平．2017. 浅埋煤层水库旁开采隔水保护煤柱宽度留设理论与试验研究．西安：西安科技大学．
妙军科，蒋泽泉．2014. 综采工作面导水裂隙带高度的钻孔探测．陕西煤炭，33（6）：33-36.
缪协兴，王安，孙亚军，等．2009. 干旱半干旱矿区水资源保护性采煤基础与应用研究．岩石力学与工程学报，28（2）：217-227.
缪协兴，孙亚军，蒲海，等．2011. 干旱半干旱矿区保水采煤方法与实践．徐州：中国矿业大学出版社．
彭捷，李成，向茂西，等．2018. 榆神府区采动对潜水含水层的影响及其环境效应．煤炭科学技术，46（2）：156-163.
彭苏萍，孟召平．2002. 矿井工程地质理论与实践．北京：地质出版社．
彭苏萍，李恒堂，程爱国．2007. 煤矿安全高效开采地质保障技术．徐州：中国矿业大学出版社．
彭苏萍，张博，王佟，等．2014. 煤炭资源与水资源．北京：科学出版社．
彭苏萍，张博，王佟，等．2015. 煤炭资源可持续发展战略研究．北京：煤炭工业出版社．
彭苏萍，等．2018. 煤炭资源强国战略研究．北京：科学出版社．
蒲海．2014. 保水采煤的隔水关键层模型及力学分析．徐州：中国矿业大学出版社．
钱鸣高．2008a. 论科学采矿．采矿与安全工程学报，25（1）：1-10.
钱鸣高．2008b. 煤炭的科学开采及有关问题的讨论．中国煤炭，34（8）：5-10，20.
钱鸣高．2010. 煤炭的科学开采．煤炭学报，35（4）：529-534.
钱鸣高．2011. 科学采矿的理念与技术框架．中国矿业大学学报（社会科学版），（3）：1-7，23.
钱鸣高．2017. 为实现由煤炭大国向煤炭强国的转变而努力．中国煤炭，43（7）：5-9.
钱鸣高，刘听成．1991. 矿山压力及其控制．北京：煤炭工业出版社．
钱鸣高，缪协兴，许家林，等．2003a. 岩层控制的关键层理论．徐州：中国矿业大学出版社．
钱鸣高，许家林，缪协兴．2003b. 煤矿绿色开采技术．中国矿业大学学报，32（4）：343-348.
钱鸣高，缪协兴，许家林．2007. 资源与环境协调（绿色）开采．煤炭学报，32（1）：1-7.
钱鸣高，石平五，许家林．2010. 矿山压力与岩层控制．徐州：中国矿业大学出版社．
钱鸣高，许家林，王家臣．2018. 再论煤炭的科学开采．煤炭学报，43（1）：1-13.
邵飞燕．2008. 神东矿区含水层转移存储在保水采煤研究中的应用．徐州：中国矿业大学出版社．
邵思慧．2016. 西部富煤区突水溃沙运移演化规律试验研究．徐州：中国矿业大学．

邵小平，石平五．2010. 浅埋煤层工作面矿压显现特征对比试验研究．煤炭技术，29（6）：97-99.
邵小平，石平五，王怀贤．2009. 陕北中小矿井条带保水开采煤柱稳定性研究．煤炭技术，28（12）：58-60.
邵小平，史建君，石平五．2013. 浅埋煤层上行开采可行性相似模拟实验研究．煤炭工程，(5)：4-7.
邵小平，李鑫杰，武军涛，等．2015a. 陕北保水区地方煤矿分层开采覆岩运移规律模拟研究．煤炭技术，34（9）：1-4.
邵小平，丁自伟，尉迟小骞，等．2015b. 条带开采煤柱长时效应分析及置换开采方式研究．煤炭工程，(8)：57-59.
申建军．2017. 顶板水害威胁下“煤-水”双资源型矿井开采模式与应用．徐州：中国矿业大学．
申涛，袁峰，宋世杰，等．2017. P 波各向异性检测在采空区导水裂隙带探测中的应用．煤炭学报，42（1）：197-202.
师本强．2012. 陕北浅埋煤层矿区保水开采影响因素研究．西安：西安科技大学．
石平五，长孙学亭，刘洋．2006. 浅埋煤层“保水采煤”条带开采“围岩-煤柱群”稳定性分析．煤炭工程，(8)：68-70.
宋丹．2015. 生态脆弱区采煤地质环境效应与评价研究．西安：西安科技大学．
宋世杰．2009. 榆神府区煤炭开采对生态环境损害的定量化评价．西安：西安科技大学．
孙魁．2016. 煤矿突水机理研究．西安：西安科技大学．
孙强．2016. 急倾斜近距煤层群保水开采机理与岩层控制研究．徐州：中国矿业大学．
孙学阳，梁倩文，苗霖田．2017. 保水采煤技术研究现状及发展趋势．煤炭科学技术，45（1）：54-59.
孙亚军，张梦飞，高尚，等．2017. 典型高强度开采矿区保水采煤关键技术与实践．煤炭学报，42（1）：56-65.
唐春安，王述红，傅宇方．2003. 岩石破裂过程数值试验．北京：科学出版社．
王安．2007. 神东矿区生态环境综合防治体系构建及其效果．中国水土保持科学，(5)：83-87.
王安．2008. 工程哲学与神东亿吨矿区创新实践．中国工程科学，(12)：53-57.
王国法．2013. 煤炭安全高效绿色开采技术与装备的创新和发展．煤矿安全，18（5）：1-5.
王国法．2015. 千万吨矿井群安全高效可持续开发关键技术．煤炭工程，47（10）：1-5.
王国法，李占平，张金虎．2016. 互联网+大采高工作面智能化升级关键技术．煤炭科学技术，44（7）：15-21.
王家臣，杨敬虎．2015. 水沙涌入工作面顶板结构稳定性分析．煤炭学报，40（2）：254-260.
王健．2017. 神东煤田沉陷区生态受损特征及环境修复研究．呼和浩特：内蒙古农业大学．
王凯．2016. 厚黄土地区煤矿开采对上覆松散含水层影响的机理研究．太原：太原理工大学．
王启庆．2017. 西北沟壑下垫层 N_2 红土采动破坏灾害演化机理研究．徐州：中国矿业大学．
王启庆，李文平，李涛．2014. 陕北生态脆弱区保水采煤地质条件分区类型研究．工程地质学报，22（3）：515-521.
王双明．1996. 鄂尔多斯盆地聚煤规律及煤炭资源评价．北京：煤炭工业出版社．
王双明，范立民，杨宏科．2003. 陕北煤炭资源可持续发展之开发思路．中国煤田地质，15（5）：6-8，11.
王双明，范立民，黄庆享，等．2009. 生态脆弱地区的煤炭工业区域性规划．中国煤炭，35（11）：22-24.
王双明，范立民，马雄德．2010a. 生态脆弱区煤炭开发与生态水位保护//2010 年全国采矿科学技术高峰论坛论文集：212-216.
王双明，范立民，黄庆享，等．2010b. 生态水位保护——西部地区科学采煤新思路//安全高效煤矿建设与开采技术．北京：煤炭工业出版社：223-233.
王双明，黄庆享，范立民，等．2010c. 生态脆弱区煤炭开发与生态水位保护．北京：科学出版社．
王双明，黄庆享，范立民，等．2010d. 生态脆弱矿区含（隔）水层特征及保水开采分区研究．煤炭学报，35（1）：7-14.
王双明，范立民，黄庆享，等．2010e. 榆神矿区煤水地质条件及保水开采．西安科技大学学报，30（1）：1-6.
王双明，范立民，黄庆享，等．2010f. 基于生态水位保护的陕北煤炭开采条件分区．矿业安全与环保，37（3）：81-83.
王双明，杜华栋，王生全．2017. 神木北部采煤塌陷区土壤与植被损害过程及机理分析．煤炭学报，42（1）：17-26.
王苏健，邓世龙，邓增社，等．2015. 澄合矿区承压水体上安全采煤关键技术与应用．北京：煤炭工业出版社．
王苏健，陈通，李涛，等．2017. 承压水体上保水采煤注浆材料及技术．煤炭学报，42（1）：134-139.
王佟，蒋泽泉．2011. 榆神府区矿井水文地质条件分类研究．中国煤炭地质，23（1）：21-24.
王佟，张博，王庆伟，等．2017a. 中国绿色煤炭资源概念和内涵及评价．煤田地质与勘探，45（1）：1-8.
王佟，邵龙义，夏玉成，等．2017b. 中国煤炭地质研究取得的重大进展与今后的主要研究方向．中国地质，44（2）：242-262.
王文学，隋旺华，董青红，等．2013. 松散层下覆岩裂隙采后闭合效应及重复开采覆岩破坏预测．煤炭学报，38（10）：1728-1734.
王文学，隋旺华，董青红．2014. 应力恢复对采动裂隙岩体渗透性演化的影响．煤炭学报，39（6）：1031-1038.
王新静，胡振琪，胡青峰，等．2015. 风沙区超大工作面开采土地损伤的演变与自修复特征．煤炭学报，40（9）：2166-2172.
王悦．2012. 榆树湾煤矿保水采煤技术方案研究．西安：西安科技大学．
王悦，夏玉成，杜荣军．2014. 陕北某井田保水采煤最大采高探讨．采矿与安全工程学报，31（4）：558-563.
王振荣．2016. 厚松散含水层煤层开采突水溃沙防治技术．煤炭科学技术，44（8）：46-51.
王中涛．2016. 基于物联网感知技术的导水裂隙带的预测研究．淮南：安徽理工大学．
卫鹏，霍军鹏．2014. 韩家湾煤矿导水裂隙带高度研究//煤矿防治水技术．徐州：中国矿业大学出版社：71-76.
卫晓君．2009. “三下”条带开采局部化灾害监测基础研究．西安：西安科技大学．
蔚保宁．2009. 浅埋煤层黏土隔水层的采动隔水性研究．西安：西安科技大学．
魏秉亮，范立民．2000. 影响榆神矿区大保当井田保水采煤的地质因素及区划．陕西煤炭，19（4）：15-17.
吴喜军，李怀恩，董颖．2016. 煤炭开采对水资源影响的定量识别——以陕北窟野河流域为例．干旱区地理，39（2）：246-253.
伍永平，卢明师．2004. 浅埋采场溃沙发生条件分析．矿山压力与顶板管理，（3）：57-58，61-118.
仵拨云，李永红，向茂西，等．2015. 神府矿区西沟-柳沟流域地面塌陷及其环境效应．中国煤炭地质，27（11）：31-36.
武强．2014. 我国矿井水防控与资源化利用的研究进展、问题和展望．煤炭学报，39（5）：795-805.
武强，陈奇．2008. 矿山环境问题诱发的环境效应研究．水文地质工程地质，35（5）：81-85.
武强，李松营．2018. 闭坑矿山的正负生态环境效应与对策．煤炭学报，43（1）：21-32.

武强，李学渊．2015. 基于计算几何和信息图谱的矿山地质环境遥感动态监测．煤炭学报，40（1）：160-166.

武强，董书宁，张志龙．2007. 矿井水害防治．徐州：中国矿业大学出版社．

武强，王志强，郭周克，等．2010. 矿井水控制、处理、利用、回灌与生态环保五位一体优化结合研究．中国煤炭，36（2）：109-112.

武强，赵苏启，孙文洁，等．2013a. 中国煤矿水文地质类型划分与特征分析．煤炭学报，38（6）：901-905.

武强，赵苏启，董书宁，等．2013b. 煤矿防治水手册．北京：煤炭工业出版社．

武强，崔芳鹏，赵苏启，等．2013c. 矿井水害类型划分及主要特征分析．煤炭学报，38（4）：561-565.

武强，徐华，赵颖旺，等．2016a. 基于“三图法”煤层顶板突水动态可视化预测．煤炭学报，41（12）：2968-2974.

武强，许珂，张维．2016b. 再论煤层顶板涌（突）水危险性预测评价的“三图–双预测法”．煤炭学报，41（6）：1341-1347.

武强，申建军，王洋．2017. “煤–水”双资源型矿井开采技术方法与工程应用．煤炭学报，42（1）：8-16.

武雄，汪小刚，段庆伟，等．2008. 导水断裂带发育高度的数值模拟．煤炭学报，33（6）：609-612.

夏玉成．2003. 构造环境对煤矿区采动损害的控制机理研究．西安：西安科技大学．

夏玉成，代革联．2015. 生态潜水流畅的采煤扰动与优化调控．北京：科学出版社．

夏玉成，孙学阳，汤伏全．2008. 煤矿区构造控灾机理及地质环境承载能力研究，北京：科学出版社．

夏玉成，杜荣军，孙学阳，等．2016. 陕北煤田生态潜水保护与矿井水害预防对策．煤炭科学技术，44（8）：39-45.

向茂西，彭捷，仵拨云，等．2017. 高强度采煤对窟野河水系的影响．煤炭技术，36（2）：93-95.

肖民．2006. 榆神矿区榆树湾矿保水开采注浆离层参数研究．西安：西安科技大学．

谢和平，王金华．2014. 中国煤炭科学产能．北京：煤炭工业出版社．

谢和平，段法兵，周宏伟，等．1998. 条带煤柱稳定性理论与分析方法研究进展．中国矿业，7（5）：37-41

谢和平，等．2014. 煤炭安全、高效、绿色开采技术与战略研究．北京：科学出版社．

谢和平，高峰，鞠杨，等．2017. 深地煤炭资源流态化开采理论与技术构想．煤炭学报，42（3）：547-556.

谢克昌，等．2014. 中国煤炭清洁高效可持续开发利用战略研究．北京：科学出版社．

谢克昌，等．2016. 能源“金三角”发展战略研究．北京：化学工业出版社．

辛宇峰．2016. 厚黄土覆盖区煤矿不同开采条件对松散含水层影响的数值模拟研究．太原：太原理工大学．

邢立亭．2012. 采动条件下锦界矿顶板水循环变异机制与水害评价．北京：中国矿业大学（北京）．

徐智敏，孙亚军，董青红，等．2012. 隔水层采动破坏裂隙的闭合机理研究及工程应用．采煤与安全工程学报，29（5）；613-618.

徐智敏，高尚，孙亚军，等．2017. 西部典型侏罗系富煤区含水介质条件与水动力学特征．煤炭学报，42（2）：444-451.

许家林，朱卫兵，王晓振．2012. 基于关键层位置的导水裂隙带高度预计方法．煤炭学报，37（5）：762-769.

杨贵．2004. 综放开采导水裂隙带高度及预测方法研究．青岛：山东科技大学．

杨立彬，黄强，武见，等．2014. 红碱淖湖泊面积变化影响因素及预测分析．干旱区资源与环境，28（3）：74-78.

杨佩．2017. 榆神矿区顶板含水层涌（突）水条件综合研究．西安：西安科技大学．

杨泽元．2004. 地下水引起的表生生态效应及其评价研究——以秃尾河流域为例．西安：长安大学．
杨泽元，王文科，黄金廷，等．2006. 陕北风沙滩地区生态安全地下水位埋深研究．西北农林科技大学学报（自然科学版），28（8）：73-80.
叶东生，屈永利，杜飞虎．2010. 煤矿底板岩溶水水害防治的理论与实践．北京：地质出版社．
叶贵钧，张莱，李文平．2000. 陕北榆神府区煤炭资源开发主要水工环问题及防治对策．工程地质学报，8（4）：446-445.
应治中．2015. 近浅埋薄基岩煤层开采隔水层破坏机理研究．淮南：安徽理工大学．
于德福．2018. 我国首张矿山地下水监测网在陕西开建．中国国土资源报，2018-3-28（1）．
余学义，李邦邦．2008. 陕北侏罗纪煤田矿区生态保护与可持续发展途径探讨．矿业安全与环保，35（4）：57-59.
余学义，张恩强．2010. 开采损害学（第二版）．北京：煤炭工业出版社．
袁亮．2011. 煤矿总工程师技术手册．北京：煤炭工业出版社．
袁亮．2017. 煤炭精准开采科学构想．煤炭学报，42（1）：1-7.
袁亮，吴侃．2003. 淮河河堤下采煤的理论研究与技术实践．徐州：中国矿业大学出版社．
袁亮，张农，阚甲广，等．2018. 我国绿色煤炭资源量概念、模型及预测．中国矿业大学学报，47（1）：1-8.
张大民．2008. 张家峁井田内小煤矿开采对地下水的影响．地下水，（1）：32-33，39.
张东升，李文平，来兴平，等．2017. 我国西北煤炭开采中的水资源保护基础理论研究进展．煤炭学报，42（1）：36-43.
张发旺，周俊业，申宝宏，等．2006. 干旱地区采煤条件下煤层顶板含水层再造与地下水资源保护．北京：地质出版社．
张发旺，陈立，王滨，等．2016. 矿区水文地质研究进展及中长期发展方向．地质学报，90（9）：2464-2475.
张建民，李全生，南清安，等．2017. 西部生态脆弱区现代煤-水仿生共采理念与关键技术．煤炭学报，42（1）：66-72.
张杰．2007. 榆神府区长壁间歇式推进保水开采技术基础研究．西安：西安科技大学．
张少春，张杰，肖永福．2005. 保水采煤合理推进距离实验研究．陕西煤炭，（1）：17-19.
张小明．2007. 榆树湾煤矿 20102 工作面覆岩导水裂隙高度及其渗流规律研究．西安：西安科技大学．
张新佳．2016. 基于颗粒流的破碎岩体间溃砂试验及数值模拟．徐州：中国矿业大学．
张玉卓．2011. 中国煤炭工业可持续发展战略研究．北京：中国科学技术出版社．
张玉卓，徐乃忠．1998. 地表沉陷控制新技术．徐州：中国矿业大学出版社．
赵兵朝．2016. 榆神府区保水开采覆岩导水裂缝带发育高度研究．徐州：中国矿业大学出版社．
赵春虎．2016. 陕蒙煤炭开采对地下水环境系统扰动机理及评价研究．北京：煤炭科学研究总院．
赵艳红．2009. 陕西主要煤矿区地下水保护目标层赋存特征及其保护利用对策．西安：西安科技大学．
中国煤炭地质总局，程爱国．2016. 中国煤炭资源赋存规律与资源评价．北京：科学出版社．
朱阁，武雄，李平虎，等．2014. 黄土地区煤矿地表水防排水研究．煤炭学报，39（7）：1354-1360.
Fan L M. 1996. Study on geological disaster from water inrush and sand bursting in mine of Shenfu Mining Distrct//Groundwater Hazard Control and Coalbed Methane Development and Application Techniques-Proceedings of the International Mining Tech'96 Symposium. CCMRI, Xi'an：154-161.
Wang S M. 1989. Origin types of paleotopography before coal formation and their influence on coal accumulation//Progress in Geosciences of China（1985—1988）—Papers to 28th IGC. Beijing：Geological Publishing House：181-185.